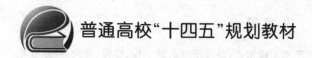
普通高校"十四五"规划教材

雷电防护

中国气象服务协会 编

北京航空航天大学出版社

内 容 简 介

本书内容横向贯穿雷电防护基本理论和实操知识,涉及雷电防护工程、检测、评价、服务等专业方向,纵向兼顾相关行业、不同级别从事雷电防护工作的管理及技术人员。分为基础篇、提高篇和高级篇,内容包括:雷电防护基础知识、雷电防护技术及应用、雷电防护业务发展、现代雷电防护技术、雷电灾害风险管理、雷电防护机构能力评价准则等。

本书适合雷电防护专业管理及技术人员阅读。

图书在版编目(CIP)数据

雷电防护 / 中国气象服务协会编. -- 北京 : 北京航空航天大学出版社,2023.11
  ISBN 978-7-5124-4228-3

Ⅰ. ①雷… Ⅱ. ①中… Ⅲ. ①防雷－继续教育－教材
Ⅳ. ①P427.32

中国国家版本馆 CIP 数据核字(2023)第 222136 号

雷电防护

中国气象服务协会 编

责任编辑 胡晓柏 张 楠

*

北京航空航天大学出版社出版发行

北京市海淀区学院路 37 号(邮编 100191) http://www.buaapress.com.cn
发行部电话:(010)82317024 传真:(010)82328026
读者信箱: emsbook@buaacm.com.cn 邮购电话:(010)82316936
涿州市新华印刷有限公司印装 各地书店经销

*

开本:710×1 000 1/16 印张:25.75 字数:534 千字
2023 年 11 月第 1 版 2023 年 11 月第 1 次印刷
ISBN 978-7-5124-4228-3 定价:99.00 元

本书编委会

序

雷击是影响人类活动的频发自然灾害,已经被联合国列为"最严重的十种自然灾害之一"。雷电灾害的损失包括直接的人员伤亡和经济损失,以及由此带来的衍生经济损失和不良社会影响。

党和政府高度重视雷电安全防护工作,社会对防雷减灾工作的要求也越来越高。《中华人民共和国气象法》明确提出:各级气象主管机构应当加强对雷电灾害防御工作的组织管理,并会同有关部门指导对可能遭受雷击的建筑物、构筑物和其他设施安装的雷电灾害防护装置的检测工作。

随着雷电防护工作的市场化改革,从业人员队伍的不断扩大,培养熟练掌握雷电防护知识和技术方法的专业人员显得尤为重要。为此,中国气象服务协会组织编写了这本《雷电防护》教材,旨在满足各行业雷电防护管理部门、社会组织及企事业单位业务发展和人才培养需求。

本书涵盖了雷电防护不同领域的基础理论知识,同时兼顾了相关行业、不同级别从事雷电防护工作的管理及技术人员,具有很强的实用性和指导性,可作为专门的雷电防护培训教材,也可供从事雷电防护科学与技术专业的科研、教学人员以及高等院校学生参考。

我向大家推荐此书,希望广大雷电防护工作从业者,能从此书中有所学、有所获。我也借此机会,向为本书的编写、出版付出努力的专家学者和编辑人员表示衷心的感谢。

许小峰

2023 年 6 月

前　　言

　　雷电是自然界常见的一种天气现象，如果不加以控制和预防，就会成为一种自然灾害，对人类的生命财产造成破坏。我国雷电灾害频繁，已经越来越引起国家的高度重视和社会各界的广泛关注。

　　从事雷电防护工作的专业人员是承担雷电防护和保护人民生命财产安全的最基本、最重要的人力资源。雷电防护专业人员必须具备必要的雷电防护知识，熟练掌握雷电防护技术和方法，熟悉雷电防护有关法律法规，把握雷电防护行业新发展。本书的编写旨在培养和提高雷电防护专业管理及技术人员的专业知识和技术能力，为国家雷电防护专业继续教育提供支持。

　　本书的主要内容包括：雷电防护基础知识、雷电防护技术及应用、雷电防护业务发展、现代雷电防护技术、雷电灾害风险管理、雷电防护机构能力评价准则等内容。为满足各行业中雷电防护管理部门、社会组织及企事业单位业务发展和人才培养需求，全面提升雷电防护专业管理和技术人员综合素质，本书内容将横向贯穿雷电防护基本理论和实操知识，涉及雷电防护工程、检测、评价、服务等专业方向，纵向兼顾各个行业、各个级别从事雷电防护工作的管理及技术人员。

　　本书由中国气象服务协会组织并由屈雅和李闯牵头，冯民学、程向阳、庞华基等23位同志参加编写。全书由屈雅、李闯负责统稿及最后的修改校订工作。在编写过程中，得到了多位专家的指导和帮助。吴孟恒、王学良、范永玲等专家为本书的编写给予了支持或指导，在此深表谢意。

　　在本书的编写过程中参考和借鉴了有关专家、学者和防雷工作者的著作和论著，在此一并表示感谢。

　　由于时间较紧，所以本书的编写较为仓促，不足之处在所难免，对于书中的不足及疏漏之处，敬请广大专家和读者给予批评指正。

编者

2023 年 6 月

目　录

基　础　篇

提　高　篇

高　级　篇

基 础 篇

第 1 章　雷电防护基础知识

雷电是发生在大气中的声、光、电物理现象,自然界中雷云之间或是雷云与大地之间的一种放电现象。其特点是电压高、电流大、能量释放时间短,具有很大的危害性,特别是随着现代高科技的发展及其广泛应用于各个领域,所造成的损失更加重大。闪电可破坏高压输电线,诱发森林火灾,影响现代通讯和计算机的广泛应用,造成飞行事故,干扰火箭和导弹的发射,破坏建筑物,造成人畜伤亡等。

1.1　雷电形成

雷电形成于雷暴之中,而当积雨云伴有雷击和闪电的局地对流性天气时,就称之雷暴,雷暴出现带来强降水、大风、光、强电场和强电流、雷、次声、电磁脉冲辐射、天电、无线电噪声等。

1.1.1　雷　暴

雷暴是发展旺盛的强对流现象,是伴有强风骤雨、雷鸣闪电的积雨云系统的统称。如果以雷声间隔不超过 15 min 算作一次雷暴进行统计,全球全年约出现 1 600 万次雷暴,每天平均约 44 000 次。就全球纬度带平均而言,赤道地区雷暴活动最频繁。我国地域辽阔,地理条件相差很大,雷暴分布也十分复杂。平均初雷出现时间:华南为 2 月,长江流域为 3 月,华北和东北为 4 月,西北为 5 月,6、7、8 三个月全国都有雷暴出现,到 10 月以后,仅在长江以南部分地区出现雷暴。雷暴天气发生还与地形地貌密切相关,同一纬度地形起伏较大的山区雷暴明显多于地形平缓的平原地区。总之,南方多于北方,内陆多于沿海,山区多于平原,春夏多于冬季。至于一天中雷暴发生的时刻,陆地上以午后最多,这时地面气温最高,大气层结最不稳定。在海洋上,海水的热容量大,洋面温度日变化小,但是到夜间由于高层大气辐射冷却,大气层结不稳定,所以海上的雷暴多出现于夜间或清晨。山区雷暴发生频次较多,究其原因,主要是受地形抬升作用,易产生局地性热雷暴。

雷暴是由强对流生成的,它的水平尺度变化范围很大,可以从几 km 到几百 km,

垂直厚度大多在 10 km 以上。雷暴是由水平尺度几公里到十几公里的称之雷暴单体(细胞)的积雨云所组成。在地面观测中,识别雷暴云是以是否出现闪电(以闪光和雷声)进行判别,一旦出现有闪电,就认定是雷暴云,它是确定雷暴的唯一标准,否则就不是雷雨云。有雷电活动的单体,其寿命为 30 min～1 h,其闪电率可以从每分钟不足 1 次变化到每分钟 10 次以上,最大的闪电率通常出现在第一次闪电之后 10～20 min 内出现。在单体整个生存期的平均闪电率为每分钟 2～3 次,但是雷暴是由多个单体组成的,所以对整个雷暴而言,平均闪电率为每分钟 3～4 次。

由于人耳可闻雷声的范围约为 15 km,所以实际能观测的是对某一时间内活动于 15 km 范围内的雷暴。

1.1.2 雷暴的基本结构

根据雷暴中出现单体的数目和强度可以分成单体雷暴、多单体雷暴以及超级单体雷暴三种。

1. 单体雷暴

大多数雷暴只有一个单体组成,称为单体雷暴,也称为单细胞雷暴或雷暴胞,其强度弱,范围小,只有 5～10 km,生命只有几十分钟,它可以分为形成、成熟和消亡三个阶段,如图 1.1.1 所示。

(1) 形成阶段:从初生的淡积云发展为浓积云,一般只要 10～15 min,云中都是上升气流。在初期上升气流速度一般不超过 5 m/s。到浓积云阶段最大上升速度可达 15～20 m/s。云底为辐合上升运动。由于云中水汽释放潜热,温度较四周高,这时云中的电荷正在集中,但尚未发生雷电,也无降水。

(2) 成熟阶段:从浓积云到积雨云,这一阶段可以持续 15～30 min,云中为上升气流,云顶发展很高,云上部出现丝缕状冰晶结构,同时上升气流继续加强,可达 20～30 m/s,水汽凝结,并迅速形成大雨滴,随雨滴的增大,其重力加大,超过上升气流对其的托力,这时就产生降水。降水出现的同时产生下沉气流,这时上升气流和下沉气流相间出现,云中的乱流十分强烈。当云顶发展到 −20 ℃ 高度以上时,云中以冰晶雪花为主,在 −20 ℃ 高度以下处,冰晶与过冷水滴并存,并出现雷电。对于大多数雷雨云中,正电荷位于云的上部,云的下部有大量的负电荷。

(3) 消散阶段:在消散时,上升气流减弱直至消失,气层由不稳定变为稳定,以后雷雨减弱消失,下沉气流也随之减弱消失,云体瓦解,云顶留下一片卷云。在消散的雷雨云中观测到电场的阻尼振荡,云中的下沉气流使云下部的负电荷向外移动,使云上部的正电荷区显露在云下的电场仪上,这一现象叫 EOSO,即雷暴结束时的振荡。

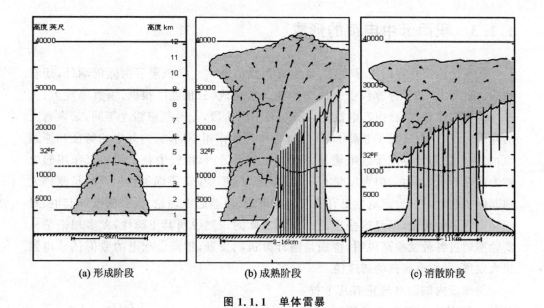

(a) 形成阶段　　　　　　　　(b) 成熟阶段　　　　　　　　(c) 消散阶段

图 1.1.1　单体雷暴

2. 多单体雷暴

多单体雷暴是由一连串不同发展阶段的雷暴单体组成,它一般由 2~4 个雷暴单体。每一单体都经历形成、成熟和消亡三个阶段。在这些单体中有的单体可以处于成熟阶段,也可以处于消散或形成阶段。时常表现为当一个雷暴单体消亡时,另一个新的雷暴单体生成,新单体一般于 5~10 min 内形成,平均生存时间为 20~30 min。在多单体雷暴的各个单体可以表现较为零散,但有时则表现很有组织的带状或螺旋状结构。对于散乱分布的雷暴单体产生的天气一般较弱,而表现为有组织的雷暴产生的天气则强烈。在卫星的增强红外图上可以见到多个冷云中心,有时可以看到几个雷暴单体的合并过程。

3. 超级单体雷暴

超级单体雷暴是强度更大、更持久,能造成强烈的灾害性天气的单体雷暴,有着高度组织化和十分稳定的内部环流,与风的垂直切变有密切关系。超级单体是连续移动,而不是离散传播,一般发生于下面条件下:

① 强烈地不稳定;

② 云层平均环境风很强,达 10 m/s 以上;

③ 有强风速垂直切变;

④ 云层上风向顺转。

1.1.3 积雨云中电荷的形成

积雨云内有很强的上升气流,且常有很强的降水。在积雨云内除雨滴外,还有冰雹、霰(雪丸)和各种冰粒子等固态和液态水组成,云顶温度很低,垂直厚度大,为云内荷电提供条件,云内起电量大。积雨云不同阶段,上升气流强度不同,云内有大的降水粒子、小的云粒子和离子,其的分布和起的作用不同,云内起电的特征和原因也很复杂,这与云雾粒子起电明显不同。在积雨云内,由云中粒子间相互作用起电称为微观起电,而由云内大尺度上升气流使云不同部位荷不同极性电荷的机制称宏观起电机制。雷雨云起电主要有感应起电理论、温差起电理论、大云滴破碎起电、对流起电等多种理论,但是这些理论难以用实际的观测说明其正确性,大多理论是从实验室通过各种试验来说明,特别是随计算机的发展,雷雨云起电的数值试验得到很大发展,是雷电研究的新途径。

关于云内的起电理论有几十种,但每一种理论不能完善解释所有云荷电的实际观测结果。不同种类的云,起电原因也不同,目前比较流行的有四种理论:碰撞感应起电机制、积雨云的温差起电机制、破碎起电机制和对流起电机制,这里仅介绍具有代表性的碰撞感应起电机制(见图1.1.2)。

对于云中存在有固态粒子时,感应起电是很重要的。由于大气是存

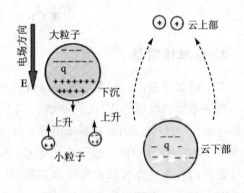

图 1.1.2 云内起电示意图

在有大气正、负离子,而正离子多于负离子,可以认为大气带正电荷,地面荷负电荷,因此产生大气电场。大气电场方向由大气指向地面,当大气中的云内有大的大降水粒子和小云粒子,就会受到大气电场的作用而极化,由于大气电场垂直向下,则粒子上半部极化为负电,下半部极化为正电。由于降水粒子远大于云粒子,由重力分离理论,大粒子向下运动,小云粒子向上运动。当它们相遇发生碰撞时可以交换电量,大粒子下部的正电荷与小云粒上部的负电荷相交换,最后导致大粒子带负电,云粒子带正电,通过重力分离机制,荷正电荷的云粒子向云的上部运动,荷负电荷的大粒子向云的下部运动,从而形成云中上部为正,下部为负的电荷中心。

对于碰撞感应起电的重要条件是两粒子在碰撞交换电荷后必须分离,如果两粒子合并在一起不分离,电荷也不能分离。对此只有固态霰粒子和雪或其他冰粒子才满足这一条件,也就是在温度低于 0 ℃的情况下的固态粒子能碰撞后立即弹出。这

说明为什么云内的电荷与云内的温度有关。

1.1.4　积雨云中电荷的结构

积雨云中电荷成因主要来自大气的运动,使不同的电荷、带电微粒进一步分离、极化,最终形成积聚大量电荷的雷云。雷云中电荷的分布很复杂,总的说来,云的上部以正电荷为主,云的中、下部以负电荷为主,云的下部前方的强烈上升气流中还有一范围小的正电区(见图 1.1.3)。

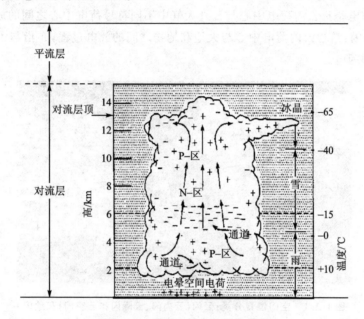

图 1.1.3　积雨云的电荷结构模型

积雨云(雷云)的上、下之间形成一个电位差,当电位差大到一定程度后,就产生放电,这就是平常所见得闪电现象。

1.2　雷电(闪电)的分类

雷电(闪电)根据空间位置分类可分成云闪和地闪两大类;根据雷电的不同形状,大致可分为片状、线状、球状和联珠状闪电;从雷电危害角度考虑,雷电可分为直击雷、雷电电磁脉冲(俗称感应雷,包括静电感应和电磁感应);从雷云发生的机理来分,有热雷、界雷和低气压性雷。

1.2.1　空间位置分类

雷电(闪电)根据空间位置分类可分成云闪和地闪两大类(参见图 1.2.1)。

(1)云闪:是指不与大地和地物发生接触的闪电。它包括云内闪电、云际闪电和云空闪电。

云内闪电是指云内不同符号荷电中心之间的放电过程;

云际闪电是指两块云中不同符号荷电中心之间的放电过程;

云空闪电是指云内荷电中心与云外大气中不同符号荷电中心之间的放电过程。

(2)地闪:是指云内荷电中心与大地和地物之间的放电过程,亦指与大地和地物发生接触的闪电。

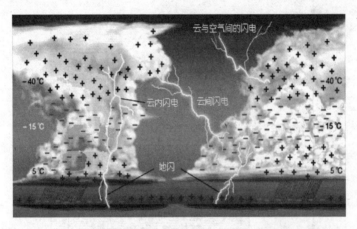

图 1.2.1　空间位置分类:云闪(云内闪、云际闪和云空闪)和地闪

1.2.2　形状分类

根据闪电的形状又可分为线状闪电、带状闪电、球状闪电和联珠状闪电。

(1)线状闪电最为常见,包括线状云闪和线状地闪。线状闪电的形状蜿蜒曲折、具有丰富的分叉,类似树枝状,所以也称枝状闪电。线状电闪具有若干次闪电,其中每次放电过程称之为一次闪击。图 1.2.2 是用 Pentax 相机照得的一次线状闪电照片,闪电表现为细而明亮的流光。

(2)带状闪电是宽度达十几米的一类闪电,

图 1.2.2　线状闪电

它比线状闪电要宽几百倍,看上去像一条亮带,所以称为带状闪电,图 1.2.3 是一次带状闪电击中烟囱的闪电图片。

（3）球状闪电看上去像一团火球,因而称为球状闪电。

（4）联珠状闪电的形状像挂在空中的一长串珍珠般的发光亮斑斑,因而称联珠闪电或称链状闪电,图 1.2.4 是一次联珠状闪电闪击高塔的图片。

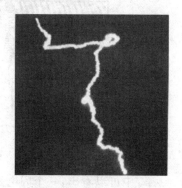

图 1.2.3　带状闪电　　　　　　　图 1.2.4　联珠状闪电

1.2.3　危害形式分类

从雷电危害角度考虑,雷电可分为直击雷、雷电电磁脉冲(俗称感应雷,包括静电感应和电磁感应)。

（1）直击雷是带电云层(雷云)与建筑物、其他物体、大地或防雷装置之间发生的迅猛放电现象,并由此伴随而产生的电效应、热效应或机械力等一系列的破坏作用。

（2）雷电电磁脉冲(俗称感应雷)是与雷电放电相联系的电磁辐射。雷电所产生的电场和磁场能够耦合到电器或电子系统中,从而产生干扰性的浪涌电流或浪涌电压。雷电电磁脉冲会产生静电感应、电磁感应、高电位反击、电磁波辐射等效应。

1.2.4　云地闪的放电过程

云地闪是指云和大地间的强放电过程,也常简称为地闪。云地闪又可分为正闪和负闪。正闪:正电荷对地的放电,云底荷正电,大地荷负电,有上行和下行之分。负闪:负电荷对地的放电,云底荷负电,大地荷正电,有上行和下行之分;下行负闪电数量最多,统计约占总数的 90%。以负下行云地闪电的放电过程为例,介绍云地闪的放电过程。

闪电发生在瞬间,早期照相技术仅仅能得到闪击数、闪电放电的路径,1929 年 Boys 发明了 boys 相机,利用 boys 相机,科学家们得到了闪电的详细结构,如图 1.2.5 所示。

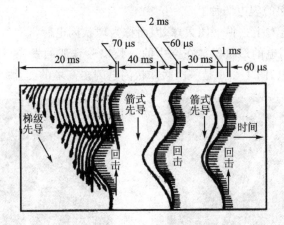

图 1.2.5　云地闪电放电结构

从图 1.2.5 中可以看出：一个闪电是由梯级先导、第一回击、直窜先导（有人翻译为箭式先导）、第二回击、后续直窜先导、后续回击等过程组成。Uman 画出了一次负下行云地闪的详细的放电过程，如图 1.2.6 所示：云层荷电形成电分布→初始击穿→梯级先导→连接过程→第一回击→K 过程 J 过程→直窜先导→第二回击→…

1. 梯级先导

梯级先导包含初始击穿、梯级先导、电离通道、连接先导等放电过程。云中电荷的逐步积累，在云底的负电荷和正电荷区域中电场随之增强，超过了大气击穿电场值时，就发生击穿过程，负电荷中和掉正电荷，云底全部荷负电，对应在地面上感应出相反极性的正电荷，这个阶段称之为初始击穿。当云底和地之间的大气电场进一步增强，空气产生电离，云底的负电荷向下发展，形成"一条暗淡的光柱"—流光；场强不断增强，流光不断向下发展，用 boys 相机照出的相片像台阶一样，称之为"梯级先导"；梯级先导在电导率随机分布的大气中，寻找到地面电导率最大的路径，并产生许多向下发展的分枝。梯级通道向下发展，下行的负电荷在大气中形成了一条条负电荷为主通道，即电离通道。当某一条分枝的梯级先导进一步向下发展，最先临近地面时，地面上感应的正电荷开始向上发展，形成向上发展的正流光，也称为向上先导、连接先导；当向下先导和向上的正流光会合，其会合点称为连接点，向下先导和向上先导会合称之为连接过程。

2. 回击过程

当梯级先导与连接先导会合瞬间，沿着梯级先导打通的电离通道，大量的电荷爆发式由地面高速冲向云中，形成了震撼大地的声、光、电效应，这称为回击。

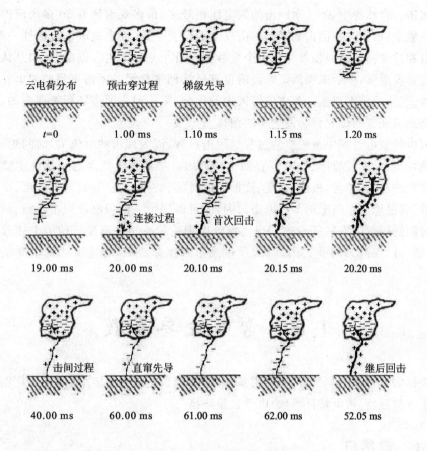

云电荷分布　　预击穿过程　　梯级先导

$t=0$　　　1.00 ms　　　1.10 ms　　　1.15 ms　　　1.20 ms

连接过程　　首次回击

19.00 ms　　20.00 ms　　20.10 ms　　20.15 ms　　20.20 ms

击间过程　　直窜先导　　　　　　　继后回击

40.00 ms　　60.00 ms　　61.00 ms　　62.00 ms　　52.05 ms

图 1.2.6　负下行云地闪电的放电过程示意图

梯级先导和第一回击合称为第一闪击。

3．直窜先导

第一回击发生后,沿着第一回击已电离过的通道,产生从云中快速向地面的流光,称之为直窜先导,直窜先导在通道中的传播速度比梯级先导快很多,也没有梯级先导"摸索"放电通道路径的过程。

4．后续回击

当直窜先导到达地面附近时,又产生向上发展的流光,形成第二次连接点和连接过程,以一股耀眼的光柱沿着直窜先导的路径从地面向云中冲去,产生向上发展的第二次回击,直窜先导和第二回击称为第二次闪击。

由一次闪击过程组成的云地闪电称为单回击地闪,由两个及两个以上闪击组成的云地闪称为多回击地闪。第一回击称为首次回击,第二回击及以后的回击都称为随后回击。自然界中 3~5 次回击的闪电比例较多,最多观测到有 30 多次回击的闪电。一般来讲,第一次回击和随后回击发生的位置一致、回击放电电流极性一致、第一回击和后续回击时间相差在几十个毫秒到几百个毫秒之内。以前,人们总认为第一回击强度最强,但后来探测资料证明也有后续回击比第一回击更强的闪电。受大气的风、气压及雷击产生的超声波等因素的影响,第一回击通道和后续回击的通道,尤其是通道底部的位置也会发生小的偏移。

闪电的放电过程中最重要的过程是回击过程,因为回击的电流大,时间短,辐射的电磁场强,是形成故障、造成危害的主要原因。早期雷电监测定位系统主要探测回击发生的时间、位置、极性、强度、波形前沿时间、波形后拖时间、波形陡度、电荷量等参数,通过把一个闪电的多次回击归闪,还可以确定一次闪电的回击次数、回击之间的时间间隔等闪电特征参数。现代雷电监测定位系统除测量云地闪上述放电参数外,还可以探测云闪及云闪高度,通过波形判据修改后,可能探测到中高层大气闪电。

1.3　雷电主要参数

表征雷电特征的主要参数有:雷暴日(时间参数)、雷击密度(空间参数)、雷电波形和雷电流强度(雷电特征参数)以及雷暴路径。

1.3.1　雷暴日

雷暴日 T_d:指发生雷暴的日子,即在一天内,只要听到雷声一次或一次以上的就算一个雷暴日,而不论这一天雷暴发生的次数和持续时间(从 2014 年开始气象部门不再进行人工观测雷暴日,但有了闪电定位仪的观测,可以获得更加准确的雷暴日资料)。雷暴日能表征不同地区雷暴活动的频繁程度。通常定义有月雷暴日、季雷暴日和年雷暴日等,防雷工作中一般常用年平均雷暴日。年平均雷暴日是指一年雷暴日的多年平均结果,单位:天。它反映一个地区雷暴活动的多年平均情况,更接近实际,在雷暴气候统计中常被使用。

关于地区雷暴日等级划分,国家还没有制定出一个统一的标准,不少行业根据需要,制定出本行业标准。在"建筑物电子信息系统防雷技术规范(GB50343—2012)"中雷暴日划分的标准为:年平均雷暴日 T_d<25 d 为少雷区;25 d<年平均雷暴日 T_d≤40 d 为中雷区;40 d<年平均雷暴日 T_d≤90 d 多雷区;年平均雷暴日 T_d>90 d 为强雷区。按照该雷暴日等级划分标准,王学良等根据 1961—2013 年我国 722 个气象台站连续完整的人工观测的雷暴日(20:00—20:00,北京时)资料(未考虑此期间台站搬迁),统计分析了我国年平均雷暴日区域分布情况。并将我国雷暴活动划分为四个区域,即北方中雷区(31°N 以北,104°E 以东)、南方多雷区(31°N 以南,104°E 以东)、高原多雷区(36°N 以南,104°E 以西)和西北少雷区(36°N 以北,104°E 以西)。这四个区域年平均雷暴日数(D_a)分布特征分述如下。

1. 北方中雷区

该区域南北跨度较大,D_a 随纬度增加变化不明显。该区域内 323 个台站平均 D_a 为 29.1 d,约 76% 的台站 D_a 在 25~40 d,属中雷区。受地形影响,燕山、太行山和吕梁山地区少数台站 D_a 数超过 40 d,属多雷区。河套西部及陇海线大部分台站 D_a 在 15~25 d 之间,属少雷区。

2. 南方多雷区

该区域范围相对较小,D_a 随着纬度增加递减趋势明显。该区域内 236 个台站平均 D_a 为 57.7 d,83.5% 的台站 D_a 为 40~90 d,属多雷区。海南岛五指山北部、广西东南十万大山和云开大山及广东西南雷州半岛地区,D_a 超过 90 d,属强雷区。其中,海南的儋州、琼中和广西的东兴站 D_a 超过 100 d,儋州站达 110 d。四川盆地东南部和沿长江流域部分台站 D_a 为 25~40 d,属中雷区。

3. 高原多雷区

该区域海拔高、地貌结构复杂、地形起伏较大,D_a 较同纬度地区明显增多。该区域内 87 个台站平均 D_a 为 60.8 d。约 77.0% 的台站 D_a 为 40~90 d,属多雷区。青藏高原中东部、川西高原和云南大部分地区 D_a 较高,一般在 60 d 以上,其中,西双版纳地区在 90 d 以上,属强雷区,如勐腊、江城、景洪和澜沧地区在 100 d 以上,勐腊地区高达 114.3 d,居全国最高。青藏高原东南、云南西北和四川盆地西部地区 D_a 较少,一般为 25~40 d,属中雷区。

4. 西北少雷区

该区域因地形地貌差异较大,D_a 地域差异明显,其西北部天山附近和东南部祁连山附近明显高于其他地区。该区域内 76 个台站 D_a 为 23.0 d。65.8% 的台站 D_a 在 25 d 及以下,属少雷区。新疆西部天山山脉附近和青海与甘肃交界的祁连山附近,D_a 一般为 25~55 d,属中雷区或多雷区,尤其地处伊犁河谷地区的昭苏县高达 84.5 d。该区域盆地或沙漠地区 D_a 相对较少,地处塔里木盆地的民丰县 D_a 为 5.3 d,为全国最少。

1.3.2　雷击密度

对于雷电放电来说,云与云之间的放电次数多于云对地放电次数,而上述雷暴日对于这一事实没有加以区分。从雷电防护角度分析,地闪发生的频数是确定地闪对人类和建筑物的最重要的参数。

雷云对地放电的频繁程度,用雷击密度(也称为地闪密度)N_g 来表示。其定义是单位面积单位时间上的平均落雷次数,单位为次 $km^{-2} \cdot s^{-1}$,或 $km^{-2} \cdot a^{-1}$。对一个区域研究,所取面积 1 000 km^2,又称闪电频数。它的气候值包括平均总闪电密度和平均地闪雷击密度,它们分别定义为一年中单位地表面积上空所出现的各类闪电数和地闪数的多年平均值。因此需要对一定面积范围内的平均总闪电密度和平均地闪密度进行足够长期观测,得到足够的资料进得分析统计。总的闪电密度为地闪、云闪密度之和。在雷暴活动期间,各地的闪电密度相差很大。观测表明,当雷暴发展到后期,云闪要比地闪出现的闪电密度高;而总闪电密度增加时,地闪对总的闪电数的比例就减小。

我国幅员辽阔,年平均雷暴日 T_d 的变化很大,很难取统一的一个值。我国建筑物防雷规范 GB50057—2010 规范了我国用于计算雷击密度公式:

$$N_g = 0.1 T_d$$

式中,N_g—雷击密度(地闪密度),T_d—年平均雷暴日。

闪电定位仪监测的雷击次数(S)与定位仪观测区面积(A)比计算:

$$N_g = S/A$$

式中,N_g—雷击密度(地闪密度),S—雷击次数,A—闪电定位仪观测区域面积。

1.3.3　雷电流的波形参数

大量观测表明:虽每次雷电流各不相同,但多为单极性脉冲波形,有 $80\% \sim 90\%$ 的雷电流是负极性的。常见的负电流波形前沿呈拱形。雷电放电具有重复性,一次雷电平均包括 3~4 次放电,通常第一次放电的电流幅值最高。雷电流波形参数虽已经累积了各种实测数据,基本规律大致接近,但具体数值存在很大离散性。主要来自两个方面:一是雷电放电本身的随机性受到各地气象、地形和地质等自然条件诸多因素影响;二是测量手段和测量技术水平不同。例如,在圣萨尔瓦托山,纽约州府大厦,意大利观测点,匹兹勒宁大教堂和其他高建筑物获得的电流示波记录都显示出相似的拱形前沿。其中在圣萨尔瓦托山测得到达电流峰值的中值时间为 5.5 μs。而在意大利观测点测到的时间为 7 μs。

图 1.3.1 给出了一组负极性雷电第一次放电雷电流实测波形,其纵坐标是以电

流最大值作为基值的比值。这里波形 B(虚线)是对 10 次实测取平均而得到的,其时间范围取得较小,以侧重展示雷电流的波前部分;波形 A 则是对 88 次实测雷电波形取平均而求得的,其时间范围取得较大,以反映雷电流波形的全貌。

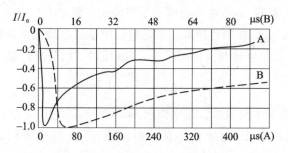

图 1.3.1 负极性雷电流的实测波形

图 1.3.2 为典型的正极性电流波形。最大电流上升率出现在紧靠峰值电流之前。正极性闪电通常由一个单闪击构成。可求得电流中值前沿为 22 μs,电流上升率中值为 2.4 kA/μs,半峰值的时间为 230 μs。

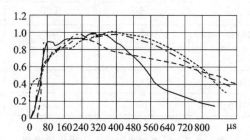

图 1.3.2 典型的正极性电流波形

表征雷电流波形(见图 1.3.3),通常采用波头时间 T_1、半幅值时间 T_2、雷电流的波头陡度、雷电流峰值(幅值)I 和电荷量 Q 表示。

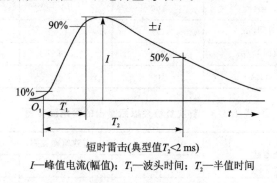

短时雷击(典型值 $T_2 < 2$ ms)

I—峰值电流(幅值); T_1—波头时间; T_2—半值时间

图 1.3.3 雷电流波形参数

波头时间 T_1:是指雷电流达到 10% 和 90% 幅值电流之间的时间间隔乘以

1.25,单位:μs。

半幅值时间 T_2:原点 O_1 与电流降至幅值一半之间的时间间隔,单位:μs。

雷电流峰值(幅值)I:是雷电流波形上出现的最大值(峰值),单位:kA。

雷电流的波头陡度 a:由波头时间和幅值所决定的雷电流上升段变化率。

$a=I/T_1$ (kA/μs),即幅值较大的雷电流同时也具有较大的陡度。

总电荷 Q:是指雷电流具有的电荷量,可以按以下积分来计算,单位:C。

$$Q=\int_0^\infty i(t)\mathrm{d}t$$

国际和国标等多采用模拟雷击电流波形,GB50057—2010 建筑物防雷设计规范中,将雷击分为首次雷击、后续雷击和长时间雷击,并规定相应的雷电流参量,见表 1.3.1~表 1.3.4。

表 1.3.1　首次正极性雷击的雷电流参量

雷电流参数	防雷建筑物类别		
	一类	二类	三类
I 幅值/kA	200	150	100
T_1 波头时间/μs	10	10	10
T_2 半波值时间/μs	350	350	350
Q 电荷量/C	100	75	50
单位能量 W/R/(MJ·Ω^{-1})	10	5.6	2.5

表 1.3.2　首次负极性雷击的雷电流参量

雷电流参数	防雷建筑物类别		
	一类	二类	三类
I 幅值/kA	100	75	50
T_1 波头时间/μs	1	1	1
T_2 半波值时间/μs	200	200	200
I/T_1 平均陡度/(kA·μs^{-1})	100	75	50

表 1.3.3　首次负极性以后雷击的雷电流参量

雷电流参数	防雷建筑物类别		
	一类	二类	三类
I 幅值/kA	50	37.5	25
T_1 波头时间/μs	0.25	0.25	0.25

雷电流参数	防雷建筑物类别		
	一类	二类	三类
T_2 半波值时间/μs	100	100	100
I/T_1 平均陡度/(kA·μs^{-1})	200	150	100

表 1.3.4 长时间雷击的雷电流参量

雷电流参数	防雷建筑物类别		
	一类	二类	三类
Q 电荷量/C	200	150	100
T 时间/s	0.5	0.5	0.5

1.3.4 雷暴路径

判断和记录雷暴方位及其移动路径,对探索本地雷暴活动规律具有重要意义。要正确判断雷暴方位及其路径,主要从以下几点入手:

(1)本地雷暴气候概况:一般地说,春末夏初和秋初,雷暴多随天气系统出现,特别是冷锋过境时;而炎热的夏天高温高湿,雷暴常出现在午后地方性积雨云中。

(2)本地四周地形特点:雷暴的出现方位及移动路径受地形影响很大,因此,熟悉地形掌握规律,做到心中有数,才能减少对雷暴系统的判断失误。

(3)保护对象四周目标物的跨度:雷暴的观测点与云及能见度一样是固定在保护对象内某一点的。雷暴的 8 个方位是以该点为圆心的圆心角度数来确定的(正北为 0°,每 45°为一个方位),圆心角对应的弧长近似于两方位间的距离,弧长越长,两方位间的距离就越长,反之亦然。

(4)积雨云的方位移向或闪电监测系统:可根据积雨云方位或闪电定位监测情况来判断雷暴发生的方位及移动路线。一般闪电出现的方位即是雷暴出现的方位。在大范围有积雨云时,则要判断区别雷暴系统的主要部位和次要部位,一般只记录主要部位的移动路径。

以浙江省某化工企业为例,统计闪电监测系统近 5 年监测到的该企业 5 km 空间范围内的闪电定位数据,将雷暴路径分为:正北(N)、东北(NE)、正东(E)、东南(SE)、正南(S)、西南(SW)、正西(W)、西北(NW)8 个方向,利用各次过程的每 30 分钟的地闪空间演变图,分析雷暴活动路径。结果可得:西南方向(SW)33 次,正西方向(W)28 次,西北方向(NW)17 次,东北方向(NE)7 次,东南方向(SE)4 次,正东方向(E)2 次,正南方向(S)1 次。由此可见,雷暴路径在方向上分布是不均等的,自西向东移动的雷暴过程共有 78 次,占总数的 75%,为雷暴路径的主导方向(见图 1.3.4)。

以湖北某地区人工观测雷暴路径方向为例,该地区共观测记载雷暴方向 1 008

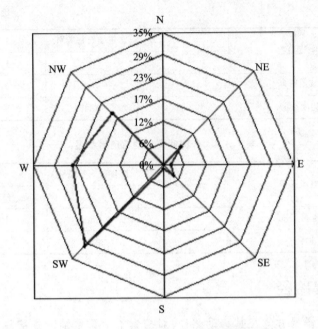

图 1.3.4 浙江省某化工企业雷暴路径图

次,其中正北方方向(N)42 次、东北方向(NE)83 次、正东方向(E)59 次、东南方向(SE)158 次、正南方向(S)82 次、西南方向(SW)287 次、正西方向(W)135 次、西北方向(NW)162。由此可见,西南方向 287 次,占雷暴方向总数的 28.5%。因此,该地区的雷暴主要路径为西南方向(见图 1.3.5)。

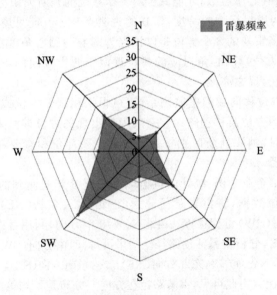

图 1.3.5 湖北省某市(地区)雷暴路径图

1.4 雷电物理效应与危害

雷电是雷云之间或是雷云与大地之间的一种放电现象。其特点是电压高、电流大、能量释放时间短,具有很大的危害性。随着经济和科技的高速发展,以电力和电子为基础的现代化生活日渐普及,微电子器件和信息技术的应用越来越广,雷电灾害造成的经济损失也会越来越大。雷电灾害被联合国国际减灾十年委员会列为"最严重的十种自然灾害之一",被国际电工委员会称为"电子时代的一大公害"。

雷电危害主要分为两类:直接雷击(直击雷)危害和雷击电磁脉冲(感应雷击)危害。直接雷击危害主要表现为雷电引起的热效应、机械效应和冲击波等;雷击电磁脉冲(感应雷击)危害主要表现为雷电引起的静电感应、电磁感应、雷电波侵入和雷电反击(见图 1.4.1)等。

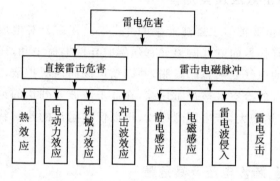

图 1.4.1 雷电的危害

1.4.1 直击雷的危害

直击雷是带电云层(雷云)与建筑物、其他物体、大地或防雷装置之间发生的迅猛放电现象,并由此伴随而产生的电效应、热效应或机械力等一系列的破坏作用,主要危害建筑物、建筑物内电子设备和人。

1. 雷电的热效应及其危害

雷云对地放电时,强大的雷电流从雷击点注入被击物体,其热效应可使雷击点周围局部金属熔化,当雷电击中草堆和树木时,能将草堆和树枝引燃;当雷电击中输电线路时,可将其熔断。这些都属热效应,如果防护不当,就会酿成火灾,带来更大的损失和灾难。

2. 雷电的电(电动力和机械力)效应及其危害

由于雷电流的峰值很大,作用时间短,产生的电动力具有冲力特性。当邻近的二条平行导体流过闪电电流时,存在电磁力的相互作用——电动力。当以大电流沿着靠得很近的平行导线或沿着带有锐弯的单一导线放电时,会产生显著的机械力,这种电动力作用时间极短,远小于导体的机械振动周期,导体在它的作用下常出现炸裂、劈开的现象。雷击的时候,由于电动力的作用,也有可能使导体弯曲折断。

凡拐弯的导体或金属构件,在拐弯部分将受到电动力作用,它们之间的夹角越小,受到的电动力越大;当拐弯的夹角为锐角受到作用力最大,钝角较小。故接闪器及其引下线不应出现锐角的拐弯,尽可能采用钝角拐弯,在不得已采用直角拐弯时应加强构件强度,尤其是引下线一般应尽可能采用弧形拐弯,俗称"软连接",这样可使构件受到的应力较小,而且不集中在一点,雷击造成的损失就相对小些。

3. 雷电的冲击效应及其危害

雷电产生的冲击波类似于爆炸产生的冲击波。在雷云对地放电过程的回击阶段,放电通道中既有强烈的空气游离又有强烈的异性电荷中和,通道中瞬时温度很高,使得通道周围的空气受热急剧膨胀,并以超声波向四周扩散,从而形成冲击波。同时,通道外围附近的冷空气被严重压缩,在冲击波波前到达的地方,空气的密度、压力和温度都会突然增大,产生剧烈振动,可以使其附近的建筑物遭到破坏,人、畜受到伤害。

4. 接触电压、跨步电压及其危害

当雷电流流经引下线和接地装置时,由于引下线本身和接地装置都有电阻和电抗,因而会产生较高的电压降,这种电压降有时高达几万伏,甚至几十万伏。这时如果有人或牲畜接触引下线,就会发生触电事故。我们称这一电压为接触电压,用 U_j 来表示。除引下线可能发生接触电压外,那些与防雷装置连通,或者即使不连通,而绝缘距离不够,受到反击的金属导体,也会出现这种现象。如有的建筑物或牲畜棚在安装防雷装置时,与室内或棚内其他金属管道(如牲畜饮水用的自来水管)连通或距离不够,雷击时都会有危险。

当雷电流经地面雷击点或接地体散入周围土壤时,在它的周围形成了电压降落,这时,如果有人站在接地体附近,由于两脚所处电位不同,跨接一定的电位差,因而有电流流过人体。通常称距离为 0.8 m 时(这是人们通常走路时一步的长度)的地面电位差为跨步电压,用 U_k 表示。当跨步电压足够大时,对人的生命就有危险。

1.4.2　雷击电磁脉冲(感应雷)的危害

1. 静电感应

由于带电积云接近地面,在架空线路导线或其他导电凸出物顶部感应出大量电荷引起的。它将产生很高的电位。当雷云来临时地面上的一切物体,尤其是导体,由于静电感应,都聚集起大量的雷电极性相反的束缚电荷,在雷云对地或对另一雷云闪击放电后,云中的电荷就变成了自由电荷,从而产生出很高的静电电压(感应电压)其过电压幅值可达到几万到几十万伏,这种过电压往往会造成建筑物内的导线,接地不良的金属物导体和大型的金属设备放电而引起电火花,从而引起火灾、爆炸、危及人身安全或对供电系统造成的危害。

2. 电磁感应

雷电流(脉冲放电)具有很大的幅值和波头上升陡度,能在所流过的路径周围产生很强的暂态脉冲磁场。处于这瞬变电磁场之中的导体回路会感应出较大的电动势。雷击脉冲磁场在回路中感应出电压大小与回路尺寸、雷电流波头陡度以及回路与载流导体之间的距离有关。建筑物内通常敷设着各种电源线、信号线和金属管道(如供水管、供热管和供气管等),这些线路和管道常常会在建筑物内的不同空间构成环路,参见图 1.4.2。当建筑物遭受雷击时,雷电流沿建筑物防雷装置中各分支导体入地,流过分支导体的雷电流会在建筑物内部空间产生暂态脉冲电磁场,脉冲电磁场交链不同空间的导体回路,会在这些回路中感应出过电压和过电流,导致设备接口损坏。雷电流产生的暂态脉冲电磁场不仅能在建筑物内的导体回路中感应过

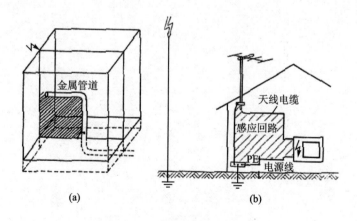

(a)   (b)

图 1.4.2　雷电的电磁感应危害

电压和过电流,而且也能在建筑物之间的通信线路中感应出过电压和过电流。

3. 雷电波侵入危害

雷电流具有很高的峰值和波前上升陡度,能在所流过的路径周围产生很强的暂态脉冲电磁场,处在该电磁场中的导体会产生感应过电压(流)。感应过电压波向导线两侧传播,当它沿线路进入建筑物内时,将会对建筑物内的信息系统和电气设备造成损坏。这种沿线路进入建筑物内的感应过电压波常称为雷电侵入波,它是一种典型的雷电暂态过电压,对电气、电子设备极具危害性。

4. 雷电反击(电位升高)及其危害

雷电的反击现象通常指遭受直击雷的金属体(包括接闪器、接地引下线和接地体),在引导强大的雷电流流入大地时,在它的引下线、接地体以及与它们相连接的金属导体上会产生非常高的电压,对周围与它们连接的金属物体、设备、线路、人体之间产生巨大的电位差,这个电位差会引起闪络。在接闪瞬间与大地间存在着很高的电压,这电压对与大地连接的其他金属物品发生放电(又叫闪络)的现象叫反击。此外,当雷击到树上时,树木上的高电压与它附近的房屋、金属物品之间也会发生反击。要消除反击现象,通常采取两种措施:一是作等电位连接,用金属导体将两个金属导体连接起来,使其接闪时电位相等;二是两者之间保持一定的距离。

第2章 雷电防护法律法规

一直以来,雷电灾害防御工作的开展离不开国家法律法规、规章和规范性文件的指导和约束。如1999年制定颁布的《中华人民共和国气象法》将"加强对雷电灾害防御工作的组织管理"作为各级气象主管机构的职责,并要求"会同有关部门指导对可能遭受雷击的建筑物、构筑物和其他设施安装的雷电灾害防护装置的检测工作"。依法行政的前提是要有法律依据,防雷减灾工作不仅要遵守行政法规要求,还要遵守相关的规章和规范性文件。与防雷减灾工作有关的法律法规和规章体系见图2.0.1。

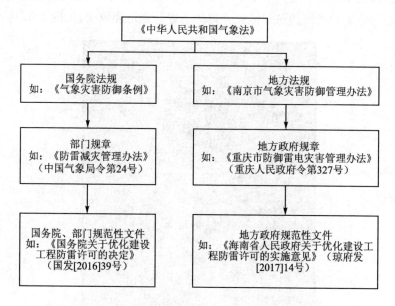

图 2.0.1　与防雷减灾有关的法律法规和规章文件

2.1 法律法规介绍

2.1.1 法 律

《中华人民共和国气象法》(2000年1月1日起实施)是中国第一部明确规范防雷减灾管理要求的法律,在防雷减灾管理活动中具有极其重要的地位。颁布后共经历过3次修订过程,2009年8月27日第十一届全国人民代表大会常务委员会第十次会议《关于修改部分法律的决定》第一次修正,2014年8月31日第十二届全国人民代表大会常务委员会第十次会议《关于修改〈中华人民共和国保险法〉等五部法律的决定》第二次修正,2016年11月7日第十二届全国人民代表大会常务委员会第二十四次会议《关于修改〈中华人民共和国对外贸易法〉等十二部法律的决定》第三次修正,其在总体上对我国的防雷减灾管理活动进行规定和要求,见图2.1.1。

图 2.1.1 中华人民共和国气象法

《中华人民共和国气象法》第三十一条规定:"各级气象主管机构应当加强对雷电灾害防御工作的组织管理,并会同有关部门指导对可能遭受雷击的建筑物、构筑物和其他设施安装的雷电灾害防护装置的检测工作。安装的雷电灾害防护装置应当符合国务院气象主管机构规定的使用要求。"这一条中作了三个方面的法律性规定,第一,明确规定防雷工作的归口管理部门是各级气象主管机构,这是以我国法律的最高方式赋予气象部门的权力、责任和义务。"组织管理"是国家行政管理职能,是对全社会各行各业防雷减灾活动各个方面(全过程)的规范性管理。主要包括组织制定防雷减灾管理的法规规章;制定全国防雷减灾规划、计划;组织建立全国雷电监测网;组织对雷电灾害的研究、监测、预警、防御和灾情调查与鉴定;对防雷工程专业的设计、施工、检测的管理;对防雷产品进行监督管理等。各级气象主管机构是防雷减灾工作综合管理部门,而电力、电信、铁路、公安、建设、交通等行业主管部门,其防雷减灾工作要接受气象主管机构的指导、监督和管理。第二,规定了防雷装置检测行为的规范问题。强调以各级气象主管机构为主,会同有关主管部门通过法规、规章、制度、办法等形式来指导规范检测活动。第三,对防雷装置的安装要求进行了规范,即"应当符合国务院气象主管机构规定的使用要求"。这里指的使用要求,就是国务院气象主管机构制定的国家、行业技术标准,进一步明确了防雷标准的归口管理单位。

《中华人民共和国气象法》第三十七条规定,"违反本法规定,安装不符合技术要求的雷电灾害防护装置的,由有关气象主管机构责令改正,给予警告。使用不符合使用要求的雷电灾害防护装置给他人造成损失的,依法承担赔偿责任"。该条明确了安装和使用不符合要求的雷电灾害防护装置所应承担的法律责任,即行政责任和民事责任。

(1) 行政责任,将由气象主管机构给予警告;

(2) 民事责任,赔偿给他人造成的损失。

2.1.2　法　规

1. 国务院法规

《气象灾害防御条例》(国务院令第 570 号)于 2010 年 1 月 20 日国务院第 98 次常务会议通过,自 2010 年 4 月 1 日起施行,根据 2017 年 10 月 7 日《国务院关于修改部分行政法规的决定》修订。

《气象灾害防御条例》第二十三条规定,"各类建(构)筑物、场所和设施安装雷电防护装置应当符合国家有关防雷标准的规定。新建、改建、扩建建(构)筑物、场所和设施的雷电防护装置应当与主体工程同时设计、同时施工、同时投入使用。

新建、改建、扩建建设工程雷电防护装置的设计、施工,可以由取得相应建设、公路、水路、铁路、民航、水利、电力、核电、通信等专业工程设计、施工资质的单位承担。

油库、气库、弹药库、化学品仓库和烟花爆竹、石化等易燃易爆建设工程和场所，雷电易发区内的矿区、旅游景点或者投入使用的建（构）筑物、设施等需要单独安装雷电防护装置的场所，以及雷电风险高且没有防雷标准规范、需要进行特殊论证的大型项目，其雷电防护装置的设计审核和竣工验收由县级以上地方气象主管机构负责。未经设计审核或者设计审核不合格的，不得施工；未经竣工验收或者竣工验收不合格的，不得交付使用。

房屋建筑、市政基础设施、公路、水路、铁路、民航、水利、电力、核电、通信等建设工程的主管部门，负责相应领域内建设工程的防雷管理。"本条对《国务院关于优化建设工程防雷许可的决定》（国发〔2016〕39号）要求的建设工程防雷装置的设计、施工单位资质要求，建设工程的防雷管理，以及气象主管机构防雷工程审核验收范围进行了规定。

《气象灾害防御条例》第二十四条对从事雷电防护装置检测的单位资质管理进行了规定，除了从事电力、通信雷电防护装置检测的单位的资质证由国务院气象主管机构和国务院电力或者国务院通信主管部门共同颁发外，其余资质由气象主管机构颁发。

《气象灾害防御条例》第四十三条对气象主管机构及其工作人员行为进行了规范。其中，向不符合条件的单位颁发雷电防护装置检测资质证的，由其上级机关或者监察机关责令改正；情节严重的，对直接负责的主管人员和其他直接责任人员依法给予处分；构成犯罪的，依法追究刑事责任。

《气象灾害防御条例》第四十五条对建设单位，以及从事防雷设计、施工和检测的单位行为进行了规范。对无资质或者超越资质许可范围从事雷电防护装置检测的；在雷电防护装置设计、施工、检测中弄虚作假的；雷电防护装置未经设计审核或者设计审核不合格施工的，未经竣工验收或者竣工验收不合格交付使用的，由县级以上气象主管机构或其他有关部门按照权限责令停止违法行为，处5万元以上10万元以下的罚款；有违法所得的，没收违法所得；给他人造成损失的，依法承担赔偿责任。

2. 地方性法规

地方性法规主要指由地方人民代表大会制定的地方条例，是对地方的防雷减灾工作进行规定和约束的依据。我国多个省市的地方气象条例均对防雷减灾工作的管理和实施提出了规定和要求。

《安徽省气象管理条例》（1998年6月20日安徽省第九届人民代表大会常务委员会第四次会议通过；根据2010年8月21日安徽省第十一届人民代表大会常务委

员会第二十次会议《关于修改部分法规的决定》第一次修正；根据 2015 年 3 月 26 日安徽省第十二届人民代表大会常务委员会第十八次会议关于修改《安徽省实施〈中华人民共和国土地管理法〉办法》等部分法规的决定第二次修正；根据 2017 年 7 月 28 日安徽省第十二届人民代表大会常务委员会第三十九次会议关于修改《安徽省实施〈中华人民共和国森林法〉办法》等九部地方性法规的决定第三次修正）第二十条规定，"气象主管机构负责组织雷电灾害天气规律及其预防措施的研究和管理，并负责下列场所、项目防雷装置设计审核和竣工验收：（一）油库、气库、弹药库、化学品仓库、烟花爆竹、石化等易燃易爆建设工程和场所；（二）雷电易发区内的矿区、旅游景点或者投入使用的建（构）筑物、设施等需要单独安装雷电防护装置的场所；（三）雷电风险高且没有防雷标准规范、需要进行特殊论证的大型项目。房屋建筑工程和市政基础设施工程防雷装置设计审核、竣工验收许可，整合纳入建筑工程施工图审查、竣工验收备案，统一由住房城乡建设部门监管。公路、水路、铁路、民航、水利、电力、核电、通信等专业建设工程防雷管理，由各专业部门负责。公安消防部门负责防雷设施的消防安全管理，履行质量技术监督、工商管理职责的部门负责生产、流通领域防雷设备器材产品质量的监督管理。"

《重庆市气象条例》（1999 年 7 月 29 日重庆市第一届人民代表大会常务委员会第十八次会议通过；根据 2004 年 6 月 28 日重庆市第二届人民代表大会常务委员会第十次会议《关于取消部分地方性法规中行政许可项目的决定》第一次修正；根据 2005 年 5 月 27 日重庆市第二届人民代表大会常务委员会第十七次会议《关于修改〈重庆市气象条例〉的决定》第二次修正；根据 2018 年 7 月 26 日重庆市第五届人民代表大会常务委员会第四次会议《关于修改〈重庆市城市房地产开发经营管理条例〉等二十五件地方性法规的决定》第三次修正）第十六条规定，县级以上气象主管部门和房屋建筑、市政基础设施、公路、水路、铁路、民航、水利、电力、核电、通信等建设工程的主管部门按照职责分工负责相应领域内的建设工程防雷管理。高层建筑、易燃易爆物资仓储场所、电力设施、电子设备、计算机网络和其他需要防雷的建筑和设施，应当按照国家或市的规定采取防雷措施。

《青海省气象条例》（2001 年 6 月 1 日青海省第九届人民代表大会常务委员会第二十四次会议通过；2006 年 7 月 28 日青海省第十届人民代表大会常务委员会第二十三次会议修订）第二十五条规定，"气象主管机构应当加强雷电灾害防御工作的指导、监督和行业管理，负责组织当地雷电灾害的监测、调查、评估、统计、鉴定和雷电防护装置检测工作。气象主管机构所属的气象台站应当加强雷电监测，有条件的地方及时向社会发布雷电预报。"

《上海市实施〈中华人民共和国气象法〉办法》（2006 年 10 月 26 日上海市第十二届人民代表大会常务委员会第三十一次会议通过；根据 2016 年 2 月 23 日上海市第

十四届人民代表大会常务委员会第二十七次会议《关于修改〈上海市河道管理条例〉等 7 件地方性法规的决定》第一次修正；根据 2018 年 11 月 22 日上海市第十五届人民代表大会常务委员会第七次会议《关于修改本市部分地方性法规的决定》第二次修正）第十八条规定，"国家机关、社会团体、企业、事业单位应当做好本单位防雷装置的日常检查、维护工作，并按照国家和本市的有关规定，委托具有相应资质的专业检测机构对防雷装置进行检测；经检测不合格的，应当在规定的期限内进行整改。"

《宁夏回族自治区气象条例》（2001 年 7 月 20 日宁夏回族自治区第八届人民代表大会常务委员会第二十次会议通过；根据 2006 年 3 月 31 日宁夏回族自治区第九届人民代表大会常务委员会第二十一次会议《关于修改〈宁夏回族自治区矿产资源管理条例〉等 12 件地方性法规的决定》第一次修正；根据 2016 年 3 月 24 日宁夏回族自治区第十一届人民代表大会常务委员会第二十三次会议《关于修改〈宁夏回族自治区煤炭资源勘查开发与保护条例〉等三件地方性法规的决定》第二次修正）第二十三条规定，"自治区气象主管机构或者设区的市气象主管机构负责管理当地防雷、防静电装置的检测工作。经自治区气象主管机构或者设区的市气象主管机构授权，县级气象主管机构可以在本辖区内对防雷、防静电安全设施进行检测。其他部门可以根据当地气象主管机构的授权，负责本部门或者本行业防雷、防静电装置的检测，并接受气象主管机构的监督和检测质量抽查。从事防雷、防静电检测的组织和工作人员，必须具备相应的资质和资格证书。防雷、防静电装置应当每年检测一次，其中易燃、易爆场所的防雷、防静电装置，应当每半年检测一次。防雷、防静电装置所在单位应当主动申报检测。对申报检测的防雷、防静电装置，气象主管机构和经授权的机构，应当及时检测。"

此外，《陕西省气象条例》《黑龙江省气象灾害防御条例》《河南省气象条例》《山西省气象条例》等有关地方性法规对各自行政区域内的雷电灾害防御工作作出规定和要求。

2.2　规章与规范性文件

2.2.1　规　章

1. 部门规章

主要包括国务院和直属事业单位以部门令的形式颁布的规章。一直以来，中国气象局作为雷电灾害防御和防雷安全管理的主管部门,出台了关于防雷减灾管理、雷电防护装置检测、设计审核与竣工验收方面的部门规章。主要包括《防雷减灾管理办法》(中国气象局令第 24 号)、《雷电防护装置设计审核与竣工验收规定》(中国气象局令第 37 号)和《雷电防护装置检测资质管理办法》(中国气象局令第 38 号)等。

随着防雷减灾体制改革的不断深化,2016 年国务院对建设工程防雷行政许可进行了优化,并明确了各部门的主管责任。气象部门负责的防雷装置设计审核和竣工验收的对象、审批范围、审批流程和审批环节发生调整和变化,据此中国气象局对《防雷装置设计审核和竣工验收规定》和《雷电防护装置检测资质管理办法》中的一些规定和要求进行修订完善。其中,2021 年 1 月 1 日起施行的《雷电防护装置设计审核和竣工验收规定》主要从六个方面作了修订。一是规范了审批事项名称,将"防雷装置"简称统一改为"雷电防护装置"全称,与《气象灾害防御条例》的表述一致。二是调整了审批范围。根据《国务院关于优化建设工程防雷行政许可的决定》(国发〔2016〕39 号)和 2017 年修订的《气象灾害防御条例》第二十三条,调整了雷电防护装置设计审核和竣工验收的范围。三是简化了审批流程,取消了防雷装置初步设计审核的环节,将雷电防护装置设计审核和竣工验收的审批时限由 20 个工作日压缩到 10 个工作日。四是取消了中介服务事项,不再要求申请人提供已取消行政审批中介服务的相关材料,并增加了受理后的技术性服务规定。五是取消了防雷专业技术人员资格要求。六是取消了相关证明事项,删除了相关条款,并调整了相关申请材料条款的表述。

2021 年 1 月 1 日起施行的《雷电防护装置检测资质管理办法》主要从以下几个方面进行修改。一是从降低从业年限、人员专业、技术人员职称要求、从业经历等方面切实降低资质申请条件。二是删除了申请材料中的"防雷装置检测资格证",调整了相关条款表述。三是进一步精简了申请材料,取消了申请材料中的"社会保险关系证明"和"事业单位法人证书或企业法人营业执照"等证明事项相关的申请材料,同时取消了升级时需要提交的"现有资质证正、副本原件及复印件"和"气象主管机构质量考核情况"等资质认定机构可自行获取的材料。四是增加了"雷电防护装置检测单位不得与其检测项目的设计、施工、监理单位以及所使用的防雷产品生产、销售单位有隶属关系或者其他利害关系"的规定,以促进检测活动公平公正开展。五是加强了对年度报告的规范管理,将年度报告制度作为加强对雷电防护装置检测单位事中事后监管的重要手段,规定"雷电防护装置检测单位应当从取得资质证后次年起,在每年的第二季度向资质认定机构报送年度报告。年度报告应当包括持续符合资质认定条件和要求、执行技术标准和规范情况、分支机构设立和经营情况、检测项目表以及统计数据等内容。资质认定机构对年度报告内容进行抽查,将抽查结果纳入信用管理,同时记入信用档案并公示。"六是增加雷电防护装置检测单位设立分支机构或者异地从业监管条款:"雷电防护装置检测单位设立分支机构或者跨省、自治区、直辖市从事雷电防护装置检测活动的,应当及时向开展活动所在地的省、自治区、直辖市气象主管机构报告,并报送检测项目清单,接受监管。"以解决实际监督管理中存在的问题,也填补了实际工作中的措施空白。七是增加了气象主管机构对于雷电防护装置检测单位信用信息、资质等级等情况的公示要求,增加了监管工作的透明化,完善了监管手段。如第二十八条增加了"国务院气象主管机构应当建立全国雷电防护装置检测单位信用信息、资质等级情况公示制度。省、自治区、直辖市气象主管机构应当对在本行政区域内从事雷电防护装置检测活动单位的监督管理情况、信用信息等及时予以公布。"

2. 地方政府规章

地方政府规章主要指各省、市人民政府出台的政府令,规定了各级行政区域防雷减灾工作的要求和部门职责,是对《气象法》、《气象灾害防御条例》和《防雷减灾管理办法》等法律法规、部门规章的补充。如《重庆市防御雷电灾害管理办法》(重庆市人民政府令第 327 号)从雷电监测预警及发布、雷电防护装置安装维护、防御雷电灾害重点单位、应急响应与处置、监督管理和法律责任等方面规定了重庆市防御雷电灾害管理及工作要求。《上海市雷电防护管理办法》(沪府发〔2000〕8 号)规定了上海市雷电灾害防御工作的主管及协同部门,明确了需安装雷电防护装置的对象和场所、规定了防雷工程设计、施工和验收的流程,对防雷检测的机构、工作流程和结果处理给出规定,并规定了上海市雷电防护产品、雷击事故调查鉴定、科研工作的开展。《广东省防御雷电灾害管理规定》(广东省人民政府令第 284 号)规定了广东省开展防御雷电灾害工作的原则、风险预防与监测预警、雷电防护装置检测、防雷安全工作的监管及法律责任等。此外,其他省市地方政府也陆续出台了关于地区雷电灾害防御工作的规章,如《广西壮族自治区防御雷电灾害管理办法》(2018 年 8 月 9 日广西壮族自治区人民政府令第 128 号第三次修正)、《四川省雷电灾害防御管理规定》(2009 年 3 月 18 日四川省人民政府令第 235 号)、《安徽省防雷减灾管理办法》(2005 年 3 月 17 日安徽省人民政府第 22 次常务会议通过,2005 年 4 月 4 日省安徽省人民政府令第 182 号公布,自 2005 年 5 月 1 日起施行。经 2017 年 11 月 22 日省人民政府第 121 次常务会议通过《安徽省人民政府关于修改部分规章的决定》,对《安徽省防雷减灾管理办法》进行修改)等。特别是《国务院关于优化建设工程防雷许可的决定》(国发〔2016〕39 号)发布后,各地省、市政府规章按照国务院对建设工程防雷行政许可优化要求,对原有规章完成了相关条款的修订。

2.2.2 规范性文件

规范性文件主要包括国务院、国务院办公厅、地方政府等出台的文件。2016 年，根据简政放权、放管结合、优化服务协同推进的改革要求，为减少建设工程防雷重复许可、重复监管，切实减轻企业负担，进一步明确和落实政府相关部门责任，加强事中事后监管，保障建设工程防雷安全，国务院发布了《国务院关于优化建设工程防雷许可的决定》（国发〔2016〕39 号），整合了部分建设工程防雷许可，明确了气象、住房城乡建设、公路、铁路、电力、通信等专业部门负责的建设工程类别，清理和规范了气象部门对防雷专业工程设计、施工资质许可。同时，基于各部门在雷电灾害防御和安全监管方面的职责，明确了"气象部门要加强对雷电灾害防御工作的组织管理，做好雷电监测、预报预警、雷电灾害调查鉴定和防雷科普宣传，划分雷电易发区域及其防范等级并及时向社会公布"等雷电灾害防御和安全监管工作要求。

国发 39 号文印发后，全国各省市迅速响应，纷纷出台了各地关于优化建设工程防雷许可的发文。如《海南省人民政府关于优化建设工程防雷许可的实施意见》（琼府发〔2017〕14 号）、《重庆市人民政府关于优化建设工程防雷许可的实施意见》（渝府发〔2016〕57 号）、《吉林省人民政府办公厅关于优化建设工程防雷许可的实施意见》（吉政发〔2016〕83 号）、《湖南省人民政府关于整合优化建设工程防雷许可的实施意见》（湘政发〔2017〕6 号）等陆续印发，在国发 39 号文内容框架下，各地根据地区的防雷减灾工作要求进行了细化，进一步明确和细化了各部门负责的建设工程防雷许可及防雷安全监管职责，成为现阶段指导和管理各部门防雷工作规范性文件和依据。

第3章 雷电防护技术

雷电防护(与下文"防雷"、"避雷"同义)是一个系统的工程,现代雷电防护技术包括外部防雷和内部防雷(见图3.0.1)。常规意义上的外部防雷主要是指直击雷的防护,实际应用中,主要由接闪器、引下线以及完善的接地系统构成外部防雷。内部防雷是指在各种可能传输和感应雷电的途径上的雷电防护措施,主要有屏蔽、合理布线、等电位连接、接地和过电压过电流保护等措施。

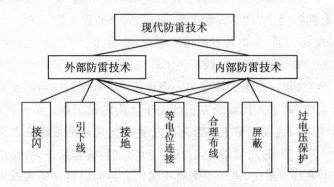

图 3.0.1　现代防雷技术系统框图

随着富兰克林用风筝实验发明避雷针(接闪杆)以来,人类对雷电防护的发展脚步就从未停止过。建筑物采用避雷带(接闪带)、避雷网(接闪网)、避雷线(接闪线)等防雷手段相继被广泛应用。就目前来说,雷电防护技术主要有以下几个方面:

(1)接闪技术,是将雷电触击在接闪器上(避雷针、避雷带等)将强电流通过引下线泄入大地,从而使建筑物得以保护。

(2)屏蔽技术,利用钢筋或其他导体把建筑物包围起来形成保护笼,防止雷电电磁脉冲的影响。

(3)接地技术,利用接地系统,采用快速泄流和等电位地网结构,将雷电流安全引入大地,保护设备与人员安全。

(4)过压与过流保护技术,目的是保护电子和电气设备免受雷电感应和雷电波的入侵。

3.1　防护目的与原则

3.1.1　防雷保护目的

防雷的目的是要保护生命和财产(建筑物和设备等)免遭雷电灾害,或者把这种灾害减少到最小程度。

从闪电过程的观测结果得知,闪电电源不是一个电压源,而是一个电流源。更严格地说,它是一个电流波,如同洪水暴发。因此就防雷保护而言,必须给闪电放电电流提供一条低阻抗的通道。这就好像开一条河道泄放洪水一样,把洪水疏导到大海而不能采取筑坝堵塞洪水的办法。富兰克林两百多年前发明的避雷针,其功能正是通过低阻抗的导电通道,把闪电电流传导到大地中去,让雷电的能量耗散到大地之中,从而保护建筑物和人员安全。经过两百多年在众多建筑物上的实际考验,证明富兰克林避雷针是一种行之有效的避雷装置。尽管随着科学技术的不断发展,微电子技术的广泛应用,现在又出现了一系列随之而来的新形式雷害,如电雷电感应,雷电波侵入,雷电电磁脉冲辐射以及地电位反击等,避雷针的保护作用力不从心了,但是将闪电放电电流用低阻抗导电通道疏导至大地,让地来容纳并耗散雷电能量的基本原则没有改变。

为了进一步发挥避雷针的保护作用,如果在避雷针上简单地串入电阻或电感,企图借此来影响雷电流的幅值和陡度,以达到减少雷电电磁感应的目的,显然是不可取的。静寂地消雷尽管一直是人们的理想,但是现在还没有这样的手段。历史上周期性反复出现的消雷器,以及现在国内出现的各种消雷器,都企图利用尖端放电的电荷区中和雷云电荷。实践证明,不仅消不了雷,而且忽略了低阻抗传导功能,常常导致消雷器本身也遭受雷击而损坏。我国现行国家标准,如《GBJ64—83 工业与民用电力装置的过电压保护设计规范》,《GB50057—2010 建筑物防雷设计规范》,《GB7450—87 电子设备雷击保护原则》,以及世界各国的防雷规范和国际 IEC 规范,都对避雷针、线、网等有明确的使用技术条款,而并未把消雷器列入标准和规范。

3.1.2　防雷保护原则

防雷的基本原则可以与防洪这一自然灾害的原则类比。防洪就是要把洪水尽快地输送到大海,让大海容纳和消耗其能量。因此防雷也同样首先采取疏导这种方法,让雷电能量尽量通过低阻抗导电通道流入大地,让大地来接纳和消耗雷电的能量,而不能让雷电能量滞留在导电通道的某个部位而产生破坏作用。

其次,对于防雷工程设计来说,应该尽可能按照国家有关防雷的规范来进行,因为国家的防雷条例中已经考虑到了上述科学原则,必须遵守。由于我国地域辽阔,雷电与地理、气象条件关系密切,在防雷规范中也不可能照顾这些差别。在制定防雷规范时已经考虑到了这个情况,所以在防雷条款中含有灵活机动性,这就要求我们从实际出发,独立思考,因地制宜采取相应的防雷措施,做出完善的防雷工程设计。同时,由于雷电的随机性,所以防雷工程也不是100%都能够保证不受雷击的。按照什么样的雷电流数据来设计防雷工程,必须较好的统筹兼顾科学原则和经济原则。大雷电电流闪电出现的概率小,而小雷电流的闪电出现的概率大。如果都按照大雷电流数据来设计防雷工程,这样不但耗资巨大,而且在某个规定的试用期内(如电子设备更新换代快,有效使用期一般不会太长)也无此必要。这要我们善于把科学原则和经济原则结合起来,就可以让防雷工程并不一定消耗巨资,而又可以获得较好的防雷效果。

总而言之,经过百年的摸索与实践,现在人们已经得到这样一个结论,即防雷的基本途径就是要提供一条使雷电(包括雷电电磁脉冲辐射)对地泄放的合理低阻抗路径,而不能够让其随机的选择放电通道。这里面的含义就是要控制雷电能量的泄放与转换,这就是我们提出的防雷基本原则。

3.2 直击雷防护技术

直击雷防护即为外部防雷装置:主要由接闪器、引下线和接地装置三部分组成。

3.2.1 接闪器

使用金属接闪器(包括避雷针、网、带、线),其高端比建筑物顶端更高,吸引闪电,把闪电的强大电流传导到大地中去,从而防止闪电电流经过建筑物。它是防雷击危害最直接、最有效的防护措施。在建筑物外部防雷中,通过接闪器接闪后,强雷电流通过规定通道泄入地面,可有效防止雷电流对建筑物自身的损毁,同时在接闪后泄流的过程中,要注意防雷电感应。外部屏蔽可阻止雷电流产生的强烈电磁场对处在相邻位置的人或物造成伤害。雷电感应还可以对建筑物内部的电子和电气设备和人身造成损害,因此要在电子和电气设备线路前加装电涌保护器(又称浪涌保护器),防止瞬态过电压沿线路击毁设备。

一些重要的设备还要做好自身屏蔽措施,设备的外壳需要接地等。设备与设备之间要做好等电位连接,所有与建筑物组合在一起的大尺寸金属件也都要采取等电位连接,并与防雷装置相连。另外,在对由金属物、金属框架或钢筋混凝土钢筋等自然构件形成的屏蔽层,要将穿入大空间屏蔽的导电金属物就近与屏蔽层作等电位连接。

1. 避雷针(接闪杆)

早期富兰克林发明的避雷针就是一根磨尖的铁棒、引下线和接地体。其功能就是主动将闪电电流引入大地,也称闪电引导器。

避雷针是一种引雷装置。通常所见的避雷针由三个部分组成:一根上端比较尖的金属棒作为接闪器,金属棒下端连接着引下线,引下线连接到埋在地下的金属接地体以完成对雷电流的泄放分流。

避雷针有两个作用:一是当雷云接近避雷针时,避雷针可以把因静电感应带的电荷随时放入空中与云中的电荷中和,从而将剧烈的放电缓和为多次放电,减少雷击的可能性;二是作为放电的通路,使雷电流从避雷针的导线中流过,而不至于破坏建筑物。

2. 避雷线(接闪线)

到二十世纪,人们开始认识到雷电感应的危害。1914 年德国 W. Peterson 提出了接地避雷线防雷的理论。后来美国人 F. W. Peek 和 W. W. Lewis 也认识到对电力线路的威胁不仅来自于直击雷,还有雷电感应击。直到 30 年代后期,人类才取得共识:对应 100 kV 以上的供电线路,避雷线是防直击雷的基本保护措施。所以,避雷线是指供电线路上方架设的钢线,其功能类同避雷针。

3. 避雷带(接闪带)

所谓避雷带是指在平顶房屋顶四周女儿墙或坡顶屋的屋脊、屋檐上装上金属带作为接闪器。并把它与大地作良好的连接即可得到较好的避雷效果。

4. 避雷网(接闪网)

避雷网是指利用钢筋混凝土结构中的钢筋网进行雷电保护,必要时可以添加辅助的避雷网。因此又称暗装避雷网。

3.2.2 引下线分流

一套完整的直击雷防雷装置包括接闪器、引下线和接地装置。引下线是指连接接闪器与接地装置的金属导体。此外,引下线数量直接影响分流效果,引下线多,每根引下线通过的雷电流就少,其感应范围及强度就小。防雷装置的引下线应满足机械强度、耐腐蚀和热稳定的要求。

3.2.3　接地系统

不管采用何种雷电防护措施,其目的都是将雷电能量泄放入地。接地就是让雷电流顺利地流入大地,它是整个防雷系统中最基础的一个环节。把接闪器与大地作良好的电气连接的装置称为接地装置。接地装置应优先利用建筑物的自然接地体,当自然接地体的接地电阻达不到要求时应增加人工接地体。

IEC 认为:为了将雷电流散流入大地而不在接地装置上产生危险的过电压,接地装置的形状及尺寸比接地体电阻的具体数值更为重要。然而,通常还是建议接地体要有低的电阻值。

通常情况下,共用接地装置的接地电阻值必须按接入设备中要求的最小值确定。

3.3　雷击电磁脉冲防护技术

雷击电磁脉冲防护技术即为内部防雷装置:主要有屏蔽、共用接地系统、等电位连接、过电压过电流(安装浪涌保护器)和合理布线等雷电防护措施。

3.3.1　屏　蔽

屏蔽就是用金属网、箔、壳、管等导体把需要保护的对象包围起来,从物理上说,就是把闪电的脉冲电磁场从空间入侵的通道阻隔起来,力求"无隙可钻"。屏蔽目的就是减少电磁干扰的感应效应,减少雷击电磁脉冲对微电子设施的干扰。它是保护微电子设施免遭损坏的有效手段。屏蔽主要有建筑物屏蔽、房间的屏蔽、线路的屏蔽和设备的屏蔽。

有关规范指出:"在需要保护的空间内,当采用屏蔽缆时其屏蔽层应至少在两端并宜在防雷区交界处做等电位连接,当系统要求只在一端做等电位连接时,应采用两层屏蔽,外层屏蔽按前述要求处理。"

3.3.2　共用接地系统

共用接地系统的优点越来越为人们所认识,它的最显著的作用在于易实现建筑物内各个系统的等电位,防止地电位反击。尤其在城市环境里若设多个分设接地不容易做到真正彼此独立。

《雷击电磁脉冲的防护》指出：从防雷的观点来看，建筑物采用单一的共用接地装置较好，它适合于所有接地之用（如，防雷、低压电力系统、电信系统）。IEC 也指出：如果在互相邻近的建筑物之间有电力线和通讯电缆通过，应将其接地系统互相连接，并且这样有利于采用多条并行路径以减少电缆中的电流，一个网状接地系统可满足这种要求。

3.3.3　等电位连接

由于雷电流的峰值非常大，其流过之处都立即升至很高的电位（相对大地而言），因此对于周围尚处于大地电位的金属物会产生旁侧闪络放电，又使后者的电位骤然升高，它又会对其附近的尚处在大地电位的设备或人产生旁侧闪络。这种放电产生的脉冲电磁场则会对室内的电子仪器设备产生作用。等电位连接目的就是减少防雷空间内各金属部件和各系统之间的电位差。

如图 3.3.1 所示等电位连接的基本网络结构形式有 S 型或 M 型两种基本形式，Ss 或 Mm 的组合型等电位连接形式。

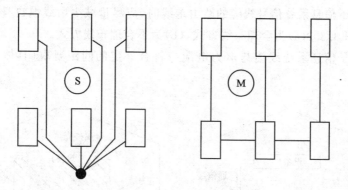

图 3.3.1　等电位连接基本结构形式（S 型或 M 型）

S 型特点：仅以一点接地基准点接入共用接地系统中；设备和地之间应大于 10 kV、1.2/50 μs 的绝缘；S 型网络结构形式适用于局域网、1 MHz 以下的网络，对于低频，获得低阻抗的接地网络频不易干扰。

M 型特点：多点连接、矩阵结构；要求最短线路与等电位网络连接；具有多个短路回路起到衰减电磁场作用；适用于相对广延的开环系统，对于高频，获得了低阻抗的接地网络。

3.3.4　过电压过电流（安装浪涌保护器）

当无法用金属导体直接进行等电位连接的系统，需要做等电位连接时，可采用安装浪涌保护器(SPD)作瞬态等电位连接。安装 SPD 可通过电涌保护器中的非线性元件将瞬态过电压限制住,并将电涌电流分别泄入大地,从而使电子和电气设备得以保护,它是解决有源线路等电位连接的一种方式。

电涌保护器的安装主要考虑电源低压侧部分和信号部分。

SPD 的基本要求:能够承受预期通过的电流;通过电流的最大嵌位和有能力熄灭在电流通过后产生的工频电流。

电涌保护器 SPD 一般有三种类型:

(1) 开关型:一般用在 LPZ0b～LPZ1 区,用于电源系统的 SPD,可疏导 10/350 μs 模拟雷电冲击电流。

(2) 限压型:一般用在 LPZ1 至 LPZn 区,可疏导 8/20 μs 模拟雷电冲击电流,限压型 SPD 一般由氧化锌压敏电阻(MOV)或半导体放电管(SAD)等元件组成。

(3) 混合型:一般由 MOV、滤波器,半导体放电管等电路组成。

3.3.5　合理布线

布置电子信息系统信号线缆的路由走线时,应尽量减少由线缆自身形成的感应环路面积,图 3.3.2(a)为合理布线方式,(b)为不合理布线方式。

此外电子信息系统线缆与电力电缆应符合一定的间距要求(具体见相关规范要求)。

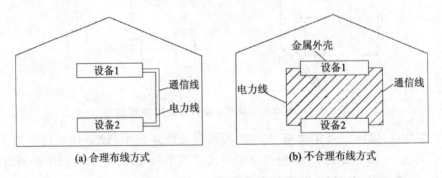

(a) 合理布线方式　　　　(b) 不合理布线方式

图 3.3.2　合理和不合理布线举例

第4章 雷电防护技术服务

4.1 设计施工基本要求

4.1.1 设计施工基本原则

1. 安全可靠

（1）现场勘察问题全面：认真收集雷电防护对象及周边雷灾历史、区域雷电环境（雷暴日或地闪数据）；认真勘绘雷电防护对象建（构）筑外形、管线、电气和电子系统分布等图；认真测量防护对象土壤电阻率；认真核对委托单位提供设计输入资料。

（2）解决问题思路清晰：提出要解决核心问题→找出重点、难点→提出解决思路→制定总体技术路线→编写技术方案→绘制图纸→编写施工方案→编写测试验证方案。

（3）实施质量监督精细：隐蔽项目、核心节点材料及连接工艺、核心设备技术参数验证、与其他系统交叉管线安全距离。

2. 技术先进

（1）吸收最新标准成果：方案设计要尽可能最大限度吸收最新国际、国家、行业及地方防雷标准成果，用最新标准条款规范设计，用标准最新科技成果解决设计中的技术问题，解决经验值替代计算值。

（2）使用工程检验技术：工程方案设计必须使用可靠技术，不能使用正在研究的技术或者没有经过工程实践过的技术，禁止使用标准禁止的技术和违反科学技术。

（3）实施工艺便于使用：发挥好防雷装置综合功效，设计是核心，施工是关键，使用是根本。一个好的设计方案，一个优的施工技术必须遵循良好使用效果为根本目的。脱离这个目的，就谈不上技术先进。

3. 经济合理

(1) 精细评估精准预防:防雷设计要根据防护对象年预计雷击次数、防雷区情况、耐受雷击绝缘电压、重要性、使用性质及雷击发生后果等评估防雷等级,不能盲目提高防雷等级,增加防御措施,过度防护。

(2) 因地制宜他为我用:要分析地形地貌,合理设置接闪器、接地装置位置,如借助高点设置接闪器,利用低洼土壤电阻率值低的位置设置接地装置节省材料;可以与 EMC、综合布线等专业联合设计做好电缆屏蔽、电子机房特种屏蔽措施,避免重复设计和重复建设。

(3) 工序科学预算求实:设计及现场施工工序必须遵守科学,避免工序混乱出现停工,窝工,整改。目前随着我国经济社会大发展,人力成本占据施工费用中越来越高的比重,设计、施工过程中一定要重视防雷装置实现所需工时。施工预算必须严格按照国家相关定额进行编制,不能为了一味追求工程利润,虚报设备价格,多报工程量。

4.1.2 设计施工基本方法

本节设计施工基本方法包括:接闪器保护法、法拉第笼及屏蔽法、等电位法。

1. 接闪器保护法

(1) 滚球法。应用此方法,接闪器位置应满足:任何方向,保护区内任一点都不与地面、建筑物周围、建筑物顶部滚动的、半径 r 的球体有任何接触。因此球体只应与地面和接闪器或多个接闪器接触。滚球半径取决于建筑物防雷分类,滚球半径与雷击建筑物的电流峰值函数关系:$r=10I^{0.65}$,单位是 kA。半径为 r 的球体在建筑物周围滚动,直至触到地面或可充当雷电导体的任何永久建筑物或与地面接触的物体。在球体接触建筑物地方会形成一个接触点。这样的点需要接闪器导体提供保护。

滚球法不考虑接闪器随高度增加对雷电吸引能力增加,尽管增加速度是缓慢的。从理论角度看,滚球法是偏安全、偏保守方法。

(2) 折线法。接闪导体、杆状接闪器,支座和导线安装位置,应保证需保护建筑物的所有部分均位于接闪导体相对于参考平面突出点形成的包络表面的内部。

(3) 网格法。网格接闪导体应安装在屋角、屋檐、屋脊(屋顶坡度超过 1/10 时),对于高度超过 60 m 的建筑物,在建筑物高度 80% 以上侧面。

接闪器网格或接闪带(网)安装使雷电流应至少通过两条路径(引下线)泄流入地,且没有任何金属装置位于接闪器保护范围之外。

接闪器的导体应尽可能短,尽可能走直线。

2. 法拉第笼及屏蔽

利用一个有孔或缝隙的金属封闭结构内对雷电引起的电磁场进行比较完善的防护，我们称为这种方法为"法拉第笼防雷法"。

3. 等电位法

现代防雷尤其是低压电气和电子系统防雷核心方法就是等电位连接。等电位连接包括系统非导电金属构件直接与接地网连接和信号源芯线电缆通过 SPD 间接与等电位连接。直接等电位可以解决传导雷电流引起电位差损坏关联设备，电涌保护器可以减少有害的电磁场和噪声，包括进入电缆和空间内。任何有效的雷电防护系统效能都可以通过它与屏蔽技术、电涌保护系统的紧密性来解释。

4.1.3　设计施工基本技术

本节讨论设计施工基本技术主要包括：接闪器滚球法保护半径算法、引下线分流系数算法、接地装置接地电阻值算法、屏蔽一般要求及磁场衰减简易算法、等电位一般要求及典型等电位网设计及实施、电涌保护器选型。

1. 接闪器滚球法保护半径算法

（1）定义：滚球法是指以某一定半径 h_r 的球体，沿需要防直击雷的部位滚动，当球体只触及接闪器（包括被利用作为接闪器的金属物），或只触及接闪器和地面（包括与大地接触并能承受雷击的金属物），而不触及需要保护的部位，则该部分就得到接闪器的保护。图中阴影部分为该接闪器的保护范围。

（2）特点：以雷击距为基础，将滚球半径与雷电流幅值联系起来，其保护范围能反映与雷电流幅值的相关性。《建筑物防雷设计规范》GB50057 中取雷击距经验公式为：

$$h_r = 10I^{0.65} \rightarrow \left[I = (h_r/10)^{1.54} \right]$$

式中：I—雷电流幅值，kA；

h_r—滚球半径（吸引半径），m。

表 4.1.1 为典型滚球半径对应雷电流峰值。

表 4.1.1　典型滚球半径对应雷电流峰值

滚球半径/m	雷电流峰值/kA
30	5.4
45	10.1
60	15.8

（3）单根接闪杆保护范围：根据滚球法定义，通过作图法确定单支接闪杆的保护范围（见图 4.1.1）分两种情形：

① 接闪杆的高度 $h \leqslant h_r$：

（a）离地面 h_r 高度作一平行线平行于地面；

（b）以接闪杆的杆尖为圆心，h_r 为半径画弧，交平行线与 A、B 两点；

（c）分别以 A、B 为圆心，以 h_r 为半径画弧，两弧交于杆尖，并与地面相切；

（d）将圆弧以接闪杆为轴，旋转 $180°$，所得的圆弧曲面圆锥体就是单支接闪杆的保护范围。

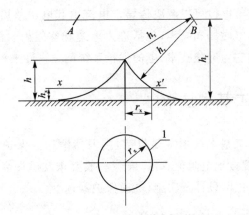

图 4.1.1　单根接闪杆保护范围图

② 接闪杆的高度 $h > h_r$：

（a）在接闪杆上截取高度为 h_r 的一点，代替接闪杆杆尖为圆心；

（b）其他步骤同 $h \leqslant h_r$；

（c）特点：在 $h > h_r$ 时，接闪杆保护范围不随杆高再增大；

（d）在 $h - h_r$ 部分，将会出现侧向暴露区，在接闪杆的该部分上将会遭受侧面雷击。

（4）双根等高接闪杆保护范围（见图 4.1.2）：

分析条件：

（a）$h \leqslant h_r$；

（b）两杆的距离 $D = 2r_0$，两圆相切，各按单杆设计；$D > 2r_0$，两圆不交，各按单杆设计；$D < 2r_0$，两圆相交，其中，r_0 为单杆地面保护半径。

特点：

• 两侧和单杆保护范围相同。

• 两杆间保护区域上边线为一段圆弧（端点为两杆杆尖）。

保护范围：

• C、E 两点为两侧滚球在地面的切点，位于两杆间连线的垂直平分线上。

- 两杆间保护区域上边线为一段圆弧,弧 AFB 的半径为:

$$R = OA = OB = \sqrt{(h_r - h)^2 + (D/2)^2}$$

- 弧上任一点 F 有如下式子成立:

$$h_x = h_r - \sqrt{R^2 - x^2}$$

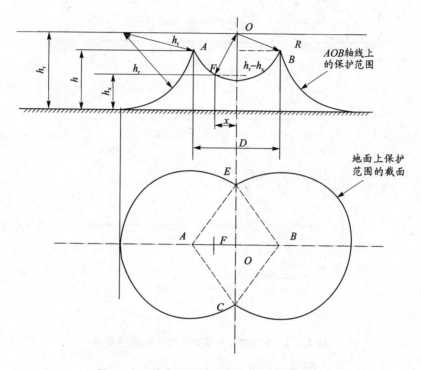

图 4.1.2　等高双杆保护范围立面图、平面图

(5) 双根不等高接闪杆保护范围(见图 4.1.3):

计算要求: $h_1 \leqslant h_r, h_2 \leqslant h_r$; $D \geqslant r_{01} + r_{02}$,按各单根接闪杆保护范围计算, $D \leqslant r_{01} + r_{02}$,按以下方式计算范围:

(a) 两侧和单针保护范围相同;

(b) C、E 两点为两侧滚球在地面的切点,不在两针间连线的垂直平分线上;

(c) 两针间保护区域上边线为一段圆弧,弧 AFB 的半径为:

$$R = OA = OB = \sqrt{(h_r - h_2)^2 + (D - D_1)^2} = \sqrt{(h_r - h_1)^2 + (D_1/2)^2}$$

因此,CE 线或 HO 线的位置按下式计算:

$$D_1 = \frac{(h_r - h_2)^2 - (h_r - h_1)^2 + D^2}{2D}$$

弧上任一点 F 有如下式子成立：

$$h_x = h_r - OM = h_r - \sqrt{R^2 - x^2} = h_r - \sqrt{(h_r - h_1)^2 - D_1^2} - x^2$$

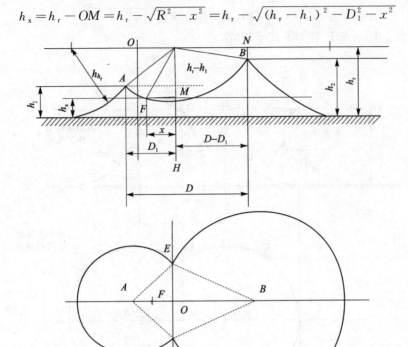

图 4.1.3　不等高双杆保护范围立面图、平面图

2. 引下线–分流系数算法

（1）单根引下线时，分流系数应为 1（见图 4.1.4）；两根引下线及接闪器不成闭合环的多根引下线时，分流系数可为 0.66（见图 4.1.5），也可按图 4.1.6 计算确定。

（2）引下线根数 n 不少于 3 根，当接闪器成闭合环或网状的多根引下线时，分流系数可为 0.44（见图 4.1.7）。

（3）当采用网格型接闪器、引下线用多根环形导体互相连接、接地体采用环形接地体，或者利用建筑物钢筋或钢构架作为防雷装置时，分流系数 k_c 宜按图 4.1.8 确定。

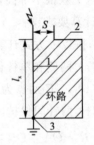

图 4.1.4　单根引下线

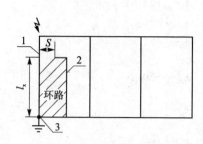

图 4.1.5 两根引下线及接闪器闭合
环的多根引下线

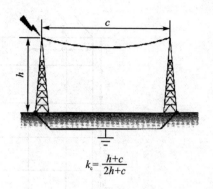

$$k_c = \frac{h+c}{2h+c}$$

图 4.1.6 分流系数 k_c

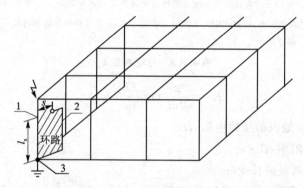

1 为引下线；2 为金属装置或线路；3 为直接连接或通过电涌保护器连接。

S 为空气中间隔距离，l_x 为引下线从计算点到等电位连接点的长度。

图 4.1.7 接闪器成闭合环或网状的多根引下线

（4）建筑设计上为了减小分流系数，设计时尽量增加引下线的数量，安装有重要、高度敏感的电子信息设备的楼宇，最好每条外墙柱都作引下线。重要的设备，不宜放在顶一层，最好放在顶四层或以下，并位于建筑物中心部位。

3. 接地装置的接地电阻值算法

本节介绍几种接地装置常用布置接地体接地电阻值算法，包括：垂直接地极的接地电阻值计算方法、不同形状水平接地极的接地电阻值计算方法、水平接地极为主边缘闭合的复合接地极（接地网）的接地电阻值算法、人工接地极工频接地电阻值简易经验算法。

（1）垂直接地极的接地电阻值算法公式：

当 $l \gg d$ 时

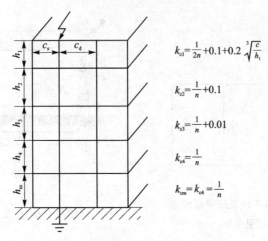

$k_{c1} = \dfrac{1}{2n} + 0.1 + 0.2 \sqrt[3]{\dfrac{c}{h_1}}$

$k_{c2} = \dfrac{1}{n} + 0.1$

$k_{c3} = \dfrac{1}{n} + 0.01$

$k_{c4} = \dfrac{1}{n}$

$k_{cm} = k_{c4} = \dfrac{1}{n}$

注:① $h_1 \sim h_m$ 为连接引下线各环形导体或各层地面金属体之间的距离,c_s、c_d 为某引下线顶雷击点至两侧最近引下线之间的距离,计算式中的 c 取这二者之小者,n 为建筑物周边和内部引下线的根数且不少于 4 根。c 和 h_1 值适用于 3~20 m。

图 4.1.8 分流系数 k_c

$$R_v = \frac{\rho}{2\pi l}\left(\ln \frac{8l}{d} - 1\right) \tag{4.1.1}$$

式中:R_v—垂直接地极的接地电阻,Ω;

ρ—土壤电阻率,$\Omega \cdot m$;

l—垂直接地极的长度,m;

d—接地极用圆钢时,圆钢的直径,m

（当用其他型式钢材时,其等效直径应

按下式计算(图 4.1.9):钢管,$d = d_1$;

扁钢,$d = \dfrac{b}{2}$;等边角钢,$d = 0.84b$;不

等边角钢,$d = 0.71\sqrt[4]{b_1 b_2 (b_1^2 + b_2^2)}$）。

图 4.1.9 不同形式
接地极示意图

(2) 不同形状水平接地极的接地电阻算法公式:

$$R_h = \frac{\rho}{2\pi L}\left(\ln \frac{L^2}{hd} + A\right) \tag{4.1.2}$$

式中:R_h 水平接地极的接地电阻,Ω;

L—水平接地极的总长度,m;

h—水平接地极的埋设深度,m;

d—水平接地极的直径或等效直径,m;

A—水平接地极的形状系数。

水平接地极的形状系数可采用表 4.1.2 所列数值。

表 4.1.2　水平接地极的形状系数 A

水平接地极形状	—	∟	人	○	＋	□	✕	✳	✳	✳
形状系数 A	−0.6	−0.18	0	0.48	0.89	1	2.19	3.03	4.71	5.65

（3）水平接地极为主边缘闭合的复合接地极（接地网）的接地电阻值算法：

$$R_n = a_1 R_e \tag{4.1.3}$$

$$a_1 = \left(3\ln \frac{L_o}{\sqrt{S}} - 0.2 \right) \frac{\sqrt{S}}{L_o}$$

$$R_e = 0.213 \frac{\rho}{\sqrt{S}}(1+B) + \frac{\rho}{2\pi L}\left(\ln \frac{S}{9hd} - 5B \right)$$

$$B = \frac{1}{1 + 4.6 \dfrac{h}{\sqrt{S}}}$$

式中：R_n—任意形状边缘闭合接地网的接地电阻，Ω；

R_e—等值（即等面积、等水平接地极总长度）方形接地网的接地电阻，Ω；

S—接地网的总面积，m^2；

d—水平接地极的直径或等效直径，m；

h—水平接地极的埋设深度，m；

L_0—接地网的外缘边线总长度，m；

L—水平接地极的总长度，m。

（4）人工接地极工频接地电阻值简易计算式如表 4.1.3 所列。

表 4.1.3　人工接地极工频接地电阻简易计算式

接地极形式	简易计算式
垂直式	$R \approx 0.3\rho$
单根水平式	$R \approx 0.03\rho$
复合式（接地网）	$R \approx 0.5 \dfrac{\rho}{\sqrt{S}} = 0.28 \dfrac{\rho}{r}$
	或 $R \approx \dfrac{\sqrt{\pi}}{4} \dfrac{\rho}{\sqrt{S}} + \dfrac{\rho}{L} = \dfrac{\rho}{4r} + \dfrac{\rho}{L}$

注：

① 垂直式为长度 3 m 左右的接地极；

② 单根水平式为长度 60 m 左右的接地极；

③ 复合式中，S 为大于 100 m^2 的闭合接地网的面积；r 为与接地网面积 S 等值的圆的半径，即等效半径。

4. 屏蔽一般要求及磁场衰减简易算法

（1）屏蔽一般要求

在需要保护的空间内，应采用屏蔽电缆，其屏蔽层两端应做等电位连接接地，在穿越雷电防护区交界处应做等电位连接接地。当屏蔽电缆要求只在一端作等电位连接接地时，应采用两层屏蔽，其外屏蔽层应在穿越雷电防护区交界处应做等电位连接接地。当电缆屏蔽层能荷载可预见的雷电流时，该电缆可不敷设在金属管道内。

当建筑物之间的互连电缆采用非屏蔽电缆时，应敷设在金属管道内。金属管道、金属格栅、钢筋混凝土管道的两端应电气连通，并连到各建筑物的等电位连接带上。当互相邻近的建筑物之间有电力和通信电缆连通时，应将其接地装置互相连接。

信息系统设备为非金属外壳，且建筑物屏蔽未达到要求时，根据信息系统设备的重要性，应对机房或设备加装金属屏蔽网或金属屏蔽室，金属屏蔽网或屏蔽室应与等电位连接带连接。

为了改善电磁环境，与建筑物相关联的所有大尺寸金属部件应连接在一起并且与 LPS 等电位连接，如金属屋顶及金属立面、混凝土内钢筋，门窗的金属框架等（如图 4.1.10 所示，其网孔宽度为几十厘米）。

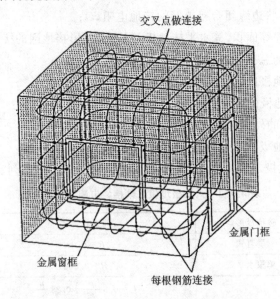

图 4.1.10 典型室内屏蔽装置与 LPS 等电位连接图

（2）屏蔽-磁场强度衰减的算法

（a）LPZ0 区中入射磁场强度 H_o 可按下式计算：

$$H_o = \frac{i_o}{2\pi S_a}$$

式中: i_0—雷电流, A;

S_a—雷击点至所考虑的被屏蔽空间的平均距离, m。

(b) 当有屏蔽时, 在格删形大空间屏蔽内, 即在 LPZ1 区内的磁场强度从 H_o 减为 H_1, 其值应按下式计算:

$$H_1 = \frac{H_o}{H^{\frac{SF}{20}}} \quad (A/m)$$

依此类推: 处在 LPZ_n 区内 LPZ_{n+1} 区的磁场强度将由 LPZ_n 区内的磁场强度 H_n 减至 LPZ_{n+1} 区内的 H_{n+1}, 其值可近似按下式计算:

$$H_{n+1} = \frac{H_n}{10^{\frac{SF}{20}}} \quad (A/m)$$

一般屏蔽后磁场强度计算结果 H_{n+1} 要满足 ≤ 800 A/m, 才能符合要求。

(c) 设备放置安全距离 $d_s/1$ 计算:

$$d_s/1 = W \frac{S_F}{10} \quad (m)$$

式中: S_F—由规范 GB50057—2010, P30 的公式估算出的屏蔽系数, dB;

W—该格栅形屏蔽体的网格宽度, m。

5. 等电位连接一般要求及典型等电位连接网设计及实施

(1) 等电位连接一般要求

建筑物 LPZ0 与 LPZ1 区交界处应设置总等电位接地端子板; 每层或若干层宜设置楼层辅助等电位接地端子板; 各设备机房宜设置局部等电位接地端子板。

各接地端子板应设置在便于安装和检查以及接近各种引入线的位置, 避免装设在潮湿或有腐蚀性气体及易受机械损伤的地方, 等电位接地端子板的连接点应具有牢固的机械强度和良好的电气连续性。

(2) 典型等电位连接设计及实施

(a) 机房典型等电位连接网

电子信信息系统机房常用的等电位连接网连接类型包括 S 型、M 型和混合型三类(见图 4.1.11)。

S 型等电位连接网络的优点: 由于是单点连接, 因而没有与雷电相关的低频电流能进入信息系统中, 此外, 信息系统内部的低频干扰源也不能产生地电流。此唯一的连接点亦是连接 SPD 以限制传导过电压的理想连接点。

M 型等电位连接网络的优点: 对于高频来说, 获得了一个低阻抗的网络。而且, 等电位连接网络的多个短路环路对磁场也起到多个衰减环路的作用, 从而对信息系统附近的原有磁场加以衰减。

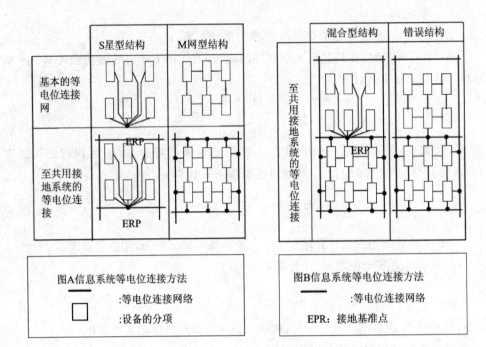

图 4.1.11　电子信息系统机房常用的等电位连接网

(b) 典型利用建筑物的钢筋作屏蔽及等电位连接(见图 4.1.12)。

(c) 典型利用建筑物的钢筋结构作等电位连接(见图 4.1.13)。

6. 电涌保护器选型

(1) 总原则

在正常情况下,SPD 呈现高阻状态。

当电路遭遇雷击或出现过电压时,SPD 呈现低阻状态,在纳秒级时间内实现低阻导通,瞬间将能量泄入大地,将过电压控制到一定水平。

当瞬态过电压消失后,SPD 立即恢复到高阻状态,熄灭在过电压通过后产生的工频续流。

(2) 电源 I 级试验开关型电涌保护器选型

电源 I 级试验开关型电涌保护器选型主要做好持续运行电压、冲击放电电流、电压保护水平及切断工频续流能力四个指标选择,详见表 4.1.4。

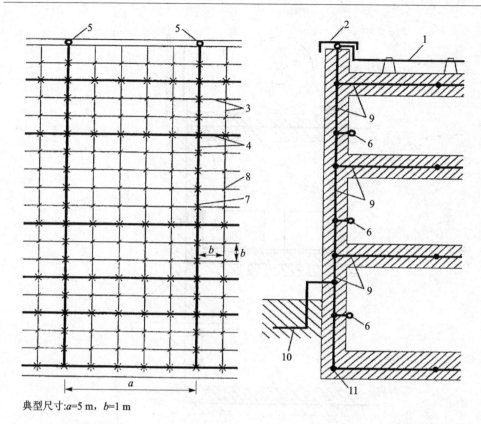

典型尺寸:a=5 m, b=1 m

1—接闪器(避雷带),2—屋顶女儿墙的金属盖板,3—钢筋,4—叠加于钢筋上的网格形导体,

5—网格形导体的接头,6—内部等电位连接带的接头,7—焊接或夹接,8—任意连接,

9—混凝土中的钢筋(有叠加的网格型导体),10—环形接地体(如设有),11—基础接地体

图 4.1.12　利用建筑物的钢筋作屏蔽及等电位连接

表 4.1.4　Ⅰ级试验电涌保护器参数选择参考表

持续运行电压 U_c,L－PE,N－PE	冲击放电电流 I_{imp}	电压保护水平 U_p	切断工频续流 能力	备　注
$1.15U_0$;$U_0^{①}$;$3U_0^{②}$	根据式 1、2 计算,无法计算的,不小于 12.5 kA	≤2.5 kV	AC255 V 时不下于 3 kA	①只适用于 N－PE,②只适用于引出中性线的 IT 供电系统

$$I_{imp}=\frac{0.5I}{nm} \qquad\text{(式1)}$$

$$I_{imp}=\frac{0.5IR_s}{n(mR_s+R_c)} \qquad\text{(式2)}$$

式中:I—雷电流,取一类防雷建筑物:200 kA,二类防雷建筑物:150 kA,三类防雷建筑物:100 kA;

n—地下和架空引入的外来金属管道和线路的总数;

m—每一线路内导体芯线的总根数;

R_s—屏蔽层每千米的电阻（Ω/km）;

R_c—芯线每千米的电阻（Ω/km）。

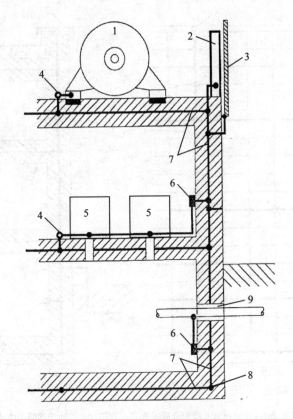

1—电动设备,2—钢支架,3—立面的金属盖板,4—等电位连接点,5—电气设备,6—等电位连接带,
7—混凝土中的钢筋(有叠加的网格形导体),8—基础接地体,9—各种公共设施的公用入口

图 4.1.13　钢筋结构建筑物的等电位连接

(3) 电源Ⅱ级试验开关型电涌保护器选型

电源Ⅱ级试验电涌保护器选型主要做好持续运行电压、标称放电电流、电压保护水平及泄漏电流四个指标选择,详见表 4.1.5。

表 4.1.5　Ⅱ级试验电涌保护器参数选择参考表

持续运行电压 U_c, L-PE,N-PE	标称放电电流 I_n	电压保护水平 U_p	泄漏电流	备　注
运行良好的市电环境不小于 320 V,频繁启停且启停电压波动大的系统 385 V,UPS 供电不小于 275 V	一般不小于 5 kA,频繁启停且启停电压波动大的系统,供户外相连设备,不小于 20 kA	≤1.5 kV(5 kA)	静态测量时,≤20 μA	

（4）电源Ⅲ级试验开关型电涌保护器选型

电源Ⅲ级试验电涌保护器选型主要做好持续运行电压、标称放电电流、电压保护水平及泄漏电流四个指标选择，详见表 4.1.6。

表 4.1.6　Ⅲ级试验电涌保护器参数选择参考表

持续运行电压 U_c，线-地	标称放电电流 I_n	电压保护水平 U_p	泄漏电流	备　注
>设备运行电压峰值 1.2 倍	一般不小于 5 kA，供户外相连设备，不小于 20 kA	<被保护设备耐受冲击电压 0.8 倍	静态测量时，≤20 μA	采用放电管电路，电压高于 24 V，串接额定电流超过 1 A 时注意工频续流。

（5）信号类电涌保护器选型

信号类电涌保护器选型主要做好标称导通电压、标称放电电流、电压保护水平插入损耗、驻波比四个指标选择，详见表 4.1.7。

表 4.1.7　信号电涌保护器参数选择参考表

标称导通电压 U_n，线-地	标称放电电流 I_n	电压保护水平 U_p	插入损耗	驻波比
大于设备运行电压峰值 1.2 倍	一般不小于 5 kA，供户外相连设备，不小于 10 kA	线-地一般不大于工作电压的 2.2 倍	一般小于 0.5 dB	一般小于 1.2 dB

4.2　设计技术评价

4.2.1　建筑行业工程施工图审查概述

1. 施工图审查的目的

确保建筑设计工程设计文件的质量符合国家的法律法规，符合国家强制性技术标准和规范，确保建设工程的质量安全，以保证国家和人民的生命财产安全不受损失。

2. 施工图审查的原则

（1）设计审查是政府强制性行为；

（2）审查机构是政府委托的中介机构；

（3）实行有偿审查的原则；

（4）审查机构承担审查的相应失察责任,技术质量责任仍由原设计单位承担。

3. 施工图审查的必要性和重要性

（1）勘察设计管理体制和运行机制的需要；

（2）与国际惯例接轨的需要；

（3）提高勘察设计质量的需要；

（4）维护国家和社会利益的需要。

4. 施工图审查的主要内容

（1）建筑物的稳定性、安全性审查,包括地基基础和主体结构体系是否安全、可靠；

（2）是否符合消防、节能、环保、抗震、卫生、人防等有关强制性标准、规范；

（3）施工图是否达到规定的设计深度；

（4）是否损害公众利益。

4.2.2　防雷设计技术评价简述

1. 防雷设计技术评价的含义

经气象主管机构认定的专业防雷机构,根据国家法律、法规、技术标准与规范,对设计单位所做的防雷设计施工图或方案,就安全性、有效性、稳定性和强制性标准、规范执行情况等进行的技术评价。

2. 开展防雷设计技术评价的依据

国家法律、法规的规定：

（1）《气象法》；

（2）《国务院对确需保留的行政审批项目设定行政许可的决定》国务院令第412号；

（3）《防雷减灾管理办法》第十五条、第十六条；

（4）《防雷装置设计审核和竣工验收规定》第九条（五）。

3. 技术评价的性质

（1）技术服务项目,按物价规定收取费用；

(2) 是防雷设计审核的前置条件之一；

(3) 防雷设计审核包含技术和管理两方面工作，属行政管理行为，非收费项目。

4. 技术评价的内容

(1) 防雷装置的稳定性、安全性；

(2) 是否符合现行有效的防雷规范；

(3) 施工图是否达到规定的设计深度；

(4) 是否损害公众利益。

5. 技术评价与设计的关系

(1) 设计是技术评价的对象，技术评价是更改设计的依据之一；

(2) 设计与技术评价都是为防雷减灾服务；

(3) 技术评价从本质讲也是一次设计过程；

(4) 两者具有相同的对等地位。

6. 技术评价关注的对象

(1) 防雷装置；

(2) 与防雷有关的电气接地；

(3) 危化场所的防静电接地。

7. 技术评价所需资料

(1) 建筑施工图：

① 全套施工图和电子文档一套；

② 防雷产品相关资料（含使用说明书、所用产品检验报告）；

③ 弱电系统设计方案一套；

④ 工业建筑物应有生产工艺流程图、物料存储方式、危险品场所分布等资料；

⑤ 储罐材质、壁厚、储存物形态及性质、储存工作压力数据等资料。

(2) 专项防雷装置设计：

① 防雷装置设计方案（包括：勘察报告、气象资料、设计依据、计算公式、直击雷防护措施、雷击电磁脉冲防护措施、防雷产品选型及检验报告等）；

② 防雷装置设计图纸（包括：接地平面图、接闪器布置图、各系统 SPD 设计安装图、等电位连接图等）；

③ 建设单位雷电防护意见书（包括：现有建筑（构）物情况、系统及设备的安装情况、防护对象及要求等）。

4.2.3 技术评价工作流程

技术评价工作流程如图 4.2.1 所示。

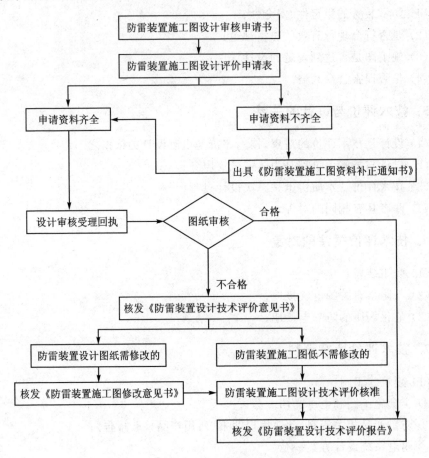

图 4.2.1 技术评价工作流程

4.2.4 技术评价原则

1. 影响技术评价的因素

(1) 被保护对象的使用性质、重要性、功能分布、工艺流程的了解程度；

(2) 被保护对象发生雷电事故的影响程度；

(3) 建设单位对雷电防护效果的预期程度；

(4) 防雷投入与雷灾损失之比的经济性；

（5）同一防雷规范中非强制性要求和允许稍有选择的条文；

（6）不同规范对相同问题的要求不一致；

（7）评价者的知识面和专业技术水平。

2. 表示要求严格程度的用词说明

（1）表示很严格，非这样做不可的用词：

正面词采用"必须"；反面词采用"严禁"。

（2）表示严格，在正常情况下均应这样做的用词：

正面词采用"应"；反面词采用"不应"或"不得"。

（3）表示允许稍有选择，在条件许可时首先应这样做的用词：

正面词采用"宜"或"可"；反面词采用"不宜"。

3. 评价过程应把握的原则

（1）具体问题具体分析

《建筑物防雷设计规范》第 1.0.3 条规定，"建筑物防雷设计，应在认真调查地理、地质、土壤、气象、环境等条件和雷电活动规律以及被保护物的特点等基础上，详细研究防雷装置的形式及其布置。"防雷装置是一种保护装置，用于保障被保护对象在雷电发生时免受或少受损失，会因被保护对象及相关因素的不同而变化，这就决定了无论是进行设计还是技术评价时不宜生搬硬套规范条文，必须根据实际情况区别对待。

（2）求异存同

我国各规范中都指明，"设计除应执行本规范的规定外，尚应符合国家现行有关标准和规范的规定"，因此评价时就不能只着眼于设计说明上提到的规范，还应根据被保护物的特点，查看相关规范、标准（含标准图集）的规定，若相关规范、标准中有其他要求，或虽为同类要求但要求严格程度高时，应要求设计单位做相应变更。

（3）就高不就低

若设计中所提要求高于图纸设计说明上所标规范的要求，除非存在明显不合理之处，原则上评价时不对此提出修正意见。

若设计中所提要求低于规范的要求，则应要求设计方修正。

若经过几方面因素综合考虑，出现可高可低两种选择均不违反原则情况时，一般应按高标准要求。

（4）一致性

设计方案和图纸中对同一相关问题的描述必须保持一致，明确清晰，同类图纸前后要一致，不同类别的图纸也需要核对其对应关系，这就要求评价人员尽量多的阅读图纸，而不能仅限于电气图中设计说明、基础接地、屋顶防雷平面等少数常用图纸上。

若发现有不一致,或表述模糊之处,应通过《评价记录单》向设计方提出质询,由设计方统一说法。

(5)适度选择

在评价时,建设或设计单位以投资多、施工难度大等说辞为由要求在评价时降低要求时,对涉及规范中用词表示要求严格程度为"很严格"和"严格"的条文要求,原则上均应拒绝,只有在条文用词表示"允许稍有选择"时才能适度放宽。

当评价者认为有必要设置规范条文中用词表示"允许稍有选择"的防雷措施时,宜以建议的形式提出并简单说明理由。

4.3 雷电防护装置检测

雷电防护装置检测是防雷安全隐患排查的重要手段。雷电防护装置安装是否符合防雷技术标准的要求;雷电防护装置投入运行后是否安全运行;雷电防护装置是否因修缮、改(扩)建致使其保护性能变化,都需要通过对雷电防护装置的检测来判定。雷电防护装置检测直接关系建筑物以及建筑物内电子系统的雷击隐患,任何一个部位的检测疏忽都有可能引起雷击事故和灾难的发生,因此,雷电防护装置检测就显得越来越重要,必须引起高度重视。

雷电防护装置检测机构必须依法持有气象行政主管机构颁发的雷电防护装置检测资质证,并在资质等级许可的范围内开展各项检测活动。禁止无资质、超资质从事雷电防护装置安全性能检测活动,禁止转包或者违法分包。雷电防护装置的使用、维护、产权单位应按照有关法律法规规定,切实履行防雷安全的主体责任,落实雷电防护装置安全性能定期检测制度,委托信誉良好且具有雷电防护装置检测资质的机构实施安全检测,组织做好本单位雷电防护装置的日常维护工作。

4.3.1 雷电防护装置检测分类

雷电防护装置检测一般根据被检建筑物的情况可分为首次(跟踪)检测和常规(定期)检测。首次检测就是对未经具有雷电防护装置检测资质的机构检测过的建筑物或虽然经过具有雷电防护装置检测资质的机构检测过,但该建筑物已超过规定的检测周期而进行的检测活动。定期检测就是经具有雷电防护装置检测资质的机构检测过且不超过该建筑物规定检测周期的建筑物,而进行的检测活动。

1. 雷电防护装置首次检测

雷电防护装置首次检测,新建建筑物也称跟踪检测。由于不了解雷电防护装置的情况,所以在检测过程中应首先对以下几项内容进行了解:①雷电防护装置类别;②接闪器;③引下线;④接地装置;⑤防雷区划分;⑥电磁屏蔽;⑦等电位连接;⑧电涌保护器(SPD)。其次在雷电防护装置的首次检测过程中还应根据雷电防护装置设计图纸与现场安装的雷电防护装置逐一核对,逐步了解并记录受检雷电防护装置的外部以及内部的布置情况,并绘制雷电防护装置检测草图。最后根据了解与比对的结果与被检雷电防护装置的管理单位进行沟通,制定雷电防护装置检测技术方案、检测时间等。

2. 雷电防护装置常规检测

雷电防护装置常规检测亦称为雷电防护装置定期检测。如果被检建筑物的雷电防护装置与上一期雷电防护装置检测装置无变化时,则定期雷电防护装置检测项目只需要检测如下内容:①接闪器;②引下线;③接地装置;④电磁屏蔽;⑤等电位连接;⑥电涌保护器(SPD)。

投入使用的雷电防护装置实行定期检测制度,以下范围内的雷电防护装置应当进行检测:

- 一、二、三类防雷建(构)筑物及其内部设施设备;
- 易燃易爆危化品的生产、储存、经营等场所,如油库、加油加气站、液化气充装站、炸药雷管库等;
- 各类人员密集场所,如学校、医院、宾馆、酒店、写字楼、商场、体育场馆等;
- 工业厂房、物资仓库、矿区、旅游景点、大型露天演艺场所、露天堆场和施工现场的临时设施(如塔吊、升降机)等;
- 各类通信设施、网络中心、计算机信息系统、监控系统、广播电视设施等;
- 市政公共设施,如桥梁、城市轨道交通、户外广告牌、照明灯饰设施等;
- 法律、法规、规章和技术标准规定必须进行雷电防护装置安全性能定期检测的其他设施和场所。

其中,易燃易爆场所的雷电防护装置每半年检测一次,其他雷电防护装置每年检测一次。

4.3.2　雷电防护装置检测流程

从事雷电防护装置检测,应先了解雷电防护装置检测的流程,不同场所检测流程略有差异,但基本检测流程大致相同,见图 4.3.1。

雷电防护装置的检测次序可按先检测外部雷电防护装置,再检测内部雷电防护装置进行。外部雷电防护装置包括：接闪器（接闪杆、接闪带、接闪线、接闪网）、引下线、接地装置、金属门窗及屋面大型金属物体的等电位连接。内部雷电防护装置包括：各级电涌保护器（SPD）、屋内电子设备的等电位连接、电梯机房的等电位连接、均压环、电子设备安全距离等。外部雷电防护装置和内部雷电防护装置检测完毕后应将每项检测结果填入雷电防护装置安全检测原始记录表中作为检测的原始记录。

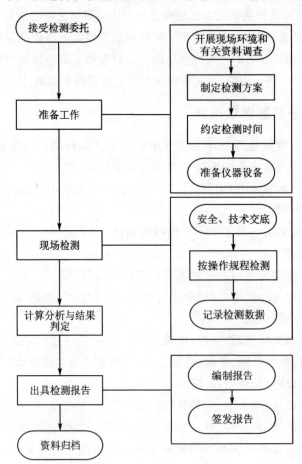

图 4.3.1　雷电防护装置检测流程

4.3.3　雷电防护装置检测要求和方法

1. 接闪器

（1）接闪器检查

接闪器检查内容包括：

① 检查接闪器与建筑物屋面外露的其他金属物体的电气连接、与防雷引下线电

气连接以及屋面设施的等电位连接情况。

② 检查接闪器的位置是否正确,焊接固定的焊缝是否饱满无遗漏,螺栓固定等防松零件是否齐全,焊接部分补刷的防腐油漆是否完整,接闪器是否锈蚀 1/3 以上。接闪带是否平正顺直,固定点支持件是否间距均匀,固定可靠,接闪带支持件间距为 0.5~1 m。每个支持件能否承受 49 N 的垂直拉力。

(2) 接闪器安全距离检测

首次检测时应检查接闪网的网格尺寸是否符合《建筑物防雷设计规范》(GB50057—2010)的要求。第一类防雷建筑物的接闪器(网、线)与风帽、放散管之间的距离应满足 GB50057—2010 的要求。防雷类别与滚球半径、接闪网格尺寸对应要求见表 4.3.1。

表 4.3.1　防雷类别与滚球半径、接闪网格尺寸对应要求

建筑物防雷类别	滚球半径 h_r/m	接闪网格尺寸
第一类防雷建筑物	30	≤5 m×5 m 或≤6 m×4 m
第二类防雷建筑物	45	≤10 m×10 m 或≤12 m×8 m
第三类防雷建筑物	60	≤20 m×20 m 或≤24 m×16 m

(3) 接闪器保护范围检测

对于首次检测建筑物时应用经纬仪或测高仪和卷尺测量接闪器的高度、长度,建筑物的长、宽、高,然后根据建筑物防雷类别用滚球法计算其保护范围。除第一类防雷建筑物外,对于利用钢板、铜板、铝板等做屋面的建筑物,当符合下列要求时,宜利用其屋面作为接闪器:

• 金属板之间具有持久的贯通连接;
• 当金属板下面有易燃物品时,钢板厚度不应小于 4 mm,铜板厚度不应小于 5 mm,铝板厚度不应小于 7 mm;
• 当金属板下面无易燃物品时,钢板厚度不应小于 0.5 mm,铜板厚度不应小于 0.5 mm,铝板厚度不应小于 0.65 mm,锌板厚度不应小于 0.7 mm;
• 金属板应无绝缘被覆层;
• 屋顶上的永久性金属物宜作为接闪器,但其所有部件之间均应连成电气通路。接闪器应热镀锌,焊接处应涂防腐漆。在腐蚀性较强的场所,还应加大其截面积或采取其他防腐措施。

(4) 接闪器上附着物检测

检查接闪器上有无附着的其他电气线路,如常见的电话线、电源线、有线电视线以及屋顶上的彩灯等。

(5) 侧击雷防护检测

首次检测建筑物侧击雷防护时应检查建筑物高于规定的高度以上的部位,保护

措施应满足《建筑物防雷设计规范》(GB 50057—2010)的要求。

（6）暗敷接闪器检测

当低层或多层建筑物利用屋顶女儿墙内或防水层内、保温层内的钢筋作暗敷接闪器时，要对该建筑物周围的环境进行检查，防止可能发生的混凝土碎块坠落等事故隐患。高层建筑物不应利用建筑物女儿墙内钢筋作为暗敷接闪带。

2. 引下线

引下线分自然引下线和专设引下线。

自然引下线是指利用钢筋混凝土梁、柱内柱筋、钢梁、钢柱等金属构件做引下线。

专设引下线是指专门敷设，区别于利用建筑物的金属体做引下线，通常用于木结构建筑物、砖结构建筑物、古建筑等。

（1）自然引下线检测

首次检测时，应检查引下线隐蔽工程记录，判断引下线的位置是否合理，检测引下线与接闪器的电气连接情况，查看焊接固定的焊缝是否饱满无遗漏，焊接部分是否做防锈处理。检查引下线的断接卡或测试点的设置是否符合规定。

（2）专设引下线检测

首次检测时，应用卷尺测量每相邻两根专设引下线之间的距离，记录专设引下线布置的总根数，每根专设引下线为一个检测点，按顺序编号检测。检查专设引下线的数量和间距是否符合规范要求。建筑物防雷类别与对应的引下线间距要求见表 4.3.2。

表 4.3.2　建筑物防雷类别与对应的引下线间距要求

建筑物防雷类别	间距/m
第一类防雷建筑物	≤12
第二类防雷建筑物	≤18
第三类防雷建筑物	≤25

第一类防雷建筑物应装设独立接闪杆或架空接闪线或网。独立接闪杆的杆塔、架空接闪线的端部和架空接闪网的各支柱处应至少设一根引下线。对用金属制成或有焊接、绑扎连接钢筋网的杆塔、支柱，宜利用其作为引下线。但难以装设独立的外部雷电防护装置时，接闪器可直接装在建筑物上，接闪器间应相互连接，引下线不应少于 2 根，并应沿建筑物四周和内庭院四周均匀或对称布置，其间距沿周长计算不应大于 12 m。

第一类防雷建筑物防闪电感应时，金属屋面周边每隔 18 m～24 m 应采用引下线接地一次。现场浇制的或由预制构架组成的钢筋混凝土屋面，其钢筋宜绑扎或焊接成闭合回路，并应每隔 18 m～24 m 采用引下线接地一次。

第二类防雷建筑物的专设引下线不应少于 2 根,并应沿建筑物四周和内庭院四周均匀对称布置,其间距沿周长计算不应大于 18 m。当建筑物的跨度较大,无法在跨距中间设引下线,应在跨距两端设引下线并减小其他引下线的间距,专设引下线的平均间距不应大于 18 m。当仅利用建筑物四周的钢柱或柱内钢筋作为引下线时可按跨度设引下线。

第三类防雷建筑物的专设引下线不应少于 2 根,并应沿建筑物四周和内庭院四周均匀对称布置,其间距沿周长计算不应大于 25 m。当建筑物的跨度较大,无法在跨距中间设引下线时,应在跨距两端设引下线并减小其他引下线的间距,专设引下线的平均间距不应大于 25 m。当仅利用建筑物四周的钢柱或柱内钢筋作为引下线时,可按跨度设引下线。

检查明敷引下线与电气和电子线路敷设的最小距离,平行敷设时不宜小于 1.0 m,交叉敷设时不宜小于 0.3 m。引下线与易燃材料的墙壁或墙体保温层间距应大于 0.1 m,当小于 0.1 m 时,引下线的横截面应不小于 $100\ \text{mm}^2$。

(3)防接触电压措施

检查自然引下线的保护措施,利用建筑物金属构架和建筑物互相连接的钢筋在电气上是贯通且不少于 10 根柱子组成的自然引下线,作为自然引下线的柱子包括位于建筑物四周和建筑物内的。

检查专设引下线的保护措施,在地面上 1.7 m 至地面下 0.3 m 的一段接地线,应采用暗敷或采用镀锌角钢、改性塑料管或橡胶管等加以保护。外露引下线,其距地面 2.7 m 以下的导体用耐 1.2/50 μs 冲击电压 100 kV 的绝缘层隔离,或用至少 3 mm 厚的交联聚乙烯层隔离。用护栏、警告牌使接触引下线可能性降至最低限度。

3. 接地装置

(1)接地装置检查

首次检测时应查看隐蔽工程纪录;检查接地装置的结构和安装位置;检查接地体的埋设间距、深度、安装方法;检查接地装置的材质、连接方法、防腐处理。检查接地装置的填土有无沉陷情况,沉陷处应回填土。检查有无因挖土方、敷设管线或种植树木而挖断接地装置,若接地装置被挖断,则应进行修补。首次检测时应检查相邻两接地体中的垂直距离,要求两接地体垂直距离应大于 20 m。

(2)相邻接地装置检测

为检测两相邻接地装置是否为共用接地或独立接地,应使用毫欧表对两相邻接地装置进行测量。如测得的阻值小于 1 Ω,则断定为电气导通,如测得的阻值偏大,则判定为各自独立接地。

(3)防跨步电压措施

防跨步电压应符合下列规定之一:

（a）利用建筑物金属构架和建筑物互相连接的钢筋在电气上是贯通且不少于10根柱子组成的自然引下线,作为自然引下线的柱子包括位于建筑物四周和建筑物内。

（b）引下线3 m范围内土壤地表层的电阻率不小于50 kΩm。或敷设5 cm厚沥青层或15 cm厚砾石层。

（c）用网状接地装置对地面作均衡电位处理。

（d）用护栏、警告牌使进入距引下线3 m范围内地面的可能性减小到最低限度。

4. 等电位连接

（1）大尺寸金属物体连接检测

检查设备、管道、构架、均压环、钢骨架、钢窗、放散管、吊车、金属地板、电梯轨道、栏杆等大尺寸金属物与共用接地装置的连接情况。如已实线连接,则应进一步检查连接质量、连接导体的材料和尺寸,并测量其接地电阻值。

（2）平行敷设长金属物检测

检查平行或交叉敷设的管道、构架和电缆金属外皮等长金属物,其净距小于规定要求值时的金属线跨接情况。如已实线跨接,则应进一步检查连接质量、连接导体的材料和尺寸,并测量其接地电阻值。

（3）长金属物弯头,阀门等连接物检测

检查第一类和处在爆炸危险环境的第二类防雷建筑物中长金属物的弯头、阀门、法兰盘等连接处的过渡电阻,当过渡电阻大于0.03 Ω时,检查是否有跨接的金属线,并检查连接质量、连接导体的材料和尺寸,并测量其接地电阻值。

（4）总等电位连接带检测

检查由LPZ0区到LPZ1区的总等电位连接状况,如已实现其与防雷接地装置的两处以上连接,应进一步检查连接质量、连接导体的材料和尺寸,并测量其接地电阻值。

（5）低压配电线路埋地引入和连接检测

检查低压配电线路是否全线埋地或敷设在架空金属线槽内引入。电缆埋地长度和电缆与架空线连接处使用的电涌保护器、电缆金属外皮、钢管和绝缘子铁脚等接地连接质量,连接导体的材料、尺寸,并测量其接地电阻值。

（6）爆炸危险环境架空金属管道检测

检查架空金属管道进入建筑物前是否每隔25 m接地一次,同时还要进一步检查连接质量,连接导体的材料和尺寸,并测量其接地电阻值。

（7）建筑物内金属管道及金属物检测

检查建筑物内竖直敷设金属管道的底部与顶部及长度超过30 m处与建筑物预留接地装置进行等电位连接的情况,如已实现连接,则应进一步检查连接质量、连接导体的材料和尺寸,并测量其接地电阻值。

（8）进入建筑物外来及内部导电物连接检测

所有进入建筑物的外来导电物均应在 LPZ0 区与 LPZ1 区界面处与总等电位连接带进行连接。如已实现连接，则应进一步检查连接的质量和连接导体的材料以及尺寸，并测量其接地电阻值。

（9）电子系统等电位连接检测

检查电子信息系统与建筑物共用接地系统的连接，应检查它们连接的基本形式、连接质量以及连接导体的材料和尺寸。同时还要检查电子系统的所有金属组件，接地基准点（ERP）处是否达到规定的绝缘要求。

5. 屏　蔽

建筑物或线路屏蔽在抵御雷击电磁脉冲过程中发挥着重要作用，但这种作用的大小，即屏蔽效能的多少直接影响到电子系统抵御雷击电磁脉冲的能力。

（1）建筑物和线路屏蔽一般要求

建筑物屏蔽体的基本要求一般是利用其屋面的金属屏蔽、立面的金属屏蔽（包括对外的金属门、窗，阳台的金属栏杆等）、楼层的金属屏蔽（包括每层楼板的楼板钢筋）等构成，其两两之间应采用焊接或绑扎的方式连接在一起，并与雷电防护装置等电位相连。线缆屏蔽的基本要求是将金属屏蔽层两端与等电位连接预留端子在各防雷区交界处做等电位连接。屏蔽电缆的金属屏蔽层应两端接地，并宜在各防雷区交界处做等电位连接，并与防雷接地装置相连。如要求一端接地的情况下，应采取两层屏蔽，外屏蔽层应两端接地。

（2）屏蔽结构材料一般要求

屏蔽体所用的材料可分为网型和板型两种。网型屏蔽是采用金属网或板拉网构成的焊接固定式或装配式金属屏蔽，如利用建筑物内钢筋组成的法拉第笼或专门设置的网型屏蔽室。板型屏蔽是采用金属板或金属薄片构成金属屏蔽，板型屏蔽效果比网型屏蔽较好。屏蔽材料宜选用铜材、钢材或铝材。选用板材时，其厚度宜为 0.3～0.5 mm。选用网材时，应考虑网材目数和增设网材层数。需要时，在门、窗的屏蔽中，可采用钢网屏蔽玻璃。

6. 综合布线

建筑物综合布线的检测一般是检测综合布线电缆与电源或其他管线最小距离的情况进行判定。建筑物之间用于敷设非屏蔽电缆的金属管道、金属格栅或钢筋成格栅形的混凝土管道，两端应电气贯通，且两端应与各自建筑物的等电位连接带连接。

（1）电子信息系统电缆敷设间距检测

依据 GB50343—2012《建筑物电子信息系统防雷技术规范》规定，电子信息系统线缆与其他管线的间距应符合表 4.3.3 的要求;电子信息系统信号电缆与电力电缆的间距应符合表 4.3.4 的规定的数据。

表 4.3.3　电子信息系统线缆与其他管线的间距

其他管线类别	最小平行净距/mm	最小交叉净距/mm
防雷引下线	1000	300
保护地线	50	20
热力管(不包封)	500	500
热力管(包封)	300	300
给水管	150	20
煤气管	300	20
压缩空气管	150	20

注:当线缆敷设高度超过 6 000 mm 时,与防雷引下线的交叉净距应大于或等于 0.05H (H 为交叉处防雷引下线距地面的高度)。

表 4.3.4　电子信息系统信号电缆与电力电缆的间距

类　别	380 V <2 kV·A	380 V (2.5~5) kV·A	380 V >5 kV·A
	最小间距/mm		
对绞电缆与电子信息系统信号线缆平行敷设	130	300	600
有一方在接地的金属槽道或钢管中	70	150	300
双方均在接地的金属槽道或钢管中	10	80	150

注:①当 380 V 电力电缆的容量小于 2 kV·A,双方都在接地的线槽中,且平行长度小于或等于 10 m 时,最小间距可为 10 mm。

② 双方都在接地的线槽中,系指两个不同的线槽,也可在同一线槽中用金属板隔开。

(2) 综合布线系统总配线间四置距离

依据是《智能建筑设计标准》(GB/T50314—2015)规定,按照综合布线系统总配线间所处 E、S、W、N 四个方位与建筑物外侧水平垂直距离填写。如:E(东) =12.0 m,S(南)=14.0 m,W(西)=18.0 m,N(北)=9.0 m,一般要求信息系统机房的四置距离位于建筑物平面的几何中心位置。

7. 电涌保护器(SPD)

(1) 电涌保护器(SPD)一般要求

当电源采用 TN 系统时,从总配电盘(箱)开始引出的配电线路和分支线路必须采用 TN-S 或 TN-C-S 时,原则上电涌保护器(SPD)和等电位连接位置应在各防雷区的交界处,但当线路能承受预期的电涌电压时,SPD 可安装在被保护设备处。线路的金属保护层或屏蔽层宜首先与防雷区交界处进行等电位连接。电涌保护器(SPD)必须能承受预期通过它们的雷电流,并具有通过电涌时的最大嵌位电压和有熄灭工频续流的能力。电涌保护器(SPD)两端连线应满足《建筑物防雷设计规范》(GB50057—2010)的要求,SPD 两端的引线长度不宜超过 0.5 m。SPD 应安装牢固。

(2) 电涌保护器(SPD)检测原则

依照《建筑物防雷设计规范》(GB50057—2010)和《低压电涌保护器(SPD)第 12 部分:低压配电系统的电涌保护器选择和使用导则》(GB/T18802.12—2014)的要求,对单位安装电涌保护器的进行检查。检查并记录已安装的电涌保护器的技术参数、查验产品的质量鉴定报告,记录现场电涌保护器(SPD)的状况。

8. 雷电防护装置检测中常用方法

(1) 接地电阻值测量

三极法可测量接地装置的工频接地电阻值,当需要冲击接地电阻值时,应进行换算,换算方法参见 GB/T 21431—2015 附录 C。三级法接地电阻测量,当被测接地装置的面积较大而土壤电阻率不均匀时,为了得到较可信的测试结果,宜将电流极离被测接地装置的距离增大,同时电压极离被测接地装置的距离也相应地增大。

(2) 大地网接地电阻检测

使用大型接地网测试仪测试时,接地网边缘至接地电阻测试仪电压极之间的长度宜按地网边缘至电流极之间长度的 $55\% \sim 60\%$ 左右设置。测量电源宜采用异频电流,测试电流最低值不得小于 3 A,频率宜在 40 Hz～60 Hz 范围,电流极应布设在距地网边缘 450 m 以外,受现场条件限制时最小不宜小于 200 m,以保证测试数据的可靠。

(3) 等电位连接过渡电阻检测

等电位连接的过渡电阻的测试采用空载电压 4～24 V,最小电流为 0.2 A 的测试仪器进行检测,过渡电阻值一般不应超过 0.2 Ω,天面金属物与雷电防护装置的过渡电阻不大于 0.2 Ω。

(4) 电涌保护器(SPD)的检测

电涌保护器(SPD)的检测分为检查和测试两部分。

① 电涌保护器(SPD)的检查:电涌保护器(SPD)的表面检查用 N-PE 环路电阻测试仪。测试从总配电盘(箱)引出的分支线路上的中性线(N)与保护线(PE)之间的阻值,确认线路为 TN-C 或 TN-C-S 或 TN-S 或 TT 或 IT 系统。检查并记录各级电涌保护器(SPD)的安装位置,安装数量、型号、主要性能参数(如 U_c、I_n、I_{max}、I_{imp}、U_p 等)和安装工艺(连接导体的材质和导线截面,连接导线的色标,连接牢固程度)。

对电涌保护器(SPD)进行外观检查:SPD 的表面应平整,光洁,无划伤,无裂痕和烧灼痕或变形。SPD 的标志应完整和清晰。测量多级 SPD 之间的距离和 SPD 两端引线的长度,SPD 两端的引线长度之和不宜大于 0.5 m,SPD 应安装牢固。检查电涌保护器(SPD)是否具有状态指示器。如有,则需确认状态指示应与生产厂说明相一致。检查安装在电路上的电涌保护器(SPD)限压元件前端是否有脱离器。如 SPD 无内置脱离器,则检查是否有过电流保护器,安装在电路上的 SPD,其前端宜有后备保护装置。后备保护装置如使用熔断器,其值应与主电路上的熔断器电流值相配合,宜根据 SPD 制造商推荐的过电流保护器的最大额定值选择,或应符合设计要求。如果额定值大于或等于主电路中的过电流保护器时,则可省去。

② 电涌保护器(SPD)的测试:电涌保护器(SPD)的劣化检测。检测一般劣化指标和泄漏电流的检测。所谓的劣化就是 SPD 在运行期间会因长时间工作或因处在恶劣环境中而老化,也可能因受雷击电涌而引起性能下降、失效等故障,因此需定期进行检测。一般情况是 SPD 的状态指示灯出现劣化状态,如 SPD 指示灯某相熄灭或电源进出线的某相出现烧黑的痕迹,则指出 SPD 可能出现失效,应及时更换。电涌保护器(SPD)泄漏电流检测。对于限压型的 SPD(开关型 SPD 不需要检测其泄漏电流)在并联接入电网后都会有微安级的电流通过,SPD 如果此值超过 $20\mu A$,则应判断该 SPD 为不合格。电涌保护器(SPD)等电位连接线长度检测。SPD 等电位连接线的长度一般可采用皮尺(严禁采用金属尺,因为进行 SPD 在线长度测量过程中有可能会触碰到电源线导致触电)在线测量,如果 SPD 等电位连接线的长度大于0.5 m,则判定该 SPD 等电位连接线长度为不合格。

4.3.4 雷电防护装置检测周期

雷电防护装置应根据其重要性、使用性质等安排合适的检测周期。例如,一般对安装在爆炸和火灾危险环境的雷电防护装置,宜每半年检测一次。对其他场所雷电防护装置应每年检测一次。

4.3.5 雷电防护装置检测报告编制及技术档案管理

1. 雷电防护装置检测报告编制依据

(1) 现场检测原始记录。

(2) 检测依据的国家标准、行业标准和地方标准。

(3) 委托单位提供的以下雷电防护装置资料:

① 设计资料;② 竣工资料;③ 验收资料;

④ 历史检测资料。

2. 原始记录分析处理

应在现场将各项检测结果如实记入检测记录表,检测记录表应有检测人员、校核人员签名。检测数据应按 GB/T 8170 规定的数值修约比较法,将经计算或整理的各项检测结果与相应的技术要求进行比较,判定各检测项目是否合格。工频电阻应进行线阻订正,检测仪器本身已经进行线阻订正的除外。电阻值为工频接地电阻,当需要用冲击接地电阻表示接地电阻时,应同时测量和记录接地装置附近的土壤电阻率,按照 GB 50057—2010 附录 C 的方法将工频接地电阻换算为冲击接地电阻。

3. 雷电防护装置检测报告组成

(1)编码与编号:

检测机构宜根据"检测机构资质证编号"+"[年份]"+"四位编码"的模式对检测档案进行顺序编号,"四位编码"宜按照该年份检测对象的检测时间从 0001 开始按升序进行排列。

示例:"(资质证编号)[2021]0001"为 XXX 检测机构(资质证编号)2021 年的第 1 个受检对象的检测档案编号。

(2)平面示意图上的图号:

应按"年"+"四位编码"+"三位编码"进行编号,其中"四位编码"应与档案编号中的"四位编码"一致,"三位编码"从 001 开始顺序编排。

(3)平面示意图上检测点应进行编号。

(4)计量单位与符号应符合国家计量标准。

(5)编辑与排版:

检测表格宜采用 A4 幅面纵排,平面示意图宜采用 A4 幅面横排,表图名称宜用宋体小二号加粗居中排版,表头、表尾和表内文字宜采用宋体五号排版。报告文字中句号、逗号、顿号、分号和冒号占一个字符位置,居左偏下,不出现在一行之首;引号、括号、书名号的前一半不出现在一行之末,后一半不出现在一行之首;破折号和省略号都占两个字的位置,中间不能断开,上下居中。检测报告中的空栏,当无此检测项目时应采用"—"填写,当无法检测时应采用填写。使用电子档进行编辑,并保证电子档文件在同一地区的兼容性。宜使用图形软件进行编辑,并保证图形文件在同一地区的兼容性。检测报告应有检测人员、校核人员、签发人员签名,并加盖检测专用章。检测报告纸质件不应少于两份,一份送委托单位,一份由检测机构留存。

4. 雷电防护装置检测报告校核和审批流程

(1)雷电防护装置定期检测报告宜采用网上电子审核。

(2)总表应经检测机构主要负责人或委托的授权签字人签发,并加盖检测机构公章。

（3）综述表应经校核人初审和技术负责人终审方能打印文本，应有编制人、技术负责人和校核人用黑色的钢笔或碳素笔签字，并在检测综合结论栏加盖检测机构公章。

（4）检测表应经校核人初审和技术负责人终审方能打印文本，应有技术负责人、校核人和不少于两名检测人用黑色的钢笔或碳素笔签字，并在技术评定栏加盖检测专用章。

（5）一份完整的雷电防护装置定期检测报告，应按图 4.3.2 规定的流程校核审批才能送出。

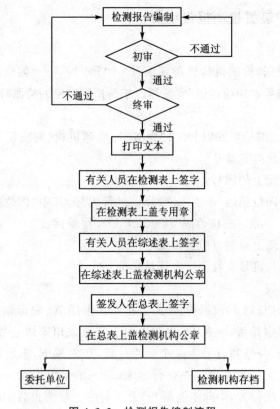

图 4.3.2　检测报告编制流程

4.3.6　技术档案管理制度

1. 归档形式与范围

检测文件可采用纸质或电子文件归档形式。

2. 质量要求

（1）纸质归档文件

纸质归档文件宜为原件。当为复印件时，单页的复印件应在其空白处加盖检测单位的公章，完整文件的复印件应在文件封面盖章，并在装订文件的侧面盖骑缝章，且由技术负责人签字确认。纸质归档文件应采用碳素墨水、蓝黑墨水等耐久性强的书写材料，不得使用红色墨水、纯蓝墨水、圆珠笔、复写纸、铅笔等易褪色的书写材料。计算机输出文字和图件应使用激光打印机，不应使用色带式打印机、水性墨打印机和热敏打印机。

纸质归档文件应字迹清楚，图样清晰，图表整洁，签字盖章手续应完备。纸质归档文件的文字材料幅面尺寸规格宜为 A4 幅面（297 mm×210 mm），工程图纸宜采用国家标准图幅。纸质归档文件的纸张应采用能长期保存的韧力大、耐久性强的纸张。

（2）电子归档文件

当归档文件为电子文件格式时，应采用表 4.3.5 所列文件格式进行存储，不属于表 4.3.5 格式的电子归档文件应进行转换。有签字或印章的文件宜采用扫描件，并按图像文件格式存储，扫描件图像分辨率应按以下要求进行设置：

① 扫描分辨率参数大小的选择，原则上以扫描后的图像清晰、完整、不影响图像的利用效果为准；

② 采用黑白二值、灰度、彩色几种模式对档案进行扫描时，其分辨率一般均建议选择大于或等于 100 dpi。特殊情况下，如文字偏小、密集、清晰度较差等，可适当提高分辨率；

③ 需要进行 OCR 汉字识别的档案，扫描分辨率建议选择大于或等于 200 dpi。

由专用软件系统（平台）产生的电子归档文件应导出并转换为表 4.3.5 所列文件格式，不得使用专用软件系统（平台）直接存储归档文件。

所有电子归档文件应采用一次写入光盘刻录存储，光盘不应磨损、划伤，无病毒、无数据读写故障，且至少应刻录 2 份或以上。

光盘刻录完成后，检测单位应有专人对光盘内所有归档的电子文件进行审核，确认无误后进行归档，光盘的分类与编号参考纸质归档文件。

表 4.3.5　电子归档文件存储格式

文件类别	格式（后缀）
文本（表格）文件	pdf，xml，doc
图像文件	jpeg，tif
图形文件	dwg，pdf，svg
影像文件	mpeg2，mpeg4，avi
声音文件	mp3，wav

3. 技术档案归档要求

检测机构应留存检测报告纸质件和电子档,并与检测记录表一并存档。首次检测技术档案的保管期限为永久,定期检测技术档案的保管期限至少为 2 年,档案应统一编号,连续编页,有卷内目录和总目录,查阅、出借、复制、销毁档案需经检测机构技术负责人审批并做好登记。

4.4　雷电监测预警

4.4.1　雷电监测技术

闪电的发生位置、空间密度、雷电流强度及其引起的大气电场变化特征等要素,是开展区域雷电灾害风险评估、建筑物雷电风险评估、雷电防护工程设计、雷电的预报预警等工作不可或缺的数据,因此开展雷电监测,掌握雷电的物理特征具有重要意义。

闪电发生的过程中包含多个发展阶段,每个阶段均伴随一定特征的电场与磁场,这些电磁波辐射信号可以被探测到。雷电的监测方法可分为两类:一类是人工观测;一类是仪器监测,仪器监测有照相法、录像法、大气电场监测法、闪电定位法、卫星探测法、雷达探测法等。雷电监测主要是观测闪电的发生位置、发生过程、电场变化特征、闪电密度、雷电流特征等要素。

1. 人工观测

在 2014 年以前,我国气象台站普遍开展人工观测闪电的业务。至于是否出现了闪电,人工观测不以闪光为标准,而是以人工听到雷声为准,世界气象组织规定:一天中观测员听到一次以上雷声就记为一个雷暴日。观测员也会根据眼睛观测到的闪电闪光,记录闪电发生的大致方位和数量。

2. 闪电定位

闪电发生可引起电场和磁场的变化,监测仪记录闪电电磁波到达测站的时间,采用多站监测,可计算出闪电的位置。对闪电的定位是对闪电发生位置(包括闪电的通道、雷击点)进行定位,对于二维系统来说,就是通过观测,确定闪电在地面上雷击点的经纬度;对于三维系统来说,则是确定闪电先导和回击过程的空间路径。目前,最常用的闪电定位技术分别是磁定向法(Magnetic Direction Finder,MDF)、时差法(Time of Arrival,TOA)和干涉仪法(Interferometer,ITF)。下面主要介绍时差定位法。

时差定位法也称为时间到达法,是确定某一点位置的一种常用方法,即利用声波或电磁波到达两个测站的时间差来确定该点的位置。

时差定位法基本原理是:S_1、S_2、S_3 分别为三个测站的位置,一次雷击发生后,雷电电磁场到达 S_1 的时间为 t_1,到达 S_2 的时间为 t_2,则到达两站的时间差 $\triangle t = t_1 - t_2$,$\triangle t$ 是一个确定的量,电磁波传输的速度 C 等于光速,也是确定的,于是 $C \cdot \triangle t$ 就是一个确定的量,即雷电发生的可能位置距离测站 S_1 和 S_2 的距离差 $l_1 - l_2$ $= C \cdot \triangle t$ 是一个确定的值,也就是说雷电可能发生在与 S_1 和 S_2 的距离差为 $C \cdot$ $\triangle t$ 的任何位置,这些位置就在地面上组成一条双曲线(称之为 H_1),在三维空间上则组成一个曲面。

建立直角坐标系,以测站 S_1、S_2 所在直线为 x 轴,S_1、S_2 中点的垂线为 y 轴,则双曲线 H_1 的方程为:

$$\frac{x^2}{a^2} - \frac{y^2}{b^2} = 1$$

其中:$a = \dfrac{C\Delta t}{2}$;$b = \left(\dfrac{d}{2}\right)^2 - a^2$;C 为光速,$d$ 为两测站间的距离。

对于如图 4.4.1 分布的测站来说,若 $t_1 > t_2$,便可确定雷击点是位于左半轴的一条曲线上;若 $t_1 < t_2$,则可确定雷击点是位于右半轴的一条曲线上。

同样原理,根据 S_2 与 S_3 测得的雷电电磁波到达的时间,也可以在地面上画出一条双曲线(H_2),这两条双曲线的交点(图 4.4.1 中的 O 点),就是雷击点。

当然,根据 S_1 与 S_3 测得的雷电电磁波到达的时间,也可以在地面上画出一条双曲线(H_3),理论上,双曲线 H_3 与 H_1 的交点,应该与 O 点重合。

在测站 S_1、S_2、S_3 的经纬度已知的条件下,很容易确定雷击点(O 点)的经纬度。这样就实现了对闪电发生位置的定位。

但在某些情况下,三个测站会得到两个交点,无法确定哪一个是真实的闪电位置。因此为得到闪电的确切位置可以采用四个探测器或提供更多的探测信息。在多站点探测中,可以将多条双曲线围成的区域作为雷击点可能发生区,再根据优化算法确定雷击点。

对于三维空间来说,两个测站可以确定一个曲面,两个曲线相交则是一条曲线,仍然无法确定雷电发生点的确切空间位置,则需要再增加一个曲面才能确定雷电发生的确切空间位置,这就是三维闪电定位的原理。

3. 大气电场监测

大气电场按天气状况可分为晴天电场和扰动天气电场。晴天电场是地表和电

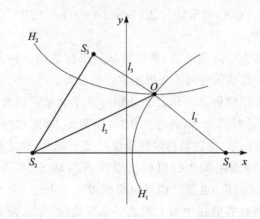

图 4.4.1　时差法闪电定位原理图

离层之间形成的电场,其值以地表为最大,随高度按指数规律迅速减小,晴天电场随纬度而增大,称为纬度效应。扰动天气电场是指发生剧烈天气现象(如雷暴、雪暴、尘暴)时的大气电场,其特点是电场方向和数值上均有明显的不规则变化特征。

雷暴天气下,当雷暴云距离测站较远时,电场幅值和变化率均较小;当雷暴云距离测站较近时,由于雷暴云中的电荷区所带电荷量较大,随着雷暴云向测站靠近,大气电场强度呈现逐渐增大或者跳变现象,这也是大气电场仪能够进行单独预警或者联合预警的主要依据;当雷电在测站附近发生时,大气电场会出现脉冲式的剧烈波动(见图 4.4.2)。

4.4.2　雷电预警方法

对雷电的预报,一般可以分为潜势预报和临近预报两类。雷电的潜势预报是筛选出与雷电发生相关性较高的多个大气参数作为预报因子,构建雷电发生的概率预报方程,对雷电未来的发生位置和时间做出预测;雷电的临近预报是在地面气象观测、雷电定位、雷达观测等实况观测数据以及数值预报产品的基础上,利用外推的方法,给出未来几小时内雷电可能发生的位置和时间。下面主要介绍雷电的临近预报技术。

雷电的临近预报,大多基于多源实时观测资料,采用回归、机器学习等算法,通过确定每种观测资料的预警指标和阈值权重,根据各种资料优劣,取长补短,建立基于多源数据的综合雷电预警算法。综合预警算法主要由大气电场监测数据处理与分析、闪电定位数据处理与分析、雷达探测数据处理与分析、卫星数据处理与分析和分级预警算法等内容组成。

数据的处理与分析:闪电定位数据可以确定雷电的落区,也可以确定闪电密集区的移动路径;大气电场数据可以利用大气电场的波形,确定预警阈值,并根据电场

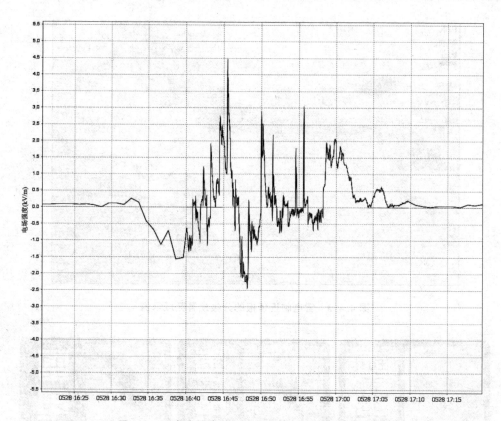

图 4.4.2　发生闪电前、中、后的大气电场强度变化曲线

反转、脉冲波形等确定雷电的发生,同时对闪电定位数据起到验证作用;雷达探测数据主要根据雷达回波的强弱,判定雷电的发展强度(增强或减弱)和移动路径,并根据回波高度、强度、凝结层高度等因子,预测雷电的发生;卫星数据主要利用闪电数据、雷暴初生产品、云顶温度等因子,判断雷暴的初期发展、闪电发生的范围等。

优化算法与分级预警:根据雷电的强度、频数、落区、距离、发展和移动等因子,利用回归、机器学习等方法,预测雷电未来发生的区域。再根据雷电可能影响的时间,划出黄色、橙色和红色预警区域。根据雷达回波的强弱变化、雷电活动的频数以及雷电移动路径,适时地提升或降低预警级别(见图 4.4.3)。

雷电预警信号分为三级,危害程度从低到高分别以黄、橙、红表示(见图 4.4.4)。

雷电黄色预警表示未来 6 小时内可能发生雷电活动,可能会造成雷电灾害事故;橙色预警表示未来 2 小时内发生雷电活动的可能性很大,或者已经受雷电活动影响,且可能持续,出现雷电灾害事故的可能性比较大;红色预警表示未来 2 小时内发生雷电活动的可能性非常大,或者已经有强烈的雷电活动发生,且可能持续,出现雷电灾害事故的可能性非常大。

图 4.4.3　雷电临近预报的分级预警区域示例

图 4.4.4　雷电预警信号

4.5　雷电灾害风险评估

4.5.1　雷电灾害风险评估的意义及政策要求

　　针对自然灾害进行风险评估是风险管理的有效手段,通过开展风险评估有助于决策者在进行灾害安全管理时有针对性地选择最优的防护技术和政策。雷电灾害作为联合国有关部门认定的"最严重的十种自然灾害之一",其成因和致灾途径十分复杂,需统筹考虑气象因子、地理环境、社会经济、人口分布、建筑物和电子电气系统等因素。为了减轻由雷电灾害造成的损失或预知雷电灾害造成损失的程度,有针对性地采取雷电灾害防御措施以减轻雷击损失的可能性,就十分有必要了解及量化雷电可能造成损失的后果,因此需要根据评估对象提取多项参数,建立适合雷电灾害的风险评估体系,对风险进行评估和定量化计算。评估对象可以是某个具体对象如建构筑物,也可以是某个范围或者空间区域。

作为雷电灾害防御重要手段之一,雷电灾害风险评估是国家各项法律法规和部门文件规定的一项重要工作。中华人民共和国国务院令第 570 号《气象灾害防御条例》第十条中要求“县级以上地方人民政府应当组织气象等有关部门对本行政区域内发生的气象灾害的种类、次数、强度和造成的损失等情况开展气象灾害普查,建立气象灾害数据库,按照气象灾害的种类进行气象灾害风险评估,并根据气象灾害分布情况和气象灾害风险评估结果,划定气象灾害风险区域”。中国气象局第 24 号令《防雷减灾管理办法(修订)》第二十七条规定:大型建设工程、重点工程、爆炸和火灾危险环境、人员密集场所等项目应当进行雷电灾害风险评估,以确保公共安全。各级地方气象主管机构按照有关规定组织进行本行政区域内的雷电灾害风险评估工作。中国气象局第 21 号令《防雷装置设计审核和竣工验收规定》第八条规定:申请防雷装置初步设计审核应当提交以下材料:(一)《防雷装置设计审核申请书》(附表 3);(二)总规划平面图;(三)设计单位和人员的资质证和资格证书的复印件;(四)防雷装置初步设计说明书、初步设计图纸及相关资料;需要进行雷电灾害风险评估的项目,应当提交雷电灾害风险评估报告。

雷电灾害风险评估是一项较为复杂的技术性工作,对评估机构和技术人员的专业性要求较高。在实际工作开展过程中,评估主体除了需收集与评估对象有关的气象资料、地理信息数据、项目规划方案、设计图纸等之外,还要实地勘查土壤电阻率、区域建筑物高度、布局等数据。

4.5.2　单体和区域雷电灾害风险评估

伴随气象法律法规和技术标准的发展引领,雷电灾害风险评估工作开展以来,先后诞生了针对建筑物(服务设施)单体和区域雷电灾害风险评估两种方法和模型。二者因应用对象和范围不同,技术方法也具有较大的差异性。

针对建筑物单体的雷电灾害风险评估(又称雷击风险评估)起初来源于 IEC 标准,IEC 62305 最早在 2006 年发布的系列标准第二部分《Protection against lightning —Part 2：Risk management》给出了雷击灾害风险管理的具体要求,其中包括了针对建筑物(服务设施)单体的雷击风险计算和评估方法。2010 年,IEC 62305 系列标准对若干内容进行修订后被等同采用为我国国家标准 GB/T 21714.2－2015《雷电防护》,成为现阶段国内开展建筑物单体雷击风险评估的主要技术依据。针对建筑物(服务设施)单体的雷击风险评估通过综合考虑 4 种雷击损害成因(雷击建筑物、雷击建筑物附近、雷击线路、雷击线路附近)和 3 种雷击损害类型(人和动物伤害、物理损害、电气和电子系统失效),确定了 4 类雷击损失类型(人身伤亡损失、公众服务损失、文化遗产损失和经济损失),并赋予每种损失类型风险容许值。实际评估过程中,结合建筑物(服务设施)单体的固有属性确定参数,基于风险计算模型 $R = NPL$ 计算单体的风险并与容许值进行比较,以确定现有雷电防护措施或者雷电防护设计等级的合规性。该方法广泛应用于大型建设工程、文物建筑、超高层单体、人员密集场所和建筑等项目的雷电灾害风险评估工作中,为确实雷电防护措施的等级和设计要求提供了科学参考。

随着气象灾害风险评估理论和技术的不断发展,基于"致灾因子—孕灾环境—承灾体"的风险评估和区划模型开始应用于雷电灾害风险评估工作中,中国气象局发布的气象行业标准《雷电灾害风险评估技术规范》(QX/T 85—2018)提出了区域雷电灾害风险评估概念和方法,该模型基于湖南、上海、江苏、安徽等多个省市实际工作基础,综合考虑雷电、地域和承灾体三类风险,提出表征风险的 18 个因子,利用层次分析和模糊数学法构建的矩阵综合评价法,深入分析区域雷电灾害风险的各种影响因素,确定影响区域雷电灾害风险的指标等级、计算区域雷电灾害风险等级,并根据评估结果提出区域性雷电灾害防御工程性和非工程性措施。区域雷电灾害风险评估方法可确定区域雷电灾害风险主要来源,为区域建构筑物、电气电子系统选址和布局规划,雷电灾害防御重点单位安全管理、重点参数设计计算提供了科学支撑。近年来,该方法在我国多个省市的各类开发区、工业和经济园区的区域性气候可行性论证工作中应用效果良好,并为石油化工园区、旅游景区、城市轨道交通、桥梁等场所和对象的雷电灾害风险评估提供计算模型。

第5章 常用仪器设备与安全操作

　　防雷装置的检测,除部分检查项目通过目测完成外,主要是使用各种仪器设备进行检测。在检测工作中,不同的检测项目常使用不同的检测仪器。本章对在防雷装置检测工作中经常使用的一些检测仪器的性能要求、原理和使用方法作进行介绍。

5.1　常用仪器设备

5.1.1　常用仪器设备清单

　　常用仪器设备清单如表5.1.1所列。

表 5.1.1　常用仪器设备清单

序　号	仪器设备名称	主要性能要求
1	激光测距仪	量程:0～150 m
2	测厚仪	精度:±0.1 mm
3	经纬仪	量程:0～360°,分辨率:2″
4	拉力计	量程:0～40 kgf
5	可燃气体测试仪	适用气体:可燃气体
6	接地电阻测试仪	测试电流:>20 mA(正弦波),分辨率:0.01 Ω
7	大地网测试仪	测试电流:>3 A,分辨率:0.001～99.999 Ω
8	土壤电阻率测试仪	四线法测量,测试电流:>20 mA(正弦波)分辨率:0.01 Ω
9	等电位测试仪	测试电流:≥1 A,分辨率:0.001 Ω
10	环路电阻测试仪	电阻测量分辨率:0.001 Ω,电流测量分辨率:1 μA
11	防雷元件测试仪	测试器件:MOV
12	绝缘电阻测试仪	0～1 000 MΩ
13	表面阻抗测试仪	测量范围:10^3～10^{10} Ω

序　号	仪器设备名称	主要性能要求
14	静电电位测试仪	测量范围:±20 kV
15	数字万用表	电压、电流、电阻测量
16	标准电阻	$10^{-3}\sim10^{5}\,\Omega$
17	游标卡尺	量程:0～150 mm

5.1.2　主要设备简介

1. 工频接地电阻测试仪(见图 5.1.1)

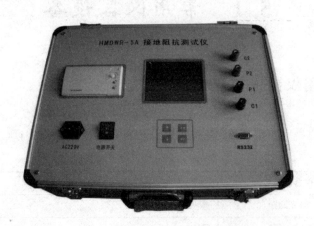

图 5.1.1　工频接地电阻测试仪

当电流从接地体流入土壤,向土壤的各个方向扩散时,离接地体越近,电流密度越大,电位梯度也越大,当电流流至无穷远时,电流密度为零,电位梯度也为零。由于接地体周围在不同方向上扩散电流的密度不一样,其周围的电位分布也不一样。通常测量接地电阻的基本原理都是使一定的电流通过接地体流经大地,同时测量该电流在接地体与大地某一范围之内所产生的压降,再以电压与电流的比值关系求出接地电阻值,如图 5.1.2 所示。

目前在小型接地装置的检测中,一般常用的接地电阻测试仪的电压极要求距离地网 20 m,电流极距离地网 40 m。如果线距缩短,测量误差会增大。但应该注意到,有一些型号的接地电阻测量仪的测量线根据其设计特点,要短一些,如:共立4102 型接地电阻测量仪提供的 C 线(红)长 15 m,P 线(黄)长 10 m,E 线(绿)长5 m,测量时要求 EP 之间距离在 5～10 m,EC 之间距离在 10～20 m,严格来说仅可用于独立接闪杆等小型接地装置电阻测试。测试时应注意以下问题:

（1）正确布置地极，三极一般在一条直线上且垂直于小型接地装置。

（2）当建筑物周围为岩石或水泥地面时，可将 P、C 极与平铺放置在地面上的每块面积不小于 250 mm × 250 mm 的钢板连接，并用水润湿后进行检测。

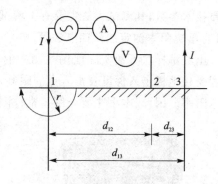

图 5.1.2 接地电阻测试仪原理

（3）在测量过程中由于杂散电流、高频干扰等影响，使接地电阻表读数不稳定时，可将 G 极连线改为屏蔽线（屏蔽层下端应单独接地），或选用能够改变测试频率、采用具有选频放大器或窄带滤波器的接地电阻表检测，以提高其抗干扰能力。

（4）当小型接地装置带电影响检测时，应查明带电原因，解决带电问题后再进行测量。

（5）G 极连接线一般 5 m。如需要加长时，应从实测电阻值中减去加长线的阻值。

（6）首次检测时，在接地电阻值符合要求的情况下，可通过查阅防雷装置工程竣工图纸，施工安装技术资料等，将接地装置的形式、材料、规格、焊接工艺、埋设深度、埋设位置等填入防雷装置检测原始记录表。

实际工作中，被测建筑物基础几乎没有半球形的。如果现场开阔，能满足 5D 要求，测量结果尚能保证一定精度。但是现场地域常常建筑拥挤，无法满足 5D 条件，此时仍可采用短距测量，但电位极的选取位置需要专门电磁计算软件计算出来。放线示意图如图 5.1.3 所示。

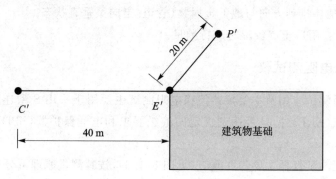

图 5.1.3 短距测量放线示意图

2. 土壤电阻测试仪（见图 5.1.4）

土壤电阻率是工频接地电阻与冲击接地电阻换算以及接地装置设计中的一个

主要技术参数,其测试方法主要有土壤试样法、单极法(深度法)、两点法(西坡 Shepard 土壤电阻率测定法)、四点法等。

土壤试样法不便实际现场检测中的操作,而单极法虽较简便,但因单极法测量深度受接地极击入深度及击入点的限制,无法知道深层土壤的电阻率和大体积土壤的电阻率。因此,本书主要介绍日常检测中常用的四点法,其原理如图 5.1.5 所示。

图 5.1.4　土壤电阻率测试仪

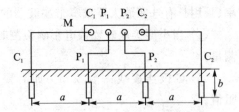

图 5.1.5　四点法测试土壤电阻率示意图

采用四点法测量土壤电阻率时,应注意如下事项:

(1)试验电极应选用钢接地棒,不应使用螺纹杆。在多岩石的土壤地带,宜将接地棒按与铅垂方向成一定角度斜行打入,倾斜的接地棒应避开石头的顶部。

(2)试验引线应选用挠性引线,以适用多次卷绕,引线的阻抗应较低。

(3)为避免地下埋设的金属物对测量造成的干扰,在了解地下金属物位置的情况下,可将接地棒排列方向与地下金属物(管道)走向呈垂直状态。

(4)不要在雨后土壤较湿时进行测量。

3. 绝缘电阻测试仪

绝缘电阻测试应用及主要仪器绝缘电阻测试主要用于采用 S 型连接网络时,除在接地基准点(ERP)外,是否达到规定的绝缘要求和电涌保护器(SPD)的绝缘电阻测试要求。

绝缘电阻测试仪器主要为兆欧表(见图 5.1.6),按其测量原理可分为:

(1)直接测量试品的微弱漏电流兆欧表;

(2)测量漏电流在标准电阻上电压降的电流电压法兆欧表;

(3)电桥法兆欧表;

(4)测量一定时间内漏电流在标准电容器上积聚电荷的电容充电法兆欧表。兆欧表可制成手摇式、晶体管式或数字式。

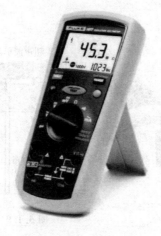

图 5.1.6　兆欧表

4. 环路电阻测试仪

环路电阻测试仪不仅可应用于低压配电系统接地形式的判定,也可用于等电位连接网络有效性的测试。

环路电阻测试仪使用两个磁耦合器:一个为驱动耦合器,另外一个为传感耦合器。通过驱动耦合器将一定值的交道流电压耦合到所需测量的电缆导线上,从而在电缆导线的屏蔽线中产生感应电压,感应电压在屏蔽环路上产生感应电流,此时用传感耦合器测量环路上的感应电压和感应电流即环路电压和环路电流。

图 5.1.7 为环路电阻测试仪测量原理示意图。

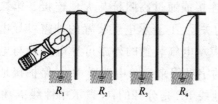 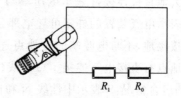

图 5.1.7　环路电阻测试仪测量原理示意图

5. 测厚仪

测厚仪是用于测定材料本身厚度或材料表面覆盖层厚度的仪器。根据测定原理的不同,常用测厚仪有超声、磁性、涡流、同位素等四种。防雷装置检测中较为常用的是超声测厚仪(见图 5.1.8),其原理是利用霍尔效应来测量导体的厚度,即使用一种通过改变电压来响应磁场变化的传感器对厚度进行测量(见图 5.1.9)。

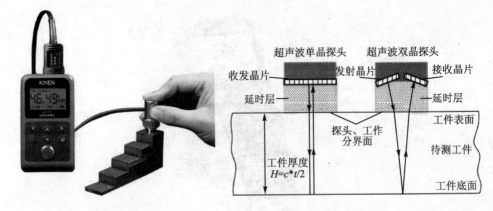

图 5.1.8 超声测厚仪　　　　　　　　图 5.1.9 超声测厚仪原理示意图

5.2 安全操作

5.2.1 低压配电系统基本制式

在建筑供配电系统中采用的基本制式主要有三相三线制、三相四线制、三相五线制等。接地形式分别为 TT 系统、TN 系统、IT 系统,其中 TN 系统分为 TN－C、TN－S 和 TN－C－S 三种形式。第一个字母表示电压端与大地的关系:T 表示电源端与大地直接连接,I 表示电压端与大地不连接或通过高阻抗与大地连接。第二个字母表示电气装置的外露可导电部分与地的关系:T 表示电气装置的外露可导电部分直接接地,不与电源端的接地点连接;N 表示电气装置的外露可导电部分与电源端接地点有直接电气连接。短横线(—)后的字母用来表示中性线 N 与保护接地线 PN 的组合情况:S 表示中性线 N 和保护接地线 PE 是分开的;C 表示中性线 N 和保护接地线 PE 是合在一起的。下面详细的介绍低压配电系统的这三种接地形式。

1. TT 方式供电系统

TT 方式是指将电气设备的金属外壳直接接地的保护系统,称为保护接地系统,又称 TT 系统。这种系统电源的中性点直接接地,用电设备和配电装置的金属外壳与大地直接连接,而与系统电源接地无关,如图 5.2.1 所示。

当电气设备的金属外壳因绝缘损坏而带电时,由于有接地保护,可以大大减少触电的危险性。但是当漏电电流比较少时,即使装设有漏电保护器也不会动作。因

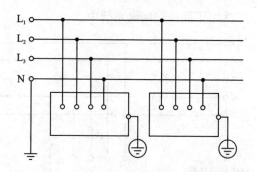

图 5.2.1　TT 方式供配电系统示意图

此 TT 系统难以推广,仅应用于一些原有系统中。

2. TN 方式供电系统

TN 供电系统又称保护接零系统,在这种系统中,电气设备的金属外壳与工作零线之间具有电气连接,一旦设备外壳带电,自动开关会反应故障电流而立即动作切断电源,是一种比较安全的供电方式。因此,这种供电方式在我国和其他国家得到了广泛应用。

在 TN 方式供电系统中,根据其保护零线与工作零线之间的接线关系,可以分为以下三种类型。

TN - C 方式供电系统:它是用工作零线兼作保护零线,保护中性线,用 NPE 或 PEN 表示。图 5.2.2 为 TN - C 方式供配电系统。当三相负载不平衡时,工作零线上有不平衡电流,对地出现电压,进而使得与保护线所连接的设备外壳也会出现一定的电压。工作零线断线时,所有接零的设备外壳均会带电。因此需配置完善的短路保护和漏电保护装置。

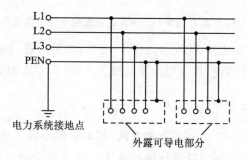

电力系统接地点

外露可导电部分

图 5.2.2　TN - C 方式供配电系统示意图

TN - S 方式供电系统:这种系统的工作零线 N 和专用保护线 PE 是分开的,如图 5.2.3 所示。系统正常运行时,PE 线上没有电流,只有工作零线 N 上有不平衡电流,PE 线对地电压也为零。PE 线不允许断线,也不允许进入漏电保护开关。TN -

S 接线方式安全可靠,广泛用于低压供配电系统中。

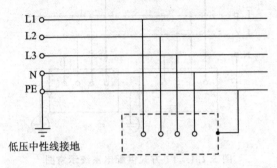

图 5.2.3　TN-S方式供配电系统示意图

TN-C-S方式供电系统:图 5.2.4 所示为 TN-C-S 供配电系统。该系统工作零线 N 与专用保护线 PE,在 D 点之前是合一的,ND 段中性线中不平衡电流比较大时,电气设备的接零保护受零线电位的影响。D 点以后 PE 线与 N 线是独立设置的,PE 线正常运行时没有电流和电压降。

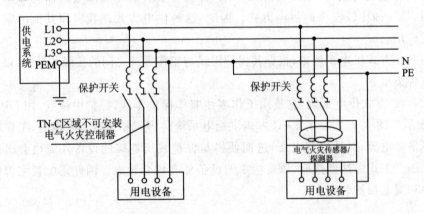

图 5.2.4　TN-C-S方式供配电系统示意图

三种 TN 接线方式比较,优先选用 TN-S 方式,只有在三相平衡时才考虑 TN-C 方式,而 TN-C-S 接线,仅应用于原系统为 TN-C 方式的情况。

3. IT 方式供电系统

如图 5.2.5 所示为 IT 方式供配电系统,其电压侧不设工作接地,或经高阻抗接地,负载侧电气设备的金属外壳进行保护接地。IT 方式供电仅适应于三相负载供电距离较短,且对供电连续性要求较高的场所,一般工业与民用建筑供配电中很少采用。

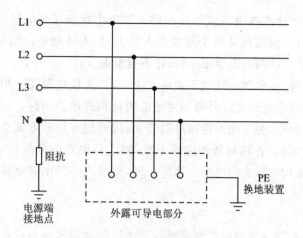

图 5.2.5　IT方式供配电系统示意图

5.2.2　电工安全基本知识

1．触电的类型和危害

触电的种类主要包括电击和电伤。电击：就是通常所说的触电，触电死亡的绝大部分是电击造成的；电伤：由电流的热效应、化学效应、机械效应以及电流本身作用所造成的人体外伤。

电流伤害人体的因素伤害程度一般与下面几个因素有关：通过人体电流的大小；电流通过人体时间的长短；电流通过人体的部位；通过人体电流的频率；触电者的身体状况；电流通过人体脑部和心脏时最危险。40 Hz～60 Hz 交流电对人危害最大，以工频电流为例，当 1 mA 左右的电流通过人体时，会产生麻刺等不舒服的感觉；10～30 mA 的电流通过人体，会产生麻痹、剧痛、痉挛、血压升高、呼吸困难等症状，但通常不致有生命危险；电流达到 50 mA 以上，就会引起心室颤动而有生命危险；100 mA 以上的电流，足以致人于死地。通过人体电流的大小与触电电压和人体电阻有关。

2．触电的方式

（1）单相触电

如果人站在大地上，当人体接触到一根带电导线时，电流通过人体经大地而构成回路，这种触电方式通常被称为单线触电，也称为单相触电。这种触电的危害程度取决于三相电网中的中性点是否接地。

中性点接地：在电网中性点接地系统中，当人接触任一相导线时，一相电流通过人体、大地、系统中性点接电装置形成回路。因为中性点接地装置的接地电阻比人体电阻小得多,所以相电压几乎全部加在人体上,使人体触电。但是如果人体站在绝缘材料上,流经人体的电流会很小,人体不会触电。

中性点不接地:在电网中性点不接地系统中,当人体接触任一相导线时,接触相经人体流入地中的电流只能经另两相对地的阻抗构成闭合回路。在低压系统中,由于各相对地电容较小,相对地的绝缘电阻较大,故通过人体的电流会很小,对人体不至于造成触电伤害;若各相对地的绝缘不良,则人体触电的危险性会很大。在高压系统中,各相对地均有较大的电容。这样一来,流经人体的电容电流较大,造成对人体的危害也较大。

(2)两相触电

如果人体的不同部位同时分别接触一个电源的两根不同电位的裸露导线,电线上的电流就会通过人体从一根电流导线到另一根电线形成回路,使人触电。这种触电方式通常称被为两线触电,也称为两相触电。两相触电比单线触电危险性更大。

(3)跨步电压

当人体在具有电位分布的区域内行走时,人的两脚(一般相距以 0.8m 计算)分别处于不同电位点,使两脚间承受电位差的作用,这一电压称为跨步电压。跨步电压的大小与电位分布区域内的位置有关,在越靠近接地体处,跨步电压越大,触电危险性也越大。

3. 安全用电基本措施

(1)隔离:使人体不能直接接触用电设备的带电部分。

(2)绝缘:将带电部分包封在绝缘材料内。

(3)防护接地:将不带电设备的金属外壳,保持与大地等电位。

(4)安全电压:流过人体不足以引危险(交流 36 V 及 36 V 以下的电压)。

(5)防护切断:用电设备线路上装接电压型或电流型触电保护器。

(6)电工作业安全常识:

① 停电工作的安全常识:

- 检查是否断开全部电源:电源至作业的设备或线路有两个以上的明显断开点。

- 进行操作前的验电:使用电压等级合格的验电器,验电时,手不得触及验电器金属部分。

- 悬挂警告牌:在断开的开关操作手柄上悬挂"禁止合闸,有人工作"。

- 挂接地线:必须做到"先接地端,后接设备或线路导体端",接触必须良好。

② 带电工作的安全常识:

- 在用电设备或线路上带电工作时,要由有经验的电工专人监护。

- 工作时,要使用与工作内容相应的防护用品。
- 使用绝缘安全用具操作。
- 在移动设备上操作,要先接负载后接电源,拆线时相反。
- 电工带电操作时间不宜过长,以免因疲劳过度、注意力分散而发生事故。

③ 设备运行安全常识:

- 出现故障的用电设备的线路,不能继续使用,必须及时进行检修。
- 用电设备不能受潮,要有防雨、防潮的措施,且通风条件要良好。
- 用电设备的金属外壳,必须有可靠的保护接地装置。凡有可能遭雷击的用电设备,都要安装防雷装置。
- 必须严格遵守电气设备操作规程。合上电源时,要先合电源侧开关,再合负荷侧开关;断开电源时,要先断开负荷侧开关,再断开电源侧开关。

5.2.3　防雷检测和工程安全注意事项

1. 雷电防护装置检测安全注意事项

(1) 检测前应了解受检单位的安全操作规程和相关规章制度;

(2) 检测时,应具备保障检测人员和设备的安全防护措施,登高作业和高空作业应遵守高空作业安全规定。检测仪表和工具等不能放置在高处,防止坠落伤人。

(3) 现场检测时,应有受检单位负责安全生产人员陪同。

(4) 检测时,接地电阻测试仪的引线和其他导线应避开供电线路。

(5) 在检测配电房、变电所、配电柜和电器设备时应穿戴绝缘鞋、绝缘手套,使用绝缘垫,以防电击。

(6) 在检测爆炸火灾危险环境的防雷装置时,严禁带火种、手机,严禁吸烟,严禁穿底部带金属的鞋子,严禁随意敲打金属物。不应穿化纤服装,应使用防爆型仪器设备和不易产生火花的工具。

(7) 高处作业要有充足的安全措施。需要从高处放线检测时,应当采取安全有效的措施避开高低压架空线。登高前工作服、绝缘工作鞋、安全带、安全帽须穿戴妥当,在较好天气时(晴朗、无风或多云、微风)进行作业。禁止乘坐塔式起重机、龙门架式升降机至作业点。使用梯子或高凳工作时,工作前要检查梯子和高凳是否牢固、完整,梯子与地面的夹角应在 $45°\sim60°$ 之间。

(8) 在所有的情况下,除应遵守检测的安全操作规程和受检单位的规章制度外,还应遵守有关专业组织所制定的安全程序和安全方法。

2. 雷电防护工程安全注意事项

（1）工程设计、施工前，应在建设单位电气及安全管理人员的配合下，仔细勘察电气线路、地下管道的布设和工程地点周围有无易燃易爆、有毒场所，分析不安全因素，提出在施工时的针对措施。

（2）在合同签订中，严禁为了承揽工程而降低工程设计的要求和造价；严禁签订设计施工能力难以达到的工程合同。

（3）在工程材料、工具和设备的运输过程中，必须注意妥善放置，防止损坏测试仪器和设备的性能。严禁客货混装和违章行驶。防止工程材料砸伤、刺伤有关人员。

（4）接地沟的开挖过程中，需要利用炸药或土炮作业时，必须预先做好安全防范工作，防止意外人身伤亡和设备、设施损坏。在铁塔、钢筋混凝土环形杆的吊装或拆除作业中，应统一指挥，采取安全防范措施，按照经过论证、研究的步骤逐步实施，杜绝意外事故的发生。高处施工作业时，施工人员、材料运送利用脚手架到作业点时，工作前必须对脚手架、脚手板、斜道板、防护栏杆、安全网等防护设施进行检查，确保安全后方可作业。

（5）电焊作业、带电作业、停电作业要遵守相关安全事项要求。

提 高 篇

第6章 雷电防护设计与施工

6.1 雷电防护方案设计

6.1.1 方案文字部分

1. 设计概述

（1）项目概况

项目概况一般包括：项目名称，委托单位、建设单位及设计单位基本信息，防护对象及现场情况基本信息。

① 项目名称

名称内容一般包含：单位信息、保护对象信息、防雷（升级改造、整改）工程等字样。如：北京市政府中环区3号办公楼及其低压电气、电子系统防雷升级改造工程。

② 委托单位、建设单位、设计单位基本信息

单位名称要写全称，与公章一致，需为法人单位。

③ 防护对象及现场情况基本信息

- 防护对象：介绍防护对象地理位置，产权单位，使用单位，建设年代，功能用途，建筑结构，外形尺寸、楼层分布、入户管线、配电系统情况、电子信息系统及主要机房分布情况等。

- 现场情况：当地气象环境，雷暴日或地闪密度；现场地形地貌、地质及土壤电阻率情况；周边其他地物分布情况；防护对象或周边设施雷击历史情况等。

（2）设计依据

设计依据应包括以下内容之一：立项批文号、规划许可文号、建设单位委托文号、地勘报告文号及设计的相关规范名称等。

设计标准规范一般注明：设计执行标准规范和设计参考标准规范，设计执行规范一般是指执行项目所在地国家、行业或地方防雷标准规范中强制性条款、防雷相

关规范强制性规范标准或所在国认可的国际标准条款；设计参考规范一般是参考项目所在国国家、行业和地方推荐性标准规范、指导性手册或未被所在国列入使用的国际标准。设计标准规范不是列的越多越好，应该是执行或参考防护对象行业特殊性角度选择。

（3）设计原则

防雷工程设计原则：安全可靠、技术先进、经济合理。

① 安全可靠性原则

在整个防雷装置设计中安全可靠原则是核心，这就要求按照国家相关法规、标准、技术规范、施工图集的要求，做到层层设防，分类防护，重点突出，综合考虑。对雷电风险评估较高的建筑应适当提高防护类别。

② 技术先进性原则

在整个防雷装置设计中技术先进性原则是关键，它是实现安全可靠的重要技术保障。技术先进性包括：设计是不是采用最新的国家（国际）标准，施工是不是采用最新的且在工程中实践应用过的成熟技术，设备装置的生产是不是采用科学的工艺流程和先进材料设计。

③ 经济合理性原则

在整个防雷装置设计中经济合理性原则是基础，它是实现安全可靠、技术先进的经济支撑，必须充分地做评估，选择最合理设计方案、施工方案。经济合理性原则要体现三点：

· 因地制宜，充分利用项目所在地自然条件，在此基础上进行扩容和改造；

· 采取尽可能用最少的设备、材料达到防雷要求的目的，从而降低成本；

· 做到在使用成熟技术基础之上进行创新，尽量节约经济投入。

（4）设计范围及主要内容

① 设计范围

设计范围一定要与委托书、设计任务书、设计合同、委托单位发出指令（包括会议纪要、信函、邮件等）相符，并通过委托方确认。

② 设计主要内容

· 在设计范围内开展设计，包括接闪器、引下线、接地装置、屏蔽、等电位、电涌保护器等。

· 未在设计范围内但与设计内容关联设施因未采取防雷措施影响防雷装置效能的要与甲方沟通进行相关技术处理。如：屋面电信运营商天线塔、多个产权单位共用变电室。

（5）设计等级

设计等级优先考虑执行设计标准规范相关规定，根据我国标准特点，按照地标、行标及国标的顺序依次确定防护对象防雷设计等级。

对无标准可参考的新型设施或重大基础科研设施应通过权威专家论证会方式确定防雷设计等级。防雷设计等级确立应遵守：符合标准、科学严谨、事实就是原则。切忌做到三个盲目：盲目追求安全标准，提高防雷设计等级；盲目根据过往经验，降低防雷设计等级；盲目听取委托意见，改变防雷设计等级。

（6）设计目标

设计目标是指防护对象通过防雷装置建设可以实现降低风险概率或控制风险容许值以内。项目建设目标最好可以量化，量化才容易考核。如：通过本次防雷系统升级改造，达到雷电综合防护效率提升至 90％，五年内一次雷击损坏 10 台以上（含 10 台）设备概率降低至 0％，一次雷击损坏 10 台以下设备概率降低至 20％。

2. 技术方案

技术方案一般包括：设计重点、难点分析，总体设计思路，总体技术路线，分系统技术方案，计算验证及重要数据来源说明等。

（1）设计重点、难点分析

根据业主提供的设计输入资料（包括：防护对象勘察报告、施（竣）工图纸等）及设计单位现场复测资料数据，并结当地雷暴情况，防护对象所属系统重要性、雷击概率、所属防雷分区、综合布线、耐受雷击电压水平等特点进行综合分析评估，确定防雷工程设计重点及难点。

（2）总体设计思路

总体设计思路是指项目防雷系统设计总原则，总技术理念，解决问题的总办法。是设计防雷系统设计成败的关键。总原则是设计方向，总技术理念是指导思想，总办法是解决问题总技术手段。如 FAST 索驱动系统防雷总体设计思路：FAST 索驱动防雷设计要做到雷电不能破坏索驱动机械构件，雷电损坏关键设备概率降低至 5％以内原则，采取等电位措施解决索驱动防雷技术问题，提出"一面六线防节点"的"全新等电位"技术解决索驱动大尺度空中移动拖令电缆及各类电气和电子设备防雷问题。

（3）总体技术路线

总体技术路线是技术方案解决技术问题途径、方法、步骤及预期效果。

如图 6.1.1 所示，为 FAST 索驱动防雷系统设计技术路线图。

（4）分系统技术方案

分系统技术方案根据防护对象特点，采取按防护对象分系统编写和按防雷装置分系统编写两种方式。前者适用于防护对象为多种类型建（构）筑物、设施及系统组成综合系统设施，后者适用防护对象为单一系统或多个同类系统群。

（5）计算验证及重要数据来源说明

防雷工程设计中，接闪器保护范围、接地电阻值、Ⅰ级试验电涌保护器冲击放

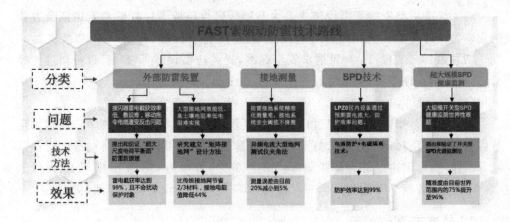

图 6.1.1　FAST 索驱动防雷系统设计技术路线图

电电流、关键结构件荷载、关键材料绝缘等计算验证。一些数据来源要标明规范出处。

6.1.2　设计图纸

方案设计图纸一般应包括:防雷装置总平面布置图、接闪器保护范围图,电涌保护器系统图,对工艺要求高的防护对象还需要有防雷装置安装效果图。

1. 防雷装置总平面布置图

防雷装置总平面图一般应包括:防雷装置整体布置、尺寸、材料规格、方位等。

2. 接闪器保护范围图

接闪器保护范围图一般应包括:防护对象各高度保护范围平面图,多根接闪杆最低点保护剖面图等。

3. 电涌保护器系统图

电涌保护器系统图一般应包括:电涌保护器安装在防护对象系统的节点位置、数量及基本技术参数,基本技术参数应包括:持续运行电压(标称导通电压)、冲击放电电流或标称放电电流、电压保护水平等。

4. 防雷装置效果图

防雷装置效果图是指通过计算机软件虚拟实现防雷装置安装后最终效果图片,一般对工艺和美学要求较高的建筑需要提供。

6.1.3　设计概算

防雷方案设计成果需要提供一个较为准确的主要设备及主材工程量清单,按照国家定额和取费标准计算出投资概算。投资概算可以满足招投标需求。

主要设备工程量清单及投资概算注意以下问题:

(1)主要设备和主材必须精准,和设计图相差不大于5%。

(2)若这个阶段有些主材不能确定,建议列出暂列金额。

(3)概算编写必须严格执行国家概、预算定额标准。

(4)设计、监理、招投标等其他服务型取费必须按照国家收费标准。

(5)设备价格必须科学咨询市场。

(6)定额中没有的新工艺尽量参考相近工艺组价,确实找不到相近,自组必须具有说服力和计算方法。

6.1.4　施工图设计

雷电防护工程施工图设计一般要包括:文字说明,平面图,立面/剖面图,电涌保护器系统图,节点大样图,关键点安装作业指导书。

1. 文字说明

文字说明一般包括项目概况、设计依据、标准规范、各分系统设计描述、关键技术要求、关键工艺要求、设备技术规格参数、施工安全要求等。其中项目概况一般包括:工程名称及用途、建设单位、坐落地点、雷电防护对象及范围、防雷等级、有效使用年限、设计的目标效果等;设计依据包括:立项批文号、方案批准文号、建设单位委托文号、地勘报告文号及设计的相关规范名称等。

2. 平面图

平面图一般需要包括:防雷装置总平面布置图和各分建筑(系统、设施)防雷装置平面图,平面图应可以准确体现防雷装置布设位置、方位、数量及材料规格、型号。

3. 立面图/剖面图

防雷装置立平面图一般需要包括:防雷装置上下左右走向、每个高程分布、固定支架位置等。防雷装置剖面图一般在接地装置或者复杂工艺连接、固定件部位绘制。

4. 电涌保护器系统图

施工图设计阶段电涌保护器系统除了包括：电涌保护器安装在防护对象系统的节点位置、数量及基本技术参数外，还应包括安装具体位置交代、连接方式、连接电缆规格型号、连接器型号、连接时技术及安全注意事项。

5. 节点大样图

防雷装置节点大样图是确保施工工艺符合标准、质量可靠重要技术手段，节点大样图要严格保障制作工艺符合标准、材料选择符合标准、结构强度符合标准、安全措施符合标准。节点大样图绘制要做到示图方向正确，透视线条清晰，材料规格明确，部件配置齐全，机械强度达标，电气性能安全，比例放大无误等。

6. 关键点安装作业指导书

防雷装置关键点主要是指安装工艺较高部位、图纸中涉及新工艺、爆炸危险环境下作业点、隐蔽部位施工、核心设备电涌保护器安装等。施工图设计要给出明确的且符合标准较为相近的技术和安全作业指导书。作业指导书应通过设计负责人和单位技术负责人审核。

6.2 雷电防护工程施工

6.2.1 雷电防护工程施工要点

1. 基本要求

雷电防护工程施工应按已批准的施工图设计文件执行。

所用材料、设备应符合相关技术标准和制造标准；新材料、新设备应有国家认可的检测机构出具的检验报告，并由有相关资质的单位鉴定合格。

隐蔽工程在隐蔽前应进行验收，并做好施工记录。

严禁在承力钢结构上热加工连接。

采用螺栓连接时应压接牢固，防松装置应齐全。

直接埋入土壤中的接地装置应采用焊接。

采用的钢材料应进行热镀锌防锈处理。处于潮湿或有腐蚀性环境中的接闪器、引下线、接地体和等电位连接装置等应加大其规格。

雷电防护装置跨越建筑变形缝处应有补偿措施。

2. 接闪器施工要点

接闪器的形状、安装位置应符合设计要求。

专用接闪杆的安装应牢固可靠。

·接闪带的固定支架安装应牢固,每个固定支架应能承受 49N 的垂直拉力;固定支架的高度不宜小于 150 mm;固定支架的间距应均匀,且不宜大于表 6.2.1 的规定,拐弯处不宜大于 0.3 m。

表 6.2.1　接闪导体和明敷引下线固定支架的间距(mm)(引自 GB50057—2010 表 5.2.6)

布置方式	扁形导体固定支架间距	圆形导体固定支架间距
安装于水平面上的水平导体	500	1000
安装于垂直面上的水平导体	500	1000
安装于高于 20 m 以上垂直面上的垂直导体	500	1000
安装于地面至 20 m 以下垂直面上的垂直导体	1000	1000

接闪带的安装应牢固、平正顺直、无急弯。接闪带应设在外墙外表面(或屋檐)边垂线上,也可以设在外墙外表面(或屋檐)垂直面上。当设置的接闪带不能保护外墙角(或屋檐)时,可在接闪带上向外焊出斜向接闪杆,接闪杆长度应达到能保护外墙角(或屋檐)的要求。当利用金属栏杆做接闪器时,也应同样处理。

当采用金属屋面做接闪器时,板间的连接可采用螺钉、螺栓、卷边压接及焊接等形式。金属屋面板应与作雷电防护装置的金属型钢进行可靠连接,金属型钢应与引下线进行可靠连接。金属屋面的厚度应符合《建筑物防雷设计规范》(GB50057—2010)的规定。

当利用旗杆、栏杆等金属物做接闪器时,应与引下线(或接闪器)焊接。

当设计要求屋面形成接闪网格时,网格连接处应采用搭接焊。焊接处应采用沥青防腐等处理措施。

3. 引下线施工要点

引下线与接闪器的连接应可靠,应采用焊接或卡夹器连接。引下线与接闪器连接的圆钢或扁钢,其截面积不应小于接闪器的截面积。

当利用建筑物周边柱子钢筋做专用引下线时,接闪器应与建筑物周边柱子钢筋连接。柱距在 6～9 m 时,可每隔一根柱子连接一次。

当利用结构钢筋做专用引下线时,其位置、数量和规格应符合规范要求。

当利用结构钢筋做专用引下线时,钢筋与钢筋的连接可采用土建施工的绑扎法或螺丝扣连接或熔焊连接。

当利用幕墙竖向龙骨做引下线时，竖向龙骨应具有可靠的贯通性。贯通的竖向龙骨之间的间距不应大于 3 m。竖向龙骨的顶端和底端应与用做雷电防护装置的钢筋进行连接。

明敷的引下线采用热镀锌圆钢时，圆钢与圆钢的连接可采用焊接；明敷的引下线采用热镀锌扁钢时，可采用焊接或螺栓连接。

明敷引下线应采用固定支架安装，支架应安装牢固，每个支架应能承受 49 N 的垂直拉力，支架的高度不宜小于 150 mm；支架的间距应均匀，且不宜大于表 6.2.1 的规定。

明敷引下线和利用结构钢筋做的专用引下线与接地装置之间必须采用焊接或螺栓连接。

4. 接地装置施工要点

(1) 自然接地体

利用建筑基础内的钢筋作自然接地体时，钢筋与钢筋的连接应采用土建施工中的绑扎法或螺丝扣连接或熔焊连接。作为防雷接地与电气装置接地共用的自然接地体，电气装置的接地线与自然接地体应采用熔焊连接。

当既利用建筑物基础钢筋，又利用其他桩基作为自然接地体时，应将各部分进行可靠连接。当设计上对利用的桩基数量无具体要求时，应本着尽量多的原则进行利用。连接采用圆钢时，直径不应小于 10 mm；采用扁钢时，截面积不应小于 90 mm²，且厚度不应小于 3 mm。

当接地装置采用熔焊连接时，应采用搭接焊，焊接长度应符合表 6.2.2 的规定。

表 6.2.2　接地装置焊接长度及要求

连接方式	焊接长度	焊接要求
圆钢与圆钢、扁钢、角钢、钢管	不应小于圆钢直径的 6 倍	双面满焊
扁钢与扁钢	不应小于扁钢宽度的 2 倍	不小于 3 面施焊
扁钢与角钢	紧贴角钢外侧两面，上下两侧施焊	
扁钢与钢管	紧贴 3/4 钢管表面，上下两侧施焊	

当设计要求基础底板的钢筋按柱距形成网格时，纵横钢筋应进行跨接，应采用直径不小于 10 mm 的圆钢进行焊接或卡夹器连接。

当基础底板的底层钢筋与上层钢筋需要跨接时，应采用直径不小于 10 mm 的圆钢进行焊接或卡夹器连接。

基础底板的钢筋与作为引下线的钢筋应进行跨接，应采用直径不小于 10 mm 的圆钢进行焊接或卡夹器连接或绑扎;基础底板的钢筋与作为专用引下线的钢筋应进行跨接,应采用直径不小于 10 mm 的圆钢进行焊接。

混凝土的钢筋焊接后,应将药皮清理干净,焊接处不需要做防腐处理。

（2）人工接地体

接地装置顶面埋深不应小于 0.6 m。当仅用于防雷系统时,不应小于 0.5 m,且应在冻土层以下。

圆钢、角钢、钢管、铜棒、铜管等接地极应垂直埋入地下,间距不应小于 5 m;人工接地体与建筑外墙、基础或散水坡的最外沿之间的水平距离不宜小于 1 m。

当垂直接地极与水平接地体采用钢材时,应采用熔焊连接,焊接处应采用沥青防腐等处理措施;当采用铜材时,铜材之间应采用放热焊接,接头处应无贯穿性气孔。当接地装置既有钢材又有铜材时,相互间的连接也应采用放热焊接。

5. 等电位连接施工要点

（1）总等电位连接

自接地体或基础钢筋引至总等电位连接母排的接地线不应小于 2 根。

总等电位连接母排与其他金属构件的连接可采用焊接、螺丝连接或抱箍压接方式。

当一个建筑物内设有多个总等电位连接母排时,各母排之间应进行良好连接。

（2）局部等电位连接

浴室、电气竖井、设备机房等应设置局部等电位连接排或端子。

局部等电位连接排或端子应与本楼层的钢筋网进行良好连接。

当局部等电位连接排或端子暗敷时,应穿绝缘管进行保护。

设备机房的等电位连接应设置成 S 型、M 型或混合型。当采用 S 型时,应使用不小于 25 mm×3 mm 的铜排作为等电位连接排;当采用 M 型时,应使用截面积不小于 25 mm^2 的铜带或裸铜线作为等电位连接网格。

6. 屏蔽施工要点

应采取建筑物、房间、设备、线缆多级屏蔽措施。

施工中不应遗漏门、窗等处的屏蔽。

屏蔽工程中金属材料应多点就近与等电位连接排或接地装置良好连接。

屏蔽用的金属管道、桥架等至少应在两端接地。

图 6.2.1 为防直击雷工程和等电位连接示意图。

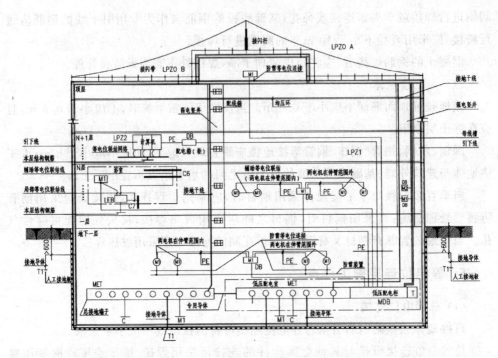

图 6.2.1　防直击雷工程和等电位连接示意图(引自《防雷与接地·上册》15D500)

6.2.2　接闪器施工

1. 接闪器施工一般规定

(1) 接闪器的保护范围

被保护的建(构)筑物、设备、设施、线路等均应处于接闪器的保护范围内,接闪器的保护范围应按滚球法计算,滚球法的计算方法可参见《建筑物防雷设计规范》(GB50057—2010)的附录 D。第一类防雷建筑物的滚球半径为 30 m,第二类为 45 m,第三类为 60 m;存放易燃物品的堆场,滚球半径可放宽至 100 m。

(2) 接闪器的材料和规格

接闪器的材料应采用金属材质,以钢材最佳,铜或导电性较好的合金也可。慎用非金属或半导体材料作为接闪器。

接闪器的规格除了应符合规范外,还应考虑经济性。理论上,接闪器高于滚球半径部分是无效的,因此不宜将接闪器尤其是接闪杆做得过于高大。但对于独立的高耸构筑物,如火箭发射塔,其接闪杆的保护范围应将被保护物的顶端作为底面进行计算,因此该类接闪杆的总体高度可以高于滚球半径。

（3）接闪器的牢固程度

铁塔式接闪器和杆式接闪器的安装,还应考虑当地的风力、冻雨等影响其结构的灾害天气,应根据这些灾害天气的历史极值进行设计和施工,适当增大接闪器的材料规格,或增加接闪器固定拉绳的数量和强度。

对于后加装的接闪带,其支架的水泥墩应固定牢靠,尤其是安装在屋脊的水泥墩,确保不能被大风吹落。

（4）接闪器的防腐防锈处理

由于接闪器长年经受风吹雨打,容易出现腐蚀生锈问题。如果不加以维护,随着生锈情况的加剧,会出现焊接部位脱焊、薄弱部位腐蚀断裂等问题,影响接闪性能,从而带来严重的隐患,因此接闪器应进行防腐防锈处理。对于作为接闪器的钢材,应采用热镀锌的钢材。在施工中破坏了镀锌层的部分、焊接处、与其他构件的连接处等位置应重新进行防锈处理。

（5）接闪器与引下线的连接

接闪器与引下线之间的连接应采用焊接,对于彩钢瓦等薄金属做接闪器的,与引下线的连接可采用卷边压接。

（6）接闪器与屋顶金属物体的连接

屋顶的接闪器应与屋面上的大尺寸金属物如广告牌、栏杆、旗杆、擦窗机、管道、幕墙支架以及冷却塔、大型天线等设备的基座和框架进行等电位连接,连接处应做到良好电气贯通,并做好防腐处理。

（7）可做接闪器的设施

材料和规格符合接闪器有关规定的金属屋面、屋顶广告牌、栏杆、旗杆、金属材质的屋顶等可以作为接闪器,这些作为接闪器的设施应做好接地处理和等电位连接。

第一类防雷建（构）筑物中,突出屋面的放散管、呼吸阀、排气管等金属构件不宜作为接闪器,也不宜与接闪器进行等电位连接。

（8）彩钢瓦

一般情况下,彩钢瓦可以作为接闪器。但彩钢瓦屋顶不宜作为存放易燃易爆物品仓库的接闪器,因为彩钢瓦的厚度一般不超过 4 mm,雷击容易击穿彩钢瓦,高温的金属熔渣或易燃的填充物可能会掉落到屋内,如果屋内存放易燃易爆物品,极易引发火灾或爆炸。

（9）屋面的施工,应做好防水处理。

2. 接闪杆安装

接闪杆一般安装在建筑物的屋面或墙上,安装于屋面的接闪杆宜安装在建筑物的制高点(见图 6.2.2),建筑物的屋面和屋顶的设备设施均应处于接闪杆的保护范围之内。

接闪杆在屋顶上的安装方法如下：

首先在屋面建好混凝土底座,底座应设在承重梁上或结构柱上,在建设之前应查阅设计文件,确定屋面荷载能够满足安装接闪杆的要求。在底座内预埋地脚螺栓或底脚板和铁脚的焊接件,地脚螺栓和铁脚应与屋面、墙体或梁内钢筋焊接。安装接闪杆时,先在底座板上焊一块肋板将接闪杆立起,找直找正后再进行点焊将接闪杆固定住,最后焊上两到三块肋板进一步固定。

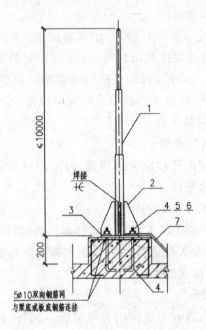

1—接闪杆;2—加劲肋;3—底板;4—底脚螺栓;5—螺母;6—垫圈;7—引下线

图 6.2.2　接闪杆安装在屋面的剖面图(引自《防雷与接地·上册》15D501)

接闪杆在墙上的安装方法如下:

先在墙体上安装预埋件,将接闪器的支架焊在预埋件上,将接闪杆用 U 形螺栓卡固在支架上,如图 6.2.3 所示。

在屋面的突出部位,如女儿墙拐角处、外墙突出部位等处宜设接闪短杆进行保护,并与楼顶其他接闪器焊接成一个电气通路。

屋顶上的排气孔、烟囱、天窗等突出屋面的结构物上也应装设接闪短杆加以保护。

第一类防雷建筑物的独立接闪杆,接闪杆支柱至被保护建筑物及其管道、电缆等金属物之间的安全距离应不小于 3 m。

接闪杆如果高于当地的航空要求,应该安装航标灯。

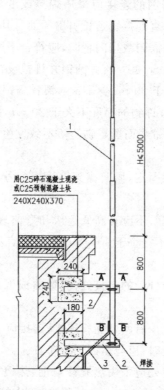

用C25碎石混凝土现浇
或C25预制混凝土块
240X240X370

1—接闪杆;2—支架;3—引下线

图 6.2.3　接闪杆安装在墙上的剖面图(引自《防雷与接地·上册》15D501)

3. 接闪带安装

(1) 安装位置

接闪带应沿建筑物易遭受雷击的部位敷设,如建筑物的女儿墙、屋角、屋檐、屋脊、檐角、楼梯和电梯机房屋顶。

(2) 安装方式

接闪带有明敷和暗敷两种安装方式,优先采用明敷方式。

国家级重点文物保护的建筑物和具有爆炸危险场所的建筑物应采用明敷接闪带。对于雷击击中屋面或墙体,坠落物不会造成危害的建筑物,接闪带可暗敷在防水层下,宜用膨胀螺栓紧贴混凝土层表面固定。

当建筑物是多层建筑且周围很少有人停留时,可利用女儿墙压顶圈梁内钢筋做接闪器,具体做法如下:利用压顶圈梁内不少于 2 根 Φ8 或 3 根 Φ6 主钢筋为暗敷接闪带。在女儿墙下面圈梁与压顶圈梁之间设垂直连接线,其上端与压顶圈梁通常筋连接,下端与女儿墙下面圈梁内主钢筋连接。当女儿墙内设有垂直筋时,应利用垂直筋作为垂直连接线。当利用部分垂直筋作为连接线时,垂直筋与压顶圈梁钢筋网和女儿墙下面圈梁内钢筋网的连接应采用焊接或卡夹器连接。当女儿墙上设有铁栏杆、消防爬梯时,应将垂直连接线延长引出屋面与其连接。

当建筑艺术要求较高确需暗敷接闪带时,应符合下列规定:

- 接闪带采用 2 根不小于 Φ10 镀锌圆钢并排敷设,其敷设净距不小于圆钢直径的 2 倍,或采用不小于 20 mm×4 mm 镀锌扁钢敷设;
- 接闪带表面水泥或装饰物的厚度不大于 20 mm;
- 一旦遭受雷击,接闪带表面覆盖物坠落不致发生事故。

（3）安装方法

接闪带宜采用固定支架固定,固定支架高度不宜小于 150 mm。固定支架应固定可靠、均匀布设。

接闪带敷设应平直、牢固,不应有高低起伏和弯曲现象,接闪带在转角处应随建筑物造型弯曲,弯曲度一般不宜小于 90°,弯曲半径不宜小于圆钢直径的 10 倍或扁钢宽度的 6 倍。

引下线的上端与接闪带（网）的交接处,应弯曲成弧形再与接闪带（网）并齐进行搭接焊接。

不同平面的接闪带应至少有两处互相连接,连接应采用焊接。

接闪带沿坡形屋面敷设时,应与屋面平行布置。

在跨越伸缩缝和沉降缝处应采用热镀锌扁钢、热镀锌圆钢或铜编织带做弧形跨接,将接闪带向侧面弯成半径为 100 mm 的弧形,且支持卡子中心距建筑物边缘距离减至 400 mm。

接闪带在不同部位不同屋面上的安装方法如下:

接闪带在女儿墙或挑檐上安装时,接闪带应设在墙外表面或屋檐边的垂直面上,也可设在墙外表面或屋檐边的垂直面外,如图 6.2.4 所示。接闪带固定支架应设置在女儿墙或挑檐外侧,宜采用热镀锌扁钢或热镀锌圆钢制作,支架上端应朝墙外表面或屋檐边探出。

接闪带在屋脊上安装时,应沿屋脊现场浇制支座,在浇制时先将脊瓦敲去一角,使支座与脊瓦内的砂浆连成一体,将支架固定于支座内,应与土建同时施工;或用电钻将脊瓦钻孔,再将支架插入孔内,用水泥砂浆填塞牢固,如图 6.2.5 所示。

对于加气板平屋顶,接闪带固定支架应在抹灰前安装,宜沿屋顶周边布设,利用螺栓贯通加气板固定。

对于 V 形折板屋顶,接闪带固定支架宜沿屋顶周边布设,应设置在折板凸点接头部位,固定于现浇混凝土内。也可利用 V 形折板内钢筋作为暗装接闪网,在折板接头部位敷设通长筋,并和插筋、吊环绑扎,在折板端部预留 100 mm 钢筋头,便于与引下线相连接。

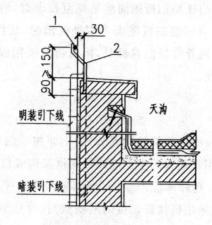

1—接闪带；2—固定支架

图 6.2.4　接闪带在女儿墙上的安装图(引自《防雷与接地·上册》15D501)

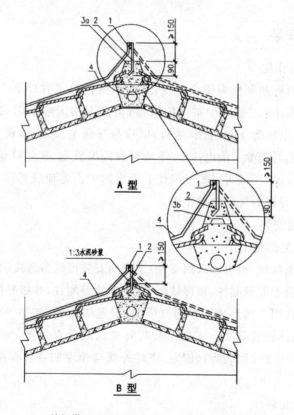

1—接闪带；2—固定支架；3a、3b—支座；4—引下线

图 6.2.5　接闪带在屋脊上的安装图(引自《防雷与接地·上册》15D501)

对于压型钢板屋面,当压型钢板屋面满足规范要求时,宜利用其作为接闪器,否则,需加设人工接闪带。当压型钢板屋面不带外保温时,接闪带固定支架宜设在屋面檩条上;当压型钢板屋面外带保温卷材时,接闪带宜采用混凝土基座固定,混凝土基座应设置在梁或檩条处。

4. 接闪网安装

接闪网大多是作为屋面钢筋网的一部分,随土建施工暗敷。对于钢筋混凝土建筑、钢架结构建筑,宜利用建筑物的主钢筋或结构框架构成接闪网的主干。

对于明敷的接闪网,其外圈应形成闭合通路,敷设应平直,拐弯处应大于90°。网格交叉点应焊接,焊接采用搭接焊。接闪网明敷时,考虑到防腐问题,其规格可以稍微加大一些。

接闪网的外圈应与防雷引下线相焊接。在屋面上的设备金属底座应就近与接闪网等电位连接。

5. 接闪线安装

(1) 接闪线的作用

接闪线在电力行业又称为架空地线,其作用概括起来有以下三点:一是避免被保护物受到直接雷击;二是减少雷击闪络,当雷击于接闪线上时,接闪线上电位很高,由于绝缘子的电压等于接闪线(塔身)电位与导线电位之差,这个电压一般远比雷电直接击中导线时绝缘子的电压低,不会导致闪络放电;三是降低感应雷过电压,由于接闪线良好接地,所以可以将接闪线上承受的雷击电流或感应电流快速泄放到地下,从而起到对导线的屏蔽保护作用。

(2) 接闪线的安装

① 接闪线支架的施工

支架可以选用铁塔,也可以选用支柱,支柱的安装可以参考接闪杆。

支架基础采用水泥预制件,预埋铁板、固定螺栓等配件,并做好接地装置。

支架铁塔可选用三角形或四角形铁塔,材料选用角钢,支架节间采用法兰盘连接,整个支架采用热镀锌防腐。支架组装时要确保塔身直且正,与基础中的铁件焊接时,每个支点采用3块肋板焊接固定,塔棱外侧与预埋的铁件焊接,焊接要求双面满焊。

② 接闪线的安装

接闪线优先选用铝包钢绞线,规格应能承受雷击的袭击以及风力和拉力的张力。

张拉接闪线时,采用绞线夹固定一端,三处固定。接闪线端点折回固定,确保接闪线与支架可靠连接,做到紧固不松脱。

接闪线的弧垂要与下部被保护物间隔一定的安全距离,具体可参见《建筑物防雷设计规范》(GB50057—2010)。

要考虑接闪线的热胀冷缩情况,夏季接闪线热胀时,弧垂加大,接闪线的保护范围缩小,保护高度降低;而冬季则相反,同时冬季接闪线冷缩,会加大对支架的拉力。

接闪线的安装位置最好在被保护物的几何轴线上,如果无法安装在几何轴线上,保护范围应大于被保护物宽度。

接闪线可以利用金属支架塔身或支柱本体作为自然引下线。

6. 防侧击雷措施

建筑物高于滚球半径部分(即第一类防雷建筑物高于 30 m 部分,第二类防雷建筑物高于 45 m 部分,第三类防雷建筑物高于 60 m 部分)应采取防侧击措施:

每隔不大于 6 m 沿建筑物四周,利用建筑物外墙结构圈梁内的两条水平主钢筋连接构成闭合环路作为水平接闪带,或在外墙结构圈梁内敷设一条不小于 $\Phi 12$ 镀锌圆钢或不小于 25 mm×4 mm 镀锌扁钢作为水平接闪带,并与防雷引下线相连接;

外墙上的幕墙、门窗、金属栏杆等较大金属物均应就近与水平接闪带或雷电防护装置相连接;

外部金属物、外部引下线以及作为引下线的钢筋混凝土内钢筋和金属构件,均可利用其作为接闪器;

外墙竖直敷设的金属管道及金属物的顶端和底端分别与雷电防护装置连接。

金属门窗或外墙上的金属构件的防雷接地做法如下:从圈梁内主钢筋或混凝土预埋件上引出连接导体,连接导体另一端与窗框或金属构件焊接。连接导体宜采用不小于 $\Phi 10$ 镀锌圆钢或不小于 25 mm×4 mm 镀锌扁钢或截面积不小于 $16~\text{mm}^2$ 铜导线暗敷。较大金属构件或金属门窗的接地点宜不少于两处。

7. 屋顶设施的防雷措施

屋面及屋面的物体均应在接闪器的保护范围内,防雷保护可以采用接闪杆、接闪带或二者组合防护。

屋面上所有的凸起的金属构筑物或管道均应与接闪带进行等电位连接,如图 6.2.6 所示。

对于金属管道、布线金属管等应在其上部屋面位置与接闪器连接,其下部与接地装置连接。

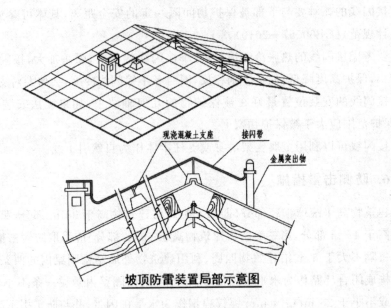

图 6.2.6　坡顶屋面的雷电防护装置示意图(引自《防雷与接地·上册》15D501)

6.2.3　引下线施工

引下线是指用于将雷电流从接闪器传导至接地装置的导体,可分为自然引下线和专设引下线。自然引下线是指利用钢筋、钢柱、结构框架等建筑物本身的金属构件作为引下线(见图 6.2.7)。专设引下线是指在建筑物外侧另外设置金属导体作为引下线,专设引下线一般沿建筑物外墙面明敷。无论是何种敷设方式的引下线,都必须满足耐腐蚀、热稳定和机械强度的要求,从而保证强大雷电流通过时不熔化。

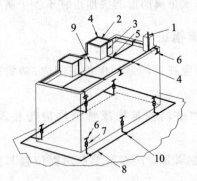

1—接闪杆;2—接闪带;3—引下线;4—T型接头;5—十字型接头;6—与钢筋的连接;
7—测试接头;8—环形接地体;9—屋面;10—引下线与接地装置的连接点

图 6.2.7　利用建筑外墙柱内钢筋引下的外部雷电防护装置施工图(引自 GB50601—2010)

引下线的布置方式一般分为明敷(设)和暗敷(设)。

明敷是指引下线架设在建筑物外表面,这种敷设方式存在有些部位会影响建筑物的外观、在复杂结构处安装困难等问题。新建建筑物的引下线一般采用暗敷形式,即在工程土建中利用建筑中的结构主钢筋、金属框架等作为引下线,与建筑土建同时完工。暗敷引下线一般敷设的数量更多、泄放雷电流的效率较高,比明敷更容易施工。

1. 自然引下线施工

可利用建筑物外周构造柱和剪力墙内的纵向主钢筋或钢柱作为自然引下线,自然引下线应沿建筑物四周均匀对称布置,间距应符合表 6.2.3 的规定。当构造柱内主筋直径不小于 16 mm 时,宜利用对角两根钢筋作为一组引下线;当主筋直径不大于 16 mm 且不小于 10 mm 时,宜利用对角四根钢筋作为一组引下线。

表 6.2.3　引下线的间距要求

建筑物防雷类别	引下线间距/m
第一类防雷建筑物	12
第二类防雷建筑物	18
第三类防雷建筑物	25

当建筑物的楼板及墙体为现浇钢筋混凝土时,应将建筑物每层的横梁和纵梁内主钢筋和用作防雷引下线的柱内主钢筋互相连接,并应在幕墙、金属门窗、金属栏杆等建筑物外墙较大金属物需作接地之处,从柱内主钢筋引出预埋连接板,将楼面内钢筋网的两根钢筋连接到预埋连接板上。

自然引下线上端应引出不小于 Φ10 的镀锌圆钢至女儿墙顶或屋顶,与接闪器相连接。当利用屋面预制挑檐板内钢筋做接闪器时,可不引出连接导体。

建筑物的钢梁、钢柱、消防梯等金属构件宜作为自然引下线,但其各部件之间均应连成电气通路,采用焊接、熔焊、卷边压接、缝接、螺钉或螺栓连接。

当利用建筑物四周钢柱或混凝土内钢筋作为防雷引下线并同时采用基础接地体时,应从引下线上引出若干测试连接板,连接板宜设置在室外墙体上不低于 0.3 m处。当利用建筑物四周钢柱或混凝土内钢筋作为引下线并采用埋于土壤中的人工接地体时,宜在每根引下线上距地面不低于 0.3 m 处引出接地线,接地线宜穿硬塑料管保护。

通信铁塔或其他高耸金属构架中,宜利用其金属构件做自然引下线。塔上的线路宜采用铠装电缆或应穿金属管敷设,电缆的金属护层或金属管应在上下两端与铁塔做等电位连接。当电气和电子线路与引下线平行敷设时,其间距不宜小于 1.0 m,交叉敷设时不宜小于 0.3 m。

2．专设引下线施工

引下线宜采用热镀锌圆钢或热镀锌扁钢。

专设引下线不应少于 2 根，应沿建筑物四周均匀对称布置，并应尽可能在靠近建筑物拐角处布置，其间距应符合表 6.2.3 的要求。当建筑物的跨度较大、无法在跨距中间设引下线时，应当在跨距两端设引下线，并减少其他引下线的间距。金属屋面建筑物应每隔 18 m～24 m 采用引下线接地一次。

引下线下端应与接地装置可靠电气连接，应采用焊接或卡夹器连接。

引下线应经最短路径接地。引下线的敷设应平正顺直，如需弯曲时，应采用弧形弯曲，避免直角弯曲，且弯曲部分开口处的距离不得小于弯曲部分线段长度的 1/10。

当墙体外保温材料是由可燃材料构成且引下线的温升可能对其构成危险时，引下线不应暗敷在墙体内，且引下线与外墙之间的距离应大于 0.1 m。

引下线支架应固定可靠，每个支架应能承受 49N 的垂直拉力，固定支架高度不宜小于 150 mm，可采用卡板或套卡固定。

在易受机械损坏之处，地面上 1.7 m 至地面下 0.3 m 的一段接地线应采取暗敷或采用镀锌角钢、改性塑料管或橡胶管等加以保护。保护角钢、塑料管或橡胶管用卡子固定，卡子垂直间距不宜大于 0.9 m。

明敷引下线（见图 6.2.8）在人员可能停留或经过的区域敷设时，应采取下列一种或多种措施以防止接触电压和闪络电压对人体造成的伤害：

- 外露引下线距地面 2.7 m 以下的导体，采用能耐受高电压冲击的绝缘层隔离，如不小于 3 mm 厚的交联聚乙烯层；
- 在引下线 3 m 范围内地表层敷设 5 cm 厚的沥青层或 15 cm 厚的砾石层；
- 使用护栏、警告牌使人不得靠近或进入危险区域，护栏与引下线的水平距离不应小于 3 m。

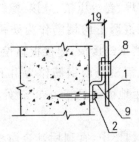

1—引下线；2—射钉；8—套卡；9—S 形卡子

图 6.2.8　明敷引下线在立面固定的侧视图（引自《防雷与接地·上册》15D501）

引下线与自来水管道、燃气管道等金属物或电气线路与之间应保留一定的安全距离,安全距离符合表 6.2.1 的规定。

引下线不应敷设在下水管道或排水槽沟内。

6.2.4　接地装置施工

1. 自然接地体施工

除第一类防雷建筑物的防雷接地装置应采用独立接地外,其他应优先利用建筑物基础内的结构钢筋作为防雷接地装置。

基础内箍筋与钢筋、钢筋与钢筋的连接应采用土建施工的绑扎法、螺丝扣连接、卡夹器连接等机械连接或对焊、搭焊等焊接连接。单根钢筋、圆钢或外引预埋连接板、线与构件内钢筋应焊接或采用螺栓紧固的卡夹器连接。

可利用护坡桩或桩基中的锚杆作为接地体。在桩顶从主钢筋上引出一根钢筋,采用不小于 Φ10 镀锌圆钢或截面不小于 25 mm×4mm 镀锌扁钢将引出的钢筋或锚杆连通,并与建筑物基础内钢筋连接。

当基础外表面有防水层时,应采取下列措施中的一种:

- 在基础防水层下面的混凝土垫层内敷设环形人工接地体,并与基础内主筋相连接,破坏防水层处应采取防水措施;
- 在 ±0 以下从基础内主筋外引接地预埋件,其位置和数量宜与引下线一致,并通过接地连接线与接地体相连接或与桩内主筋相连接。

对于距离较近的建筑物宜将各个建筑物的接地装置相互连接,形成共同接地网。当互相临近的建筑物之间有电力和通信电缆连通时,也宜将其接地装置互相连接。

2. 人工接地体施工

当建筑物中的防雷接地、防静电接地、屏蔽接地、保护接地、设备的工作接地互相连接,构成共用接地系统时,其接地电阻值应按其中最小值确定。

当接地电阻值达不到规范要求或有特殊要求时,应增设人工接地体。人工接地体宜在建筑物四周散水坡外敷设成闭合环形结构。

埋于土壤中的人工垂直接地体宜采用热镀锌角钢、钢管或圆钢;埋于土壤中的人工水平接地体宜采用热镀锌扁钢或圆钢。在腐蚀性较强的土壤中,尚应适当加大其截面。

人工接地体可按地形和功能要求敷设成带形、星形、三角形或环形,优先采用环形结构,如果无法做成环形结构,尽量做成对称结构。

人工接地体在土壤中的埋设深度不应小于 0.5 m,并敷设在当地冻土层以下,其距墙或基础不宜小于 1.0 m。人工垂直接地体的长度宜为 2.5 m，垂直接地体之间的距离以及水平接地体之间的距离均宜为 5.0 m，当受地方限制时可适当减小，但不能小于垂直接地体的长度。

图 6.2.9 为接地极安装图。接地极的材料最好采用同一种金属材质，不同材质之间会产生电化学腐蚀。接地体的连接应采用放热焊接，并应在焊接处做防腐处理。钢材之间的焊接应符合表 6.2.2 的要求。

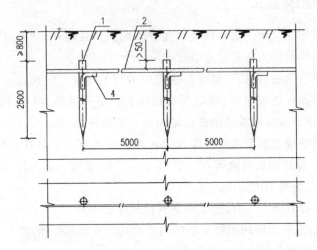

1—垂直接地极；2—水平接地极；4—连接导体

图 6.2.9　接地极安装图（引自《防雷与接地·下册》14D504）

在高土壤电阻率的场地，可采取如下降低接地电阻的措施：

- 采用多支线外引接地装置，外引长度不宜大于 $2\sqrt{\rho}$，其中 ρ 为土壤电阻率；
- 接地体埋于较深的低电阻率土壤中；
- 扩大接地体包围的面积；
- 换成低电阻率的泥土；
- 采用降阻剂，宜选用长效且对环境污染低的物理性降阻剂。

施工中开挖的沟、洞等应用土质良好的细土回填，回填后暂不夯实，待自然下沉 3～5 天后，再填细土夯实回填直至满。

为防止跨步电压对人员造成伤害，可采取如下方法：

- 人工接地体埋设区尽量避开人员停留或经过的区域；
- 人工接地体埋入地下 1 m 以下；
- 如果接地体无法埋入 1 m 以下，则在接地体 3 m 范围内地表层敷设不小于 5 cm 厚的沥青层或不小于 15 cm 厚的砾石层；
- 用网状接地装置对地面做均衡电位处理；
- 使用护栏和（或）警告牌，使人进入接地体 3 m 范围内地面的可能性减少到最低限度。

6.2.5　屏蔽措施施工

屏蔽措施可分为建筑物屏蔽、房间屏蔽、线缆屏蔽和设备屏蔽。

建筑物屏蔽。利用建筑物的金属屋面、金属立面、幕墙和金属门窗等大尺寸金属构件与混凝土内的钢筋做等电位连接，并与雷电防护装置相连，建筑物每层的楼板内主钢筋、梁内主钢筋以及与用作防雷引下线的钢筋互相连接为一体，形成格栅形屏蔽网，构成建筑物屏蔽网。穿过屏蔽层的导电金属物就近与屏蔽网做等电位连接。

机房屏蔽。机房的六面墙体可采用铜板、铝合金网等金属板或网进行屏蔽，屏蔽的金属板或网应多点就近与等电位连接排良好连接。房间门可采用金属门或将门后粘贴一层金属板或网，并将金属板或网至少两处进行等电位连接。窗户可采用屏蔽玻璃，并做好等电位连接。

线缆屏蔽。线缆优先采用铠装电缆。电缆的金属线槽、桥架或屏蔽电缆的金属屏蔽层应在两端和各防雷区交界处做等电位连接。当系统要求只在一端做等电位连接时，应采用两层屏蔽，外层屏蔽应在两端和各防雷区交界处做等电位连接。建筑物之间用于敷设非屏蔽电缆的金属管道、金属格栅或钢筋成格栅形的混凝土管道，两端应电气贯通，且两端应与各自建筑物的等电位连接带连接。屏蔽电缆的屏蔽层在入户处与各自建筑物总等电位连接带连接。

设备屏蔽。对于电磁干扰脆弱且重要的设备，可为设备增设专门的屏蔽箱或屏蔽罩，屏蔽箱（罩）可采用金属板或金属网构成。屏蔽箱（罩）应与等电位连接网络良好连接。

6.2.6　等电位连接施工

1. 总等电位连接的安装

等电位连接的部位一般是在防雷区的交界处。可导电部分应在建筑物 $LPZ0_A$ 或 $LPZ0_B$ 与 LPZ1 区的交界面处做总等电位连接，这些导体包括：

- 总配电柜的 PE 母排；
- 给排水管、暖气管等进出建筑物的金属管道；
- 入户处电缆金属外皮和金属保护管；
- 电气和电子系统进线通过电涌保护器进行等电位连接；
- 接地干线。

总等电位连接母排应与用作防雷和防静电接地的接地装置连接,接地线不应少于2根,母排的截面积不应小于 50 mm²,且厚度不应小于 3 mm。

当外来导电物、电气和电子系统的线路在不同地点进入建筑物时,应就近设置等电位连接端子板。

等电位连接导体在地下或混凝土及墙内时应采用焊接,外露部分可采用螺栓连接。

图 6.2.10 为多处进线的总等电位连接图。

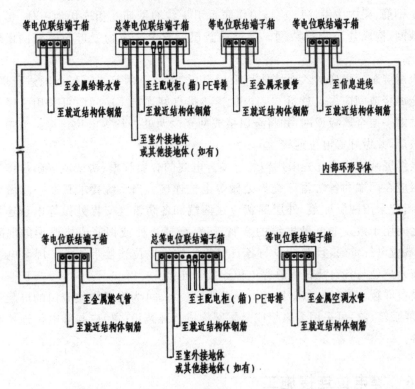

图 6.2.10　多处进线的总等电位连接图(引自《防雷与接地·上册》15D502)

2. 局部等电位连接的安装

建筑物内下列可导电部分应做局部等电位连接:
• 穿过后续防雷区交界面处的所有导电物、金属保护管等;
• 电气和电子线路通过电涌保护器等电位连接;
• 金属地板、金属门框、管道设施、电缆桥架等大尺寸的导电物;
• 室内各种屏蔽结构和设备外壳等金属物;
• 分配电箱的 PE 线;
• 电气装置接地干线。

后续防雷区的交界面处、配电间、设备间、强电井、弱电井、电梯井、有金属管道的浴室、游泳池、喷水池等需要泄放感应雷电流的区域应进行局部等电位连接,在这些区域设置局部等电位连接排或端子。

当等电位连接排采用导线暗敷时,应穿绝缘管进行保护。如果等电位连接排较长或做成环形,宜每隔 5 m 进行接地连接一次。

在竖井内敷设的局部等电位连接排,其下端应与接地体或总等电位连接母排连接,并每三层与建筑物的结构主钢筋连接一次。

等电位连接的连接方式:

等电位连接导体间的连接可采用焊接、螺栓连接、熔接等方式。

等电位连接排或端子板与设备的连接可采用螺栓连接,螺栓连接时应注意接触面的光洁,应有足够的接触压力和接触面积,确保连接良好。

等电位连接采用不同材质的导体连接时,可采用熔接法进行连接,也可采用压接法,压接时压接处应进行镀锡处理。

管道等电位连接可采用抱箍法,用抱箍卡接,抱箍与管道卡接处应刮拭干净,安装完毕应刷防护漆。抱箍的大小应根据管道的大小制作,材料可采用扁钢或铜带。

机房的局部等电位连接(见图 6.2.11)。进出机房的金属管道、金属线槽、线缆屏蔽层、电力线和信号线等均应就近与等电位连接排或端子进行等电位连接。机房内的金属门框架、电缆桥架、防静电地板的金属板和龙骨支架等大尺寸导电物均应以最短路径连接至等电位连接排或端子。设备箱体、外壳、机柜、机架等所有外露可导电部分应就近接入等电位连接排或端子。除非有特殊要求,电气和电子系统的接

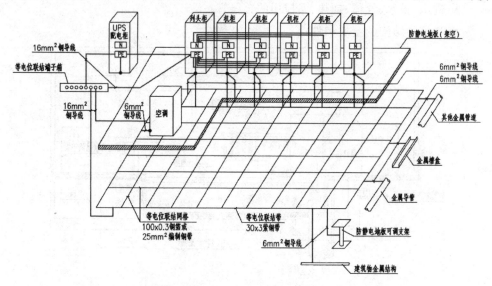

图 6.2.11　机房等电位连接图(引自《防雷与接地·上册》15D502)

地系统应与等电位连接系统进行电气连接。光缆的金属护层、金属挡潮层、金属加强芯等应在入户处做等电位连接并接地。当天线传输系统采用波导管传输时，波导管的金属外壁应与天线架、波导管支撑架及天线反射器做电气连通。

浴室局部等电位连接(见图 6.2.12)。在浴室内应预留局部等电位连端子，浴室内的金属给排水管道、暖气暖管、电源 PE 线等应与局部等电位连接端子连接，扶手、浴巾架、浴帘杆、肥皂盒等孤立金属物可不进行等电位连接。当浴室内设备水管采用塑料管材时，其末端连接的散热器、地漏等金属物可不进行等电位连接。

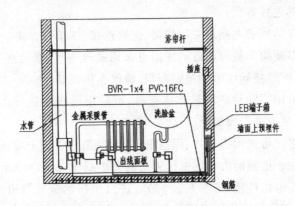

图 6.2.12　浴室局部等电位连接图(引自《防雷与接地·上册》15D502)

游泳池、喷水池的局部等电位连接(见图 6.2.13)。所有外露可导电部分均应做等电位连接。可导电部分包括：

- 进水、排水、气体、加热、温控用的金属管；
- 建筑物结构的金属构件；

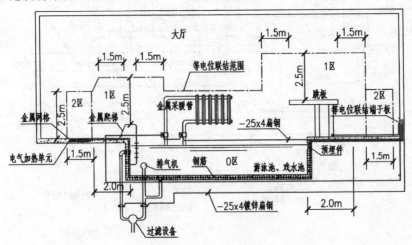

图 6.2.13　游泳池、喷水池的局部等电位连接图(引自《防雷与接地·上册》15D502)

- 水池结构的金属构件；
- 非绝缘地面的钢筋；
- 混凝土水池的钢筋。

电气加热单元应覆盖金属网，并将金属网连接到局部等电位连接排。

6.2.7　电涌保护器安装

电涌保护器（SPD）的安装应根据雷电波的入侵来向，依次加装第一级、第二级、第三级甚至第四级防护，不可教条地施行在总配电室加装第一级、在分配电箱加装第二级、在设备前端加装第三级这种常规的安装方式。如航标灯，雷电的常见侵入方式是安装航标灯的灯杆或接闪器接闪后，雷电波沿着电力线依次从航标灯前的配电箱→分配电箱→总配电柜这样的顺序入侵。

电源系统的电涌保护器都是并联在线路中，而信号系统的电涌保护器大多是串联在线路中。

电涌保护器的规格和参数选择，应根据当地的雷电监测数据，按照其最大值进行设计。

至于应该设置到第几级防护，除了根据当地的雷电数据，还应综合考虑设备的耐压情况、屏蔽情况等。

通信系统的电涌保护器，应满足通信系统传输特性，如工作频率、传输介质、传输速率、传输带宽、工作电压、插入损耗、特性阻抗、接口形式等。

用于电子系统的第一级电涌保护器，应安装在建筑物入户处的配线架上，当信号电缆直接接至被保护设备的接口时，电涌保护器可以安装在被保护设备的接口上。

电涌保护器在不同低压配电系统接地形式中的接线形式应符合下列规定：

- 在 TN-S 系统中，电涌保护器应接于每根相线与接地（PE）线间以及中性（N）线与 PE 线间，其接地端应与等电位连接端子连接（见图 6.2.14）。
- 在 TN-C-S 系统中，在总配电柜处，电涌保护器应接于每根相线与 PEN 线（接地线与中性线为同一根线）间，其接地端与总等电位连接端子连接，并从 N 线上引出 PE 线；在分配电箱处，电涌保护器应接于每根相线与 PE 线间以及 N 线与 PE 线间，其接地端应与局部等电位连接端子连接（见图 6.2.15）。
- 在 TT 系统中，当电涌保护器安装在入户处剩余电流保护器的负荷侧时，电涌保护器应接于每根相线与 PE 线间以及 N 线与 PE 线间，其接地端与总等电位连接端子连接；当电涌保护器安装在入户处剩余电流保护器的电源侧时，电涌保护器应接于每根相线与 N 线间以及 N 线与 PE 线间（见图 6.2.16）。
- 在 IT 系统中，在总配电柜处，电涌保护器应接于每根相线与总等电位连接端子间，并从总等电位连接端子上引出 PE 线；在分配电箱处，电涌保护器应接于每根相线与 PE 线间,其接地端与局部等电位连接端子连接(见图 6.2.17)。

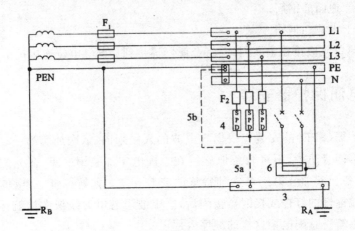

3—总接地端或总接地连接带;4—U$_p$ 应小于或等于 2.5 kV 的电涌保护器;5(a、b)—电涌保护器的接地连接线;

6—被保护的设备;F$_1$—保护器;F$_2$—过电流保护器;R$_B$—电源系统的接地电阻;

R$_A$—电气装置的接地电阻;L1、L2、L3—相线

图 6.2.14　TN 系统安装在进户处的电涌保护器

(引自 GB50057—2010 附录 J)

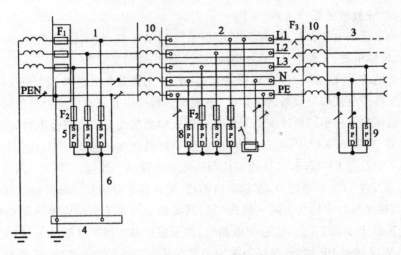

1—电气装置的电源进户处;2—配电箱;3—送出的配电线路;4—总接地端或总接地连接带;

5—Ⅰ级试验的电涌保护器;6—电涌保护器的接地连接线;7—被保护的设备;8—Ⅱ级试验的电涌保护器;

9—Ⅱ级或Ⅲ级试验的电涌保护器;10—去耦器件或配电线路长度;F$_1$、F$_2$、F$_3$—过电流保护器;L1、L2、L3—相线

图 6.2.15　TN-C-S 系统多级电涌保护器的安装(引自 GB50057—2010 附录 J)

当电涌保护器安装在配电柜或配电箱内时,其接线端应分别与配电箱内线路的同名端相线连接,接地端应与配电箱的保护接地线接地端子板连接。带有接线端子的电涌保护器宜采用压接,带有接线柱的电涌保护器宜采用线鼻子与接线柱连接。

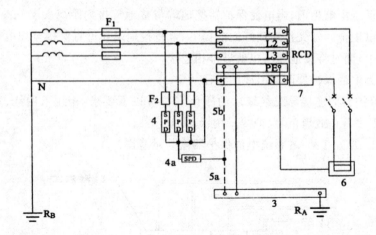

3—总接地端或总接地连接带；4、4a—电涌保护器，它们串联后的 Up 应小于或等于 2.5 kV；

5(a、b)—电涌保护器的接地连接线；6—被保护的设备；7—安装于母线的电源侧的剩余电流保护器(RCD)；

F$_1$—安装在电气装置电源进户处的保护器；F$_2$—过电流保护器；R$_B$—电源系统的接地电阻；

R$_A$—电气装置的接地电阻；L1、L2、L3—相线

图 6.2.16　TT 系统电涌保护器安装在进户处剩余电流保护器的电源侧

(引自 GB50057—2010 附录 J)

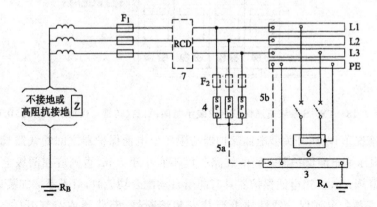

3—总接地端或总接地连接带；4—U$_p$ 应小于或等于 2.5 kV 的电涌保护器；5(a、b)—电涌保护器的接地连接线；

6—被保护的设备；7—剩余电流保护器(RCD)；F$_1$—安装在电气装置电源进户处的保护器；F$_2$—过电流保护器；

R$_B$—电源系统的接地电阻；R$_A$—电气装置的接地电阻；L1、L2、L3—相线

图 6.2.17　IT 系统电涌保护器安装在进户处剩余电流保护器的负荷侧

(引自 GB50057—2010 附录 J)

电涌保护器应安装牢固，其连接导线的过渡电阻不应大于 0.2 Ω。

　　电涌保护器两端的连接导线安装应平直，并尽可能做到最短，其两端连接导线长度之和不宜大于 0.5 m。可采用以下一种或多种方式降低电涌保护器两端引线的感应电压：

- 在低压配电柜内,当电涌保护器接地端与接地母排的距离大于 0.5 m 时,在配电柜金属外壳接地良好的前提下,可将接地端就近直接接至配电柜金属外壳上,同时将接地端与接地母排相连接;
- 增大电涌保护器两端引线的线径。

电涌保护器的连接导线绝缘层的颜色宜符合以下要求:相线采用红、黄、绿色,中性线采用浅蓝色或黑色,保护线采用绿/黄双色线。

图 6.2.18 为 TN-S 系统电涌保护器安装示意图。

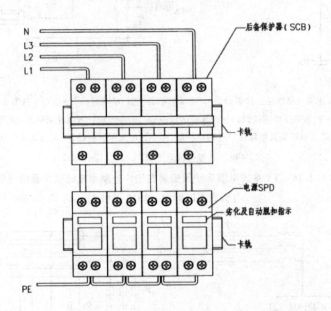

图 6.2.18　TN-S 系统电涌保护器安装示意图(引自《防雷与接地·上册》15D501)

一般情况下,电压开关型电涌保护器与限压型电涌保护器之间的线路长度不宜小于 10 m,限压型电涌保护器之间的线路长度不宜小于 5 m,否则应在两级电涌保护器之间加装退耦元件。当电涌保护器具有能量自动配合功能时,可不考虑加装退耦元件。

并联安装的电涌保护器性线上严禁安装熔断器、断路器或空气开关,所以不能将熔断器、断路器或空气开关串联到中性线中。

在火灾危险环境或爆炸危险环境,电涌保护器应采取防爆措施或应采用防爆型的。

6.2.8　施工质量和安全控制

1. 施工质量保证措施

建立质量保证体系。施工公司应建立完善的质量保证或质量控制体系。雷电防护工程应按照国家现行标准和规范的要求和施工技术规定进行工程质量管理,确保工程质量。

提出质量方针。在质量方针的指导下,运用科学的管理、严谨的作风,精心组织、精心施工,以优质的工程满足用户的愿望和要求。

标准化管理。全面开展质量职能分析和健全企业质量保证体系,大力推行"一案三工序管理措施",即"质量保证方案、监督上工序、保证本工序、服务下工序"。强化质量检测与质量验收专业体系,全面推行标准化管理,健全质量管理基础工作,确保工程施工质量。

建立项目管理体系。以合同为制约,强化质量意识。推行责任工程师和专业质检工程师负责制,施工全过程对工程质量进行全面的管理与控制;同时使质量保证体系延伸到各施工方、公司内部各部门,项目质量目标通过对各施工方、内部各部门严谨的管理予以实现。

建立岗位责任制。明确分工职责,落实施工质量控制责任,各岗位各司其职。

实施过程控制。分析每道工序,分解为不同质量控制环节,严格执行过程质量控制程序,对每个质量控制环节分别实施施工质量预控、施工质量过程控制。

工序质量保证。制定正确的施工顺序,各专业工序相互协调,制定科学的工序流程表,各专业工序均按此流程进行施工,严禁违反施工程序。工序交接全部采用书面形式,由双方签字认可,下道工序作业人员对上道工序负监督、检查责任。

技术交底制度。为确保施工安全和工程质量,科学组织施工,实行技术交底制度。编制有针对性的施工组织方案,积极采用新工艺、新技术;针对特殊工序编制有针对性的作业指导书。每个工种、每道工序施工前要组织进行各级技术交底,因技术措施不当或交底不清而造成质量事故的要追究有关部门和人员的责任。

过程三检制度。实行并坚持自检、互检、交接检制度,自检要做文字记录。隐蔽工程要由组长组织项目技术负责人、质量检查员检查,并做出详细的文字记录。

质量否决制度。对不合格分项、分部工程必须进行返工。不合格分项工程流入下道工序,要追究班组长的责任,不合格分部工程流入下道工序要追究工长和项目经理的责任。有关责任人员要针对出现不合格工程的原因采取必要的纠正和预防措施。

材料质量保证。所有材料应在正规厂家或有信誉的商店中采购,所采购的材料或设备必须具有出厂合格证、材质证明和使用说明书,对材料、设备有疑问的禁止进货。实行动态管理,定期对供货商实绩进行评审、考核,并做记录,对不合格的供货方予以除名。加强计量检测,根据国家、地方政府主管部门规定、标准、规范或合同规定要求及按经批准的质量计划要求抽样检验和试验,并做好标记,当对其质量有怀疑时,应加倍抽样或全数检验。

劳务素质保证。组建一支高水平、责任心强的施工队伍,建立对施工队伍完善的管理和考核办法,对施工队伍进行质量、工期、信誉和服务等方面考核,从而为工程质量目标奠定坚实的基础。

培训上岗制度。工程项目所有管理及操作人员应经过业务知识技能培训,并持证上岗。因无证指挥、无证操作造成工程质量不合格或出现质量事故的,除要追究直接责任者外,还要追究企业主管领导的责任。

质量文件记录制度。质量记录是质量责任追溯的依据,应力求真实和详尽。各类现场操作记录及材料试验记录、质量检验记录等要妥善保管,特别是各类工序接口的处理,应详细记录当时的情况,厘清各方责任。

工程档案管理制度。工程文件资料是工程竣工验收的重要依据,应真实和详尽。由专职资料员收集、整理、保管存档,做到工程技术、质量保证资料及验收资料随工程进度同步进行。

工程质量验收制度。竣工工程首先由施工企业按国家有关标准、规范进行质量初验,然后报当地防雷主管机构进行全面验收,不合格的工程不得交工,并无条件返工。

2. 施工安全保证措施

坚持"以人为本,安全第一,预防为主,综合治理"的安全工作方针,加强施工人员的施工专业安全教育,强化安全意识。

工程施工前,必须认真了解被保护物所处区域的地理、地质、环境等条件,雷电活动规律,被保护物的状况和特点,现有设施情况等。在建设单位电气及安全管理人员的配合下,仔细勘察电气线路、地下管道的布设和工程地点周围有无易燃易爆、有毒场所,分析不安全因素,提出施工时的针对措施。对易燃易爆、有毒场所,必须查看生产、使用和储存物品的燃点、闪点、自燃点、爆炸极限、毒性等技术资料,了解防火、防爆、灭火等注意事项。

工程开工时,应将工程的安全技术操作规程,向参加施工人员进行安全施工教育,宣布安全施工赏罚规则。每天早晨施工前进行安全讲话。

严格执行操作规程,严禁违章冒险作业。所有人员进入施工现场均要戴安全帽,每个高空作业工种都应按规定张挂安全网。

"四口"(通道口、孔洞口、楼梯口、电梯口)防护必须完善,各种机电设备必须接零接地,设置保险装置,电线架设符合规范要求。

高空作业时戴安全帽,系安全带,穿防滑鞋,保险绳要高挂低用,配专人看护协助施工。高空作业的任何工具、物品不得抛掷,要用绳索传递。

不准交叉作业,作业前不准饮酒,作业场所禁止打闹。

施工现场设警戒带、安全警示牌或安全旗等安全标识,并设专人看护。

室外遇大风、雨天、雷电等危险天气时停止施工。

各种医疗救助物品、药品在工程施工前必须准备好,以便对突发情况提供及时的医疗救助。

坚持工程质量、安全生产责任制。坚持三检(自检、互检、交接检)挂牌制。

机电设备要做防雨、防漏电措施,机电线路经常检修,下班后拉闸上锁。

在雷电活动期间施工时,必须先制作好接地装置,将所有安装的设备、接闪器、引下线等及时进行安全接地。

脚手架都要设防雷接地装置,定期检测,接地电阻不大于 4 Ω。大雨、雷暴或台风等恶劣天气来临前应对现场所有的设备、设施进行全面细致的检查、整修,并做好加固工作。恶劣天气来临时,现场必须设人员值班,发现险情立即采取应急措施。

在工程材料、工具和设备的运输过程中,必须妥善放置,防止损坏仪器和设备的性能。严禁场内车辆客货混装和违章行驶。防止工程材料砸伤、刺伤人员。

接地沟的开挖过程中,需要利用炸药或爆破作业时,必须预先做好安全防范工作,杜绝意外人身伤亡和设备、设施损坏。

在铁塔、钢筋混凝土设施的吊装或拆除作业中,应统一指挥,采取安全防范措施,杜绝意外事故的发生。

高处施工作业时,施工人员、材料运送利用脚手架到作业点时,工作前必须对脚手架、脚手板、斜道板、防护栏杆、安全网等防护设施进行检查,确保安全后方可作业。

电焊作业、带电作业、停电作业、避雷器件的安装要遵守电工作业安全要求。

发生安全、火灾事故时,必须立即停止作业,及时报告有关部门,采取紧急、有效措施进行处理、抢救和灭火,防止恶性事故出现。

发生触电事故,首先要切断电源,对触电者一边通过人工呼吸、心脏按压等方法进行急救,一边找医生或联系送医院抢救。

对高处坠落者,在送往医院的过程中要特别注意搬运问题,防止因搬运不当造成二次伤害。

3. 环境保护措施

建筑施工工地是一个主要的环境污染源,尤其噪音、粉尘及废水,而这些环境污染将直接影响周边生活环境,因此切实做好环境保护工作是保持正常施工、创建文明工地的主要工作之一。

(1) 防止施工噪声污染措施

人为的噪声控制措施:尽量减少人为的大声喧哗,增强全体施工人员防噪音扰民的自觉意识,确保夜间施工中造成的噪音不超过 55 分贝。

减少作业时间:严格控制作业时间,尽量安排在白天作业;晚间作业如超过 22:00 时,应停止施工或利用噪声小的机械施工。

减少施工噪声:易产生噪声的现场加工作业,应尽量放在施工区车间内完成,减少因加工制作产生的噪声,尽量采用低噪声的机械设备。

错时施工:施工现场的强噪音机械如砂浆机、电锯、电刨、砂轮机等,施工作业尽量在封闭的机械棚内,或在白天施工,避开影响工人与居民的休息时间。

（2）防止空气污染措施

施工现场施工垃圾较多,应使用封闭的专用垃圾桶,或将垃圾堆放在指定区域,严禁随意凌空抛扔,施工垃圾要及时清运,清运时适量洒水以减少扬尘;

裸露的土地和能够产生扬尘的地方,应当用防止扬尘的材料覆盖;

水泥采用专库室内存放,卸运时要采取有效措施,减少扬尘;

施工现场道路全部用砼地面、使其能承受一定的荷载,并随时洒水,防止道路扬尘;

严禁违章明火作业,必须经过审批后方可动火,并要控制烟尘排放。

（3）防止水污染措施

搅拌机的废水排放控制:施工现场搅拌作业时,在搅拌机前设置"沉淀池",使排放的废水排入沉淀池,经沉淀后,流入水沟排入市政污水管;

办公区及施工区设置排水明沟,场地及道路放坡,使整体流水至水沟,然后排入城市排污管网内;

现场存放的各种油料要进行防渗处理,储存和使用都要采取防止污染扩散措施;

在用水作业时,要节约用水,随手关紧水龙头;

各用水排放要合乎要求。

（4）建筑垃圾处理措施

建筑垃圾在指定的场所分类堆放,并标以指示牌。废钢筋、铁钉、铁丝、纸张之类应送废品收购站回收;含砂较高的垃圾应及时过筛回用;无法再用的垃圾在指定的地点堆放,并及时运出工地。垃圾清运出场必须到批准的场所倾倒,不得乱倒乱卸。

建筑物内清除的垃圾渣土,要及时清运,严禁随意向外抛投。施工现场由专人负责现场清洁卫生,必须做到"工完场清"。

4. 现场消防管理措施

施工中必须认真执行《消防法》,贯彻消防工作以防为主、消防结合的原则。建立以工地项目经理为组长的消防领导小组,实行防火责任制,还可根据工程情况成立若干专门的消防组织,如防火检查小组、明火管理小组、业余消防队等。

在工地里建立消防教育体系,由专业负责人对新职工进行消防意识和消防制度的教育,认真贯彻各项消防制度,经常开展消防活动,如定期开展群众性、专业性防火检查,不仅可以及时消除火警隐患,更可以加强全员的消防观念。

工地的消防组织要与地区消防组织挂钩,及时把工程情况进行通报,一旦发生火警情况,可得到周边消防队的紧急救助。

　　配备消防设施和消防器材,在施工组织中充分考虑消防水源,保证必要的消防水量,消防用水与施工用水分开。按施工现场的防火规定,在工地各区域设灭火机和太平桶,按规定和计算的数量设置,在建筑结构和装饰施工阶段,外脚手架与楼面上每层按面积大小设置一定数量的灭火机和太平桶,位置设在显眼易取的地方,各层都要设在相同的位置。

　　明火管理,施工组织中整个工地要规划禁火区域和动火等级。对油库、油漆仓库禁止明火的区域要特别划出禁火区范围,事先挂牌明确禁止一切可能引起明火的火种进入。对其他施工区域要制定动火审批制度,按规范划分三级动火区域,在施工过程中按标准管理。

　　建筑施工动用明火,如电焊、气割等都必须按所在区域的动火等级进行动火报批手续,在动火时必须派监护人员值班。高空明火作业,必须在其下方采取隔离措施,防止火种从高空散落。

　　建筑施工在结构与装饰阶段,要配专职的消防巡视员,巡回检查,保证一旦有火警,能在可扑灭的时限内发觉和消除。

第7章 雷电防护装置检测

雷电防护装置是用于减少闪击击于建（构）筑物上或建（构）筑物附近造成的物质性损害和人身伤亡，由外部雷电防护装置和内部雷电防护装置组成。

7.1 雷电防护装置检测概述

雷电防护装置检测：是对建筑物、电子系统、易燃易爆等场所的雷电防护装置和设施，依据相关的防雷技术标准，按照规定程序对其进行检查、测量、判别和各类信息综合处理的全过程。实践证明，按国家有关规定开展雷电防护装置安全检测工作，对保护人民生命和国家财产安全、消除或减少雷击事故隐患具有十分重要的意义。

7.1.1 雷电防护装置检测一般要求

1. 检测机构与人员规定

雷电防护装置检测机构应具有国家规定的相应检测资质（甲级、乙级）。

雷电防护装置检测人员应具有相应的雷电防护装置检测能力。现场检测工作应由两名或两名以上检测人员承担。

2. 检测天气条件的规定

雷电防护装置接地电阻的测试，应在无降雨、无积水和非冻土条件下进行接地电阻的测试。

3. 检测仪器设备的要求

检测用的仪器、仪表和测量工具应在检定有效期内，并处于正常状态。对有精度要求的参数检测，现场检测的仪器、仪表和测量工具的精度指标，宜比标准要求参数的精度要求高一个等级。检测采用的仪器、仪表和测量工具，在测试中发现故障、损伤或误差超过允许值,应及时更换或修复。

7.1.2 检测周期

雷电防护装置应根据其重要性、使用性质等安排合适的检测周期。例如,一般对安装在爆炸和火灾危险环境的雷电防护装置,宜每半年检测一次。对其他场所雷电防护装置应每年检测一次。

7.1.3 检测程序

雷电防护装置检测就是按照规定的程序,为了确定防雷产品的一种或多种特性或性能的技术操作。为达到质量要求应采取一系列作业技术和活动。雷电防护装置检测工作流程宜按图 7.1.1 流程图进行。

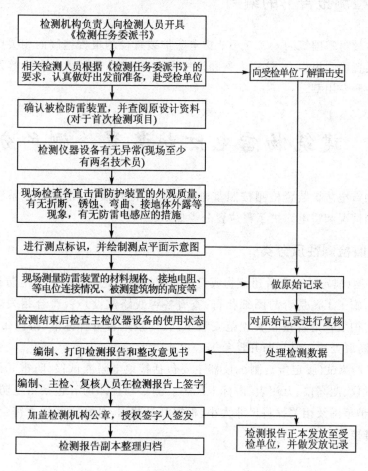

图 7.1.1 雷电防护装置检测工作流程图

7.1.4 检测记录的要求

现场检测的数据,应记录在专用的原始记录表中,并应有检测人员签名。检测记录应用钢笔或签字笔填写,字迹工整、清楚,严禁涂改;改错宜用一条直线划在原有数据上,并在其上方填写正确数据,并签字或加盖修改人员印章。

7.1.5 检测结果的判定

用数字修约比较法将经计算或整理的各项检测结果与相应的技术要求进行比较,判断各检测项目是否符合相关标准规范的要求。

7.1.6 检测报告书的编制

按照本教材基础篇的 4.3.5 小节雷电防护装置检测报告编制的相关要求,编制雷电防护装置检测报告书,检测人员和校核人员签字后,经技术负责人签发,并加盖检测单位检测专用章。

7.2 建筑物雷电防护装置检测的分类

建筑物雷电防护装置检测按照雷电防护装置检测性质、雷电防护系统、雷电防护装置使用情况和雷电防护工程位置分类如下:

1. 按照检测性质分类

(1)目测(属定性):查看建筑物或设备是否按相关规范安装了雷电防护装置,其结构、形状、施工工艺是否与图纸相符;查看各种线路敷设是否符合相关规范要求,查看雷电防护装置是否按相关规范安装牢固、焊接是否符合标准、接闪带是否有对接焊,有无防腐处理、倒塌、断开现象等。

(2)仪器测试(属定量):测试仪器主要包括接地电阻测试仪、防雷元件测试仪、防静电测试仪、测高仪、万用表、游标卡尺等。测量和检测内容包括雷电防护装置接地电阻、保护范围及相关材料尺寸大小,根据测量数据,可判定其是否符合相关防雷规范和标准要求。

2. 按照防雷系统分类

（1）外部雷电防护装置检测：主要包括接闪杆（带、网、线），引下线，屏蔽，接地装置的检测。

（2）内部雷电防护装置检测：主要包括等电位连接、共用接地系统、屏蔽（隔离）、合理布线、电涌保护器（SPD）的检测。

3. 按照建筑物雷电防护工程使用情况分类

根据建筑物雷电防护工程是否投入使用，可将建筑物雷电防护装置检测分为常规检测和跟踪检测。

4. 按照建筑物雷电防护工程位置分类

按照防雷建筑物雷电防护工程位置，可分为三个位置的检测：

（1）基础工程雷电防护装置检测：主要是对建筑物的地桩钢筋数量和规格及其是否与承台钢筋相连、接地装置接地电阻进行测量。

（2）主体工程雷电防护装置检测：主要包括引下线、等电位连接环、防侧击、预留等电位端子及电气设备接地等方面。

（3）天面工程雷电防护装置检测：主要是对接闪杆、带、网及屋面设施防雷保护和接地进行检查和检测。

7.3 建筑物雷电防护装置常规检测

7.3.1 检测前的准备

1. 了解被检单位的情况

首先，了解被检单位情况，这是签订协议、制定检测方案、实施检测等后续工作的基础。对被检单位的了解，一般包括其具体地址，建设规模、性质、类型等。其次，了解和掌握与被检单位有关的专业知识，熟练掌握有关规范与标准，包括国家标准规范、行业规范、地方标准，以及有关安全程序、操作规程等。

2. 合理配置人员及设备

根据被测单位的性质、行业特点，配备具有相应专业特长的检测技术人员。不同的设备、设施所需检测设备应不同。检测技术人员要熟练掌握所用仪器基本性能和使用方法。

7.3.2 查看图纸及相关资料

1. 阅读电气设计说明

通过查看图纸,帮助检测人员对建筑物防雷系统的了解,确定切实可行的检测方案。这种阅读能帮助检测人员了解图中未注明内容,如建筑物设计标准、防雷类别、接地阻值要求、供电制式,对防雷引下线和接地极的要求,接闪器所选的材料、形状、规格尺寸、敷设形式、安装部位,引下线和接地体选择方式及要求,超过一定高度部分是否有防侧击措施,对各金属体是否采用等电位连接环、等电位连接,以及综合防雷情况。

2. 查看防雷平面图和基础平面图

查看防雷平面图和基础平面图,检测人员可了解建筑物顶部防雷接闪器的水平分布图,得出建筑物顶面的轮廓外形及高度,接闪器的平面位置、空间层次关系,接闪杆(带、网)的形状、规格、尺寸、防腐要求,还能获知利用主筋作为引下线的柱内主筋所在位置、柱数、根数及规格等情况。

3. 初步确定检测内容

根据查看有关资料,如电气设计说明书、防雷平面图和基础平面图等,结合对建筑物的施工和设备安装实际状况的了解,由表 7.3.1 初步统计出测试点数。

表 7.3.1 初步预算测试内容及测点

测试内容	测点
1. 接闪杆___支,引下线___根/支	共___个测点
2. 接闪带:主(顶)带___个测点,次(顶)带___个测占	共___个测点
3. 顶部金属构件(含旗杆、栏杆、灯架等)	共___个测点
4. 风机外壳___个,风机配电箱___个,线管(槽)___个	共___个测点
5. 楼顶电源、信号屏蔽管___根	共___个测点
6. 空调机组接地___个,空调配电箱线管(槽)___个	共___个测点
7. 水箱___个,浮标屏蔽管___个	共___个测点
8. 电梯___部,(配电箱、控制柜、线槽、平衡器、电机等)5个测点×部	共___个测点
9. 强电井:配电箱___个,线槽(屏蔽管)___个×楼层/6	共___个测点

测试内容	测　点
10. 弱电井:配电箱___个,线槽(屏蔽管)___个×楼层/6	共___个测点
11. 计算机机房___个,设备接地___个,配电柜(箱)___个 SPD 接地___个,启动电压___个,漏电流___个 等电位格栅(等电位端子)___个,防静电接地___个	共___个测点
12. 等电位端子房间___间,间数×个/间=___个测点	共___个测点
13. 防侧击构件(间)___个,间数×个/间=___个测点	共___个测点
14. 楼宇消防报警系统___套,套数×个/套=___个测点	共___个测点
15. 变压器___个,高压柜___个,低压柜___个接地母排___个	共___个测点
16. 总配电___个,分配电___个,电压柜箱___个	共___个测点
17. 单元 PE 线___个	共___个测点
18. 泵房:生活泵___台,消防泵___台,喷淋泵___台 潜水泵___台,加压泵___台,各泵电源屏蔽管___个 各泵配电柜___个,各泵控制柜___个,电缆桥架___个	共___个测点
19. 发电机组___台,油罐___个,输油管___根,法兰盘___个	共___个测点
20. 其他:_____	共___个测点

以上合计:共___个测点

4. 制订预算、签订检测协议书或委托合同

依据相关规范和标准,结合实施检测单位的实际情况,初步确定检测内容和测试点,经协商确定检测费用,还可根据需要签订检测协议或委托合同。协议或合同的内容,要符合《合同法》等有关法规,明确双方的责、权、利。在协议或合同中必须说明 3 点:

(1)若经检测后,被检方(甲方)遭受雷击,甲、乙(检测实施单位)双方对此事应尽快进行调查分析,需作雷击鉴定的,报请有关气象主管机构组织雷击事故鉴定;

(2)若因乙方通过检测并向甲方提出雷击隐患整改意见,甲方未能及时解决的,甲方对此负相关法律责任;

(3)若因乙方检测失职,出具虚假检测报告的,乙方负相关法律责任。当检测内容较少,或属于测点较少的定期检测项目,口头达成协议也是允许的。

7.3.3　检测项目的实施

防雷技术人员检测时,一般是在被检单位的有关人员陪同下进行,这样便于工作,少走弯路,提高工作效率。建筑物雷电防护装置检测可按天面工程雷电防护装置检测、主体工程雷电防护装置检测和基础工程雷电防护装置检测三个步骤进行。天面工程雷电防护装置检测主要是对接闪杆、带、网及屋面设施防雷保护和接地的检查和测量;主体工程雷电防护装置检测主要包括引下线、等电位连接环、防侧击、预留等电位端子、电气设备的接地及 SPD 等方面的检测;基础工程雷电防护装置检测主要是对建筑物的地桩钢筋数量和规格的大小及其是否与承台钢筋相连,接地装置接地电阻的大小的测量。

1. 天面工程雷电防护装置检测

天面工程雷电防护装置检测,首先是检查天面的设施是否按相应规范安装了雷电防护装置,雷电防护装置的取材、规格及施工工艺是否达到规范要求;然后,用检测仪表对雷电防护装置进行检测,主要是接闪器和引下线的材料规格、焊接长度,引下线的间隔距离及其接地电阻的测试。具体检测项目,主要有以下内容:

(1) 接闪杆、带、网、线及其引下线等的材料规格、焊接长度和接地电阻,引下线的间隔距离的测试;

(2) 天面的电气设备:主要是天线,空调机组、风机管口、风机管道及电气设备电源配电箱,电源及信号线的屏蔽管等接地阻值的测试;

(3) 天面的金属构件(包括栏杆、放散管、旗杆、广告牌等)接地阻值的测试;

(4) 水箱接地:规范要求接地不少于两处,浮标控制线路的屏蔽管接地阻值的测试等;

(5) 电梯机房:主要对其配电箱、控制柜、线槽、电机、限速器、平衡器、轨道等接地的测试;

(6) 其他设施的测试,如有的建筑物接闪带是暗敷的,其水泥表面厚度不应大于 2 cm。

2. 主体工程雷电防护装置检测

主体工程主要有引下线、等电位连接环、防侧击的金属门窗接地、强、弱电井、预留等电位端子、室内设备及配电系统接地等。一般建筑设计要求作为引下线的柱内有对角 2 根钢筋通长引上,当仅为一根时,其直径不应小于 10 mm,并与水平圈梁主筋跨接焊,每个等电位连接环箍筋与柱主筋焊接成短路环。在防雷跟踪检测中主要

是对上述情况进行检查和测试,并对预留等电位电气连接状况进行检测。主体工程室内雷电防护装置检测项目主要有以下内容:

(1) 强、弱电井:一般至少抽测两个层次,高层建筑的竖井每 20 m 抽测一次。每层检测项目有:接地母排、母线桥架、线槽、屏蔽管、配电箱等设施的接地阻值。

(2) 计算机房:主要检测各类设备、配电箱、屏蔽网格、等电位端子、防静电等的接地阻值,SPD 接地及其启动电压、漏电流、包括其引线长度等。

(3) 防侧击构件:包括幕墙玻璃、阳台栏杆、金属门窗、空调支架及机壳等接地的检测。

(4) 局部等电位端子:主要是房间和卫生间的等电位端子的接地检测。

(5) 楼宇监控系统:主要是视频监控系统、消防报警系统、有线电视系统等设备接地及其雷电防护装置的接地检测。

(6) 配电房设备:包括变压器、接地母排、高压柜、低压柜、总配电箱、分配电箱、单元 PE 线等接地阻值的检测。

(7) 泵房设备:主要是消防泵、喷淋泵、生活泵、潜水泵、加压罐、各类泵的配电柜、各类泵的控制柜、各类泵电源屏蔽管等接地检测。

(8) 电缆桥架:水平电缆桥架一般要求不超过 30 m 就近做等电位连接一次,因此,宜每 25～30 m 检测一次其接地阻值。

(9) 发电机组:主要检测油罐、输油管等的接地和法兰盘跨接。

(10) 按相应规范需要检测的其他雷电防护装置和设施。

在建筑物雷电防护装置跟踪检测中,主体工程雷电防护装置检测(查),重点是检测防雷引上线、等电位连接环、防侧击、预留等电位端子等设施的取材、安装工艺、接地电阻等方面是否符合设计要求和相关规范的要求。

3. 基础工程雷电防护装置检测

在防雷工程中,接地装置可采用自然接地体和人工接地体两种方式。在建筑物防雷设计中,应优先利用自然接地体,利用建筑物基础钢筋作为自然接地体,其优点是耐用、节省投资、电气连接性能良好、接地阻值小、电位分布均匀等优点。在建筑物雷电防护装置跟踪检测过程,此阶段主要检查作为引下线的钢筋与承台配筋上下两层的搭接焊,是否符合规范要求,圆钢两面搭焊接的长度为其直径的 6 倍。一般要求地梁钢筋焊接成闭合通路,使整个地网与地桩钢筋形成一个接地整体。有些建筑物设计中,只用基础圈梁钢筋作为接地装置,此时要求基础圈梁在地面的埋设深度不能小于 50 cm。

7.3.4 检测项目的标准技术要求

1. 接闪器

接闪器是由拦截闪击的接闪杆、接闪带、接闪线、接闪网以及金属屋面、金属构件等组成。

(1) 接闪器布置

① 接闪杆(带、网)适宜安装在建筑物的屋顶、屋檐(坡屋顶)或屋顶边缘及女儿墙(平屋顶)等处,重点保护建筑物易受雷击部位。

② 第一类防雷建筑物,用滚球半径 30 m 确定接闪器保护范围,接闪网网格不大于 5 m×5 m 或 6 m×4 m;第二类防雷建筑物,滚球半径 45 m,接闪网网格不大于 10 m×10 m 或 12 m×8 m;第三类防雷建筑物,滚球半径 60 m,接闪网网格不大于 20 m×20 m 或 24 m×16 m。

(2) 取材规格

① 接闪杆:宜采用圆钢或焊接钢管制成,若杆长在 1 m 以下,其直径,圆钢不应小于 12 mm,钢管不应小于 20 mm;若杆长 1~2 m,其直径,圆钢不应小于 16 mm,钢管不应小于 25 mm。独立烟囱顶上的杆,其直径,圆钢不应小于 20 mm,钢管不应小于 40 mm。

② 接闪网或接闪带:圆钢直径不小于 8 mm;扁钢截面不小于 50 mm²,其厚度不小于 2.5 mm。当独立烟囱上采用接闪环时,其圆钢直径不应小于 12 mm;扁钢截面不应小于 100 mm²,其厚度不应小于 4 mm。

③ 架空接闪线和接闪网,宜采用截面不小于 50 mm² 的热镀锌钢绞线或铜绞线。

(3) 施工安装工艺

① 接闪带(网)距屋面的边缘距离不大于 100 mm。接闪带(网)应平正顺直,固定点支持件间距均匀,固定可靠,每个支持件应能承受大于 49 N(5 kg)的垂直拉力。

② 接闪带(网)支持件支起高度不小于 150 mm,其间距水平直线部分 0.5~1.0 m,垂直直线部分 0.5~1.0 m,弯曲部分 0.3~0.5 m。

③ 接闪带(网)之间及与引下线的焊接,应采用搭接焊,规定搭接长度,扁钢与扁钢搭接为扁钢宽度的 2 倍,不少于三面施焊;圆钢与圆钢或扁钢搭接为圆钢直径的 6 倍,双面施焊。引下线的上端与接闪带(网)的交接处,应弯成弧形再与接闪带(网)并齐进行搭接焊接。

④ 接闪带(网)在转角处应建筑造型弯曲(一般不应小于 90°),弯曲半径不宜小于圆钢直径的 10 倍、扁钢宽度的 6 倍,切忌弯成直角。接闪带通过建筑物伸缩沉降

缝处,应将接闪带向侧面弯成半径为 100 mm 弧形。

⑤ 接闪杆(带、网)焊接固定的焊缝饱满无遗漏,螺栓固定的应备帽等防松零件齐全,焊接部分补刷的防腐油漆完整。

⑥ 接闪器不应有明显的机械损伤、断裂及严重锈蚀现象。为了防御雷电波侵入和雷电感应,接闪器上不应绑扎或悬挂各类电源和信号线路。

2. 引下线

引下线是指连接接闪器与接地装置的金属导体。

(1) 引下线布置

引下线布置不应少于两根,但高度不超过 40 m 的烟囱,可只设一根引下线,超过 40 m 时应设两根引下线。引下线沿建筑物四周均匀或对称布置。引下线一般采用明敷、暗敷或利用建筑物内主钢筋及其他金属构件敷设。第一、二、三类防雷建筑物专设引下线时,其根数不应少于两根,间距分别不大于 12 m、18 m、25 m。

(2) 取材规格

① 引下线宜采用圆钢或扁钢,优先采用圆钢直径不应小于 8 mm、扁钢截面积不小于 50 mm^2,厚度不小于 2.5 mm。

② 烟囱上引下线采用圆钢时,其直径不小于 12 mm;采用扁钢时,其截面不小于 100 mm^2,厚度不小于 4 mm。

③ 当引下线采用暗敷时,其圆钢直径不小 10 mm,扁钢截面不小于 80 mm^2。

④ 利用建筑物钢筋混凝土中的钢筋作为防雷引下线时,敷设在混凝土的钢筋或圆钢,当仅为一根时,其直径不应小于 10 mm。被利用作为雷电防护装置的混凝土构件内的箍筋连接的钢筋时,其截面积总和不应小于一根直径 10 mm 钢筋的截面积。

⑤ 建筑物的消防电梯、钢柱等金属构件宜作引下线,但各部件之间均应连成电气通路。

(3) 施工安装工艺

① 暗敷在建筑物抹灰层内的引下线,应有卡钉分段固定;明敷的引下线应平直、无急弯,与支架焊接处,应刷油漆防腐,且无遗漏。

② 明敷引下线支持件间距应均匀,水平直线部分 0.5～1.0 m,垂直直线部分 0.5～1.0 m,弯曲部分 0.3～0.5 m。

③ 引下线之间的焊接,应采用搭接焊,搭接长度,扁钢与扁钢搭接为扁钢宽度的 2 倍,不少于三面施焊;圆钢与圆钢或扁钢搭接为圆钢直径的 6 倍,双面施焊。引下线的上端与接闪带(网)的交接处,应弯成弧形再与接闪带(网)并齐进行搭接焊接。扁钢和圆钢与钢管、角钢相互焊接时,除应在接触部位两侧施焊外,还应增加圆钢搭接件。

④ 采用多根专设引下线时,应在各引下线上距地面 0.3～1.8 m 之间装设断接卡。断接卡有明装和暗装两种,断接卡可利用不小于 40 mm×4 mm 或 25 mm×4 mm 的镀锌扁钢制作,断接卡应用两根螺栓拧紧,引下线的圆钢与断接卡的扁钢应采用搭接焊,搭接长度不小于圆钢直径的 6 倍,且两面焊接。当利用混凝土内钢筋、钢柱作为自然引下线并同时采用基础接地体时,可不设断接卡,但利用钢筋作引下线时,应在室内外适当地点设若干连接板。当仅利用钢筋作引下线并采用埋于土壤中的人工接地体时,应在每根引下线上于距地面不低于 0.3 m 处设接地体连接板。采用埋于土壤中的人工接地体时应设断接卡,其上端应与连接板或钢柱焊接。连接板处宜有明显标志。

⑤ 在易受机械损坏和防人身接触的地方,地面上 1.7 m 至地面下 0.3 m 的一段接地线应采用暗敷或外设镀锌角钢、穿改性塑料管或橡胶管等保护设施。

⑥ 引下线不应有明显的机械损伤、断裂及严重锈蚀现象。为了防御雷电感应,各类电源和信号线路与引下线之间距离,水平净距不应小于 1 m,交叉净距不应小于 0.3 m。

3. 等电位连接与防雷电侧击

等电位连接是指将分开的诸金属物体直接用连接导体或经电涌保护器连接到雷电防护装置上,以减小雷电流引发的电位差。

(1) 基本要求

① 突出屋面的放散管、冷却塔、风管等各类金属物,穿过不同防雷区交界的金属部件和系统,以及建筑物内的设备、管道、电缆桥架、电缆金属外皮、金属构架、钢屋架、金属门窗等较大金属物,均应在防雷交界处做等电位连接,就近与雷电防护装置电气连接。

② 建筑物等电位连接干线应从与接地装置有不少于 2 处直接连接的接地干线或总等电位箱引出,等电位连接干线或局部等电位箱间的连接线形成环网路,应就近与等电位连接干线或局部等电位箱连接。支线间不应串联连接。

③ 第一、二、三类防雷建筑物,当建筑物高度分别大于 30 m、45 m、60 m 时,当对应滚球半径球体从屋顶周边接闪带外向地面垂直下降接触到突出外墙的物体时,应采取相应的防雷措施。并按照相应规范要求采取防侧击措施。

(2) 取材规格

① 等电位连接线的截面积,铜质材料干线、支线截面积分别不小于 16 mm^2 和 6 mm^2;铝质材料干线、支线截面积分别不小于 25 mm^2 和 10 mm^2;铁质材料干线、支线截面积分别不小于 50 mm^2 和 16 mm^2。

② 电子信息设备机房采用 S 型等电位连接网络时,宜使用不小于 25 mm×3 mm 铜排作为单点连接的接地基准点;机房采用 M 型等电位连接网络时,宜使用

截面积不小于 25 mm² 铜箔或多股铜芯导体在防静电活动地板下在做成铜带接地网络。

（3）施工安装工艺

① 敷设的管道、构架和金属外皮等长金属物，其平行净距小于 100 mm 时，应采用金属线跨接，跨接点间距水平敷设的不应大于 30 m，垂直敷设的不应大于 20 m；交叉净距小于 100 mm 时，其交叉处也应跨接。

② 等电位连接宜采用焊接、熔接或压接，连接导体与等电位接地端子板之间应采用螺栓连接，连接处螺帽要紧固、防松零件齐全，且有标识。

4. 电磁屏蔽

电磁屏蔽是指用导电材料减少交变电磁场向指定区域穿透的屏蔽。

（1）基本要求

① 建筑物、房间及线路为减少电磁干扰的感应效应，应采取电磁屏蔽措施。建筑物的金属屋面、立体金属表面、混凝土内的钢筋和金属门窗框架等大尺寸金属件都应等电位连接在一起，并与雷电防护装置相连，这些构件构成一个格栅形大空间屏蔽，穿入这类屏蔽的导体金属物应就近与其做等电位连接。

② 建筑物之间用于敷设非屏蔽电缆的金属管、金属格栅等其两端应电气导通，且两端应与各自建筑物的等电位连接带连接。

③ 固定在建筑物上的节日彩灯、航空障碍信号灯及其他用电设备线路宜穿钢管屏蔽。钢管宜与配电盘外壳相连，另一端宜与用电设备外壳、保护罩相连，并宜就近与屋顶雷电防护装置相连。当钢管因连接设备断开时，宜设跨接线。

④ 屏蔽电缆的金属屏蔽层至少应在两端并宜在防雷交界处做等电位连接，当系统要求只在一端做等电位连接时，应采用两层屏蔽，外层屏蔽同前述要求。

（2）取材规格

屏蔽材料的屏蔽效能往往取决于其材料本身对电磁干扰的吸收和反射能力，根据雷电的电磁干扰特性一般宜选用镀锌钢材或铝材。

5. 电涌保护器（SPD）主要测试项目

电涌保护器（SPD）是指至少含有一个非线性元件，目的在于限制瞬态过电压和分走电涌电流的器件。对 SPD 的检测方法及有关技术参数要求详见本书 4.3.3 小节，并测试以下主要项目：

（1）电源 SPD 的直流参考电压（$U_{1\,mA}$）测试：

① 测试仅适用于以金属氧化物压敏电阻（MOV）为限压元件且无串并联其他元件的 SPD；

② 可使用防雷元件测试仪或压敏电压测试表对 SPD 的压敏电压 $U_{1\,mA}$ 进行

测量；

③ 首先应将后备保护装置断开并确认已断开电源后，直接用防雷元件测试仪或其他适用的仪表测量对应的模块，或者取下可插拔式 SPD 的模块或将 SPD 从线路上拆下进行测量；

④ 合格判定：首次测量压敏电压 U_{1mA} 时，实测值应在表 7.3.2 中 SPD 的最大持续工作电压 U_c 对应的压敏电压 U_{1mA} 的区间范围内。如表 7.3.2 中无对应 U_c 值时，交流 SPD 的压敏电压 U_{1mA} 值与 U_c 的比值不小于 1.5，直流 SPD 的压敏电压 U_{1mA} 值与 U_c 的比值不小于 1.15；

⑤ 后续测量压敏电压 U_{1mA} 时，除需满足上述要求外，实测值还应不小于首次测量值的 90%。

表 7.3.2　压敏电压和最大持续工作电压的对应关系表

标称压敏电压 U_N/V	最大持续工作电压 U_c/V	
	交流(r.m.s)	直流
82	50	65
100	60	85
120	75	100
150	95	125
180	115	150
200	130	170
220	140	180
240	150	200
275	175	225
300	195	250
330	210	270
360	230	300
390	250	320
430	275	350
470	300	385
510	320	410
560	350	450
620	385	505
680	420	560
750	460	615

标称压敏电压 U_N/V	最大持续工作电压 U_c/V	
	交流(r. m. s)	直流
820	510	670
910	550	745
1000	625	825
1100	680	895
1200	750	1060

注:压敏电压的允许±10%。

(2) 电源 SPD 的泄漏电流测试

① 测试仅适用于以金属氧化物压敏电阻(MOV)为限压元件且无其他串并联元件的 SPD;

② 可使用防雷元件测试仪或泄漏电流测试表对 SPD 的泄漏电流 I_{ie} 值进行测量;

③ 首先应将后备保护装置断开并确认已断开电源后,直接用仪表测量对应的模块,或者取下可插拔式 SPD 的模块或将 SPD 从线路上拆下进行测量;

④ 合格判定依据:首次测量 I_{1mA} 时,单片 MOV 构成的 SPD,其泄漏电流 I_{ie} 的实测值应不超过生产厂标称的 I_{ie} 最大值;如生产厂未声称泄漏电流 I_{ie} 时,实测值应不大于 20 μA。多片 MOV 并联的 SPD,其泄漏电流 I_{ie} 实测值不应超过生产厂标称的 I_{ie} 最大值;如生产厂未声称泄漏电流 I_{ie} 时,实测值应不大于 20 μA 乘以 MOV 阀片的数量。不能确定阀片数量时,SPD 的实测值不大于 20 μA;

⑤ 后续测量 I_{1mA} 时,单片 MOV 和多片 MOV 构成的 SPD,其泄漏电流 I_{ie} 的实测值应不大于首次测量值的 1 倍。

6. 接地装置

接地装置是指接地体和接地线的总和。

(1) 取材规格

① 自然接地体,高层建筑大多以其深层基础作为接地体,其规格可由工程设计决定,但当仅为一根时,其直径不应小于 10 mm。被利用作为雷电防护装置的混凝土构件内的箍筋连接的钢筋时,其截面积总和不应小于一根直径 10 mm 钢筋的截面积。

② 人工接地体,埋于土壤中的人工垂直接地体宜用角钢、钢管或圆钢,人工水平接地体则宜用扁钢或圆钢。圆钢直径不小于 14 mm,扁(角)钢截面不小于 90 mm²,其厚度不小于 3 mm,钢管直径 25 mm,厚度不小于 2 mm。人工垂直接地体长度宜

为 2.5 m,人工和垂直(水平)接地体间距宜为 5 m,若受地方限制时可适当减少。

(2) 施工安装工艺

① 当接地体与引下线之间的联结采用搭接焊,搭接长度为扁钢宽度的 2 倍或圆钢直径的 6 倍,圆钢应两面焊接,扁钢至少三面焊接,并在焊接处作防腐处理。

② 人工接地体在土壤中的埋设深度不应小于 0.5 m。接地体应远离因砖窑、烟道等高温影响使土壤电阻率升高的地方。

③ 防直击雷人工接地体距建筑物出入口或人行道不应小于 3 m。当其小于 3 m 时,水平接地体局部深埋不小于 1 m,并应敷设绝缘物,即采用沥青碎石地面或在接地体上敷设 50~80 mm 厚沥青层,其宽度应超过接地体 2 m。

④ 接地模块顶面埋设深度不小于 0.6 m,接地模块间距不应小于其长度的 3~5 倍。接地模块埋设基坑一般为模块外形尺寸的 1.2~1.4 倍,接地模块应垂直或水平设置,不应倾斜设置,保持与原土层接触良好。埋设时还要参阅供货商提供的有关技术说明。

7. 接地电阻值的判定与应用

依据上述检测数据,就可判定接地电阻是否合格。建筑物防雷对接地电阻的要求,第一、二类防雷建筑物,每根引下线冲击电阻不宜大于 10 Ω,第三类防雷建筑物,每根引下线冲击电阻不宜大于 30 Ω。但在土壤电阻率小于或等于 3000 Ω·m 时,外部雷电防护装置的接地体补加接地体符合 GB50057—2010 中有关规定以及环形接地体所包围面积的等效圆半径等于或大于所规定的值时,可不计及冲击电阻。但建筑物防雷接地和电气设备共用地网时,接地电阻不应大于人身安全所确定的接地电阻值。对智能建筑物因内设计算机网络、有线电视系统、消防系统、监控系统等,其接地与建筑物防雷接地共用地网,其接地电阻应按其中最小值确定。等电位连接与电气连接测试的过渡电阻根据其测试对象的不同,应分别不大于 0.03 Ω、0.2 Ω。

7.4 新建建筑物雷电防护装置跟踪检测

雷电防护装置的设计方案应经审核合格后,才能交施工单位进行施工。施工单位应该按照已审核合格的设计方案进行施工,为了确保雷电防护装置的施工质量,在施工过程中和施工完成后应对防雷工程进行跟踪检测。因此,新建筑物雷电防护装置的跟踪检测包括施工现场的跟踪检测和工程竣工后的竣工检测。

雷电防护装置的跟踪检测,基本根据是雷电防护装置设计技术性审查结论和相关的防雷技术标准和规范,主要包括国家标准、行业标准、地方标准等,也可参照有关的国际标准,如 GB50057—2010《建筑物防雷设计规范》、GB50343—2012《建筑物电子信息系统防雷技术规范》、GB50601《建筑物防雷工程施工与质量验收规范》、GB/T50311—2016《综合布线系统工程与设计规范》等国家标准,以及 IEC62561、IEC62305 等国际标准。同时雷电防护装置的有关施工工艺应参照各种国家建筑标准设计图集,如:D500~D502(上册)《防雷与接地》、15D502《等电位联结安装》、15D503《利用建筑物金属体做防雷及接地装置安装》、D503~D505(下册)《防雷与接地》等。

7.4.1　新建建筑物雷电防护装置施工现场的跟踪检测

施工单位或者建设单位应在开工前,向当地有资质的机构申请办理委托检测手续。防雷专职的跟踪检测从基础部分施工开始时介入,以保证各个环节严格按照审查通过的设计方案施工,并保证工程的质量。技术人员应根据项目的实际情况,制定相应的检测方案,并应仔细研究防雷设计方案,从而做到有计划地、及时地提供准确的雷电防护装置跟踪检测服务。并和建设方、监理方及施工方建立沟通,协调解决雷电防护装置跟踪检测过程中发现的问题。

1. 雷电防护装置施工现场跟踪检测的主要内容

按照雷电防护装置设计技术性审查合格的防雷设计图纸的要求,进行雷电防护装置施工现场的跟踪检测,要求严格按图施工,施工工艺及质量应符合设计要求和相关规范要求。

雷电防护装置施工现场跟踪检测的内容主要有以下几个方面:

① 接地装置部分包括桩、承台、地梁等自然接地装置部分和专设或增设的人工接地体。

② 引下线(或称引上线部分),包括利用钢筋混凝土结构柱筋的引下线或者人工布设的引下线。

③ 等电位连接环部分,按照相关规范要求,在建筑物超过相应防雷类别滚球半径高度时安装的等电位连接环,包括与等电位连接环相连接的金属门框、栏杆等。

④ 等电位连接部分,包括与建筑物相连接的管线、电缆的金属外层在建筑物入口处的等电位连接,建筑物内设置的总等电位连接端子板,局部等点位端子,以及天面须采取等电位连接的金属构件等。

⑤ 接闪器部分,包括接闪网格、接闪杆、接闪带(线),以及用作直接接闪的金属构件。

⑥ 电涌保护器(SPD)部分,包括在低压配电线路安装的电涌保护器,通信、计算机网络、有线电视等信号线路上安装的电涌保护器。

2. 雷电防护装置施工现场跟踪检测的阶段性

第一阶段：在基础接地体(桩、承台、地梁)焊接完成、浇混凝土之前,应检查以下几个方面的内容：

① 应检查各桩筋间的等电位连接情况,一般要求每隔 6 m 用箍筋与各桩筋焊接一次。

② 自然接地体利用桩基础接地时的连接工艺。

③ 自然接地体利用承台、地梁接地时的连接工艺。

④ 首层板筋的连接工艺。

⑤ 有地下室的建筑物,施工到±0.00 之前,对整体接地体进行一次接地电阻的测量。

第二阶段：分层柱筋引下线、等电位连接环、外墙金属门窗及玻璃幕墙等电位连接,及绑扎板筋焊接完成、浇混凝土之前,应检测以下几个方面的内容：

① 每层(或每隔一层)板筋的绑扎工艺。

② 每层(或每隔一层)柱筋引下线焊接工艺。

③ 焊接完成的等电位连接环(含等电位连接环与外墙金属门窗等电位相连接)。

④ 玻璃幕墙等大的金属物体的接地和等电位连接安装工艺。

⑤ 低压配电、供水系统、煤气管道等装置的等电位连接情况。

⑥ 顶层绑扎板焊接和天面接闪网络焊接工艺。

第三阶段：天面雷电防护装置(若为暗敷,应在封装前)及其他金属物体安装焊接完成时,应检测以下几个方面的内容：

① 裙楼顶接闪杆(带、网)安装情况、焊接工艺。

② 转换层雷电防护装置安装情况、焊接工艺。

③ 天面接闪杆、带、网(暗敷的,在封装前)安装情况、焊接工艺。

④ 天面安装的冷却塔、广告牌等金属物体与雷电防护装置的等电位连接情况和安装工艺。

第四阶段：建筑物内部雷电防护装置设置和安装完毕时,应检测以下内容：

① 总等电位端子板的材料规格、安装工艺。

② 局部等电位端子的材料规格、安装工艺。

③ 不同防雷区界面处的等电位连接情况。

④ 低压配电线路上安装的电涌保护器的选型、安装工艺、性能参数等。

⑤ 信号线路上安装的电涌保护器的选型、安装工艺、性能参数等。

7.4.2　雷电防护装置施工现场跟踪检测中的标准技术要求

新建建筑物的雷电防护装置跟踪检测技术要求，主要依据《建筑防雷设计规范》（GB50057—2010）和国家、行业、地方相关的技术规范，以下按照雷电防护装置施工现场分段、分项跟踪检测的内容，分述跟踪检测的各项技术要求。

1. 基础接地的标准技术要求

基础接地分为人工接地装置和自然基础接地装置两种。

（1）人工接地装置标准技术要求

人工接地装置是指非利用建筑物基础桩、地梁，而用角钢、扁钢或专用成品制作件，人工布设的接地装置。

① 当人工接地体采用不同材料时，其规格分为：专用成品制作件；采用角钢的规格为 50 mm×50 mm×3 mm；采用扁钢的截面积不小于 90 mm^2，且厚度须不小于 3 mm；采用钢管的直径不小于 25 mm，厚壁应不小于 2 mm；采用圆钢的垂直接地体直径应不小于 14 mm，水平接地体截面积不小于 78 mm^2。当在建筑物周围无钢筋的闭合条形混凝土基础内，敷设人工基础接地体时，接地体的规格尺寸规定如表 7.4.1、表 7.4.2 所列的要求。

② 人工接地体在土壤内的埋设深度不应小于 0.5 m，并宜敷设在当地冻土层以下，其距墙或基础不宜小于 1 m。接地体宜远离由于烧窑、烟道等高温影响使土壤电阻率升高的地方。

③ 人工接地体的埋设长度为，垂直接地体长度为 2.5 m，间距为 5 m；水平接地体外引长度应不超过其有效长度（按 GB50057—2010 中相关条款规定计算）。

表 7.4.1　第二类防雷建筑物环形人工基础接地体的最小规格尺寸

闭合条形基础的周长/m	扁钢/mm	圆钢，根数×直径/mm
≥60	4×25	2×Φ10
40～60	4×50	4×Φ10 或 3×Φ12
＜40	钢材表面积总和≥4.24m^2	

表 7.4.2　第三类防雷建筑物环形人工基础接地体的最小规格尺寸

闭合条形基础的周长/m	扁钢/mm	圆钢，根数×直径/mm
≥60	—	1×Φ10
40～60	4×20	2×Φ8
＜40	钢材表面积总和≥1.89 m^2	

④ 人工接地体可根据项目实际情况,采取不同的安装形式,如环形或水平型;垂直型;垂直加水平混合型。

⑤ 人工接地体的安装位置,按设计要求布设,但不得将人工接地体敷设在基础坑底。一般应敷设在散水以外(距建筑物外墙皮 $0.5\sim0.8$ m),灰土基础以外的基础槽边人工接地体距离建筑物出入口或人行道不应小于 3 m。独立接闪杆和架空接闪线或网的支柱、接地装置至被保护建筑物及与其有联系的管道、电缆等金属物之间的间隔距离不小于 3 m,且地下部分间距应符合 $S_e \geqslant 0.4R_i$(S_e 为地中距离,R_i 为冲击接地电阻值)。

⑥ 接地体金属材料的焊接要求为,圆钢与圆钢或扁钢双边焊接时其搭接长度不小于其直径的 6 倍;扁钢与扁钢三面施焊是不小于其宽度的 2 倍。

⑦ 在高土壤电阻率地区,为了使接地电阻达到设计要求可采用多支线外引接地装置,外引接地不应大于有效长度,埋于较深的低电阻率土壤中,换土或采用高降阻剂等措施降低接地电阻。

⑧ 在腐蚀性较强的土壤中,为了防止接地体被快速腐蚀,接地装置材料应采用热镀锌材料,其连接宜采用放热焊接,但采用通常的焊接方法时,在埋入土壤中的接地装置所有焊接处应作防腐处理。

⑨ 按不同防雷类别接地阻值的要求分为,第一类、第二类防雷接地冲击电阻不大于 10 Ω。而第三类防雷接地冲击电阻不大于 30 Ω,但在预计雷击次数大于或等于 0.01 次/a 且小于等于 0.05 次/a 的部、省级办公建筑物及其他重要或人员密集的公共建筑物,以及火灾危险场所的防雷接地冲击接地电阻不大于 10 Ω。但在土壤电阻率小于或等于 3000 Ω·m 时,外部雷电防护装置的接地体符合 GB50057—2010 中相关规定以及环形接地体所包围面积的等效圆半径等于或大于所规定的值时,可不计及冲击接地电阻。

(2) 自然基础接地装置标准技术要求

自然基础接地装置是指利用建筑物钢筋混凝土基础、桩、地梁内钢筋作为接地的装置。

① 当单桩实际被用作基础接地体的主筋数量,一般要求为 4 条,最少不少于 2 条。

② 桩利用系数 a 为用作接地体桩数与建筑物总桩数之比值,一般分为 4 档:1、0.75、0.5、$\leqslant 0.25$。

③ 在埋设于距地面 50 cm 以下的与每根引下线所连接的钢筋表面积总和(S),要求其中防雷分类为第二类的 S 应不小于 $4.24k_c^2$(k_c 为分流系数,具体可按照 GB50057—2010 的附录的规定取值),第三类的 S 应不小于 $1.89k_c^2$。

④ 当钢筋混凝土作为接地装置,采用钢筋或圆钢时,当仅一根时,直径 D 不应小于 10 mm。钢筋混凝土构件中有箍筋连接的钢筋其截面积总和应大于一根直径

为 10 mm 的钢筋的截面积。

⑤ 在检测中应注意接地电阻平衡度,它是指单桩内四主筋中单根主筋的冲击接地电阻值 R_i 最大值与 R_i 最小值之比值,要求为 1,大于 1 时应加短路环。

⑥ 当基础采用硅酸盐水泥时,利用建筑物混凝土基础作为接地装置,其周围土壤含水量要求不低 4%。而地桩能否达到地下水位是很有意义的,若能达到地下水位置,将非常有利于降低接地电阻。地下水位是填写离地面的深度,取小数后一位。如地下水位 4 m,填写为:-4.0 m。

⑦ 有关建筑物的四置距离,是按建筑物地面所处 E、S、W、N 四个方向与相邻建筑物的水平距离据实填写。如:E24、S24、W19、N22,超过 50 m 时,则填>50 m。

⑧ 对于桩深,可了解和填写最深和最浅的桩的深度,单位为 m,取小数后一位。

⑨ 检查地梁主筋与箍筋焊接质量,要求箍筋每隔 6 m 与主筋焊接。

⑩ 检查首层基础是否按要求预留电气接地。要求离地面约 0.3 m 处用直径 12 mm 的镀锌圆钢从接地的柱主筋焊接引出,引出长度>0.2 m。

接地体电阻值要求同人工接地体接地电阻值要求。

2. 引下线检测标准技术要求

GB50057—2010 中规定专设引下线应沿建筑物外墙外表面明敷,因建筑物外观要求较高者可暗敷。因此,引下线分为明装引下线和暗装引下线(利用主筋作引下线)。

(1) 明装引下线的技术要求

① 材料规格

引下线应采用热镀锌圆钢(优先采用)或扁钢,圆钢其直径不应小于 8 mm,扁钢截面积不应小于 50 mm²,其厚度不应小于 2.5 mm。烟囱引下线采用圆钢时,直径不应小于 12 mm,采用扁钢时,截面积不应小于 100 mm²,厚度不应小于 4 mm,建筑物的钢梁、钢柱、消防梯等金属构件,以及幕墙的金属立柱宜作为引下线,但其各部件之间均应连成电气贯通。

② 安装位置

对第一类防雷建筑物:独立接闪杆的杆塔、架空接闪线(网)的各支柱处至少设一根引下线。若接闪器直接装在建筑物上时,对第一、二、三类防雷建筑物:专设引下线不少于两根,且沿建筑物四周和内庭院均匀对称布置,其间距沿周长计算分别不大于 12 m、18 m、25 m。

高度低于 40 m 的烟囱,可只设一根引下线,超过 40 m 时应设两根引下线。可利用螺栓或焊接连接的一座金属爬梯作为两根引下线用。

若引下线安装在易受机械损坏和人身接触的地方,从地上 1.7 m 处至地下 0.3 m 处,应采用暗敷或改性塑料管等防护措施。

③ 固定间距

引下线固定间距要求均匀、平直,且间距应为 0.5～1.0 m。

④ 断接卡

采用多根引下线时宜在各引下线上于距地面 0.3 m 至 1.8 m 之间设断接卡。

⑤ 金属物体、电气线路与防雷地不相连时与引下线之间的距离

第一类:地上部分,当 $h_x < 5R_i$ 时,$S_{a1} \geqslant 0.4(R_i + 0.1h_x)$;

当 $h_x \geqslant 5R_i$ 时,$S_{a1} \geqslant 0.1(R_i + h_x)$;

第二类:$S_{a3} \geqslant 0.06k_c l_x$;

第三类:$S_{a3} \geqslant 0.04k_c l_x$;

其中 h_x 为被保护物高度;l_x 为引下线计算点距地面长度。

⑥ 布设间距

第一类:间距不大于 12 m;第二类:间距不大于 18 m;第三类:间距不大于 25 m。

⑦ 接地电阻

引下线的冲击接地电阻应符合 7.3.4 小节中的接地电阻值的判定要求。

(2) 暗装引下线(或利用建筑物柱子钢筋作引下线)的技术要求和指标:

① 材料规格:引下线应采用圆钢(优先采用)或扁钢,圆钢其直径不应小于 10 mm,扁钢截面积不应小于 80 mm²。

② 安装位置、平均间距

沿建筑物四周外墙柱筋布设,第一类:平均间距不大于 12 m;第二类:平均间距不大于 18 m;第三类:平均间距不大于 25 m。

③ 短环路

要求用作防雷引下线柱筋每层至少有一个箍筋与主筋相焊接。

④ 引下线数量

第一类:独立接闪杆的杆塔处至少设一根引下线,第二、三类:不少于两根;利用柱主筋数不少于两条。

⑤ 电气预留接地

检查首层及各层是否按照设计要求预留电气接地,要求距地板面约 0.3 m 处,用 Φ12 镀锌圆钢与用作接地的柱主筋焊接引出,引出长度大于 0.2 m。

⑥ 引下线连接

检查连接质量,柱筋引下线选定对角的两条主筋,从承台、地梁至天面与接闪带连接,双面施焊应不小于其直径的 6 倍,且焊接平滑饱满。

⑦ 接地电阻

与明敷引下线接地电阻相同,但当建筑物防雷接地、防静电接地、电气设备的工作接地、保护接地及信息系统的接地等共用接地装置时,其接地电阻按各系统要求中的最小值确定。

⑧ 钢筋表面积总和

利用基础内钢筋网作为接地体时,在距地面 0.5 m 以下,每根引下线所连接的钢筋表面积总和应满足:二类,$S \geq 4.24k_c^2$;三类:$S \geq 1.89k_c^2$。

⑨ 断接卡

当同时采用基础接地时,可不设断接卡,但应在室内外适当地点设若干连接板,供测量和作等电位连接用。当采用人工接地体时,应在各引下线上于距地面 0.3 m 以上处设接地体连接板,并有明显标志,如涂红。

3. 等电位连接环检测技术要求

(1) 首层等电位连接环的设置。当第一类防雷建筑物的高度超过 30 m 时,第二类防雷建筑物的高度超过 45 m,第三类防雷建筑物的高度超过 60 m 时均应按 GB50057—2010 中相关条款规定,装设等电位连接环。

(2) 如果建筑物钢筋混凝土内的钢筋具有贯通性连接(焊接)且上部与接闪器焊接,又与引下线可靠焊接情况下,横向钢筋可作为等电位连接环。

(3) 等电位连接环的技术要求:

① 材料规格

钢筋或圆钢,仅为一根时直径应不小于 10 mm,利用混凝土构件内有箍筋连接的钢筋,其截面积总和不应小于一根直径为 10 mm 钢筋的截面积。

② 环与主筋连接

检查有无等电位连接环,有无与用作引下线的柱主筋全部连接。并使该高度及以上外墙上的栏杆、门、窗及大金属物与雷电防护装置相连。

③ 门、窗与等电位连接环的等电位连接

检测门、窗与等电位连接环的电气通路情况,可用等电位连接电阻测试仪检测,要求其过渡电阻不大于 0.2 Ω。

④ 与竖直金属管连接

检查竖直敷设的金属管道及金属物与环的连接情况,要求其可靠焊接,其顶端和底端与雷电防护装置可靠连接。

⑤ 环间间距

首层等电位连接环与后续等电位连接环间间距应不大于 12 m,一般为 6 m。

⑥ 环间连接

与所有引下线、竖直敷设的金属管道、金属门窗等金属部件可靠焊接。

⑦ 敷设方式

按 GB50057—2010 中相关条款规定,第一类防雷建筑物超过 30 m,每隔不大于 6 m 沿建筑物四周设水平接闪带,并与所有引下线焊接。第二、三类建筑物超过 45 m、60 m,可利用建筑物本身的钢框架、钢筋体及其他金属,将窗框架、栏杆、表面金属装饰物等较大的金属物连接到建筑物钢框架、钢筋体进行接地,一般可不设专门防侧击的接闪器。

4. 接闪网检测技术要求

(1) 采用接闪网做接闪器的措施,对第一类防雷建筑物而言,仅在建筑物太高或其他原因难以装设独立接闪杆、架空接闪线(网)的情况下,方允许采用附设于建筑上作为雷电防护装置进行保护。

(2) 对于第二、三类防雷建筑物,由于采用接闪网做接闪器的防雷措施,对建筑物起保护作用的效果更有所提高,因此可采用。但其前提是允许屋顶遭雷击时,混凝土会有一些碎片脱开,造成局部防水、保温层被破坏。但对结构无损害,发现问题后需进行修补。由此可见,为减少建筑物交付使用的麻烦,应采取明装接闪带与暗装接闪网连接共用的方案。

(3) 接闪网的技术要求:

① 材料、网格规格

采用圆钢,明敷时其直径不小于 8 mm,暗敷时直径不小于 10 mm。第一类:不大于 5 m×5 m 或 4 m×6 m;第二类:不大于 10 m×10 m 或 8 m×12 m;第三类:不大于 20 m×20 m 或 16 m×24 m。

② 支柱高度、间距

明敷时,支柱不低于 150 mm,暗敷时不需设置支柱。明敷时,支柱间距 0.5 m～1.0 m,以无起伏和弯曲为基本要求。

③ 安装位置

暗敷时,一般利用天面板筋焊接而成。明敷时,安装在天面屋顶平面上。没有得到接闪器保护的,高出屋顶平面不超过 0.3 m、上层表面积不超过 1.0 m^2、上层表面的长度不超过 2.0 m 的屋顶孤立金属物体,可以不要求附加接闪器保护。

不在接闪器保护范围内的非导电屋顶物体,当其没有突出由接闪器形成的平面 0.5 m 时,可不要求附加接闪器保护措施。

④ 焊接工艺

焊接长度,单边施焊其长度不小于圆钢直径的 12 倍,双边施焊其长度不小于圆钢直径的 6 倍。

⑤ 接地电阻

冲击接地电阻要求详见 7.3.4 小节第⑦部分。

⑥ 与引下线连接

网格钢筋从横向和纵向的两端,每端不少于两处,必须与各主筋引下线焊接连通。

⑦ 预留接地

天面预留接地端子,供天面电气设备及其他装置接地专用。

⑧ 防腐措施

明敷时,需用热镀锌圆钢,焊接处应采用防腐措施。

5. 接闪带检测技术要求

(1)第一类防雷建筑物一般不采用接闪带作为防直击雷措施,而第二、三类防雷建筑物则作为首选的防雷措施。

(2)接闪带检测技术要求:

① 材料规格

优先采用热镀锌圆钢,直径不小于 8 mm。其次采用热镀锌扁钢,截面积不小于 50 mm² ,厚度不小于 2.5 mm。

② 与支柱连接方式

一般采用"T"型支柱与接闪带焊接,而采用"P"型支柱,将圆钢穿入孔中固定即可。

③ 支柱高度、间距

支架高度不宜小于 150 mm。支柱的间距一般要求 0.5～1.0 m(含所有主筋引下线预留支柱)。

④ 闭合环的测试

闭合环是指一个完整的闭合接闪带,其任何两点间都必须可靠连接。

⑤ 曲率半径

转角处角度必须成大于 90°的钝角。

⑥ 敷设方式

暗敷时,应采用直径不小于 10 mm 钢筋敷设;或采用扁钢,截面积不小于 80 mm² ,表面水泥厚度不大于 2 cm,一般不采用暗敷方式;

明敷时,采用直径大于 8 mm 的镀锌圆钢敷设或用截面积不小于 50 mm² 的镀锌扁纲立面敷设,在建筑物的周边、女儿墙、檐角、屋脊等处,并与所有引下线预留端可靠焊接。

⑦ 接地电阻

冲击接地电阻要求参见 7.3.4 小节第⑦部分。当建筑物防雷接地、防静电接地、电气设备的工作接地、保护接地及信息系统的接地等共用接地装置时,其接地电阻按各系统要求中的最小值确定。

6. 接闪杆检测技术要求

(1)材料规格

宜采用热镀锌圆钢和钢管,其直径不应小于:

① 杆长 1 m 以下,圆钢直径为不小于 12 mm,钢管直径为不小于 20 mm;

② 杆长 1～2m,圆钢直径为不小于 16 mm,钢管直径为不小于 25 mm;

③ 独立烟囱顶部的杆,圆钢直径为不小于 20 mm,钢管直径为不小于 40 mm。

(2)安装工艺

① 安装高度

采用杆、带结合措施的杆高不小于 0.8 m,独立式或多杆保护应符合滚球法计算的保护范围。

② 安装位置

安装在建筑物易受雷击的部位。具体为女儿墙、屋角、水塔、"人"字屋面的脊的两端等。

③ 杆体垂直度

与安装点水平面成(垂直)90°。

(3)与带、引下线连接

① 杆与带间成弧形搭接,不允许成直角。

② 与引下线可靠焊接,焊接长度≥12d(d 为引下线直径),机械连接时,每处过渡电阻≤0.2 Ω。

(4)防腐处理

所有焊接处必须采取防腐措施。

(5)接地电阻

① 冲击接地电阻应符合 7.3.4 小节中的接地电阻值的判定要求。

② 当建筑物防雷接地、防静电接地、电气设备的工作接地、保护接地及信息系统的接地等共用接地装置时,其接地电阻各系统要求中的最小值确定。

7. 电涌保护器检测技术要求

电源避雷器分为高压和低压两种。高压避雷器又分为阀式、磁吹式和管式避雷器。阀式避雷器又分为有间隙和无间隙(又称金属氧化锌避雷器)两种,主要用于保护发、变电设备的绝缘。管式避雷器又称为排气式避雷器,主要用于保护发电厂、变电所的进线和线路上的绝缘弱点。低压避雷器被称为电涌保护器(SPD),其检测技术要求详见 7.3.4 小节第⑤电涌保护器(SPD)主要测试项目部分。

8. 等电位连接检测技术要求

在装有雷电防护装置的空间内,避免发生生命危险的最重要措施是采用等电位连接。由于雷电防护装置直接装在建筑物上,要保持雷电防护装置与各种金属物体之间的安全距离已很难做到。因此,只能将屋内的各种金属管道和金属物体与雷电防护装置就近连接在一起,并进行多处连接。首先是在进出建筑物处连接,使雷电防护装置和邻近的金属物体电位相等或降低期间的电位差,以防反击危险。另外,严格要求各种金属物体和金属管道与雷电防护装置之间有可靠连接,以达到均压目的,是防止闪击的最有效措施。值得引起高度注意的是,竖向金属管道、物体,更可能带有很高的电位,如处理不当,就可能出现闪击现象;一种是金属管道带高电位,向四周的金属物闪击,一种是结构中的钢筋带高电位闪击。因此,必须与雷电防护装置可靠连接,以降低其间的电位差。

(1) 天面、广告牌、冷却塔的等电位连接

与接闪带焊接不少于两处(对角),材料采用直径不少于 8 mm 的圆钢或截面积不少于 50 mm²。各金属物、设备间不得串联后连于雷电防护装置,应直接与天面引下线预留端子连接。

(2) 竖向金属管道

要求竖向金属管道的顶端和底端与雷电防护装置等电位连接,设计安装必须预留接地。

(3) 天面的其他导体

与接闪可靠连接、并不少于两处。各金属物、设备间不得串联后连于雷电防护装置,应直接与天面引下线预留端子连接。

(4) 电梯接地

电梯导轨接地,每条不少于两处,高层建筑每三层连接一次,与柱内钢筋预留端子可靠焊接。

(5) 高、低压变压器接地

应就近与防雷地可靠连接,且不少于两处(可从最近处柱筋预留)。

(6) 地下供水管道接地

应与建筑物防雷接地等电位连接,且不少于两处。

(7) 地下燃气管道与其他金属管道间距

地下燃气管道离建筑物基础应不小于 0.7 m,离供水管应不小于 0.5 m,离排水管应不小于 0.5 m,离电缆应不小于 0.5 m,以上均指水平距离。地下燃气管道离其他管道或电缆的垂直距离应不小于 0.15 m。且燃气管道进出建筑物必须与防雷地连接,并不少于两处。

(8) 低压配电重复接地

① 架空线和电缆线路在建筑物的进出口,均应重复接地。

② 在低压 TN 系统中,架空线、路杆线和分支线终端其 PEN 和 PE 线应重复接地。

③ 当采用一段金属铠装电缆或护套金属管埋地进入建筑物时,电缆金属外皮或金属管两端应与防雷连接。

9. 高低压线路检测技术要求

进出建筑物的高低压线路其敷设方式和建筑物防雷措施的正确与否,对建筑物及其内部的各种设备和人身安全影响很大,因此,应采用严格的防雷措施。

(1) 高压线路敷设方式

为防止雷电流沿电力线侵入机房,在距变压器 $300 \sim 500$ m 的高压线上方架设接闪线,终端杆及前四杆必须接地(注意不允许用杆筋做引下线);埋地引入机房、配电房,埋地长度 $l \geqslant 2\sqrt{\rho}$(ρ 为土壤电阻率),并不小于 50 m。电缆金属护套(管)、钢带两端应分别与防雷接地连接。

(2) 线杆(塔)的接地

各杆(塔)接地应设计成环形或辐射形,变压器终端杆及前四杆必须分别接地,接地电阻依次为:$R_1 \leqslant 4$ Ω,$R_2 \leqslant 10$ Ω,$R_3 \leqslant 20 \sim 30$ Ω,$R_4 \leqslant 20 \sim 30$ Ω,$R_5 \leqslant 10$ Ω;3 kV 以上高电压线路相互交叉与较低的低压线路、通信线路交叉时,交叉两端的杆塔(共四基)不论有无接闪线,均应接地。

(3) 高压电缆的接地

高压电缆两端金属护层,钢带在入机房前和入机房处应分别接地,钢筋混凝土杆铁横担、横担线路的避雷器支架、导线横担与绝缘子固定部分或瓷横担部分之间,应可靠连接,并与引下线相连接地。

(4) 低压线路敷设方式

全线采用电缆埋地或一段金属铠装电缆穿钢管埋地进入建筑物内,埋地长度 $l \geqslant 2\sqrt{\rho}$,并不小于 15 m。

(5) 低压电缆的接地

埋地电缆或金属铠装电缆的外皮、穿线的钢管、电缆桥架、电缆接线盒、终端盒的外壳等均应可靠接地。

(6) 线杆塔、铁横担等接地

线杆铁横担、绝缘子铁脚及装在杆塔上的开关设备、电容器等电气设备均应可靠接地。

7.4.3 雷电防护装置竣工检测中常见问题

在日常检测中我们发现,即使新建建筑物,在竣工检测时,也存在诸多问题。根据某城市 145 家建设单位,499 座新建建(构)筑物的防雷系统工程竣工检测所取得的技术资料,按照相关规范和技术标准的要求,统计了雷电防护装置存在的各类问题。分析的结果表明:有 142 家建设单位未严格按国家现行防雷规范防要求,在电源

和信号线路上安装电涌保护器,占检测单位总数的 98％;建筑物雷电防护装置竣工检测中常见问题如下:

1. 防直击雷问题

统计表明,在 499 座新建建(构)筑物的防雷系统工程的竣工检测中,共发现雷电防护装置各类问题 266 例。防直击雷的存在问题最为突出,未达到相应防雷规范要求的共有 88 例,占各类问题总数的 33％。其中楼顶通气口、烟道、梯间等突出屋面的小型建筑物,没有安装雷电防护装置且不在雷电防护装置保护范围内的,共有 34 例;楼顶金属突出物(金属栏杆、广告牌、金属爬梯、天线、水箱等)未按规范接地的,共有 39 例;接闪带安装工艺没有按防雷规范施工的,有 15 例,其中接闪带对接焊的有 8 例,接闪带断开、倒塌或离女儿墙边沿距离过大等现象的有 7 例。造成上述现象的主要原因是施工人员不具备专业防雷施工能力,或者具备相应能力的施工人员没有严格按照防雷设计图纸施工,随意在楼顶增设建(构)筑物且没有按相应防雷规范增设雷电防护装置。

2. 防雷击电磁脉冲问题

(1) 在竣工检测上述建设单位中,共发现防雷击电磁脉冲方面的问题有 77 例,占问题总数的 29％。其中各类设备配电箱、控制柜未按规范接地的,有 27 例;电梯设备未规范接地的,有 17 例;泵房各类电机未接地的,有 16 例;电井桥架未接地的,有 12 例;其他设备没有规范接地的,有 5 例。这些问题说明,在竣工检测过程中应加强对电梯机房、泵房及各类设备的配电箱和控制柜等接地情况的检查和检测。

(2) 统计资料表明:防电波侵入措施不完善的共有 75 例,占所有雷击安全隐患问题总数的 28％。其中楼顶电源、信号线未按防雷规范进行屏蔽接地的有 42 例,占所有雷击安全隐患问题总数的 16％;楼顶电器设备,如风机或风机管道未按相应防雷规范接地的,共有 29 例,占问题总数 11％;电源、信号线帮扎在接闪带上的有 4 例,占问题总数的 1.5％以上。

(3) 在防雷电侧击方面,金属栏杆和门窗未按规范要求接地的,有 23 例;其他未按规范施工的有 3 例。其主要原因是施工人员没有严格按防雷设计图纸施工,或随意更改图纸,施工监理监督不力。因此,在实际竣工检测中,应加大防侧击方面的抽检率,以减少此类雷击隐患。

第8章 雷电灾害风险评估

8.1 概　述

　　雷电灾害风险评估是防雷减灾工作的重要组成部分,是防御和减轻雷电灾害的有效手段之一。雷电灾害风险评估是指为降低实体和活体等防护对象的雷击风险,以气象、地质、地理等环境资料为基础,根据不同环境分布状况,运用科学的原理、方法和手段,对评估对象可能遭受雷击的概率以及雷击后产生后果的严重程度等进行科学系统地计算与分析,确定风险总量,并从安全和经济合理性出发,提出综合防雷对策措施的一项专业技术工作。1995年,国际电工委员会IEC 61662标准的颁布与实施标志着雷电灾害风险评估工作的起步,该标准于2008年重新修订颁布,更名为IEC62305-2,其适用范围是地闪对建筑物(包括其服务设施)造成的雷击风险的评估,其内容主要包括建筑物与服务设施的分类、雷灾损害与雷灾损失、雷灾风险、防护措施的选择过程以及建筑物与服务设施防护的基本标准等。1996年,国际电信联盟ITU—T K.39标准《通信局站雷电损坏危险的评估》颁布,主要针对通信局站雷电过电压(过电流)造成的设备危害和人员安全危害的风险的评估,其内容包括危险程度的决定因素、损失、评估原则、有效面积的计算、概率因子、损失因子和可承受风险(允许风险)等。

　　我国雷电灾害风险评估工作起步于20世纪90年代末期。2000年11月6日,《重庆市防雷安全工作委员会、重庆市规划局和重庆市气象局关于加强建设项目防雷安全工作的通知》(渝防雷委〔2000〕10号)文件规定:"规划行政主管部门应把防雷安全作为规划方案设计条件、要求之一。根据国家有关规范,重庆地区属高雷区,因此特级和一级民用建筑建设项目、工业第一类、第二类防雷建设项目、物资仓库、易燃易爆场所建设项目和有毒有害化工危险品场所建设项目等的建设单位,在建设工程选址和功能区布局时应向气象防雷行政主管部门征询有关建设项目所在地的大气雷电环境评估意见",这标志着我国雷电灾害风险评估工作(大气雷电环境评估)的开始。随后,上海、浙江、广东、安徽、陕西等地陆续出台了相关政策法规,有力推动雷电灾害风险评估工作的开展。

8.1.1 政策法规

《中华人民共和国气象法》第五章第三十四条规定:"各级气象主管机构应当组织对城市规划、国家重点建设工程、重大区域性经济开发项目和大型太阳能、风能等气候资源开发利用项目进行气候可行性论证"。这里的气候可行性论证包括对项目气象风险性、适应性和影响性分析,其中气象风险性就是气象灾害风险评估,而雷电灾害属于气象灾害之一,因此,雷电灾害风险评估是气候可行性论证的重要内容。

《气象灾害防御条例》(2017 年 10 月 7 日修订)第二章第二十七条规定:县级以上人民政府有关部门在国家重大建设工程、重大区域性经济开发项目和大型太阳能、风能等气候资源开发利用项目以及城乡规划编制中,应当统筹考虑气候可行性和气象灾害的风险性,避免、减轻气象灾害的影响。该条例明确提出进行气象灾害风险评估的要求,是开展雷电灾害风险评估工作的重要依据。

8.1.2 技术标准

国际电工委员会(IEC)和国际电信联盟(ITU)等组织对雷电灾害风险评估做了大量的研究工作,并制定了相应的评估标准。IEC 62305 是国际电工委员会制定的关于地闪对建筑物(包括其服务设施)造成雷击风险的评估标准,ITU—TK.39 是国际电信联盟关于通信局站雷电损坏危险的评估标准。IEC61024 系列(直击雷防护),IEC61312 系列(雷电电磁脉冲防护),IEC 60364 系列(建筑物电气设施),ITU—TK.46 建议:2000 双线金属通信线路的雷电感应浪涌防护,ITU—TK.47 建议:2000金属通信线路的直击雷防护等标准都有涉及雷电风险评估相关内容。此外,美国防火协会(NFPA780:1992)《雷电防护规程》,英国标准(BS 6651:1992)《构筑物避雷的使用规程》,日本工业标准 JIS(A 4201—1992)《建筑物等的避雷设备(避雷针)》等,也提到了雷电灾害风险评估工作。

目前,我国开展雷电灾害风险评估主要技术依据有国家标准、行业标准和地方标准,国家标准《雷电防护第 2 部分:风险管理》(GB/T 21714.2—2015)源于 IEC 62305—2,2016 年 4 月 1 日开始实施;气象行业标准《雷电灾害风险评估技术规范》(QX/T 85—2018)是重庆市地方标准《雷电灾害风险评估技术规范》(DB 50/217—2006)于 2007 年上升为行业标准后,再次修订的。《雷电灾害风险评估技术规范》

(DB 50/217—2006)是全国第一部关于雷电灾害风险评估技术标准。

雷电灾害风险评估是雷电灾害风险管理的重要环节和基础,也是雷电防护工程设计的依据。雷电灾害风险评估主要包括建筑物单体雷击风险评估和区域性雷电灾害风险评估。

8.2 建筑物单体雷击风险评估

雷电对地闪击可能对建筑物及线路造成危害,这种危害可以导致建筑物及其存放物损毁、相关电气电子系统失效、建筑物内部或其附近的人和动物造成伤害。针对建筑物单体的雷击风险评估,本书基于 GB/T 21714.2—2015 进行介绍。建筑物单体雷击风险评估是雷电灾害风险管理的重要环节和基础,也是雷电防护工程设计的依据。

8.2.1 风险类型、分类及规范容许值

1. 风险类型

(1) 损害源

雷电流是雷击根本的损害源。损害源根据雷击点的位置可以划分为:雷击建筑物(S1)、雷击建筑物附近(S2)、雷击线路(S3)和雷击线路附近(S4),见表 8.2.1。

(2) 损害类型

根据需保护对象特性的不同,雷击可能会引起各种损害。其中最重要的特性包括:建筑物的结构类型、内存物、用途、服务设施的类型以及所采取的保护措施。

在实际的风险评估中,将雷击引起的基本损害类型划分为以下三种:雷击引起的人和动物伤害(D1)、物理损害(D2)、电气和电子系统失效(D3)。

(3) 损失类型

每种单独发生或共同发生的损害类型,可以在需保护对象中导致不同的损失后果。可能出现的雷击损失类型取决于需保护对象的特性及其内存物。

建筑物中的损失类型包括:人身伤亡损失(L1)、公众服务损失(L2)、文化遗产损失(L3)、经济损失(建筑物及其内存物的损失 L4)。

表 8.2.1　雷击点、损害成因、各种可能的损害类型及损失对照一览表

雷击点	损害成因	建筑物	
		损害类型	损失类型
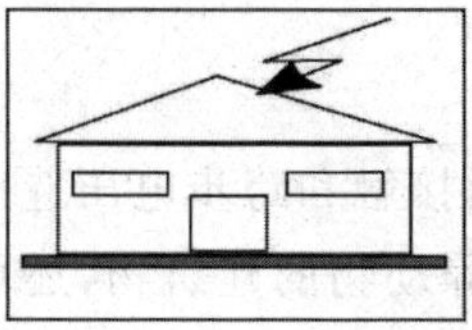	S1	D1 D2 D3	L1,L4[a] L1,L2,L3,L4 L1[b],L2,L4
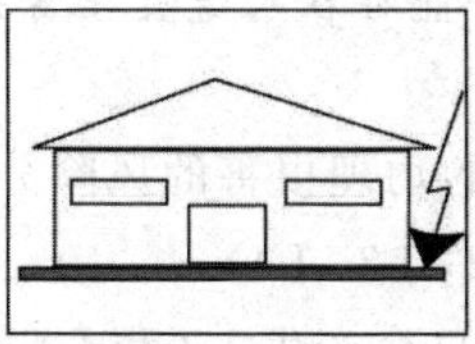	S2	D3	L1[b],L2,L4
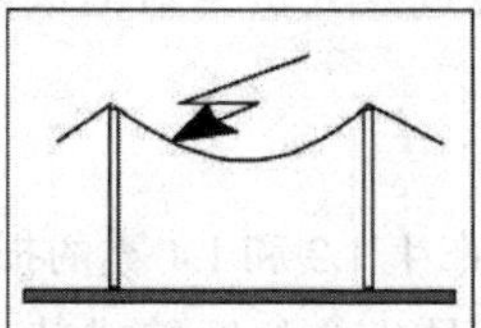	S3	D1 D2 D3	L1,L4[a] L1,L2,L3,L4 L1[b],L2,L4
	S4	D3	L1[b],L2,L4

注:a 仅对于可能出现动物损失的建筑物。
　　b 仅对于具有爆炸危险的建筑物或因内部系统失效马上会危及人命的医院或者其他建筑物。

2. 风险分类

(1) 风　险

风险 R 是指因雷电造成的年平均可能损失的相对值。对建筑物中可能出现的各类损失,应计算其所对应的风险。

建筑物中需要估算的雷击风险有:

——R_1:人身伤亡损失风险(包括永久性伤害);

——R_2:公众服务损失风险;

——R_3:文化遗产损失风险;

——R_4:经济价值损失风险。

计算风险 R 时,相关风险分量应明确并进行计算(部分风险取决于雷击损害成因和类型)。每个风险 R 都是各个风险分量的和。计算雷击风险时,可按损害成因和损害类型对各个风险分量进行归类。

(2)直接雷击建筑物引起的建筑物风险分量

R_A:在建筑物内或户外距引下线 3 m 以的范围内,因接触和跨步电压造成人和动物伤害的风险分量。可能出现 L1 类型的损失。对饲养动物的建筑物,还可能出现 L4 类型的损失。

注:在某些特殊场合,例如停车场的顶层或运动场,可能存在人遭直接雷击的危险。该情况下可应用本部分的原则加以考虑。

R_B:建筑物内因危险火花放电触发火灾或爆炸引起的物理损害的风险分量,此类损害还可能危害环境。可产生所有类型的损失(L1, L2, L3, L4)。

R_C:与 LEMP 造成内部系统失效有关的风险分量。总会产生 L2 和 L4 类型的损失,在具有爆炸危险的建筑物以及内部系统失效马上会危及人员生命的医院或其他建筑物中还可能出现 L1 类型的损失。

(3)邻近雷击引起的建筑物风险分量

R_M:因 LEMP 引起内部系统失效的风险分量。总会产生 L2 和 L4 类的损失,在具有爆炸危险的建筑物以及内部系统失效马上会危及人员生命的医院或其他建筑物中还可能出现 L1 类的损失。

(4)雷击入户线路引起的建筑物风险分量

R_U:雷电流沿入户线路侵入建筑物内因接触电压造成人和动物伤害的风险分量。可能会出现 L1 类的损失,当有动物时还可能出现 L4 类的损失。

R_V:因雷电流沿入户线路侵入建筑物,在入口处入户线路与其他金属部件产生危险火花放电而引起火灾或爆炸造成物理损害的风险分量。可能产生所有类型的损失(L1,L2,L3,L4)。

R_W:因入户线路上产生的并传入建筑物内的过电压引起的内部系统实效的风险分量。总会产生 L2 和 L4 类的损失,在具有爆炸危险的建筑物以及因内部系统失效马上会危及人命的医院或其他建筑物中还可能出现 L1 类的损失。

注意:在雷击风险评估中只考虑入户线路。

因管道已经连接到等电位连接排,所以不把雷击管道或其附近作为损害源。如果没有作等电位连接,应考虑这种威胁。

(5)雷击入户线路附近引起的建筑物风险分量

R_Z:因入户线路上感应出的并传入建筑物内的过电压引起的内部系统失效的风险分量。总会产生 L2 和 L4 类的损失,在具有爆炸危险的建筑物以及因内部系统失效马上会危及人命的医院或其他建筑物中还可能出现 L1 类的损失。

注意：在雷击风险评估中只考虑入户线路。

因管道已经连接到等电位连接排，所以不把雷击管道或其附近作为损害源。如果没有作等电位连接，应考虑这种威胁。

（6）各种风险分量的组成

对建筑物的每一类损失需考虑的风险分量如下：

——R_1：人身伤亡损失风险（包括永久性伤害）；

$$R_1 = R_{A1} + R_{B1} + R_{C1}^{①} + R_{M1}^{①} + R_{U1} + R_{V1} + R_{W1}^{①} + R_{Z1}^{①} \qquad (8.2.1)$$

——R_2：公众服务损失风险：

$$R_{21} = R_{B2} + R_{C2} + R_{M2} + R_{V2} + R_{W2} + R_{Z2} \qquad (8.2.2)$$

——R_3：文化遗产损失风险：

$$R_3 = R_{B3} + R_{V3} \qquad (8.2.3)$$

——R_4：经济价值损失风险：

$$R_4 = R_{A4}^{②} + R_{B4} + R_{C4} + R_{M4} + R_{U4}^{②} + R_{V4} + R_{W4} + R_{Z4} \qquad (8.2.4)$$

注意：① 仅对于具有爆炸危险的建筑物或因内部系统失效马上会危及人命的医院或其他建筑物。

② 仅对于可能出现动物损失的建筑物。

每类损失风险对应的风险分量在表 8.2.2 中给出。

$$R_1 = R_{A1} + R_{B1} + R_{C1}^{①} + R_{M1}^{①} + R_{U1} + R_{V1} + R_{W1}^{①} + R_{Z1}^{①} \qquad (8.2.5)$$

表 8.2.2　建筑物各类损失风险需考虑的各种风险分量

各类损失风险	风险分量							
	雷击建筑物（损害成因 S1）			雷击建筑物附近（损害成因 S1）	雷击入户线路（损害成因 S3）			雷击入户线路附近（损害成因 S4）
R_1	R_A	R_B	R_C^a	R_M^a	R_U	R_V	Rv_W^a	R_Z^a
R_2	——							
R_3	——		——	——	——		——	——
R_4	R_A^b	R_B	R_C	R_M	R_U^b	R_V	R_W	R_Z

注：a 仅对于具有爆炸危险的建筑物或因内部系统失效马上会危及人命的医院或其他建筑物。

b 仅对于可能出现动物损失的建筑物

3. 风险允许值

GB/T 21714.2—2015 给出了涉及雷击引起的人身伤亡损失、社会经济价值损失以及文化价值损失的典型 R_T 值，即需保护建筑物所能容许的最大风险值（见表 8.2.3）。

表 8.2.3 风险容许值 R_T 典型值

损失类型		$R_T/$年
L1	人身伤亡损失	10^{-5}
L2	公众服务损失	10^{-3}
L3	文化遗产损失	10^{-4}

通过比较风险和风险容许值：

——如果 $R \leqslant R_T$，防护对象可以不进一步采取防雷措施；

——如果 $R > R_T$，应当采取保护措施，以减小对象遭受的所有风险，使 $R \leqslant R_T$。

8.2.2 评估模型

$$R_X = N_X P_X L_X \qquad (8.2.6)$$

式中：R_X—风险分量，取决于雷电能量和雷电危害类型形成的不同的雷击风险；

N_X—危险事件的次数；

P_X—损害概率；

L_X—损失后果。

8.2.3 评估所需数据及工作流程

1. 评估所需资料

评估单位在充分了解评估对象所在区域发展规划、功能区划及雷电环境的基础上，宜收集以下基础资料：

- 评估对象的建设方案、设计规划和使用性质等背景资料；
- 评估对象的总平图、地勘报告等；
- 评估对象所在地地理、地质、土壤、水文等资料；
- 评估对象所在地雷暴观测、闪电定位系统数据等气象资料和评估对象雷电灾害资料；
- 评估对象的雷电防护措施、雷电灾害应急预案以及维护等防雷管理制度。

2. 雷电环境评估数据

雷电环境评估是雷电灾害风险评估的重要环节和基础，也是雷电防护工程设计的依据。可采用闪电定位资料（10 年以上）或者雷暴日人工观测资料（30 年以上）进行统计分析。

（1）雷电活动时空分布特征

① 地闪总体特征

根据闪电定位系统监测资料,可以统计得到项目所在地地闪特征。其地闪分布特征,可以项目所在地为圆心（见图 8.2.1）,统计 5～10 km 距离半径范围的地闪总数,雷电流幅值的极值和不同极性、幅值的闪电发生频率特征。

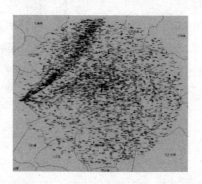

图 8.2.1　10 km 范围内发生的地闪分布(含正闪和负闪)

② 闪电的年、月、日变化

根据资料统计,可分析项目所在地区域的地闪逐年分布情况、月变化、日变化规律（见图 8.2.2～图 8.2.4）,对项目防雷设计参数和施工中防雷提供参考。

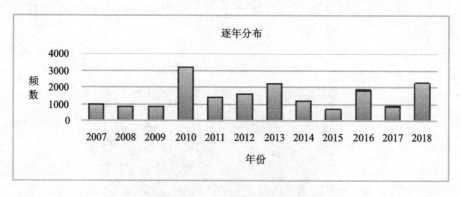

图 8.2.2　闪电频数的年际变化

③ 雷电流强度、密度、陡度分布

根据闪电定位系统数据,统计得到项目所在地的雷电流强度,以及雷电流密度、陡度的分布特征（见图 8.2.5～图 8.2.7）,对防雷设计参数选择提供依据。

（2）雷电流散流分布特征

通过对项目所在地现场的实地勘查,了解评估对象的地形、地貌、地势等特征（见图 8.2.8）,然后结合土壤状况分析雷电流散流分布特征。

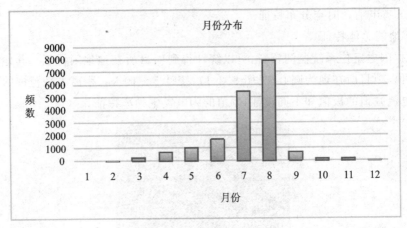

图 8.2.3 闪电频数的月变化

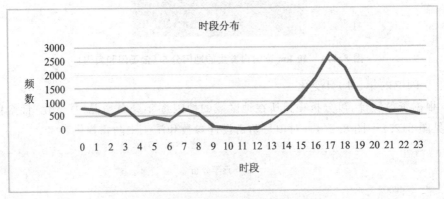

图 8.2.4 闪电频数的日变化

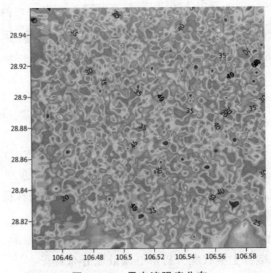

图 8.2.5 雷电流强度分布

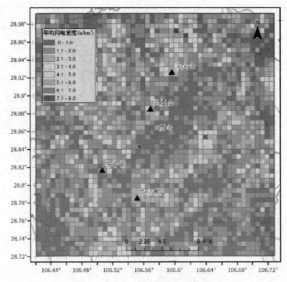

图 8.2.6　雷电流密度分布

雷电流幅值概率分布

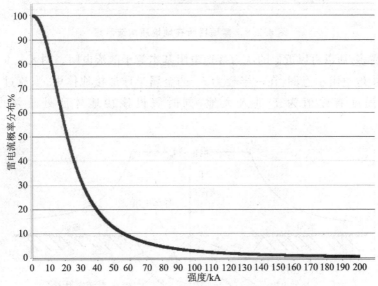

图 8.2.7　雷电流陡度分布

① 土壤电阻率

土壤电阻率是土壤的一种基本物理特性,是土壤在单位体积内的正方体相对两面间在一定电场作用下,对电流的导电性能。一般取 1 m³ 的正方体土壤电阻值为该土壤电阻率 ρ,单位为 $\Omega\cdot m$。当电流经过建筑物接地网络向大地散流时所遇到的土壤电阻称为散流电阻。实际中接地电阻的组成有接地体和接地体引线的自身电阻、接地体和土壤之间的接触电阻和散流电阻,由于散流电阻往往比接地体自身电阻和接触

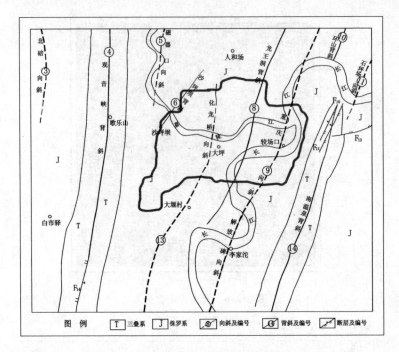

图 8.2.8　某项目所在地地质构造示意

电阻要大得多,所以可以近似的认为接地电阻基本等于散流电阻。图8.2.9为位于均匀土壤中接地电阻示意图,在一半径为 r_0 的金属半球形接地体中,当流过半球形接地体电流强度有效值为 I 进入大地,同时假设该接地体所处土壤电阻率为 $\rho(\Omega \cdot m)$。

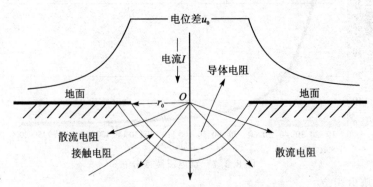

图 8.2.9　处于均匀土壤中半球形接地电阻示意图

$r(r > r_0)$ 处的电流密度由式(8.2.7)所示:

$$\delta_r = \frac{I}{2\pi r^2} \tag{8.2.7}$$

由 $E = \rho\delta$ 可知在离球心 r 处的电场强度为式(8.2.8)所示:

$$E = \frac{\rho I}{2\pi r^2} \qquad (8.2.8)$$

假设无穷远处为零点电位参考点,则 r 处的电势差为:

$$u_r \int_r^\infty E \cdot \mathrm{d}r = \sim \int_r^\infty \frac{\rho I}{2\pi r^2} \cdot \mathrm{d}r = \frac{\rho I}{2\pi r} \qquad (8.2.9)$$

对式(8.2.9)积分可知接地极上电位差为:

$$u_0 = \frac{\rho I}{2\pi r_0} \qquad (8.2.10)$$

所以,由欧姆定律可计算出半球形接地极的接地电阻为:

$$R = \frac{u_0}{I} = \frac{\rho}{2\pi r_0} \qquad (8.2.11)$$

同理可知,由 r_0 到 r 之间土壤电阻为 R',所以 r_0 到 r 积分可以得知 R' 为:

$$R' \int_{r_0}^\infty \frac{\rho}{2\pi r^2} \cdot \mathrm{d}r = \frac{\rho}{2\pi}\left(\frac{1}{r_0} - \frac{1}{r}\right) = R\left(1 - \frac{r_0}{r}\right) \qquad (8.2.12)$$

由式(8.2.12)明显可以得出当 $r = 10r_0$,R' 占整个 R 的 90%。因此,可以认为在接地体距离为接地极尺寸的 10 倍以内的土壤电阻 R' 占接地极接地电阻 R 的 90%。所以在距离接地体 10 倍以内的土壤特征决定大部分接地电阻,该部分的土壤特性将会直接影响接地体接地电阻大小。

② 土壤电阻率测量方法

土壤电阻率是雷击损害风险评估计算中一个非常重要的参数。在雷击损害风险评估中,土壤电阻率的变化直接影响接地装置的接地效率、埋地装置遭受直接或间接雷击影响的概率、地网地面电位分布以及人员接触电压和跨步电压发生的概率。土壤电阻率的测量方法很多,如地质判定法、双回路互感法、自感法、线圈法、偶极法以及四电极测深法等。现场测量通常采用四极法测量土壤电阻率:取 4 个接地电极按直线排列,则根据极间距离及测试仪读数即可直接求得土壤电阻率,如图 8.2.10 所示。

③ 土壤电阻率测试与散流分布特征分析

采用 wenner 等间距四极法对评估对象所在地的土壤电阻率进行了测试,测试结果见表 8.2.4 和图 8.2.11。

表 8.2.4　评估对象现场土壤电阻率测量数据表

测试深度	测试点				
	1#	2#	3#	4#	5#
$AB = 1.5\ \mathrm{m}, MN = 0.6\ \mathrm{m}$	37.68 Ω·m	42.88 Ω·m	27.05 Ω·m	25.07 Ω·m	51.88 Ω·m
$AB = 2.0\ \mathrm{m}, MN = 0.8\ \mathrm{m}$	40.30 Ω·m	45.30 Ω·m	29.11 Ω·m	27.88 Ω·m	54.63 Ω·m

测试深度	测试点				
	1#	2#	3#	4#	5#
$AB=2.5$ m,$MN=1.0$ m	42.24 Ω·m	47.21 Ω·m	32.17 Ω·m	31.09 Ω·m	57.21 Ω·m
$AB=3.0$ m,$MN=1.2$ m	45.34 Ω·m	49.64 Ω·m	34.40 Ω·m	32.20 Ω·m	61.50 Ω·m
$AB=4.0$ m,$MN=1.5$ m	48.20 Ω·m	51.63 Ω·m	37.21 Ω·m	35.63 Ω·m	64.27 Ω·m

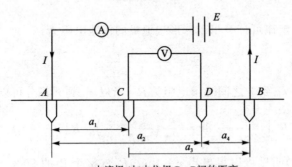

a_1,a_2—电流极 A 与电位极 C、D 间的距离;
a_3,a_4—电流极 B 与电位极 C、D 间的距离。

图 8.2.10　四极法测量土壤电阻率原理图

由图 8.2.11 可知,项目所在地土壤电阻率水平方向分布不均,变化明显,中部的土壤电阻率较小,其散流效果较好;东西两侧的土壤电阻率较大,散流效果较差;垂直方向随着深度的增加土壤电阻率呈增加趋势,意味着埋地越往土壤深处,散流效果越差。

（3）雷电电磁环境风险

根据项目所在地闪电定位系统历史资料,按照式(8.2.13)计算项目所在地区域内各点的最大雷击磁场强度,可用插值法绘制雷电电磁环境分布图 8.2.12。

$$H = i/(2\pi d) \tag{8.2.13}$$

式中:H—最大磁场强度,单位为安培每米,A/m;

　　　i—雷电流,单位为安培,A;

　　　d—雷击点与所需计算雷击引起的场强点（或建筑物）之间的距离,单位为米,m。雷击点包括评估对象所占平面区域及其外延 3 km 范围内所有的地闪。

3. 评估是否需要防雷的工作流程

按照 GB/T 21714.2—2015 要求,评估一个对象是否需要防雷时应考虑风险 R_1、R_2 和 R_3。

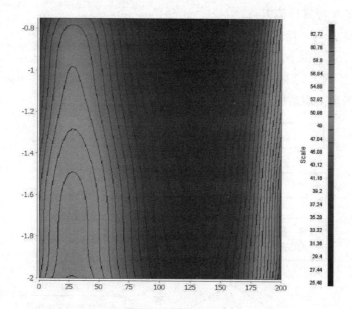

图 8.2.11　项目所在地土壤电阻率剖面分布图(从西→东)

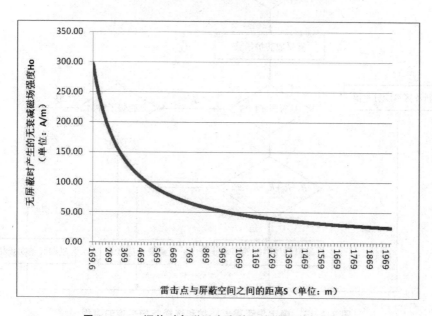

图 8.2.12　评估对象附近产生的无衰减磁场强度分布

对于上述每一种风险,应当采取以下步骤:

——识别构成该风险的各风险分量 R_X;

——计算各风险分量 R_X;

——计算总风险;

——确定风险容许值 R_T；

——风险 R 与风险容许值 R_T 作比较。

如果 $R \leqslant R_T$，则不需要防雷。

如果 $R > R_T$，应采取防护措施减小建筑物的所有风险，使 $R \leqslant R_T$。

计算是否需要防雷的流程见图 8.2.13。

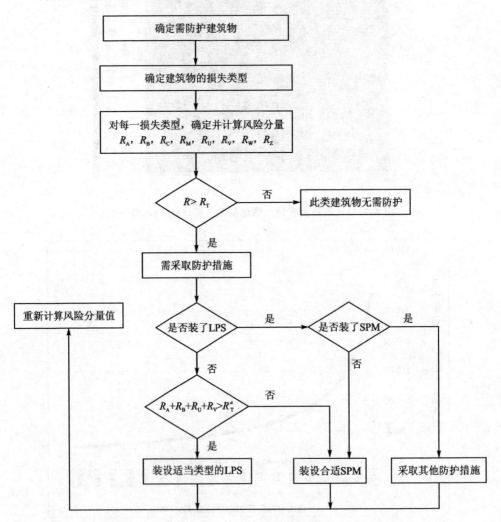

图 8.2.13　确定是否需要防护和选择防护措施的流程

4. 评估采取防护措施的成本效益的流程

除了对建筑物是否需要防雷的评估外，对为了减少经济价值损失 L4 而采取防雷措施的成本效益做出评估也是有用的。

　　计算出建筑物风险 R_4 的各个风险分量后,可以估算出采取防护措施前后的经济价值损失,具体计算方法见 GB/T 21714.2—2015 附录 D。

　　评估采取雷电防护措施的成本效益的步骤如下:

——识别建筑物风险 R_4 的各风险分量 R_X;

——计算未采取新的/额外的防护措施时,各风险分量 R_X;

——计算未采取防护措施时每年总损失 C_L;

——选择防护措施;

——计算采取防护措施后,各风险分量 R_X;

——计算采取防护措施后各风险分量 R_X 仍造成的每年损失;

——计算采取防护措施后人造成的每年总损失 C_{RL};

——计算防护措施的每年费用 C_{PM};

——运行费用比较。

　　如果 $C_L < C_{RL} + C_{PM}$,则防雷是不经济的。

　　如果 $C_L \geqslant C_{RL} + C_{PM}$,则采取防雷措施在建筑物或设施的使用寿命期内可节约开支。

　　图 8.2.14 为评估采取防护措施的成本效益的流程。对各防护措施进行组合变化分析有助于找出成本效益的最佳的方案。

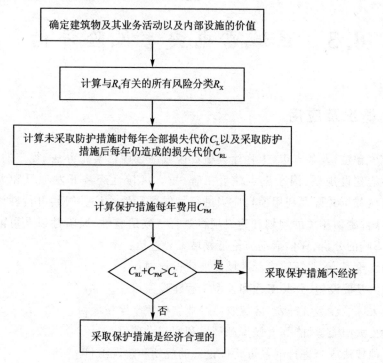

图 8.2.14　评估采取防护措施的成本效益流程

8.2.4　评估结论

根据评估结果,判断是否需要采取雷电防护措施;根据防护措施的技术可行性及造价选择最合适的防护措施。

1. 防护措施

应按损失类型选择防护措施以减少风险。

只有符合下列相关标准要求的防护措施,才认为是有效的:

——GB/T 21714.3—2015 有关建筑物中生命损害及物理损害的防护措施;

——GB/T 21714.4—2015 有关电气和电子系统失效的防护措施。

2. 防护措施的选择

应由设计人员根据每一风险分量在总风险 R 中所占比例并考虑各种不同防护措施的技术可行性及造价,选择合适的防护措施。应找出最关键的若干参数以决定减小风险 R 的最有效防护措施。对于每一类损失,有许多有效的防护措施。可单独采用或组合采用,从而使 $R \leqslant R_T$。实际中应选取技术和造价上均可行的防护方案。

8.3　区域雷电灾害风险评估

8.3.1　概况及应用

根据《气象法》及各省市《工程建设项目区域综合评估实施办法》规定的规定,城乡规划、生态建设规划、国家重点建设工程、重大区域性经济开发项目和大型太阳能、风能等气候资源开发利用项目应当进行气候可行性论证。气候可行性论证是指对与气候条件密切相关的规划和建设项目进行气候适宜性、风险性以及可能对局地气候产生影响的分析、评估活动。论证领域主要包括:

- 城乡规划、重点领域或者区域发展建设规划;
- 重大基础设施、公共工程和大型工程建设项目;
- 重大区域性经济开发、区域农(牧)业结构调整建设项目;
- 大型太阳能、风能等气候资源开发利用建设项目;
- 其他依法应当进行气候可行性论证的规划和建设项目。

区域雷电灾害风险评估目前被广泛应用于经济开发区、工业园区和重大建设项目的气候可行性论证工作。区域性气候可行性论证有利于加强以下工作:科学规划布局、安全生产、运营管理、项目建设与安全以及自然灾害防御工作(水土、地质灾害、环境污染、节能、资源利用、防洪防涝设施设计)。

另外城市大型项目:地铁、高铁、大型桥梁、飞机场建设、工程施工等也都需要进行雷电灾害风险评估。伴随经济开发区以及各城市大型项目的大力发展,区域雷电灾害风险评估的需求日益迫切。通过实施区域雷电灾害风险评估,可以准确把握区域的雷电活动规律,避免或减少规划和建设项目实施后可能受到雷电灾害的影响,并对区域内规划建设项目防雷工程的设计、施工和运营等提出防护对策和建议。

8.3.2　数据收集及处理

根据区域雷电灾害风险评估要求和评估区域的性质、产业结构等,通过进行现场踏勘分析和资料收集,完成以下几项工作:

- 评估模型建立;
- 雷电活动规律分析;
- 现场勘察,土壤电阻率测量;
- 雷电灾害风险评估计算;
- 建设项目防雷工程设计建议。

评估单位在充分了解评估对象所在区域发展规划、功能区划及雷电环境的基础上,宜收集以下基础资料:

- 评估对象的建设方案、设计规划和使用性质等背景资料;
- 评估对象的总平图、地勘报告等;
- 评估对象所在地地理、地质、土壤、水文等资料;
- 评估对象所在地雷暴观测、闪电定位系统数据等气象资料和评估对象雷电灾害资料;
- 评估对象的雷电防护、雷电灾害应急预案以及维护等防雷管理制度。

8.3.3　评估方法及计算

区域雷电灾害风险评估主要针对由多个单体构成的评估对象,或者包含多种属性、特征或使用性质的评估对象,以及输油输气管道、轨道交通系统等长输管道(线路)项目。关于区域雷电灾害风险评估方法,本文参照气象行业标准《雷电灾害风险评估技术规范》(QX/T 85—2018)的相关规定进行介绍。

1. 区域雷电灾害风险评估及其等级划分

(1) 区域雷电灾害风险评估一般步骤如下：

① 建立层次结构模型；

② 提取致灾因子；

③ 构造判断矢量；

④ 计算相对权重；

⑤ 一致性检验；

⑥ 计算合成权重。

(2) 区域雷电灾害风险计算

区域雷电灾害风险评估的一般计算公式为：

$$\boldsymbol{Z} = \boldsymbol{W} \cdot \boldsymbol{R} = [w_1, w_2, \dots, w_m] \cdot \begin{Bmatrix} r_{11} & r_{12} & \cdots & r_{1n} \\ r_{21} & r_{22} & \cdots & r_{2n} \\ \cdots & \cdots & \cdots & \cdots \\ r_{m1} & r_{m2} & \cdots & r_{mn} \end{Bmatrix} = [z_1, z_2, \cdots, z_n] \qquad (8.3.1)$$

式中：

$\boldsymbol{Z}$—综合评价矢量；

$\boldsymbol{W}$—评估指标的权重矢量；

$\boldsymbol{R}$—评估指标的隶属度矢量。

(3) 区域雷电灾害风险综合评价

可将区域雷电灾害风险分为 5 个危险等级，综合评价见式(8.3.2)：

$$g = r_1 + 3 \times r_2 + 5 \times r_3 + 7 \times r_4 + 9 \times r_5 \qquad (8.3.2)$$

式中：

g—目标的区域雷电灾害风险；

r_1—目标与危险等级 Ⅰ 的隶属度；

r_2—目标与危险等级 Ⅱ 的隶属度；

r_3—目标与危险等级 Ⅲ 的隶属度；

r_4—目标与危险等级 Ⅳ 的隶属度；

r_5—目标与危险等级 Ⅴ 的隶属度。

(4) 风险等级的划分

每个评价指标的综合评价可以用 g 判断，将区域雷电灾害风险分为五个危险等级，那么 g 值可以通过式(8.3.2)计算得出。g 值越小代表区域内雷电灾害风险越低，g 值越大代表区域内雷电灾害风险越高。

依据 g 值将评估指标划分为 Ⅰ、Ⅱ、Ⅲ、Ⅳ、Ⅴ 五个等级。五个等级描述如表 8.3.1 所列。

表 8.3.1　评估指标的危险等级

危险等级	g	说明
Ⅰ级	[0,2)	低风险
Ⅱ级	[2,4)	较低风险
Ⅲ级	[4,6)	中等风险
Ⅳ级	[6,8)	较高风险
Ⅴ级	[8,10]	高风险

g 值与对应风险(用色标表示)的关系如下:

综合评价(g值)及对应风险

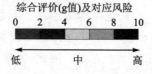

2. 区域雷电灾害风险层次结构模型构建与评估指标

区域雷电灾害风险评估考虑雷电风险、地域风险及承灾体风险 3 个一级指标。

根据层次分析法的条理化、层次化原则,区域雷电灾害风险评估采用递阶层次结构模型,并根据图 8.3.1 可得到更高层级的指标(致灾因子)。

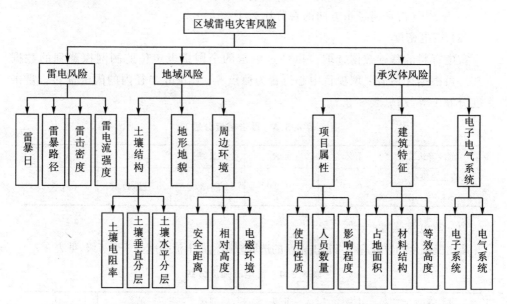

图 8.3.1　区域雷电灾害风险评估的层次结构模型

(1) 雷暴日

雷暴日应取近 30 年的地面站人工观测数据进行整理分析。当项目所处位置距离某观测站不超过 10 km 时,可直接使用该观测站数据作为年雷暴日的基础数据进一步分析。当项目所处位置距离观测站超过 10 km 时,应将项目周边至少 3 个站点进行插值处理,从而获取到更为精确的雷暴日数。雷暴日分 5 个等级,见表 8.3.2。

表 8.3.2 雷暴日等级

危险等级	Ⅰ级	Ⅱ级	Ⅲ级	Ⅳ级	Ⅴ级
雷暴日(d/a)	[0,20)	[20,40)	[40,60)	[60,90)	[90,365)

(2) 雷暴路径

通过对历史人工雷暴观测数据进行统计分析,判定雷暴主导方向与次主导方向。

雷暴路径越集中、锐度越大,则危险等级越高。雷暴路径分 5 个等级,Ⅴ级的雷暴路径仅为一个方向,Ⅳ级的雷暴路径可以为一个或两个值,Ⅲ级、Ⅱ级、Ⅰ级的雷暴路径可依次从两个方向过渡到 3 个方向。因此,雷暴路径五个等级依次为:

——Ⅰ级(雷暴最大 3 个移动方向百分比之和小于 40%);

——Ⅱ级(雷暴最大 3 个移动方向百分比之和大于 40%,小于 50%);

——Ⅲ级(雷暴最大 2 个移动方向百分比之和大于 40%,小于 45%;或者最大 3 个移动方向百分比之和大于 50%);

——Ⅳ级(雷暴路径主方向的百分比大于 30%,小于 35%;或者最大 2 个移动方向百分比之和大于 45%);

——Ⅴ级(雷暴路径主方向的百分比大于 35%)。

(3) 雷电密度

雷电资料的基础数据选取应以经过标定的全国雷电定位监测网探测到的数据为准。可根据评估需要取项目中心位置为原点 5~10 km 半径内的闪电资料。雷击密度分 5 个等级,见表 8.3.3。

表 8.3.3 雷击密度分级

危险等级	Ⅰ级	Ⅱ级	Ⅲ级	Ⅳ级	Ⅴ级
雷击密度/次/(km²·a)	[0,1)	[1,2)	[2,3)	[3,4)	[4,∞)

(4) 雷电流强度

雷电流强度的数据应参考雷击密度的选取规则。雷电流强度分 5 个等级,见表 8.3.4。

表 8.3.4 雷电流强度分级

危险等级	Ⅰ级	Ⅱ级	Ⅲ级	Ⅳ级	Ⅴ级
雷电流强度/kA	[0,10)	[10,20)	[20,40)	[40,60)	[60,∞)

（5）土壤电阻率

土壤电阻率应以拟建场地实测为准，该数据的取值还应考虑温度、湿度和季节等因素。土壤电阻率分 5 个等级，见表 8.3.5。

表 8.3.5　土壤电阻率分级

危险等级	Ⅰ级	Ⅱ级	Ⅲ级	Ⅳ级	Ⅴ级
土壤电阻率/ Ω·m	[3000,∞)	[1000,3000)	[300,1000)	[100,300)	[0,100)

（6）土壤垂直分层

项目场地不同深度的土壤电阻率差值。土壤垂直分层分 5 个等级，见表 8.3.6。

表 8.3.6　土壤垂直分层分级

危险等级	Ⅰ级	Ⅱ级	Ⅲ级	Ⅳ级	Ⅴ级
垂直分层/ Ω·m	[300,∞)	[100,300)	[30,100)	[10,30)	[0,10)

（7）土壤水平分层

项目场地不同电阻率的土壤交界地段的土壤电阻率最大差值。土壤水平分 5 个等级，见表 8.3.7。

表 8.3.7　土壤水平分层分级

危险等级	Ⅰ级	Ⅱ级	Ⅲ级	Ⅳ级	Ⅴ级
水平分层/ Ω·m	[300,∞)	[100,300)	[30,100)	[10,30)	[0,10)

（8）地形地貌

经现场勘测、调查、了解地形地貌的特征。地形地貌危险分 5 个等级，依次为：

——Ⅰ级（平原）；

——Ⅱ级（丘陵）；

——Ⅲ级（山地）；

——Ⅳ级（河流、湖泊以及低洼潮湿地区、山间风口等）；

——Ⅴ级（旷野孤立或突出区域）。

（9）安全距离

通过实地勘查和工程规划图确定评估对象区域外是否存在危化危爆场所及其距离。安全距离分 5 个等级，划分原则：

——Ⅰ级（不符合Ⅱ级、Ⅲ级、Ⅳ级、Ⅴ级的情况者）；

——其他等级的划分见表 8.3.8。

表 8.3.8 安全距离分级（Ⅱ级~Ⅴ级）

危险等级	安全距离/m				
	0/20 区	1/21 区	储存火炸药及其制品的场所	2/22 区	具有爆炸危险的露天钢质封闭气罐
Ⅱ级	[0,1000)	[0,1000)	[0,500)	[0,500)	[0,500)
Ⅲ级	[0,500)	[0,500)	[0,300)	[0,300)	[0,300)
Ⅳ级	[0,300)	[0,300)	[0,100)	[0,100)	[0,100)
Ⅴ级	[0,100)	[0,100)	[0,100)（易引起爆炸且后果严重）	—	—

（10）相对高度

通过实地勘查确定勘查范围内是否存在其他可能接闪点，并如实记录该可能接闪点名称、与评估对象的相对高度、距离等信息。相对高度分5个等级，依次为：

——Ⅰ级（评估区域被比区域内项目高的外部建（构）筑物或其他雷击可接闪物所环绕）；

——Ⅱ级（评估区域外局部方向有高于评估区域内项目的建（构）筑物或其他雷击可接闪物）；

——Ⅲ级（评估区域外建（构）筑物或其他雷击可接闪物与评估区域内项目高度基本持平）；

——Ⅳ级（评估区域外建（构）筑物或其他雷击可接闪物低于区域内项目高度）；

——Ⅴ级（评估区域外无建（构）筑物或其他雷击可接闪物）。

（11）电磁环境

根据评估对象的雷电流强度、典型网格宽度、结构钢筋规格等具体数据，结合项目周边环境，进行分析计算。电磁环境分五个等级，见表8.3.9。

表 8.3.9 电磁环境分级

危险等级	Ⅰ级	Ⅱ级	Ⅲ级	Ⅳ级	Ⅴ级
电磁环境 GS	[0, 0.07)	[0.07, 0.75)	[0.75, 2.4)	[2.4, 10)	[10,∞)

（12）使用性质

包含评估对象的规模、重要程度以及功能用途等信息。使用性质分5个等级，见表8.3.10。

表 8.3.10 使用性质分级

Ⅰ级	Ⅱ级	Ⅲ级	Ⅳ级	Ⅴ级
低层、多层、中高层住宅,高度不大于 24 m 的公共建筑及综合性建筑	高层住宅,高度大于 24 m 的公共建筑及综合性建筑	建筑高度大于 100 m 的民用超高层建筑;智能建筑;其他人员密集的商场、公共场所等		
乡/镇政府、事业单位办公建(构)筑物	县级政府、事业单位办公建(构)筑物	地/市级政府、事业单位办公建(构)筑物	省/部级政府、事业单位办公建(构)筑物	国家级政府、事业单位办公建(构)筑物
小型企业生产区、仓储区	中型企业生产区、仓储区	大型企业生产区、仓储区	特大型企业生产区、仓储区	
—	配送中心	物流中心	物流基地	
—	小学	中学	大学、科研院所	
—	一级医院	二级医院	三级医院	—
—	地/市级及以下级别重点文物保护的建(构)筑物,地/市级及以下级别档案馆;丙级体育馆;小型展览和博览建筑物	省级重点文物保护的建(构)筑物,省级档案馆;乙级体育馆;中型展览和博览建筑物	国家级重点文物保护的建构筑物,国家级档案馆;特级、甲级体育馆;大型展览和博览建筑物	—
—	县级信息(计算)中心	地/市级信息(计算)中心	省级信息(计算)中心	国家级信息(计算)中心
—	—	小型通信枢纽(中心),移动通信基站	中型通信枢纽(中心)	国家级通信枢纽(中心)
—	—	民用微波站	民用雷达站	—
—	县级电视台、广播台、网站、报社等的办公及业务建(构)筑物	地/市级电视台、广播台、网站、报社等的办公及业务建(构)筑物	省级电视台、广播台、网站、报社等的办公及业务建(构)筑物	国家级电视台、广播台、网站、报社等的办公及业务建(构)筑物
城区人口 20 万以下城/镇给水水厂	城区人口 20 万～50 万城市给水水厂	城区人口 50 万～100 万城市给水水厂	城区人口 100 万～200 万城市给水水厂	城区人口 200 万以上城市给水水厂

Ⅰ级	Ⅱ级	Ⅲ级	Ⅳ级	Ⅴ级
—	县级及以下电力公司;35 kV及以下等级变(配)电站(所);总装机容量100 MW以下的电厂	地/市级电力公司;110 kV(66 kV)变电站;总装机容量100 MW～250 MW的电厂	大区/省级电力公司;220 kV(330 kV)变电站;总装机容量250 MW～1000 MW的电厂	国家级电网公司;500 kV及以上电压等级变电站、换流站;核电站;总装机容量1000 MW以上的电厂
四级/五级汽车站;四等/五等火车站	三级汽车站;三等火车站;小型港口	二级汽车站;二等火车站;中型港口;支线机场	一级汽车站;一等火车站;大型港口;区域干线机场	特等火车站;特大型港口;枢纽国际机场
三级/四级公路桥梁	二级公路桥梁	一级公路桥梁;Ⅲ级铁路桥梁	高速公路桥梁;Ⅱ级铁路桥梁;城市轨道交通	Ⅰ级铁路桥梁
—	—	银行支行	银行分行;证券交易公司	银行总行;国家级证券交易所
—	—	二级/三级加油加气站	一级加油加气站;四级/五级石油库;四级/五级石油天然气站场;小型/中型石油化工企业、危险化学品企业、烟花爆竹企业的生产区、仓储区	一级/二级/三级石油库;一级/二级/三级石油天然气站场;大型/特大型石油化工企业、危险化学品企业、烟花爆竹企业的生产区、仓储区
—	—	从事军需、供给等与军事有关行业的科研机构和军工企业	从事火炮、装甲、通信、防化等与军事有关行业的科研机构和军工企业	从事航天、飞机、舰船、导弹、雷达、指挥自动化等与军事有关行业的科研机构和军工企业;军用机场;军港

（13）人员数量

人员数量可根据评估对象的使用性质等情况综合考虑。普通民用建筑可按每户 3.5 人计算。人员数量分 5 个等级,见表 8.3.11。

表 8.3.11 人员数量分级

危险等级	Ⅰ 级	Ⅱ 级	Ⅲ 级	Ⅳ 级	Ⅴ 级
人员数量/人	[0,100)	[100,300)	[300,1000)	[1000,3000)	[3000,∞)

（14）影响程度

包含评估对象区域内是否存在危化危爆场所及其危化危爆场所的性质、规模和对周边环境的影响程度。爆炸、火灾危险场所的影响程度(以下简称影响程度)分 5 个等级,见表 8.3.12。

表 8.3.12 影响程度分级

危险等级	区域内项目危险特征
Ⅰ 级	区域内项目遭受雷击后一般不会产生危及区域外的爆炸或火灾危险
Ⅱ 级	区域内项目有三级加油加气站,以及类似爆炸或火灾危险场所
Ⅲ 级	区域内项目有二级加油加气站,以及类似爆炸或火灾危险场所
Ⅳ 级	区域内项目有一级加油加气站,四级/五级石油库,四级/五级石油天然气站场,小型、中型石油化工企业,小型民用爆炸物品储存库,小型烟花爆竹生产企业,危险品计算药量总量小于等于 5 000 kg 的烟花爆竹仓库,小型、中型危险化学品企业及其仓库,以及类似爆炸或火灾危险场所
Ⅴ 级	区域内项目有一级/二级/三级石油库,一级/二级/三级石油天然气站场,大型、特大型石油化工企业,中型、大型民用爆炸物品储存库,中型、大型烟花爆竹生产企业,危险品计算药量总量大于 5000 kg 的烟花爆竹仓库,大型、特大型危险化学品企业及其仓库,以及类似爆炸或火灾危险场所

（15）占地面积

占地面积计算方法如下:

$$S = S_1 + S_2 \qquad (8.3.3)$$

式中:

S—区域内项目的占地面积;

S_1—区域内项目所有建筑物基底面积之和;

S_2—区域内项目所有构筑物的占地轮廓之和。

占地面积分 5 个等级,见表 8.3.13。

表 8.3.13　占地面积分级

危险等级	Ⅰ级	Ⅱ级	Ⅲ级	Ⅳ级	Ⅴ级
占地面积/m²	[0,2500)	[2500,5000)	[5000,7500)	[7500,10000)	[10000,∞)

(16) 材料结构

包含评估对象的建(构)筑材料类型及项目的外墙设计、楼顶设计等可能被雷电直接击中的结构属性。材料结构分 5 个等级,依次为:

——Ⅰ级(建(构)筑物为木结构);

——Ⅱ级(建(构)筑物为砖木结构);

——Ⅲ级(建(构)筑物为砖混结构);

——Ⅳ级(建(构)筑物屋顶和主体结构为钢筋混凝土结构);

——Ⅴ级(建(构)筑物屋顶和主体结构为钢结构)。

(17) 等效高度

等效高度为建筑物的物理高度外加顶部具有影响接闪的设施高度,其计算方法如下:

$$H_e = H_1 + H_2 \tag{8.3.4}$$

式中:

H_e—建筑物等效高度;

H_1—建筑物物理高度;

H_2—顶部设施高度。

有管帽的 H_2 参照表 8.3.14 确定,无管帽时 $H_2 = 5$ m。

表 8.3.14　建筑物顶部设施高度 H_2 值

装置内外气压差/kPa	排放物对比空气	H_2/m
<5	重于空气	1
5~25	重于空气	2.5
≤25	轻于空气	2.5
>25	重于或轻于空气	5

等效高度分 5 个等级,划分如表 8.3.15 所列。

表 8.3.15　等效高度分级

危险等级	Ⅰ级	Ⅱ级	Ⅲ级	Ⅳ级	Ⅴ级
等效高度/m	[0,30)	[30,45)	[45,60)	[60,100)	[100,∞)

（18）电子系统

包含评估对象工程项目内电子系统规模、重要性及发生雷击事故后产生的影响。电子系统分 5 个等级，见表 8.3.16。

表 8.3.16　电子系统分级

Ⅰ级	Ⅱ级	Ⅲ级	Ⅳ级	Ⅴ级
乡镇政府机关、事业单位办公电子信息系统	县级政府机关、事业单位办公电子信息系统	地市级政府机关、事业单位办公电子信息系统	省级政府机关、事业单位办公电子信息系统	国家级政府机关、事业单位办公电子信息系统
普通住宅区安保电子信息系统	电梯公寓、智能建筑的电子信息系统	—	—	
小型企业的工控、监控、信息等电子系统	中型企业的工控、监控、信息等电子系统	大型企业的工控、监控、信息等电子系统	特大型企业的工控、监控、信息等电子系统	—
—	中、小学电子信息系统	大学、科研院所电子信息系统		—
一级医院的电子信息系统	二级医院的电子信息系统	—	三级医院的电子信息系统	
拥有丙级体育建筑的体育场馆的电子信息系统	拥有乙级体育建筑的体育场馆的电子信息系统	—	拥有甲级、特级体育建筑的体育场馆的电子信息系统	—
—	小型博物馆、展览馆的电子信息系统	中型博物馆、展览馆的电子信息系统	大型博物馆、展览馆的电子信息系统	
—	地市级及以下级别重点文物保护、地市级及以下级别档案馆的电子系统	省级重点文物保护、省级档案馆的电子系统	国家级重点文物保护、国家级档案馆的电子系统	—
城区人口 20 万以下城/镇给水水厂的电子系统	城区人口 20 万～50 万城市给水水厂的电子系统	城区人口 50 万～100 万城市给水水厂的电子系统	城区人口 100 万～200 万城市给水水厂的电子系统	城区人口 200 万以上城市给水水厂的电子系统
—	地市级粮食储备库电子系统	省级粮食储备库电子系统	国家粮食储备库电子系统	

Ⅰ级	Ⅱ级	Ⅲ级	Ⅳ级	Ⅴ级
—	县级交通电子信息系统	地市级交通电子信息系统	省级交通电子信息系统	国家级交通电子信息系统
—	县级电力调度、通信、信息、监控等的电子系统	地市级电力调度、通信、信息、监控等的电子系统	大区级、省级电力调度、通信、信息、监控等的电子系统	国家级电力调度、通信、信息、监控等的电子系统
—	—	—	省级证券交易监管部门的电子信息系统;证券公司的证券交易电子信息系统	国家级证券交易所(中心)、监管部门的电子信息系统
—	银行分理处、营业网点的电子信息系统	银行支行的电子信息系统	银行分行的电子信息系统	银行总行的电子信息系统
—	县级信息(计算)中心	地市级信息(计算)中心	省级信息(计算)中心	国家级信息(计算)中心
—	—	小型通信枢纽(中心)	中型通信枢纽(中心)	国家级通信枢纽(中心)
—	—	移动通信基站、民用微波站	民用雷达站	
—	县级电视台、广播台、网站、报社等的电子系统	地市级电视台、广播台、网站、报社等的电子系统	省级电视台、广播台、网站、报社等的电子系统	国家级电视台、广播台、网站、报社等的电子系统
—	—	从事军需、供给等与军事有关行业的科研机构和军工企业的电子系统	从事火炮、装甲、通信、防化等与军事有关行业的科研机构和军工企业的电子系统	从事航天、飞机、舰船、导弹、雷达、指挥自动化等与军事相关的科研机构、企业的电子系统

(19)电气系统

包含评估对象电力系统的电力负荷等级、室外低压配电线路敷设方式。电气系统分5个等级,依次为:

——Ⅰ级(电力负荷中仅有三级负荷,室外低压配电线路全线采用电缆埋地敷设)。

——Ⅱ级(电力负荷中仅有三级负荷,符合下列情况之一者):

室外低压配电线路全线采用架空电缆,或部分线路采用电缆埋地敷设;

室外低压配电线路全线采用绝缘导线穿金属管埋地敷设,或部分线路采用绝缘导线穿金属管埋地敷设。

——Ⅲ级(符合下列情况之一者):

电力负荷中有一级负荷、二级负荷,室外低压配电线路全线采用电缆埋地敷设;

电力负荷中仅有三级负荷,室外低压配电线路全线采用架空裸导线或架空绝缘导线。

——Ⅳ级(电力负荷中有一级负荷、二级负荷,符合下列情况之一者):

室外低压配电线路全线采用架空电缆,或部分线路采用电缆埋地敷设;

室外低压配电线路全线采用绝缘导线穿金属管埋地敷设,或部分线路采用绝缘导线穿金属管埋地敷设。

——Ⅴ级(电力负荷中有一级负荷、二级负荷,室外低压配电线路全线采用架空裸导线或架空绝缘导线)。

3. 区域雷电灾害风险评估指标隶属度计算

隶属度的定义为评估对象的雷电灾害风险与不同风险等级之间的相关性。区域雷电灾害风险指标的评估结果是以不同的隶属度来表示。区域雷电灾害风险评估指标体系中各指标的定义和性质各不相同,有的是定量指标,有的是定性指标,因此各个指标之间并不具有可比性,因而难以进行统一的评价和计算。因此,在进行综合评估之前,需要对指标参数值进行量化计算,将所有指标参数统一变换成 0 和 1 之间的数据,使每个指标的评价和计算具有一致性。在实际评估工作的计算过程中,评估人员需要根据获取的指标参数计算该指标的隶属度。

根据指标性质和其隶属度计算方法的不同,我们将评估指标参数分为两大类:数值型的定量指标与文字型的定量指标。定量指标与定性指标的区别是:定量指标一般是指可以量化的指标,比如数量或者等级,而原则上讲不能以数字衡量的指标就可以看作是定性指标。根据雷电灾害区域风险评估指标体系的特点和定义,气象行业标准《雷电灾害风险评估技术规范》(QX/T 85—2018)中规定定量指标参量 10 个,分别是雷暴日、雷击密度、雷电流强度、土壤电阻率、土壤垂直分层、土壤水平分层、电磁环境、人员数量、占地面积、等效高度(10 个);定性指标参量 9 个,分别是雷暴路径、地形地貌、安全距离、相对高度、使用性质、影响程度、材料结构、电子系统、电气系统(9 个)。

(1) 定量指标参量

定量指标参量分两种:极小型指标和极大型指标。极小型指标的特点是指标参数越小,危险等级越低,指标参数越大,危险等级越高。极小型指标包括 7 个:雷暴日、雷击密度、雷电流强度、电磁环境、人员数量。极大型指标的特点是指标参数越小,危险等级越高,指标参数越大,危险等级越低。极大型指标包括 3 个:土壤电阻率、土壤垂直分层、土壤水平分层。

① 定量指标参量——极小型

等级Ⅰ、Ⅱ、Ⅲ、Ⅳ、Ⅴ的取值区间中点分别为 v_1、v_2、v_3、v_4 和 v_5，r_{ij} 为第 i 个指标实际值，为第 i 个指标隶属第 j 级的隶属度（见图8.3.2）。

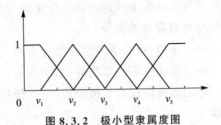

图 8.3.2 极小型隶属度图

对于最低等级（$j=1$）：

$$\mu_{v_1}(r_{ij}) = \begin{cases} 1 & r_{ij} \leqslant v_1 \\ \dfrac{v_2 - r_{ij}}{v_2 - v_1} & v_1 < r_{ij} < v_2 \\ 0 & r_{ij} \geqslant v_2 \end{cases} \quad (8.3.5)$$

对于中间等级（$j=2,3,4$）：

$$\mu_{v_j}(r_{ij}) = \begin{cases} 0 & r_{ij} \leqslant v_1 \\ \dfrac{r_{ij} - v_{j-1}}{v_j - v_{j-1}} & v_{j-1} < r_{ij} < v_j \\ 1 & r_{ij} = v_j \\ \dfrac{r_{j+1} - r_{ij}}{v_{j+1} - v_j} & v_j < r_{ij} < v_{j+1} \\ 0 & r_{ij} \leqslant v_{j+1} \end{cases} \quad (8.3.6)$$

对于最高等级（$j=5$）：

$$\mu_{v_j}(r_{ij}) = \begin{cases} 1 & r_{ij} \geqslant v_5 \\ \dfrac{r_{ij} - v_4}{v_5 - v_4} & v_4 < r_{ij} < v_5 \\ 0 & r_{ij} \leqslant v_4 \end{cases} \quad (8.3.7)$$

以雷暴日为例，若评估对象所在地区年平均雷暴日数为24.0，则 $r_1 = (30-24)/(30-10) = 0.3$，$r_2 = (24-10)/(30-10) = 0.7$。其隶属度见表8.3.17。

表 8.3.17 雷暴日隶属度

危险等级	Ⅰ级	Ⅱ级	Ⅲ级	Ⅳ级	Ⅴ级
雷暴日(d/a)	0.3	0.7	0	0	0

雷电流强度指标也属于极小型，但是考虑到评估对象所在区域闪电样本较多，评估区域雷电流强度概率分布见图8.3.3，用个体（最大雷电流强度）不具有代表性，因此统计区域雷电流按Ⅰ-Ⅴ级区间的样本概率分布来表征隶属度。如下图是某评估区域的雷电流强度分布情况，则应用极小型隶属度计算方法，计算各区间雷电流强度的隶属度数值，见表8.3.18。

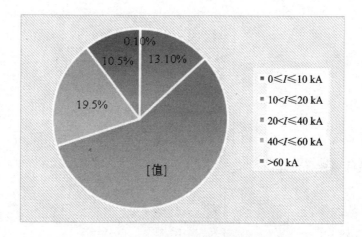

图 8.3.3　评估区域雷电流强度概率分布

表 8.3.18　雷电流强度隶属度

危险等级	Ⅰ级	Ⅱ级	Ⅲ级	Ⅳ级	Ⅴ级
雷电流强度	0.0010	0.1310	0.5680	0.1950	0.1050

② 定量指标参量——极大型

等级 Ⅰ、Ⅱ、Ⅲ、Ⅳ、Ⅴ 的取值区间中点分别为 v_1、v_2、v_3、v_4 和 v_5，r_{ij} 为第 i 个指标实际值，$\mu_{v_j}(r_{ij})$ 为第 i 个指标隶属第 j 级的隶属度（见图 8.3.4）。

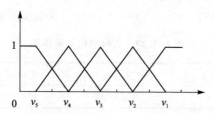

图 8.3.4　极大型隶属度图

对于最高级（$j=5$）：

$$\mu_{v_j}(r_{ij}) = \begin{cases} 1 & r_{ij} \geqslant v_1 \\ \dfrac{r_{ij} - v_2}{v_1 - v_2} & v_2 < r_{ij} < v_1 \\ 0 & r_{ij} \leqslant v_2 \end{cases} \tag{8.3.8}$$

对于中间等级（$j=2,3,4$）：

$$\mu_{v_j}(r_{ij}) = \begin{cases} 0 & r_{ij} \geqslant v_{j-1} \\ \dfrac{r_{ij} - v_{j-1}}{v_j - v_{j-1}} & v_j < r_{ij} < v_{j-1} \\ 1 & r_{ij} = v_j \\ \dfrac{r_{j+1} - r_{ij}}{v_{j+1} - v_j} & v_{j+1} < r_{ij} < v_j \\ 0 & r_{ij} \leqslant v_{j+1} \end{cases} \tag{8.3.9}$$

对于最低等级($j=1$):

$$\mu_{v_j}(r_{ij}) = \begin{cases} 1 & r_{ij} \leqslant v_5 \\ \dfrac{r_{ij} - v_4}{v_5 - v_4} & v_5 < r_{ij} < v_4 \\ 0 & r_{ij} \geqslant v_4 \end{cases} \tag{8.3.10}$$

以土壤电阻率为例,若评估对象所在地区土壤电阻率为 46.5,则 $r_5=1$。其隶属度见表 8.3.19。

表 8.3.19　土壤电阻率隶属度

危险等级	Ⅰ级	Ⅱ级	Ⅲ级	Ⅳ级	Ⅴ级
土壤电阻率/Ω·m	0	0	0	0	1

若评估对象所在地区土壤电阻率为 187.5,则 $r_4=(187.5-50)/(200-50)=0.9167$,$r_5=(200-187.5)/(200-50)=0.0833$。其隶属度见表 8.3.20。

表 8.3.20　土壤电阻率隶属度

危险等级	Ⅰ级	Ⅱ级	Ⅲ级	Ⅳ级	Ⅴ级
土壤电阻率/Ω·m	0	0	0	0.9167	0.0833

（2）定性指标计算

定性指标的隶属度确定方法与定量指标的隶属度确定方法有所不同,定性指标不需要通过公式计算,只需要把搜集到的数据与分级标准对比,符合某一个危险等级的描述,则完全隶属于该风险等级,且隶属度等于1。

以地形地貌为例,通过现场勘测及根据被评估对象历史资料,地形地貌为平原,根据地形地貌的危险等级划分,则地形地貌完全隶属于Ⅰ级(见表 8.3.21)。

表 8.3.21　地形地貌隶属度

危险等级	Ⅰ级	Ⅱ级	Ⅲ级	Ⅳ级	Ⅴ级
地形地貌	1	0	0	0	0

以人员数量为例,根据评估对象历史资料,被评估对象区域常年存在 2600 人左右,根据人员数量的危险等级划分,则地形地貌完全隶属于Ⅳ级(见表 8.3.22)。

表 8.3.22　地形地貌隶属度

危险等级	Ⅰ级	Ⅱ级	Ⅲ级	Ⅳ级	Ⅴ级
人员数量/人	0	0	0	1	0

4. 指标参量的权重分析

权重是一个相对的概念,某一个指标的权重是指该指标在整体评价中的相对重要程度,是对各评价指标在总体评价中的作用进行区别对待。根据气象行业标准《雷电灾害风险评估技术规范》(QX/T 85—2018)中的规定,评估指标权重均引用层次分析法来分析和计算。其基本原理是把一个复杂系统中的每个指标分解为若干个有序层次,在这个层次结构模型中,根据客观事实的判断,通过两两比较判断的方式确定同一层次中每个指标的相对重要性,以数字的方式建立判断矩阵,然后利用向量的计算方法得出同一层次中每个指标的相对重要性权重系数,最后通过组合计算所有层次的相对权重系数得到每个最底层指标相对于目标的重要性权重系数。

(1) 构造判断矩阵

判断矩阵是对各指标的重要性定量化的基础,它反映了决策者对各指标的相对重要性的认识。采用 1-9 标度法为例对各指标进行成对比较,确定各指标之间的相对重要性并给出相应的比值,见表 8.3.23。

表 8.3.23　指标间两两比较赋值表

标度	含义
$a_{ij}=1$	因素 A_i 与因素 A_j 具有相等的重要性
$a_{ij}=3$	因素 A_i 与因素 A_j 相比稍微重要
$a_{ij}=5$	因素 A_i 与因素 A_j 相比明显重要
$a_{ij}=7$	因素 A_i 与因素 A_j 相比强烈重要
$a_{ij}=9$	因素 A_i 与因素 A_j 相比极度重要
$a_{ij}=2、4、6、8$	因素 A_i 与因素 A_j 相比,介于相邻结果的中间值
倒数	$a_{ji}=1/a_{ij}$

$$A=(a_{ij})_{n\times n}=\begin{bmatrix} a_{11} & a_{12} & \cdots & a_{1n} \\ a_{21} & a_{22} & \cdots & a_{2n} \\ \cdots & \cdots & \cdots & \cdots \\ a_{n1} & a_{n2} & \cdots & a_{nn} \end{bmatrix} \tag{8.3.11}$$

其中:$a_{ii}=1, a_{ji}=1/a_{ij}$。

(2) 矩阵的一致性检验

$$C.R. = \frac{C.I.}{R.I.} \tag{8.3.12}$$

其中 $C.I. = \frac{\lambda_{max}-n}{n-1}$,平均随机一致性指标 $R.I$ 见表 8.3.24。

表 8.3.24　平均随机一致性指标值

判断矩阵的阶数 n	1	2	3	4	5	6	7
$R.I.$	0	0	0.52	0.9	1.12	1.26	1.36

(3) 模糊综合评判

$$\boldsymbol{Z} = \boldsymbol{W} \cdot \boldsymbol{R} = [w_1, w_2, \cdots, w_m] \cdot \begin{bmatrix} r_{11} & r_{12} & \cdots & r_{1n} \\ r_{21} & r_{22} & \cdots & r_{2n} \\ \cdots & \cdots & \cdots & \cdots \\ r_{m1} & r_{m2} & \cdots & r_{mn} \end{bmatrix} = [z_1, z_2, \cdots, z_n]$$

$$\tag{8.3.13}$$

其中:$\boldsymbol{Z}$—综合评价矢量;

$\boldsymbol{W}$—评估指标的权重矢量;

$\boldsymbol{R}$—评估指标的隶属度矢量。

5. 区域雷电灾害风险计算模型

区域雷电灾害风险分为 5 个危险等级,区域雷电灾害风险计算公式见式 8.3.1 和式 8.3.2,区域雷电灾害风险分级及量化指标见表 8.3.1。

8.3.4　评估结论及建议

基于 QX/T 85—2018 的区域雷电灾害风险评估技术为区域性的雷电灾害风险评估提供了方法和手段,可以有效弥补 GB/T 21714.2—2015 只能针对单体建筑物进行雷击损害风险评估的局限性。同过区域气象灾害风险评估在气候可行性论证工作中的应用,为评估区域的产业布局规划和雷电灾害防御措施提供针对性建议,效果良好,可为各地开展区域雷电灾害风险评估工作提供参考。根据区域雷电灾害风险评估结果,可从"工程性措施"和"非工程性措施"两方面提出建议,指导被评估区域降低区域雷电灾害风险。

"工程性措施"即为防御雷电灾害而采取的雷电防护装置设计、施工和检测等工程性处理方法和措施。可建议被评估区域所有新建建(构)筑物、户外生产设置、设备等均应按照《建筑物防雷设计规范》(GB 50057—2010)和《石油化工装置防雷设计规范》(GB 50650—2011)的要求设置直击雷和雷击电磁脉冲防护措施。评估区域的雷电强度高值区还应重点考虑直击雷防护和电子电气系统的防闪电电涌侵入措施,并适当提高安装的电源 SPD 的放电电流值。建议按照《建筑物防雷装置检测技术规范》(GB/T 21431—2015)的周期和技术要求完成防雷装置的安全检测和维护工作,重点关注防雷装置的等电位连接即过渡电阻值的测量,对于锈蚀情况严重的防雷装置应进行定期维护和隐患排查。

"非工程性措施"即为防御雷电灾害而采取的管理机构及人员配置、规章制度建设、经费保障、防雷安全教育和培训、防雷检测和自查、雷电灾害应急救援和演练等措施。在未来产业规划时不建议将对雷电敏感度较高对象和电子设备安装在地闪强度高值区,如确有需要,则应加强防护装置的规划设计、安装,并提高防护等级。建议按照《雷电灾害应急处置规范》(GB/T 34312—2017),完善雷电灾害应急处置措施,设置雷电灾害应急制度,建立防雷安全规章制度。建议被评估区域在雷电高发时段重点关注雷电预警信息,尽可能避免雷暴时段人员的户外作业和设备生产。

第9章 雷电防护机构能力评价

9.1 雷电防护机构能力评价工作介绍

为贯彻落实中央全面深化改革的总体部署,按照《国务院办公厅关于清理规范国务院部门行政审批中介服务的通知》和《国务院关于第一批清理规范89项国务院部门行政审批中介服务事项的决定》等通知要求,中国气象局下发了《中国气象局关于认真落实国务院第一批取消中央指定地方实施行政审批事项和清理规范第一批行政审批中介服务事项有关要求的通知》,对防雷行政审批3项中介服务进行了清理规范,取消了防雷技术人员资格和防雷工程设计施工资质行政许可,取消了"建设项目雷电灾害风险评估"、"防雷产品测试"、"防雷装置设计技术评价"等技术服务硬性条件,鼓励社会力量广泛参与雷电防护技术服务,激发了市场活力。

但另一方面,由于取消了开展雷电防护工程和技术服务的门槛,大量没有从事雷电防护经历的技术人员和机构涌入防雷技术服务市场,并通过降低服务质量、低价竞争等不良手段参与市场竞争,不仅影响防雷技术服务行业的健康发展,也带防雷减灾带来了重大安全隐患。

开展雷电防护机构能力评价工作,有助于进一步推进防雷行业自律机制建设,营造公平、有序、诚信的市场环境,引导防雷企业规范经营,促进防雷行业健康持续发展。

遵守相关安全事项要求。

国务院《关于促进市场公平竞争维护市场正常秩序的若干意见》(国发〔2014〕20号)第25条:"发挥行业协会商会的自律作用。推动行业协会商会建立健全行业经营自律规范、自律公约和职业道德准则,规范会员行为。"

中国气象服务协会作为雷电防护领域全国最大的社会组织,颁发了"雷电防护机构能力评价规范"团体标准,组织开展防雷企业能力评价工作,积极推进防雷行业自律机制建设,引导企业机构提升雷电防护技术能力,规范服务经营,推进防雷行业健康持续发展。

9.2 能力评价基本原则和要求

中国气象服务协会负责全国雷电防护机构能力评价工作,中国气象服务协会组织或授权中国气象服务协会防雷减灾委(或省级防雷减灾协会)作为评价机构按照《防雷机构能力评价规范》对参评机构评审,对照给出的评价指标审核参评机构的申报材料,确定参评机构能力等级。在我国境内登记注册,具有独立法人资格并依法从事防雷减灾工作 1 年及以上的机构均可自主申请雷电防护机构能力证书,并对提交的文件和证明材料的真实性负责。

防雷机构能力评价工作遵循客观、公平、公正、自愿的原则,不以营利为目的,评价机构应建立雷电防护机构能力评价服务基本规范、评价人员准则、质量控制制度、实地调查制度、回避制度、安全保密制度以及档案管理制度,并在评价工作中严格执行。

9.3 能力评价工作程序

(1) 发布通知:中国气象服务协会定期向社会发布雷电防护机构能力评价工作通知,明确评价时间、适用范围和有关要求。

(2) 提交申请:参评机构应根据评价工作通知要求,向评价机构提交申请材料,主要包括:雷电防护机构能力评价申请表;专业技术人员简表;雷电防护项目表;其他相关的申请材料。

(3) 材料受理:评价机构收到参评机构的申请材料后,组织审查参评机构资格,对不符合参评条件的机构,通知其按期完善补充材料,对补充后仍不符合参评条件的机构不予受理并注明理由。

(4) 材料审核:评价机构组织专家组对参评机构提交材料的合法性、完整性、真实性进行审核;委派 2 名以上专家到申请机构现场对申报材料进行核查。

(5) 现场核查:现场考核专家将现场考察的各项内容记录在案,由双方签字确认,并保存必要的视听资料,形成现场考察报告提交专家组。现场核查包括以下内容:核查申报材料所提交的雷电防护产品生产、雷电防护工程、雷电防护装置检测、雷电防护技术服务所需的生产、检测、实验等设备仪器及相关设施清单中所列的实物;核查生产、经营办公场所与产权证明或租赁合同内容是否一致;核查申报材料提交的管理制度、安全生产制度、质量管理、技术标准等档案资料的规范性和完整性;抽查 1~3 个雷电防护业务项目(或具有自主知识产权雷电防护产品开发和测试)的全套技术档案资料;考察机构技术人员与管理人员对有关制度、技术规范等的掌握与执行情况;考察技术人员对雷电发生原理、雷电监测信息的含义、气象部门发布的雷电预警信息内容的掌握情况;现场考察生产、检测现场环境,或提交的代表其能力样板工程的完成质量情况;核对机构人员的社会保险交纳情况;其他需要现场考察的内容。

(6) 评价审查:评价机构采用核查机构经营信息、抽检现场质量、回访服务质量和访谈主要合作伙伴相结合的方式,根据评价指标,逐项确定各项评价指标分值,完成评价报告。

(7) 评价结果:评价结果公示期为 7 个工作日。公示期无争议的发放机构能力等级证书。在公示期受到举报的,经核实后,中国气象服务协会组织对参评机构进行复审。

(8) 评价结果管理:评价结果从公告颁布之日起生效,有效期为三年。以后每三年复评一次。参评机构提供虚假材料,取消其申请资格,三年内不受理其申请。评价结果实行动态管理,证书有效期内发生违法犯罪行为时给予通报,取缔其能力等级证书,三年内不得申请技术等级评价。等级证书应悬挂在服务场所或者办公场所的明显位置,接受社会监督。

9.4　雷电防护机构能力评价指标解读

9.4.1　雷电防护能力证书分类等级

雷电防护能力证书分为 4 类,各类又分 3 个等级,如表 9.4.1 所列。即:雷电防护产品能力一级(或二级、三级)证书、雷电防护工程能力一级(或二级、三级)证书、雷电防护装置检测能力一级(或二级、三级)证书、雷电防护装置检测能力一级(或二级、三级)证书。

产品能力证书:主要从事雷电防护产品生产与销售的企事业单位(或机构);工程能力证书:主要从事雷电防护工程设计与施工的企事业单位(或机构);检测能力证书:主要从事雷电防护产品测试或雷电防护装置检测的企事业单位(或机构);技术服务能力证书:主要从事雷电灾害风险评估、雷电防护装置设计技术评价、雷电防护技术咨询、雷电监测和预警服务咨询等工作的企事业单位(或机构)。

各类能力等级证书分为一级、二级、三级 3 个能力等级,其中一级代表最高能力等级,能力评价分类及等级含义、评分指标见下表。能力评价采用综合评分制,总分100 分。

　　雷电防护机构能力评价结果应按照各行业管理部门具体规定使用；不可移动文物的雷电防护工程或雷电防护装置检测及其他雷电防护技术服务宜由一级能力或二级能力单位承担。

表 9.4.1　能力等级、含义及总分

能力等级		含　义	总分（保留一位小数）
雷电防护产品	一级	机构规模较大、检测实验设施完备、管理规范、生产销售业绩高，具有较强雷电防护新产品开发和生产能力的生产制造企业	90.0 分及以上
	二级	机构规模中等、检测实验设施较完备、管理规范、生产销售业绩较高的雷电防护产品生产制造企业	75.0 分（含）～89.9 分
	三级	机构规模较小、检测实验设施较完备、管理规范的雷电防护产品制造企业	60.0 分（含）～74.9 分
雷电防护工程	一级	雷电防护工程设计与施工能力强、所需的设施设备完善，具备承担规模和技术难度较大的雷电防护工程设计与施工能力。能够研究解决技术难度较大、较复杂的雷电防护技术问题，具有较强的技术创新能力	90.0 分及以上
	二级	雷电防护过程设计与施工能力较强、所需的设施设备比较完备，具备开展技术比较成熟、标准比较完善、复杂难度一般的雷电防护工程设计与施工能力	75.0 分（含）～89.9 分
	三级	具备开展技术难度较小、风险较低的雷电防护工程设计与施工能力	60.0 分（含）～74.9 分
雷电防护装置检测	一级	雷电防护装置检测技术能力强、检测设备完备，具备开展规模较大、系统较复杂的工程项目雷电防护装置检测能力。具有较强的技术创新能力	90.0 分及以上
	二级	雷电防护装置检测技术能力较强、检测设备比较完备，具备开展技术比较成熟、标准比较完善完备、复杂难度一般的雷电防护装置的检测能力	75.0 分（含）～89.9 分
	三级	具备开展技术难度较小、雷灾风险较低场所的雷电防护装置检测能力	60.0（含）～74.9 分
雷电防护技术服务	一级	具备开展规模较大、技术复杂的雷电灾害风险评估或雷电防护设计方案技术审查、雷电防护技术咨询、雷电监测和预报预警等雷电防护技术服务能力	90.0 分及以上
	二级	具备开展雷电防护技术标准比较完善完备、复杂难度一般的雷电灾害风险评估或雷电防护设计方案技术审查、雷电防护技术咨询、雷电监测和预报预警等雷电防护技术服务能力	75.0 分（含）～89.9 分
	三级	具备开展技术难度较小、雷击风险较低的雷电灾害风险评估或雷电防护设计方案技术审查、雷电防护技术咨询、雷电监测和预报预警等雷电防护技术服务能力	60.0 分（含）～74.9 分

　　参评机构可根据开展的雷电防护业务和能力情况同时申请一类或多类不同等

级的能力证书,但同一类别的同一等级每年只能申报一次。

9.4.2 评分指标解读

评分指标解读如表 9.4.2 所列。

表 9.4.2 评分指标解读(第 1 页/共 6 页)

评价指标		评分说明
类	项	
一 依法经营 6分	1.合法经营(1分)	提交营业执照(副本)、组织机构代码证(副本)、税务登记证(副本)或三证合一版营业执照,经营范围有雷电防护相关业务,得 0.5 分;具备满足业务需要的生产/办公场所和设备,生产/办公场所应悬挂单位名称牌匾,得 0.5 分
	2.依法纳税(1分)	提交近三年纳税证明,得 1 分
	3.保障员工合法权益(1分)	提交最近一年的社保证明材料,得 0.5 分;提交人力资源管理制度和执行记录,得 0.5 分
	4.违法违规记录(1分)	提供无违法违规承诺得 1 分
	5.公益活动记录(2分)	参加社会公益活动、参与行业服务活动、开展专业知识宣传、诚信体系建设,维护消费者权益等相关证明材料,每次 0.5 分,最高得 2 分。
二 内部管理 10分	1.质量控制(3分)	质量管理组织机构健全、责任人明确、机构质量控制文件齐全,得 1 分,缺 1 项扣 0.2 分,直至不得分;质量控制有效执行、改进与预防纠正措施实施记录完备,得 1 分
		机构内部管理等组织机构健全,设置合理,职责明确的得 1 分,每发现 1 项不符合要求的扣 0.2 分,直至不得分
	2.档案管理(2分)	档案管理制度健全,档案归档及时、规范,保管整齐、安全、受控,符合有关要求的,得 2 分,每发现 1 项不符合要求的扣 0.2 分,直至不得分
	3.合同管理(1分)	合同签订规范,技术要求、验收质量、收费标准明确的得 1 分,合同签订不规范的,每发现 1 起扣 0.2 分,直至不得分
	4.售后服务(1分)	建立完善跟踪管理和投诉处理等售后服务监督机制,得 0.5 分;服务质量跟踪反馈记录完整,得 0.5 分
	5.人力资源管理(1分)	人力资源规划、招聘、培训、考核、奖惩和薪酬等管理制度完善,得 0.5 分,缺 1 项扣 0.1 分,直至不得分;执行记录完整,得 0.5 分,缺 1 项扣 0.1 分,直至不得分
	6.安全生产(2分)	建立安全生产管理规定,并严格执行,每年定期对技术人员进行安全培训的,得 1 分,每发现 1 项不符合要求的扣 0.2 分,直至不得分
		安全防护用品配备齐全,性能合格,且在有效期内的,得 1 分,不齐全或性能不合格或过期继续使用的不得分

评价指标			评分说明
类	项		
三 技术能力 24 分	1. 生产/办公场所（1分）	产品	生产厂房 2 000 m² （含）以上得 1 分；1 000 m² （含）～2000 m² 得 0.8 分；500 m² （含）～1000 m² 得 0.5 分；500 m² 以下的不得分
		工程/检测/技术服务	有 300 m² （含）以上固定办公场所 1 分；有 100 m² （含）～300 m² 固定办公场所 0.5 分；固定办公场所面积 100 m² 以下的不得分
	2. 仪器设备（1分）		设备仪器配备齐全、满足雷电防护业务实际需要的，得 0.5 分，配备不完备酌情扣分
			仪器设备，经法定计量检定机构检定或校准、状态标识正确且在有效期内的，得 0.5 分，部分检定酌情扣分，或不得分
	3. 从事年限（2分）		5 年（含）以上得 2 分；3 年（含）～5 年得 1 分；1 年（含）～3 年得 0.5 分；1 年以下不得分
	4. 人力资源（6分）		单位总人数在 20 人及以上的得 2 分；10 人～19 人得 1.5 分；5 人～9 人得 1 分；5 人以下的不得分
			专业技术人员[a] 在 10 人及以上的得 2 分；5 人～9 人得 1 分；3 人～5 人得 0.5 分；3 人以下的不得分
			技术负责人[b] 在 2 人及以上的得 2 分；1 人得 1 分
	5. 雷电防护标准（3分）		主持国家标准编制（或修订）得 3 分；主持行业、地方标准（或参与国家标准）每项得 1.5 分；主持团体标准（或参与行业、地方标准）制修订每项得 1 分；最高得 3 分
	6. 科技成果（4分）		在 SCI 或 EI 刊物或国内一级学报发表雷电防护相关科技论文[c] 每篇得 1 分；核心期刊上发表每篇科技论文得 0.5 分；出版著作[d] 每 5 万字得 0.5 分；获国家级或省（部）级科技进步（推广应用）奖[e] 得 3 分；厅局级或国家级协会科技进步（推广应用）每项奖得 1.5 分；最高 4 分
	7. 优质工程或技术创新（5分）		获得国家优质工程或示范工程类奖得 1～5 分；机构在雷电防护产品（或雷电防护技术方法）取得的发明专利（或行业主管部门、国家级学会、国家级协会认定的技术创新）每项得 2 分；获得外观设计专利、实用新型专利（或省级行业主管部门、省级学会、省级协会认定的技术创新）每项得 0.2 分；软件著作权每项得 0.2 分；最高 5 分
	8. 防雷竞赛（2分）		获省（部）级雷电防护主管机构或国家级学会（或协会）组织的防雷竞赛[f] 团体一等奖得 2 分；团体 2 等或 3 等奖每项 1 分；单项一等奖 1 分；单项 2 等、3 等奖 0.5 分；获省级协会、省级学会组织的防雷竞赛团体一等奖每项得 1 分；其他奖每项得 0.5 分；最高 2 分
	9. 参加雷电防护知识相关培训（1分）		近 3 年内派人参加雷电防护主管机构（或社会组织）组织的相关培训得 1 分

评价指标			评分说明
类	项		
四 经营或项目业绩 30 分	1. 项目总量(5分)	产品	上一年度营业额 4000 万元(含)以上的得 5 分;3000 万元(含)～4000 万元的得 4 分;2000 万元(含)～3000 万元的得 3 分;1000 万元(含)～2000 万元的得 1 分;1000 万元以下的不得分
		工程/检测/技术服务	近 3 年完成雷电防护项目总量 800 万元(含)以上的得 5 分;500 万元(含)～800 万元的得 4 分;300 万元(含)～500 万元的得 3 分;100 万元(含)～300 万元的得 2 分;50 万元(含)～100 万元的得 1 分;50 万以下不得分
	2. 产品种类/项目类型(8分)	产品	每个型号的雷电防护产品加 0.2 分,最高 8 分
		工程/检测/技术服务	近 3 年完成爆炸品场所、输油(气)管道、化工机构、高速公路、铁路、机场、车站码头、体育场馆、文物、旅游景区、学校、医院、企业、建筑、电力、新能源(风电、太阳能等)、移动通讯、信息机房等不同行业(领域)的综合雷电防护项目,每类项目加 1 分,最高 8 分
	3. 重大合同/项目(5分)	产品	近 3 年雷电防护产品销售合同 100 万元(及以上),每个加 1 分,最高 5 分
		工程/检测/技术服务	近 3 年完成 100 万元及以上的综合雷电防护工程(雷电防护专装置检测 30 万元及以上、雷电防护技术服务 20 万元及以上)项目,每个项目加 1 分,最高 5 分
	4. 代表项目(12分)	产品	生产设备:自动化水平较高得 2 分,否则酌情扣分,直至不得分。 检测设备:检测设备齐全,得 2 分,否则酌情扣分,直至不得分。 不提交设备清单不得分
			雷电防护实验室每获以下一项认证或者认可得 0.5 分:省(区、直辖市)市场监督管理局资质认定、中国合格评定国家认可委员会(CNAS)认可、中国质量认证中心的认证、北京恩格威认证中心的认证;有独立实验室但没有论证机构认可的得 1 分;最高可得 2 分
			研发能力:近 3 年具备自主知识产权开发的雷电防护产品,并被相关部门认可,开发资料档案完整的,每项得 2 分,最高得 6 分
		工程	项目规模:100 万元(含)以上得 2 分;50 万元(含)～100 万元得 1 分;10 万元(含)～50 万元得 0.5 分;10 万元以下不得分
			技术难度:一、二类雷电防护项目g:难度大得 3 分;一般得 2 分。三类及以下雷电防护项目h:难度大得 1 分;一般不得分
			勘查报告:完整、清晰,得 1 分;一般得 0.5 分;较差或没有不得分
			设计报告:设计依据正确、设计方案科学、经费预算合理得 3 分;酌情扣分,直至不得分
			施工报告(方案及施工记录):施工方案详细合理、施工记录完整得 2 分;否则酌情扣分,直至不得分
			竣工验收:经过验收合格得 1 分
			工程记录:材料整理完整有序,人员签字正确、齐全得 2 分;否则酌情扣分,直至不得分
		检测	项目规模:30 万元及以上得 2 分;10 万元(含)～30 万元得 1 分;10 万元以下不得分
			检测方案:完整清晰合理,得 2 分;一般得 1 分;较差或没有不得分

评价指标			评分说明
类	项		
四 经营或项目业绩 30 分	4. 代表项目(12分)	检测	原始记录:记录信息齐全、完整,内容填写正确,更改清晰规范,并能真实反映实际情况,保证其再现的,得3分;不正确或不规范的,每发现1起扣0.2分,直至不得分
			检测报告编制规范、合理、信息量全,检测标准和依据适用正确,整改意见和建议合理可行的,检测结论正确的,得4分;适用错误的,每发现1起扣0.5分,直至不得分
			人员签字、盖章正确、齐全的得1分;漏缺或差错,每发现1起扣0.2分,直至不得分
		技术服务	项目规模(单个项目):20万元及以上得2分;10万元(含)~20万元得1分;5万元(含)~10万元得0.5分;5万元以下不得分
			技术难度:二类及以上雷电防护项目、区域性雷电风险评估、雷电监测预警、重大雷击事故调查等得1分;否则酌情扣分,直至不得分
			技术报告:依据充分、内容齐全、技术方法科学、结论正确、经费预算合理得7分;否则酌情扣分,直至不得分
			验收资料:通过论证或验收的得1分;没有或没通过不得分 材料整理完整有序,人员签字、盖章正确、齐全得1分;漏缺或差错,每发现1起扣0.2分,直至不得分。
五 信用评价或市场现状 14 分	1. 机构信用(2分)		获得省级相关职能部门(或社会组织)的信用记录较好以上得2分;参与信用评价且没有违约记录的得1分;近1年内被违约通报的扣1分;信评记录在良好以下或没有参加信评记录的不得分
	2. 信用体系(2分)		建立完善的机构信用管理体系,并根据需求制定预防和改进措施的得1分;否则酌情扣分,直至不得分
			近一年内用户没有有效投诉或处置得当的得1分
	3. 获得的认证(2分)		获得管理体系认证(如质量管理体系认证、环境管理体系认证、职业健康安全管理体系认证等),每个认证0.4分;获得第三方认证机构(如计量认证CMA、实验室认可CNAS、中国质量认证中心、北京恩格威认证中心等)的签约实验室,任意一个认证,得0.3分;获得其他认证(如安全生产许可等)每个得0.2分;最高累计得2分
	4. 项目合格率(2分)		雷电防护产品或项目通过业主(或主管机构)组织的质量验收,并通过主管机构(或第三方机构)组织的抽查(比例不少于5%)质量验收,质量考核合格率在95%(含)以上的,得2分;合格率在90%以下、75%(含)以上的得1分;合格率在60%以下的不得分
	5. 客户满意度(2分)		通过第三方调查机构或评价人员通过电话调查、实际调查等方式获得的客户满意度在90%(含)以上的得2分;客户满意度在90%以下70%(含)以上的得1分;客户满意度在70%以下的不得分
	6. 诚信表彰(2分)		获得省级及以上行业协会诚信机构称号(或认可)的得2分;获得市级表彰奖励的,每项得1分;最高得分不超过2分
	7. 保障职工合法权益(2分)		按时按合同足额发放职工工资报酬,按时足额为职工缴纳各种保险和住房公积金,保障职工依法享有的合法权益的得2分

评价指标		评分说明
类	项	
六 社 会 责 任 6 分	1.社会公益(2分)	有抢险救灾、公益助学、社会救助等行为,且得到县级及以上政府部门表彰的,得1~2分
	2.宣传交流(1分)	积极组织参与雷电防护减灾宣传或技术交流等活动得到省(部)级主管机构或中国气象服务协会表彰的,得1分
	3.技术创新(2分)	参与国家或省(部)重大项目,解决雷电防护工程或技术难题,并得到主管部门表彰(或认可)的,得1~2分
	4.参与标准制定(1分)	主持或参与雷电相关标准,得1分
七 现 场 核 查 10 分	1.原件检查(2分)	提交的材料与原件完全一致,档案管理规范、完整,生产经营所整洁并悬挂单位名称牌匾,得2分;否则酌情扣分,直至不得分
	2.档案齐全(2分)	抽查二至三个雷电防护产品(或项目)的全套技术档案资料完备,人员签字及盖章没有遗漏,得2分;否则酌情扣分,直至不得分
	3.制度规章考核(2分)	主要专业技术与管理人员对有关管理制度、技术规范等掌握和执行良好,得2分;否则酌情扣分,直至不得分
	4.过程考核(4分)	雷电防护工程现场与设计施工方案一致,勘察报告、设计施工记录等完整,签字盖章无遗漏,雷电防护工程施工质量良好得4分;否则酌情扣分,直至不得分。 非雷电防护工程项目,以质量管理体系要求的全过程资料为参考
八 不 良 行 为 和 记 录 (扣 分 项)	1.参评活动	以欺骗弄虚作假等手段取得雷电防护工程能力证书的,取消其当年参评资格且三年内不得申报
		涂改、伪造、冒用雷电防护工程能力证书开展业务的,取消其当年参评资格且三年内不得申报
	2.承揽业务	以行贿、串标、弄虚作假骗取中标等不正当手段承揽业务的,每发现1起扣5分
		未签订委托合同(协议)的,每发现1起扣1分
		未履行合同约定引起纠纷的,每发生1起扣5分
		转包或违法分包的,每发现1起扣5分
	3.安全生产	工作人员不遵守安全生产管理规定的,每发现1起扣5分
		每发生1起一般安全生产事故的,扣5分;每发生1起较大及以上安全生产事故或安全生产事故造成恶劣社会影响的,扣10分
		主要负责人在本单位发生安全生产事故时不立即组织抢救或者在事故调查处理期间擅离职守或者逃匿的,每发现1起扣10分
		对安全生产事故隐瞒不报、谎报或者拖延不报的,每发现1起扣10分
		因产品或工程质量造成雷击事故的,每发生1起扣10分
	4.劳动者权益	机构与劳动者发生劳动合同纠纷,机构负有主要责任的,每发生1起扣2分

续表 9.4.2

评价指标		评分说明
类	项	
八 不 良 行 为 和 记 录 (扣分项)	4.劳动者权益	拖欠或克扣劳动者工资报酬的,每发生 1 起扣 5 分;造成集体上访事件、影响恶劣的,每发生 1 起扣 10 分
		不按规定按时足额为职工缴纳各种保险和住房公积金的,每发生 1 起扣 5 分
	5.社会信誉	发布夸大业绩和技术实力等虚假信息的,扣 5 分;情节严重的扣 10 分
		以不正当手段承揽业务等扰乱市场秩序行为的,每发现 1 起扣 5 分
		不执行行业自律公约、道德准则被省级以上协会约谈且未整改的扣 5 分
		编造虚假材料,骗取银行贷款的,每发现 1 起扣 10 分
		有偷税漏税行为的,每发现 1 起扣 10 分
		进入政府部门或社会中介组织等征信系统"黑名单"的,每发生 1 起扣 20 分
		遭到社会投诉且查证事实清楚客观存在的,每发生 1 起扣 5 分
		机构的重要变更(法人、技术负责人、名称、地址等)未按规定备案的,扣 2 分
		不执行主管部门管理规定或整改通知的,每发生 1 起扣 5 分
		不执行行业规则、行业自律准则,被省级及以上行业协会处罚或通报批评扣 5 分,情节严重的扣 10 分
		在雷电防护安全技术监管中存在不良信用记录的(雷电防护装置检测质量考核不合格)的,扣 8 分
		有其他违反国家法律法规行为的,每发现 1 起扣 10 分

[a]专业技术人员:具有雷电防护、气象、通信、电子、电力、建筑、计算机以及相关专业知识、从事本领域技术工作 3 年(含)以上或具有上述专业中、高级技术职称的技术人员。

[b]技术负责人:具有高级技术职称的专业技术人员,是负责雷电防护工程质量授权签字人;技术负责人应熟悉雷电防护工程业务和质量控制要求,且从事雷电防护工程工作 3 年(含)以上的。

[c]科技论文:第一作者署名单位应为申请单位。

[d]著作:署名单位应包含申请单位。

[e]科技进步(推广应用)奖:获奖单位应包含申请单位。

[f]雷电防护竞赛:获奖单位应包含申请单位。

[g]一、二类雷电防护项目:应根据 GB 50057—2010 确定的建筑物雷电防护类别,或同类工程项目。

[h]三类及以下雷电防护项目:应根据 GB 50057—2010 确定的建筑物雷电防护类别,或同类工程项目。

[i]上述各项指标的追溯期为该机构申请评价日期前 3 年。

高 级 篇

第 10 章　雷电的监测和预警

10.1　雷电监测

10.1.1　雷电监测方法介绍

闪电的发生位置、空间密度、雷电流强度及其引起的大气电场变化特征等要素，是开展区域雷电灾害风险评估、建筑物雷电风险评估、雷电防护工程设计、雷电的预报预警等工作不可或缺的数据，因此开展雷电监测，掌握雷电的物理特征具有重要意义。

闪电发生的过程中包含多个发展阶段，每个阶段均伴随一定特征的电场与磁场，这些电磁波辐射信号可以被探测到。雷电的监测方法可分为两类：一类是人工观测；一类是仪器监测，仪器监测有照相法、录像法、大气电场监测法、闪电定位法、卫星探测法、雷达探测法等。雷电监测主要是观测闪电的发生位置、发生过程、电场变化特征、闪电密度、雷电流特征等要素。

1. 人工观测

在 2014 年以前，我国气象台站普遍开展人工观测闪电的业务。至于是否出现了闪电，人工观测不以闪光为标准，而是以人工听到雷声为准，世界气象组织规定：一天中观测员听到一次以上雷声就记为一个雷暴日。观测员也会根据眼睛观测到的闪电闪光，记录闪电发生的大致方位和数量。

2. 仪器监测

照相法：闪电的照相观测法主要有二类：一是高速旋转照相法，其结构是将两个照相机的镜头分别安装在一个旋转圆盘的一条直径的两端，镜头随圆盘高速旋转。当观测闪电时，闪电成像于两镜头后面的静止底片上，由于圆盘快速旋转，两镜头按相反的方向移动，闪电光不是同时到达底片上，使得照相底片上感光的闪光发生畸变,但是这畸变方向是以直径为对称的,通过对两幅图的比较分析及处理后,就可以推断出闪电的方向和速度,并且可以判断闪电发展的连续相位,从而得到闪电的结构和发展过程。二是高速线扫描照相机,是为观测闪电回击通道径向变化而制作的一种高速扫描照相机,能够观测到闪电先导和回击的发展过程。

录像法:随着CCD技术的发展,数码录像机的时间和空间分辨率都越来越高,能够清晰地捕捉到物体快速运动的过程,因此这种录像机也被用于闪电的观测。

大气电场监测法:当雷雨云经过大气电场监测站时,由于雷雨云具有独特的电荷结构,因此大气电场会发生变化。大气电场仪利用电磁感应原理,监测雷电发生前、中、后大气电场的变化。根据大气电场的变化特征,来预警雷电的发生。

闪电定位法:闪电发生可引起电场和磁场的变化,监测仪记录闪电电磁波到达测站的时间,采用多站监测,可计算出闪电的位置。

卫星探测法:有多颗气象卫星搭载监测闪电的仪器,我国新一代气象卫星风云四号A星就搭载有闪电监测仪,可以监测闪电的闪光。也有少数极轨卫星搭载闪电探测仪器,其分辨率相对高一些。

雷电流的测量:测量雷电流一般有以下三种方法:第一种方法是通过测量精密分流电阻上的电压降,由此可算出闪电电流的大小;第二种方法是利用感应线圈上的电压,再对时间积分求出闪电电流;第三种方法是采用示波器自动记录闪电电流的波形。

闪电计数器:闪电计数器有定向与非定向之分。非定向闪电计数器一般设计成带宽$1\sim50$ kHz、灵敏度为3 V/m的一根垂直天线,经距离校正后就能测量给定区域单位面积上的闪电活动,这种闪电计数器不能给出闪电的方位;定向闪电计数器有正负闪电计数器、半导体闪电计数器、闸流管闪电计数器等多种类型,能够接收来自各方向的闪电信号,通过计数器进行计数,从而确定闪电频数。

10.1.2　闪电定位

对闪电的定位是对闪电发生位置(包括闪电的通道、雷击点)进行定位,对于二维系统来说,就是通过观测,确定闪电在地面上雷击点的经纬度;对于三维系统来说,则是确定闪电先导和回击过程的空间路径。

目前,最常用的闪电定位技术分别是磁定向法(Magnetic Direction Finder,MDF)、时差法(Time of Arrival,TOA)和干涉仪法(Interferometer,ITF)。定位信息的类别取决于探测到的辐射频率,由于频率与波长成反比,即频率越低,波长越长。波长与雷电通道的长度相当。具有较长雷电通道的闪电则大多数是地闪,因此可以用低频探测来定位地闪,高频探测定位云闪。

1. 磁定向法

　　磁定向法一般采用获取雷电电磁场甚低频（VLF）或低频（LF）频段的磁场辐射来对闪电的发生位置进行定位。

　　磁定向法的原理：设置南北向和东西向两个垂直正交的线圈，每个线圈用来测量给定垂直辐射体的磁场，依此来确定闪电源的方向（见图 10.1.1）。根据法拉第定律，给定线圈的输出电压与线圈平面磁场向量与常向量之间角度的余弦值成比例。对于垂直的辐射体，它的磁力线与闪电源是同心的水平圆圈，因此，南北向平面线圈（垂直于东西向）可以获得最大的信号。如果闪电源发生位置在天线北部或南部，那么同一位置正交的东西向的线圈则收到的信号将是最小，甚至是零。南北向线圈中的信号会随着天线源与北向夹角余弦值变化，而东西向线圈中的信号随着同一角度正弦值变化。两个线圈信号比率随着天线源与北向之间角度的正切值变化而变化。根据这些变化规律，可以确定闪电发生的位置。

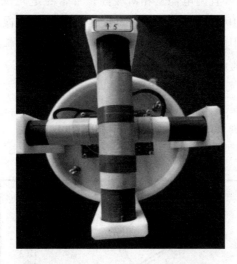

图 10.1.1　两个正交设置的磁定向线圈

　　磁定向仪可以测定雷电发生的方向，也就是在平面上可以画出一条以测站为起点，指向雷电发生位置的射线。两个不同位置的测站所画出的射线的交点，就是雷击点（见图 10.1.2）。处理系统根据各个测站测得的闪电磁场扰动到达的时间、方向、极性、强度、回击次数等参数，就可以计算出雷击点的经纬度以及闪电的强度、极性等特征参数。

　　闪电探测使用的交叉线圈磁定向仪可以分为两种类型：一种是窄带磁定向仪；一种是宽带磁定向仪。这两种类型的磁定向技术都假设电场垂直，目的是可以水平定位相应的磁场，并且与传播路径垂直。

　　窄带磁定向仪通常在 5～10 kHz 较窄频带范围内运行，这一范围内的土壤电离

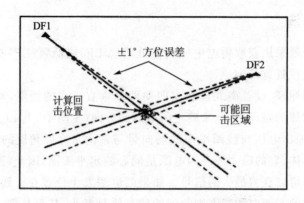

图 10.1.2　两个磁定向探测站测得的雷击点位置示意图。
实线为测得的回击方位角，虚线为测量方位角的±1°
误差，实心圆为计算得到的雷击点，阴影区为回击的可能位置。（引自 Holle 和 Lopez，1993）

层波导衰减相对较低，并且闪电能量相对较高。窄带磁定向仪最主要特点是对于发展长度小于 200 km 的闪电来说，这些定位仪有固定的方位误差。而宽带磁定向仪则可以克服窄带探测中的固有误差偏大的问题，它的工作频率为 MHz 级的。

对于两个磁定向监测站（见图 10.1.2 中的 DF1 和 DF2），测得的雷击点（见图 10.1.2 中两条实线交叉点的位置）会有误差，这是因为每个方位角矢量都有随机的角误差和系统的方位误差。

如果采用三站探测，可能会出现三个雷击点（见图 10.1.3）。采用优化算法，可以确定最优雷击点。

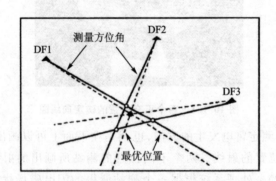

图 10.1.3　三个磁定向探测站测得的雷击点位置示意图。实线表示测量的回击方位角。
空心圆为三个不同方位矢量交叉可能的雷击点位置，虚线为优化计算得到的雷击点的
方位矢量，实心圆为计算得到的雷击点。（引自 Holle 和 Lopez，1993）

该方法的误差在于：闪电通道通常不是对地严格铅直，而具有一定的水平辐射分量，并且电磁波在传播过程中还会产生极化方向的交叉干扰，而定向仪接收天线做不到绝对不接收水平分量，这就会产生探测误差。误差大小随所选用接收频段而

异,误差范围为 5°～30°。此外,测站所处地形和仪器本身也会引起误差。

2. 时差定位法

时差定位法也称为时间到达法,是确定某一点位置的一种常用方法,即利用声波或电磁波到达两个以上有一定距离测站的时间差来确定该点的位置。由于单一的到达时间传感器只能提供部分雷电电磁场信号到达传感器天线的时间,因此定位闪电的时差技术可以分为三种:一是超短基线法(基线长度为十米到几百米);二是短基线法(基线长度为几十千米);三是长基线法(基线长度为几百到几千千米)。超短基线和短基线系统大多工作频率在 30～300 MHz 之间的甚高频(VHF),而长基线系统大多工作在 3～300 kHz 之间的甚低频和低频。通常认为甚高频辐射与空气击穿过程有关,而甚低频信号是电流在雷电通道中流动而产生的。短基线系统通常用来监测云中电荷放电的时空发展过程,而长基线系统通常用来确定地闪雷击点或者雷电密度。

时差定位法基本原理是:S_1、S_2、S_3 分别为三个测站的位置,一次雷击发生后,雷电电磁场到达 S_1 的时间为 t_1,到达 S_2 的时间为 t_2,则到达两站的时间差 $\triangle t=t_1-t_2$,$\triangle t$ 是一个确定的量,电磁波传输的速度 C 等于光速,也是确定的,于是 C·$\triangle t$ 就是一个确定的量,即雷电发生的可能位置距离测站 S_1 和 S_2 的距离差 $l_1-l_2=$C·$\triangle t$ 是一个确定的值,也就是说雷电可能发生在与 S_1 和 S_2 的距离差为 C·$\triangle t$ 的任何位置,这些位置就在地面上组成一条双曲线(称之为 H_1),在三维空间上则组成一个曲面。

建立直角坐标系,以测站 S_1、S_2 所在直线为 x 轴,S_1、S_2 中点的垂线为 y 轴,则双曲线 H_1 的方程为:

$$\frac{x^2}{a^2}-\frac{y^2}{b^2}=1$$

其中:$a=\dfrac{C\Delta t}{2}$;$b=\left(\dfrac{d}{2}\right)^2-a^2$;C 为光速,$d$ 为两测站间的距离。

对于如图 10.1.4 分布的测站来说,若 $t_1>t_2$,便可确定雷击点是位于左半轴的一条曲线上,若 $t_1<t_2$,则可确定雷击点是位于右半轴的一条曲线上。

同样原理,根据 S_2 与 S_3 测得的雷电电磁波到达的时间,也可以在地面上画出一条双曲线(H_2),这两条双曲线的交点(图 10.1.4 中的 O 点),就是雷击点。

当然,根据 S_1 与 S_3 测得的雷电电磁波到达的时间,也可以在地面上画出一条双曲线(H_3),理论上,双曲线 H_3 与 H_1 的交点,应该与 O 点重合。

在测站 S_1、S_2、S_3 的经纬度已知的条件下,很容易确定雷击点(O 点)的经纬度。这样就实现了对闪电发生位置的定位。

但在某些情况下,三个测站会得到两个交点,无法确定哪一个是真实的闪电位置。因此为得到闪电的确切位置可以采用四个探测器或提供更多的探测信息。在多站点探测中,可以将多条双曲线围成的区域作为雷击点可能发生区,再根据优化算法确定雷击点。

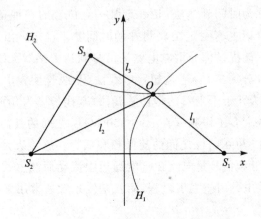

图 10.1.4　时差法闪电定位原理图

对于三维空间来说,两个测站可以确定一个曲面,两个曲线相交则是一条曲线,仍然无法确定雷电发生点的确切空间位置,则需要再增加一个曲面才能确定雷电发生的确切空间位置,这就是三维闪电定位的原理。

时差法定位也存在误差,探测误差可达到几百米到几千米。时差法的探测精度主要依赖各个探测站之间的时间同步精度和对雷电电磁场识别的精度。提高各探测仪器之间时间同步的精度,通常做法探测仪器采用同一套卫星导航定位系统,或者采用北斗系统和 GPS 系统双模授时,进行时间同步,这样能保证各测站之间的时间同步精度小于 10^{-7} s。

对于雷电电磁场识别精度,一般将雷电电场波形的峰值点作为雷电发生的时间,或者设定一定时间内雷电电场强度的变化率达到一定的阈值,或者设定一定的雷电电场强度阈值,当探测到的电场强度或其变化率超过设定的阈值,即认为发生了雷电。由于雷电回击波形会随传播路径、距离和下垫面的起伏程度等因素的不同而发生漂移和畸变,因此探测到的波形峰值点或阈值点会存在一定的误差。另外,环境的干扰也会导致雷电定位的误差。

与磁定向法技术相比,时差法突出的优点是克服了磁定向法固有的对距离测量精度低的弱点。但它需要至少设 3 个以上测站,且对测时精度要求较高,时差法要求各测站的时间同步误差小于 10 μs(10^{-5} s),比测向法所要求的 10 ms(10^{-2} s)要高得多。

3. 时差测向混合定位法

由于磁定向法存在对距离的测量误差大,而时差法则对方向的测量误差大,因此把磁定向法和时差法联合起来,将两种方法取长补短,则能有效提高闪电定位的精度,减少误差。混合法既不用建设高密度的探测站,又能保证较高的定位精度,是目前国内外普遍采用的闪电定位技术,并被气象、电力、石化等行业业务化应用。

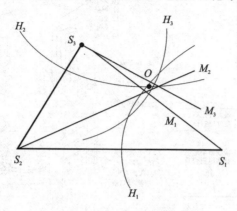

图 10.1.5　混合法闪电定位原理图

图 10.1.5 所示为三站混合系统定位原理示意图。三个站布置成三角形。三台磁定向仪测得闪电方位线两两相交成一个三角形区域,而利用时差法确定的三条双曲线围成的区域与该三角形有部分重叠,这个重叠区域就是雷击点真实发生的区域。最后根据优化算法,确定出雷击点的位置。

图 10.1.6 为混合法闪电定位仪的结构图。

图 10.1.7 为利用闪电定位系统监测到的闪电位置。

4. 干涉仪法

雷电发生时,除了能够辐射孤立脉冲外,还会产生持续时间数百微秒至数十秒的类似噪声的电磁辐射,这些电磁辐射用时差法很难定位,因为难以识别出单个脉冲峰值。而干涉仪则不需要识别单独的脉冲。干涉仪闪电定位技术是用干涉法测定闪电放电辐射源位置的方法,有窄带和宽带两种方法。其原理是采用两套以上的探测器,探测器之间要求相隔一定的距离,当电磁波从不同的方位到达探测器时,各个探测器上接收到的信号将产生不同的相位差,测定这些探测器之间接收到的信号相位差,即能确定电磁波的方位。

干涉仪法与磁定向法和时差法相比,技术上更为复杂。在三维定位中,为了精确测定雷电发生位置的方位角和仰角,至少需要 3 个接收天线和 2 个正交天线,两套以上同步的干涉仪,干涉仪之间的间隔距离为数千米。

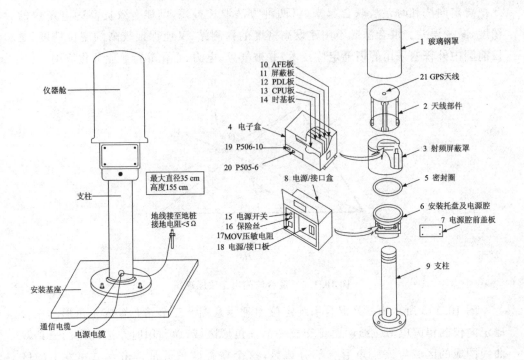

图 10.1.6　混合法闪电定位仪的结构图

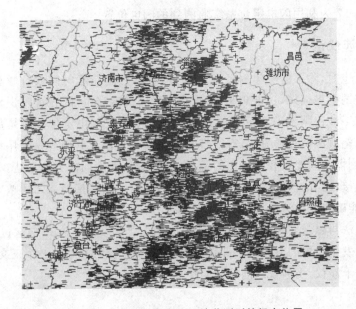

图 10.1.7　利用闪电定位系统监测到的闪电位置

10.1.3　大气电场监测

大气电场是存在于大气中而与带电物质产生电力相互作用的物理场。大气电场参量除了受宇宙线辐射、太阳紫外线辐射和全球雷暴活动等因素影响外，还与当地气候、环境有密切关系。根据全球大气电路的概念，地球电离层与地面视为球形电容器的两个极板，地面电位为零，雷暴活动中各种起电机制产生的电荷所积累的电能由于空气电导以放电电流形式向云外流出，大气电场的活动情况能够直接反映闪电活动的变化特征。

大气电场按天气状况可分为晴天电场和扰动天气电场。晴天电场是地表和电离层之间形成的电场，其值以地表为最大，随高度按指数规律迅速减小，晴天电场随纬度增高而增大，称为纬度效应。晴天电场会受到气溶胶等空气中粒子的影响。晴天电场具有日和年两种周期性的变化。

扰动天气电场是指发生剧烈天气现象（如雷暴、雪暴、尘暴）时的大气电场，其特点是电场方向和数值上均有明显的不规则变化特征，如雷雨云下的电场可达每米上百伏。在层状云和积状云中，电场的大小和方向变化则不及雷雨云大。

雷暴天气下，当雷暴云距离测站较远时，电场幅值和变化率均较小；当雷暴云距离测站较近时，由于雷暴云中的电荷区所带电荷量较大，随着雷暴云向测站靠近，大气电场强度呈现逐渐增大或者跳变现象，其振荡和雷暴的振荡型电场相对应，这也是大气电场仪能够进行单独预警或者联合预警的主要依据。

大气电场的探测方法主要有三种：平板天线测量法、旋转（场磨）式测量法和大气电场探空仪法。

1. 平板天线测量法

大气静电场的强度可以利用测量天线与大地之间的电压来确定。感应大气电场的天线可以是平板的，也可以是球形的，也可以是垂直的金属导线。根据大地与天线之间的电位差以及天线与云中电荷中心的电容、天线与大地之间的电容值，可估算大气电场的强度（见图 10.1.8）。

2. 旋转（场磨）式测量法

场磨式大气电场仪主要由电场传感器和电场测量控制器等部件组成，电场传感器采用机械动态旋转的测量方法（即场磨），由动片（转子）、静片（电场感应器）、同步叶片、机械传动系统及前置放大器等组成。大气电场在静片上感应电荷，动片接地，其作用是周期性的使静片被屏蔽或暴露于大气电场中，使两个测量回路中信号发生方向相反的变化，导致一个回路的感应电流增大，另一个感应回路的电流减小，从而

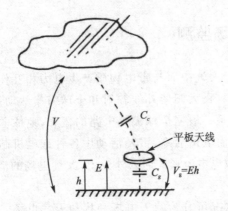

图 10.1.8　平板天线测量法的原理图

产生交变的差动输出信号（见图 10.1.9）。控制电路主要作用是电场信号模拟放大、电场信号鉴别、模拟信号驱动输出、电场信号数字化处理及预编程序控制的电场数据采集、显示存储等。

　　一般将传感器倒挂在支架上，感应电场信号通过电缆传入测量控制器进行处理。

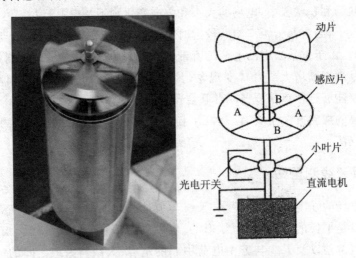

图 10.1.9　旋转（场磨）式大气电场仪的探头结构

图 10.1.10 为大气电场强度的变化曲线。

3. 大气电场探空仪法

　　大气电场探空仪由大气电场感应器、发射机和地面接收系统组成（见图 10.1.11）。大气电场感应器由两个相隔一定距离绕水平轴旋转的金属球体组成，在大气电场中，两个金属球分别感应上大小相等、极性相反的交变电荷，其值与平行于两球旋转所形成平面的大气电场分量成正比。

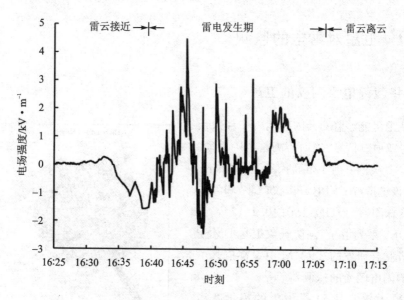

图 10.1.10　大气电场强度的变化曲线

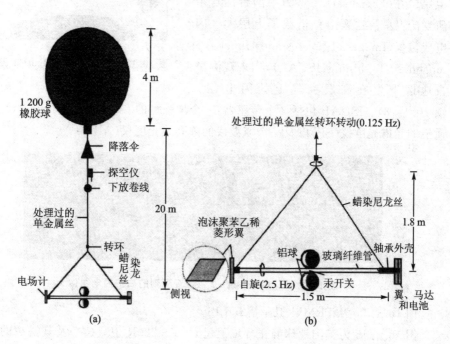

图 10.1.11　大气电场探空仪

10.1.4 卫星对雷电的监测

1. 搭载闪电探测仪的卫星

人造卫星能够监测云闪和地闪中释放出的光信号或射频信号,从而监测雷电的活动。1995 年 4 月美国发射了低轨掩星卫星 Micro-Lab-1,该星搭载了闪电成像仪(LIS)和闪电光学瞬变探测器 (OTD)(见图 10.1.12)。美国的 GOES 系列卫星、国防气象卫星 DMSP 以及美日联合研发的 TRMM 卫星都搭载了可以观测闪电闪光的探测器。

于 2004 年 5 月 21 日发射的福尔摩沙卫星二号(Formosat-2),为中国台湾自主研发的卫星。这颗卫星搭载了上层大气闪电成像仪(Imager of Sprites and Upper Atmospheric Lightning,ISUAL),用来观测黑夜地区发生在高层大气上的闪电(见图 10.1.13)。

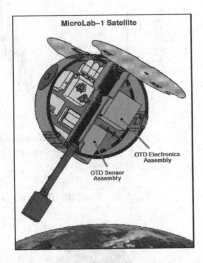

图 10.1.12 美国 MicroLab-1 卫星

ISUAL 包括 3 个传感器:一个增强型的 CCD 影像仪(Imager)、一个 6 通道的光谱光度仪(SP)以及一个双波段的阵列式光度仪(AP)。

图 10.1.13 Formosat-2 卫星观测到的高空闪电图像

图 10.1.14 为 TRMM 卫星搭载 LIS。

图 10.1.15 为美国地球静止环境卫星 GOES-220R 卫星(左)及其搭载的地球静止闪电测绘仪(GLM)。

图 10.1.16 为美国 GOES-16 和 17 探测到的闪电密度分布图。

JEM-GLIMS(全球闪电和高空精灵的测量)是一项空间任务,国际空间站日本实验舱(JEM)搭载了照相机、光度计、甚低频天线和甚高频干涉仪,2012 年 11 月起

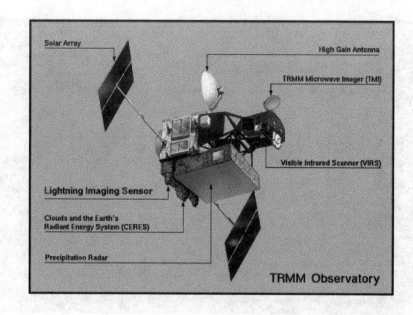

图 10.1.14　TRMM 卫星搭载 LIS

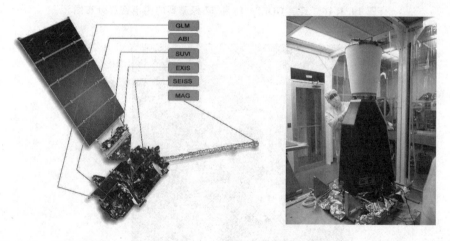

图 10.1.15　美国地球静止环境卫星 GOES - R 卫星(左)及其搭载的地球静止闪电测绘仪(GLM)

观测闪电和与闪电相关的瞬态发光事件,例如高空精灵、蓝色喷流和巨大喷流等。

我国的气象卫星风云四号 A 星(FY - 4A)搭载了闪电成像仪(Lightning Mapping Imager,LMI)能够对地面雷暴云内雷电活动进行实时监测(见图 10.1.17)。

2. 卫星探测闪电的主要原理

目前,卫星上搭载的闪电探测仪器大多是光学探测器或无线电波的可见光波段的探测器。由于卫星所处的位置较高,极轨卫星的高度一般在 $300\sim600$ km,静止卫

图 10.1.16　美国 GOES - 16 和 17 探测到的闪电密度分布图

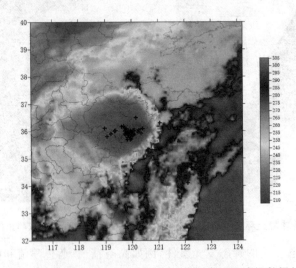

图 10.1.17　FY - 4A 的 LMI 闪电定位(黑色"十"号)与云顶亮温数据的叠加分析图

星的高度一般在 3 000 km 以上,其分辨率较低,很难捕捉到单次闪电的发生。下面以风云四号为例进行阐述卫星对闪电的观测方法。

卫星探测的闪电主要分为四个要素:事件、组、闪光和区域。

事件(Event):闪电资料中最基本的参量,当 LIS(OTD)成像阵列的某个像素光辐射值超过背景阈值时就产生了一个事件。图 10.1.18 的 1~6 号格点即为 6 次事件。

　　组（Group）：2 ms 积分时间内一个或多个相邻的事件构成一个组，近似对应于地闪的回击或云闪的反冲流光。图 10.1.18 的 1~3 号格点为一组；而 4~6 号格点由于发生的时间均晚于 1~3 号，因此定义为另一组。

　　闪光（Flash）：由时间间隔不超过 330 ms 和空间间隔不超过 5.5 km 的一个或多个组组成，总持续时间没有限制。

　　区域（Area）：空间间隔不超过 16.5 km 的一簇闪光组成一个区域，没有闪光之间的间隔限制，一个区域近似于一个雷暴单体。

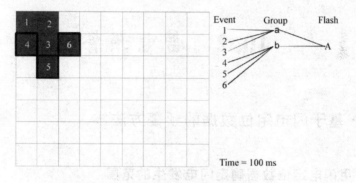

图 10.1.18　FY - 4A 的 LMI 探测原理图

图 10.1.19 为 FY - 4A 探测的闪电事件分布图。

图 10.1.19　FY - 4A 探测的闪电事件分布图

10.1.5 雷达探测

由于闪电的回击通道在无线电频段的反射非常强,因此可以用雷电来定位闪电。回击通道可以被看成是导线,如果没有降水回波阻挡,空中的回击通道很容易被雷达探测到。一般来说,回击通道越长,降水对其的反射就越少,在雨中的闪电就越容易被监测到。对闪电的观测大多使用厘米波雷达,其波长一般在几 cm 到 100 cm 之间。目前雷达探测闪电的方法多用于科研,很少用于常规雷电监测业务。

10.2 雷电预警

10.2.1 基于闪电定位数据的预警方法

1. 利用闪电定位数据确定闪电发生的范围

闪电发生范围识别一般有两种方法:格点化法和椭圆法。

(1) 格点化法确定闪电发生范围的步骤

以经度、纬度分别为 x 轴和 y 轴,然后将观测数据进行格点化划分,如果最近一段时间(一般取时间间隔为 6 分钟,与天气雷达一个体扫的时间相同)有闪电落到格点里,则将格点赋值为 1,否则为 0;

将相邻的赋值为 1 的格点合并在一起,将所有相邻的格点划分为一个闪电密集区(近似为一个雷暴单体),如图 10.2.1 所示,编号为 1、2、3、4、5、6 的区域组成了雷暴 1,编号为 7、8、10 的区域组成了雷暴 2……,如果两个闪电密集区小于 2 个格点相邻,则认定为不同的密集区;

对多个时次的观测数据进行识别之后,对识别的结果进行匹配跟踪,根据最新时次的闪电数据进行闪电密集区的确定。

(2) 椭圆法确定闪电发生范围的步骤

在二维坐标系中,椭圆的参数有:长半轴 R,短半轴 r,椭圆的质心坐标为 (x_0, y_0),椭圆的长半轴沿 y 轴增长的方向与 x 轴正方向的夹角为 θ(图 10.2.2)。椭圆长轴沿 X 轴增长的方向为 u 方向,短轴沿 y 轴增长的方向为 v 方向,则 u 方向和 v 方向相互垂直。

假设 n 个闪电组成一个雷暴,每个闪电的位置坐标为 (x_i, y_i),分别求出这些位置的横坐标和纵坐标的平均值 $(\bar{x}, \bar{y})$。这些数据的协方差矩阵为

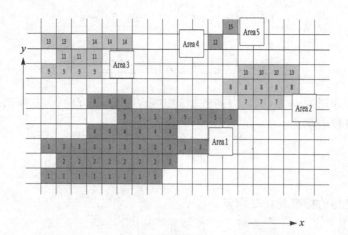

图 10.2.1　地闪发生区域识别示意图

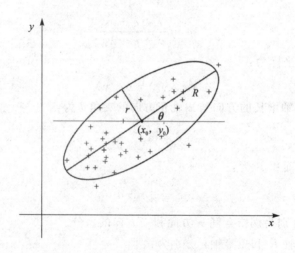

图 10.2.2　利用椭圆形表示闪电密集区

$$\begin{bmatrix} d & e \\ e & f \end{bmatrix}$$

其中：

$$d = \frac{1}{n-1} \sum_{i=1}^{n} (x_i - \bar{x})^2$$

$$e = \frac{1}{n-1} \sum_{i=1}^{n} (x_i - \bar{x})(y_i - \bar{y})$$

$$f = \frac{1}{n-1} \sum_{i=1}^{n} (y_i - \bar{y})^2$$

求出协方差矩阵的特征值为 λ_1 和 λ_2 为

$$\lambda_1 = \frac{(d+f)+[(d+f)^2-4(df-e^2)]^{\frac{1}{2}}}{2}$$

$$\lambda_2 = \frac{(d+f)-[(d+f)^2-4(df-e^2)]^{\frac{1}{2}}}{2}$$

λ_1 和 λ_2 分别为 u 方向、v 方向数据的方差,因此,u 方向、v 方向的数据的标准差 σ_u 和 σ_v 可以表示为:

$$\sigma_u = \lambda_1^{\frac{1}{2}}$$

$$\sigma_v = \lambda_2^{\frac{1}{2}}$$

(u,v) 坐标的标准化特征向量:

$$v = \left[\frac{1}{(1+g^2)}\right]^{\frac{1}{2}}$$

$$u = -gv$$

$$g = \frac{f+e-\lambda_1}{d+e-\lambda_1}$$

椭圆质心的坐标为:

$$(x_0,y_0) = (\bar{x},\bar{y})$$

长半轴沿 y 轴增长的方向与 x 轴正方向的夹角 θ 为:

$$\theta = \tan^{-1}\frac{v}{u}$$

雷暴的区域面积 S 为:

$$S = \iint n\,\mathrm{d}x\,\mathrm{d}y$$

其中 $\mathrm{d}x$ 和 $\mathrm{d}y$ 分别为网格空间 x 方向和 y 方向的微分。

椭圆的长半轴 R 和短半轴 r 分别为:

$$R = \sigma_u\left(\frac{S}{\pi\sigma_u\sigma_v}\right)^{\frac{1}{2}}$$

$$r = \sigma_v\left(\frac{S}{\pi\sigma_u\sigma_v}\right)^{\frac{1}{2}}$$

至此,可以画出用椭圆形表示的闪电密集区。

2. 预测雷电的落区

对于一个闪电密集区,第一个时间 t_1 时刻与第二个时间 t_2 时刻的椭圆质心连线,就是该雷暴的移动路径,则可以外推下一时刻雷电的落区。

对于多个时刻的数据,可以建立一个回归方程,来预测未来一段时间内雷暴的移动。如图 10.2.3 所示,已知 t_1 时刻、t_2 时刻、t_3 时刻和 t_4 时刻闪电密集区的质心和范围,则可以利用外推方法预测下一个时刻即 t_5 时刻的可能发生雷电的区域范围(图 10.2.3 中阴影所代表的椭圆)。

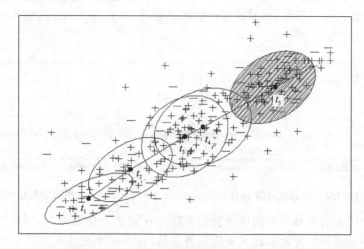

图 10.2.3　不同时刻雷电密集区及预测区域

有时候,在同一时刻会有几个闪电密集区,这时需要利用组合优化匹配闪电密集区,来预测下一时刻雷电发生的区域。

10.2.2　基于大气电场数据的预警方法

大气电场的变化能够直接反映出闪电活动情况,大气电场强度曲线能够较好地反映出雷电首次闪击之前和雷电发生时及雷云过境之后的空中电场的发展演变。当雷暴云距离测站较远时,大气电场幅值和变化率均较小;当雷暴云距离测站较近时,由于雷暴云所带的电荷量较大,大气电场会出现波动并强度加大;随着雷暴云移动近测站,大气电场会呈现逐渐增大或者跳变现象。

大气电场仪可以测量晴天和雷暴天气条件下地面大气平均电场的大小和极性的连续变化,能够灵敏地响应近距离雷暴活动发生发展的过程。在雷暴来临时,大气电场的变化一般可以划分为如下四个阶段(见图 10.2.4)。

(1)雷暴云移来阶段:随着雷暴云向测站靠近,在其到达测站附近之前可能已经有放电发生时,在雷暴云自身电荷的作用以及雷电的发生,大气电场幅值会逐渐增大并发生频繁波动。

(2)雷暴云临近阶段:随着雷暴云继续靠近,雷暴云电荷的累积使得电场值逐渐增大或者发生放电。根据经典的雷暴云内电荷结构特征,当雷暴中心距离测站的水平距离达到反号距离时,地面电场极性通常会发生反转。电场极性反转是这个阶段的典型特征。

(3)雷暴云过顶阶段:闪电发生时,电场震荡加剧,电场会出现脉冲波形,由于回击的发生,正负两侧都会出现这种脉冲波形。一般地,放电现象(即闪电)发生的次数越多,大气电场的波动就越剧烈越频繁。

(4)雷暴云远离阶段:雷暴云逐渐远离或者消亡,大气电场强度曲线震荡幅度和频数减弱,并逐渐趋于平缓。

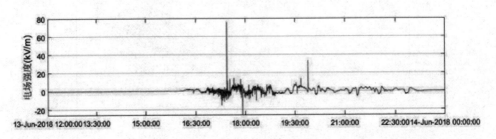

图 10.2.4　青岛某测站 2018 年 6 月 13 日 12∶00—24∶00 大气电场变化曲线

利用大气电场数据进行雷电预警的原理是在雷暴云移近阶段,即大气电场仪探测到的电场强度开始波动阶段就发出预警信号,这个时刻较雷电发生有数分钟到半小时的提前量。

对于大气电场观测数据,目前一般采用两个预警指标进行雷电临近预警:电场瞬间变化率和电场变化趋势。对电场瞬间变化率(一定时间内地面电场的增大或减小值),根据经验或利用机器学习法,设定一个阈值,达到这个阈值,即发出预警信号。这种方法的优点是预警的提前量较好,缺点是虚警率较高。

利用电场变化趋势进行预警,一般将电场极性反转作为预警的指标。由于雷暴云非常接近测站或已经发生了雷电才会出现极性反转,因此利用这个指标预警的提前量较短。

由于大气电场仪的探测范围有限(一般为十几 km),预警的提前量受很大限制,并且大气电场仪无法探测雷电的位置,要解决这个问题则需要组网观测,再结合其他观测,如天气雷达、卫星、闪电定位等。

图 10.2.5 为某测站的大气电场波形和雷电预警时段。

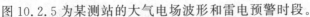
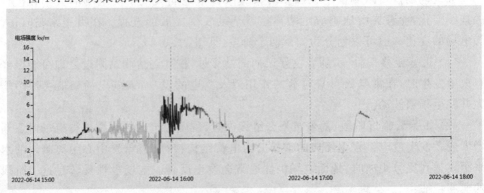

图 10.2.5　某测站的大气电场波形和雷电预警时段

10.2.3　基于天气雷达数据的预警方法

利用多普勒雷达监测对流天气系统的活动,其主要工作原理是通过发射高频电磁波,当空中有云时,其发射的高频电磁波遇到云粒子后被部分反射回来,云粒子密度分布越大,反射的信号越强。被反射回来的信号越强,则回波强度越大;反之,越小。同时,由于云粒子是移动的,反射回来的信号频率会发生变化,即多普勒效应。

多普勒天气雷达可以实时监测雷暴云的发展和移动,分析雷暴云的结构,特别是雷暴云的立体结构。观测表明,云顶高度、组合反射率的强度、凝结层高度等指标与雷电的发生相关性较大。越高的云顶反映越强的对流,从而可能发生越频繁的雷电;组合反射率越强,雷电发生的概率也是越高。另外,雷电的发生与凝结层高度、云水总量等指标也有一定的关系。

通过雷达数据资料与闪电定位数据的多个个例分析,发现 40 dBZ 回波强度的回波顶高超过 0 ℃层或者回波伸展高度≥7 km 可作为雷电预警的特征指标;雷达反射率因子<30 dBZ 时,地闪发生的概率较低,这个指标可以作为排除晴天大气电场和云闪的主要因子,对于降低虚警率较为有效。

在分析和利用多普勒雷达数据对强对流天气系统进行预报时,常用 TITAN (Thunderstorm Identification, Tracking, Analysis, and Nowcasting)算法对强对流天气系统的移动进行外推。

第一步:闪电发生区的识别。在 TITAN 算法中,首先需要定义"区域",这里所说的"区域"主要是指可能发生闪电或是已经发生闪电的区域,比如雷达回波强度、回波顶高达到某个阈值条件的区域或者是闪电定位数据中发生了闪电的格点构成的区域。在识别上述"区域"的时候,首先要对观测数据进行格点化,然后对格点化后的数据进行二值处理(满足阈值条件的格点取值为 1,否则为 0),最后对处理后的数据进行识别、跟踪和外推。

以经度、纬度为 x 轴、y 轴,其中自西向东为 x 轴的正方向,自南向北为 y 轴的正方向,自西向东进行编号,若该区域满足了阈值条件,则给该区域编号。给相邻的编号区域进行合并,识别出雷暴区域,如图 10.2.6 所示。其中编号为 3 的区域虽然和编号为 4 的区域仅沿着对角线接触,因此认为它们是不相邻的。此外,雷暴 3 和雷暴 6 的面积很小,在预测中可以不考虑。

第二步:雷暴的匹配和跟踪。对多个时次的观测数据进行识别之后,对识别的结果进行匹配跟踪,一般通过计算两个时次内椭圆的代价函数来进行匹配,得到最佳的匹配方案。对所有相邻时刻的椭圆进行匹配即可得到跟踪的结果。

第三步:外推预测。一般情况下,在短时间内区域雷暴系统的移动可视为直线移动,可以采用简单的线性外推;对于时间较长的预测,则需要复杂的外推算法,或

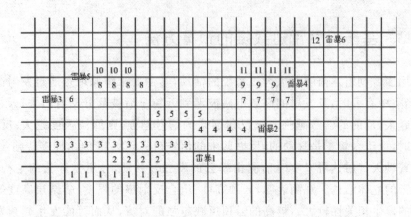

图 10.2.6 区域识别示意图

机器学习算法进行外推。

10.2.4 基于多源数据的综合预警方法

对雷电的预报,一般可以分为潜势预报和临近预报两类。雷电的潜势预报是筛选出与雷电发生相关性较高的多个大气参数作为预报因子,构建雷电发生的概率预报方程,对雷电未来的发生位置和时间做出预测;雷电的临近预报是在地面气象观测、雷电定位、雷达观测等实况观测数据以及数值预报产品的基础上,利用外推的方法,给出未来几小时内雷电可能发生的位置和时间。

1. 雷电的临近预报技术

基于多源实时观测资料,采用回归、机器学习等算法,通过确定每种观测资料的预警指标和阈值权重,根据各种资料优劣,取长补短,建立基于多源数据的综合雷电预警算法。综合预警算法主要由大气电场监测数据处理与分析、闪电定位数据处理与分析、雷达探测数据处理与分析、卫星数据处理与分析和分级预警算法等内容组成(见图 10.2.7)。

用于雷电预警的不同探测资料均有其长处和短处:闪电定位资料的实时性较好,但如果不跟雷达资料结合,则很难对闪电密集区的移动做出高精度的预测;大气电场资料的实时性也较好,但其单站的探测区域范围有限,一般只有十几千米,因此预警的提前量较短;雷达资料的实时性和时空分辨率都比较好,但无法直接探测到闪电的发生;卫星资料虽然空间范围很大,但目前其空间分辨率较低,分辨率一般在几百米到几千米之间。因此,多种资料配合使用,才能够有效提高雷电预警的准确性。

数据的处理与分析:闪电定位数据可以确定雷电的落区,也可以确定闪电密集

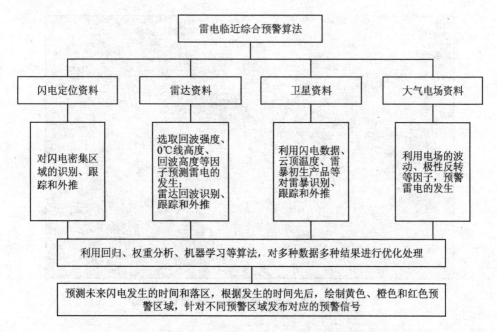

图 10.2.7　基于多源数据的雷电临近综合预警模型

区的移动路径;大气电场数据可以利用大气电场的波形,确定预警阈值,并根据电场反转、脉冲波形等确定雷电的发生,同时对闪电定位数据起到验证作用;雷达探测数据主要根据雷达回波的强弱,判定雷电的发展强度(增强或减弱)和移动路径,并根据回波高度、强度、凝结层高度等因子,预测雷电的发生;卫星数据主要利用闪电数据、雷暴初生产品、云顶温度等因子,判断雷暴的初期发展、闪电发生的范围等。

优化算法与分级预警:根据雷电的强度、频数、落区、距离、发展和移动等因子,利用回归、机器学习等方法,预测雷电未来发生的区域。再根据雷电可能影响的时间,划出黄色、橙色和红色预警区域。根据雷达回波的强弱变化、雷电活动的频数以及雷电移动路径,适时地提升或降低预警级别(见图 10.2.8)。

2. 雷电的潜势预报技术

潜势预报是筛选出与雷电活动相关性比较大的气象因子,如对流参数、大气稳定度、水汽通量等动力学热力学参数,结合背景环流形势,使用回归法、机器学习法等建立雷电发生概率的预报方程。在实际业务中,一般根据天气形势、数值预报产品、探空资料以及雷暴云起电、放电模式等资料和方法进行预测,在大的时空尺度上给出雷电活动的潜势预报。

目前,我国用于雷电潜势预报的主要方法有:①基于大气对流参数的雷电潜势预报;②基于相似预报法的雷电潜势预报;③基于机器学习算法的雷电潜势预报。

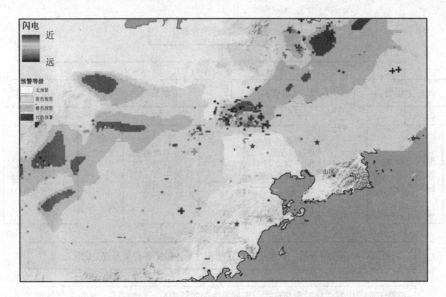

图 10.2.8　雷电临近预报的分级预警区域示例

第11章 雷电防护设计常用计算方法

11.1 建筑物年预计雷击次数

建筑物年预计雷击次数的计算公式：

$$N = kN_g A_e$$

式中：N—建筑物年预计雷击次数，次/a；

    k—校正系数，在一般情况下取 1；位于河边、湖边、山坡下或山地中土壤电阻率较小处、地下水露头处、土山顶部、山谷风口等处的建筑物，以及特别潮湿的建筑物取 1.5；金属屋面没有接地的砖木结构建筑物取 1.7；位于山顶上或旷野的孤立建筑物取 2；

    N_g—建筑物所处地区雷击大地的年平均密度，次/(km²/a)；

    A_e—与建筑物截收相同雷击次数的等效面积，km²。

雷击大地的年平均密度（N_g），首先应按当地气象台、站资料确定；若无此资料，可按下列公式计算：

$$N_g = 0.1T_d$$

式中：T_d—年平均雷暴日，d/a。

与建筑物截收相同雷击次数的等效面积（A_e），应为其实际平面积向外扩大后的面积。其计算方法应符合下列规定：

（1）当建筑物的高度小于 100 m 时，其每边的扩大宽度和等效面积（见图 11.1.1）应按下列公式计算：

$$D = \sqrt{H(200-H)}$$

$$A_e = [LW + 2(L+W)\sqrt{H(200-H)} + \pi H(200-H)] \times 10^{-6}$$

式中：D—建筑物每边的扩大宽度，m；

    L、W、H—分别为建筑物的长、宽、高，m。

（2）当建筑物的高度小于 100 m，同时其周边在 2D 范围内有等高或比它低的其他建筑物，这些建筑物不在所考虑建筑物以 $h_r = 100$ m 的保护范围内时，A_e 减去

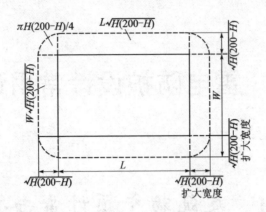

图 11.1.1　建筑物的等效面积

($D/2$)×(这些建筑物与所考虑建筑物边长平行以米计的长度总和)×10^{-6}(km^2)。

当四周在 2D 范围内都有等高或比它低的其他建筑物时,其等效面积可按下式计算:

$$A_e=[LW+(L+W)\sqrt{H(200H)}+\frac{\pi H(200-H)}{4}]\times10^{-6}$$

(3) 当建筑物的高度小于 100 m,同时其周边在 2D 范围内有比它高的其他建筑物时,A_e 减去 D×(这些建筑物与所考虑建筑物边长平行以米计的长度总和)×10^{-6}(km^2)。

当四周在 2D 范围内都有比它高的其他建筑物时,其等效面积可按下式计算:

$$A_e=LW\times10^{-6}$$

(4)当建筑物的高度等于或大于 100 m,其每边的扩大宽度应按等于建筑物的高度计算,建筑物的等效面积应按下式计算:

$$A_e=[LW+2H(L+W)+\pi H^2]\times10^{-6}$$

(5) 当建筑物的高等于或大于 100 m,同时其周边在 2H 范围内有等高或比它低的其他建筑物,且不在所确定建筑物以滚球半径等于建筑物高的保护范围内时,A_e 减去($H/2$)×(这些建筑物与所确定建筑物边长平行以米计的长度总和)×10^{-6}(km^2)。

当四周在 2H 范围内都有等高或比它低的其他建筑物时,其等效面积可按下式计算:

$$A_e=[LW+H(L+W)+\frac{\pi H^2}{4}]\times10^{-6}$$

(6) 当建筑物的高等于或大于 100 m,同时其周边在 2H 范围内有比它高的其他建筑物时,A_e 可减去 H×(这些建筑物与所确定建筑物边长平行以米计的长度总和)×10^{-6}(km^2)。

当四周在 $2H$ 范围内都有比它高的其他建筑物时,其等效面积可按下式计算:

$$A_e = LW \times 10^{-6}$$

(7) 当建筑物各部位的高不同时,应沿建筑物周边逐点算出最大扩大宽度,其等效面积应按每点最大扩大宽度外端的连接线所包围的面积计算。

11.2　接闪器的保护范围

1. 单支接闪杆的保护范围

(1) 当接闪杆高度 h 小于或等于 h_r 时:

距地面 h_x 处作一平行于地面的平行线。

以杆尖为圆心,h_r 为半径作弧线交于平行线的 A、B 两点。

如图 11.2.1 所示,以 A、B 为圆心,h_r 为半径作弧线,弧线与杆尖相交并与地面相切。弧线到地面的空间为其保护范围,保护范围为一个对称的锥体。

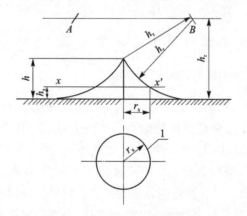

1—xx'平面上保护范围的截面

图 11.2.1　单支接闪杆的保护范围

接闪杆在 h_x 高度的 xx' 平面上和地面上的保护半径,按下列公式计算:

$$r_x = \sqrt{h(2-h)} - \sqrt{h_x(2h_r - h_x)} \tag{11.2.1}$$

$$r_0 = \sqrt{h(2h_r - h)} \tag{11.2.2}$$

式中:r_x—接闪杆在 h_x 高度的 xx' 平面上的保护半径(m);

h_r—滚球半径,m;

h_x—被保护物高度,m;

r_0—接闪杆在地面上的保护半径,m。

(2) 当接闪杆高度 h 大于 h_r 时,在接闪杆上取高度等于 h_r 的一点代替单支接闪杆的杆尖作为圆心。其余做法同上述规定。式(11.2-1)和式(11.2-2)中的 h 用 h_r 代入。

2. 两支等高接闪杆的保护范围

在接闪杆高度 h 小于或等于 h_r 的情况下,当两支接闪杆的距离 D 大于或等于 $2\sqrt{h(2h_r-h)}$ 时,应各按单支接闪杆所规定的方法确定保护范围;当 D 小于 $2\sqrt{h(2-h)}$ 时,应按下列方法确定:

(1) $AEBC$ 外侧的保护范围按单支接闪杆的方法确定。

(2) C、E 点位于两杆间的垂直平分线上,在地面每侧的最小保护范围按下式计算:

$$b_0 = CO = EO = \sqrt{h(2h_r-h)-\left(\frac{D}{2}\right)^2}$$

(3) 在 AOB 轴线上,距中心线任一距离 x 处,其在保护范围上边线上的保护高度按下式计算:

$$h_x = h_r - \sqrt{(h_r-h)^2-\left(\frac{D}{2}\right)^2-x^2}$$

该保护范围上边线是以中心线距地面 h_r 的一点 O' 为圆心,以 $\sqrt{(h_r-h)^2+\left(\frac{D}{2}\right)^2}$ 为半径所做的圆弧 AB。

(4) 两杆间 $AEBC$ 内的保护范围,ACO 部分的保护范围按下列方法确定:

在任一保护高度 h_x 和 C 点所处的垂直平面上,以 h_x 作为假想接闪杆,按单支接闪杆的方法逐点确定(图 11.2.2 中 1-1 剖面图)。

确定 BCO、AEO、BEO 部分的保护范围的方法与 ACO 部分的相同。

(5) 确定 xx' 平面上的保护范围截面的方法。以单支接闪杆的保护半径 r_x 为半径,以 A、B 为圆心作弧线与四边形 AEBC 相交;以单支接闪杆的(r_0-r_x)为半径,以 E、C 为圆心作弧线与上述弧线相交(图 11.2.2 中的粗虚线)。

3. 两支不等高接闪杆的保护范围

两支不等高接闪杆的保护范围,在 A 接闪杆的高度 h_1 和 B 接闪杆的高度 h_2 均小于或等于 h_r 的情况下,当两支接闪杆距离 D 大于或等于 $\sqrt{h_1(2h_r-h_1)}+\sqrt{h_2(2h_r-h_2)}$ 时,各按单支接闪杆所规定的方法确定;当 D 小于 $\sqrt{h_1(2h_r-h_1)}+\sqrt{h_2(2h_r-h_2)}$ 时,按下列方法确定(见图 11.2.3):

① $AEBC$ 外侧的保护范围按单支接闪杆的方法确定。

② CE 线或 HO' 的位置按下式计算:

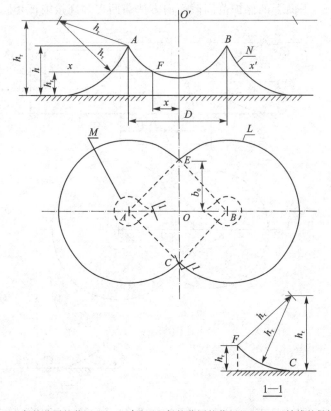

1—地面上保护范围的截面；M—xx'平面上保护范围的截面；N—AOB 轴线的保护范围

图 11.2.2　两支等高接闪杆的保护范围

$$D_1 = \frac{(h_r - h_2)^2 - (h_r - h_1)^2 + D^2}{2D}$$

③ 在地面每侧的最小保护宽度按下式计算：

$$b_0 = CO = EO = \sqrt{h_1(2h_r - h_1) - D_1^2}$$

④ 在 AOB 轴线上，A、B 间保护范围上边线位置按下式计算：

$$h_x = h_r - \sqrt{(h_r - h_1)^2 + D_1^2 - x^2}$$

式中：x—距 CE 线或 HO' 线的距离。

该保护范围上边线是以 HO' 线上距地面 h_r 的一点 O' 为圆心，以 $\sqrt{(h_r - h_1)^2 + D_1^2}$ 为半径所作的圆弧 AB。

⑤ 两杆间 $AEBC$ 内的保护范围，ACO 与 AEO 是对称的，BCO 与 BEO 是对称的，ACO 部分的保护范围按下列方法确定：

在任一保护高度 h_x 和 C 点所处的垂直平面上，以 h_x 作为假想接闪杆，按单支接闪杆的方法逐点确定（图 11.2.3 的 1—1 剖面图）。

确定 AEO、BCO、BEO 部分的保护范围的方法与 ACO 部分相同。

⑥ 确定 xx' 平面上的保护范围截面的方法与两支等高接闪杆相同。

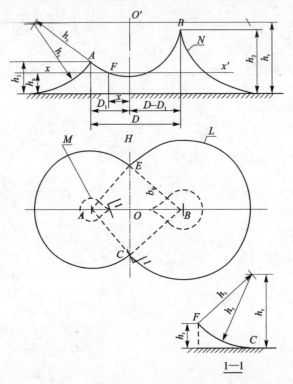

L—地面上保护范围的截面；M—xx' 平面上保护范围的截面；N—AOB 轴线的保护范围

图 11.2.3　两支不等高接闪杆的保护范围

4. 矩形布置的四支等高接闪杆的保护范围

矩形布置的四支等高接闪杆的保护范围，在 h 小于或等于 h_r 的情况下，当 D_3 大于或等于 $2\sqrt{h(2h_r-h)}$ 时，各按两支等高接闪杆所规定的方法确定；当 D_3 小于 $2\sqrt{h(2h_r-h)}$ 时，按下列方法确定（见图 11.2.4）：

（1）四支接闪杆外侧的保护范围各按两支接闪杆的方法确定。

（2）B、E 接闪杆连线上的保护范围见图 11.2.4 中 1-1 剖面图，外侧部分按单支接闪杆的方法确定。两杆间的保护范围按下列方法确定：

以 B、E 两杆杆尖为圆心、h_r 为半径作弧线相交于 O 点，以 O 点为圆心、h_r 为半径作弧线，该弧线与杆尖相连的这段弧线即为杆间保护范围。

保护范围最低点的高度 h_0 按下式计算：

$$h_0 = \sqrt{h_r - \left(h_r^2 \frac{D_3}{2}\right)^2} + h - h_r$$

（3）图 11.2.4 中 2-2 剖面的保护范围，以 P 点的垂直线上的 O 点（距地面的

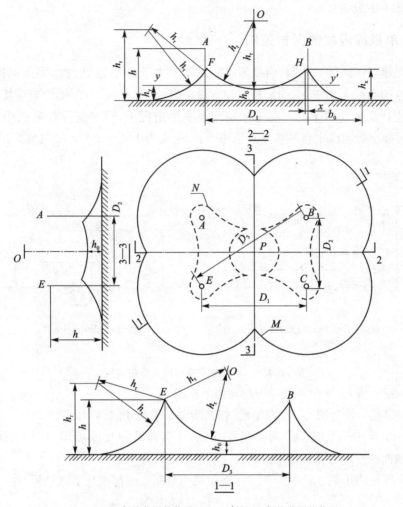

M—地面上保护范围的截面；N—xx′平面上保护范围的截面

图 11.2.4　四支等高接闪杆的保护范围

高度为 h_r+h_0）为圆心、h_r 为半径作弧线，与 B、C 和 A、E 两支接闪杆所作的在该剖面的外侧保护范围延长弧线相交于 F、H 点。

　　F 点（H 点与此类同）的位置及高度可按下列公式计算：

$$(h_r-h_x)^2=h_r^2-(b_0+x)^2$$

$$(h_r+h_0-h_x)^2=h_r^2-\left(\frac{D_1}{2}-x\right)^2$$

　　（4）确定图 11.2.4 中 3-3 剖面保护范围的方法同 2-2 剖面。

　　（5）确定四支等高接闪杆中间在 h_0 至 h 之间于 h_y 高度的 yy′平面上保护范围截面的方法为以 P 点（距地面的高度为 h_r+h_0）为圆心、$\sqrt{2h_r-(h_y-h_0)(h_y-h_0)^2}$ 为半径作圆或弧线，与各两支接闪杆在外侧所作的保护范围截面组成该保护范围截面

（图 11.2.4 中虚线）。

5．单根接闪线的保护范围

单根接闪线的保护范围，当接闪线的高度 h 大于或等于 $2h_r$ 时，则无保护范围；当接闪线的高度 h 小于 $2h_r$ 时，按下列方法确定（见图 11.2.5）。确定架空接闪线的高度时应计及弧垂的影响。在无法确定弧垂的情况下，当等高支柱间的距离小于 120 m 时架空接闪线中点的弧垂宜采用 2 m，距离为 120 m～150 m 时宜采用 3 m。

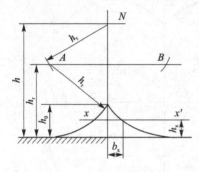

(a) 当 h 小于 $2h_r$，且大于 h_r 时　　　　(b) 当 h 小于或等于 h_r 时

N—接闪线

图 11.2.5　单根架空接闪线的保护范围

（1）距地面 h_r 处作一平行于地面的平行线。

（2）以接闪线为圆心、h_r 为半径，作弧线交于平行线的 A、B 两点。

（3）以 A、B 为圆心，h_r 为半径作弧线，该两弧线相交或相切，并与地面相切。弧线至地面的空间为保护范围。

（4）当 h 小于 $2h_r$ 且大于 h_r 时，保护范围最高点的高度按下式计算：

$$h_0 = 2h_r - h$$

（5）接闪线在 h_x 高度的 xx' 平面上的保护宽度，按下式计算：

$$b_x = \sqrt{h(2-h)} - \sqrt{h_x(2h_r - h_x)}$$

式中：b_x—接闪线在 h_x 高度的 xx' 平面上的保护宽度，m；

　　　h—接闪线的高度，m；

　　　h_r—滚球半径，m；

　　　h_x—被保护物的高度，m。

（6）接闪线两端的保护宽度按单支接闪杆的方法确定。

【例题 11.2.1】某市平均雷暴日为 40 天，市区长途汽车站高 28 m，顶部长 50 m，宽 10 m，在其顶上安装一支 8 m 高的接闪杆，不设接闪网、接闪带，预计这座建筑物每年可能遭受的雷击次数是多少？能否得到安全保护？

解：由 $N = kN_g A_e$，可得

$$N_g = 0.1 T_d$$

$$A_e = [LW + 2(L+W) \cdot \sqrt{H(200-H)} + \pi H(200-H) \times 10^{-6}$$

$$A_e = [50 \times 10 + 2(50+10)\sqrt{28(200-28)} + 3.14 \times 28(200-28)] \times 10^{-6} = 0.024$$

$$N = 1 \times 4 \times 0.024 = 0.096$$

预计这座建筑物每年可能遭受的雷击次数 0.096 次/a。

又根据 $r_x = \sqrt{h(2-h)} - \sqrt{h_x(2h_r - h_x)}$,可得

$$r_x = \sqrt{(8+28)[2 \times 45 - (8+28)]} - \sqrt{28(2 \times 45 - 28)} = 2.42 \text{ m}$$

建筑物天面的对角线长度为 $L = \sqrt{50^2 + 10^2} = 50.99$ m。

因为 $r_x < L/2$,所以建筑物不能得到有效保护。

【例题 11.2.2】有一个储存硝化棉的仓库,高 4 m、长 20 m、宽 7 m,要求设立一独立接闪杆保护,试求该独立接闪杆的位置及高度?

解:硝化棉属于爆炸物品,且爆炸后能够产生严重后果,因此该仓库应该定为第一类防雷建筑物。第一类防雷建筑物要求独立接闪杆离仓库不小于 3 m。

独立接闪杆的位置如下图的 E 点:

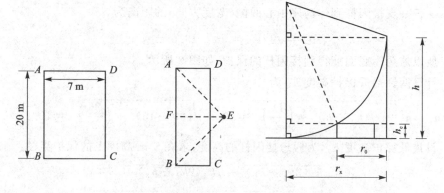

$$AE = BE = \sqrt{AF^2 + EF^2} = 10\sqrt{2} = 14.14\text{m}$$

$$r_x = \sqrt{R^2 - (R - h_c)^2} + r_0$$

$$r_0 = AE = 14.14 \ m$$

$$(R - h)^2 + r_x^2 = R^2$$

$$(R - h)^2 + (\sqrt{R^2 - (R - h_c)^2} + r_0)^2 = R^2$$

其中: $R = 30$ m, $h_c = 4$ m, $r_0 = 14.14$ m。

$$\therefore (30 - h)^2 + (\sqrt{30^2 - (30-4)^2} + 14.14)^2 = 30^2$$

$$h = \frac{60 \pm \sqrt{60^2 - 4 \times 847}}{2} = 22.7 \text{ 或 } 37.3$$

$\because 37.3 > 30$ 舍去 $\therefore h = 22.7$ m

【例题 11.2.3】如下图所示为某平顶炸药库房,长 20 m、宽 8 m、高 5 m,在距炸药库房两边分别为 3 m 的 A、B 点安装 15 m 等高接闪杆,问 A、B 接闪杆是否能完全保护炸药库?

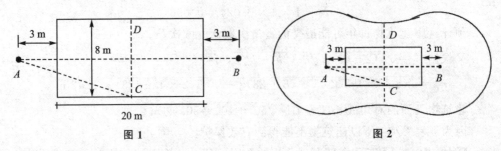

图 1　　　　　　　　　　　　图 2

解:炸药库为第一类防雷建筑,根据 GB50057—2010《建筑物防雷设计规范》,滚球半径 $h_r = 30$ m,A、B 接闪杆针间距为 $d = 3 + 20 + 3 = 26$ m,符合 $d < 2r_0$。

两针相关距离为:

$$2r_0 = 2\sqrt{h(2h_r - h)} = 2\sqrt{15 \times (2 \times 30 - 15)}\,\text{m} = 2\sqrt{675}\,\text{m} \approx 52\,\text{m} > d$$

所以两针之间有共同保护区域。

从任一支接闪杆到炸药库中心两侧(宽度方向)的距离为

$$AC = \sqrt{13^2 + 4^2}\,\text{m} = 13.6\,\text{m} < r_0$$

所以炸药库底面能得到接闪杆的保护,如图 2 所示。

计算两针最低保护高度 h_0 为

$$h_0 = h_r - \sqrt{(h_r - h)^2 + \left(\frac{D}{2}\right)^2} = 30 - \sqrt{(30 - 15)^2 + \left(\frac{26}{2}\right)^2} = 10.15\,\text{m}$$

设最低保护高度 h_0 为假想接闪杆的高度,求在 5 m 高度上的保护半径:

$$r_{05} = \sqrt{h_0(2h_r - h_0)} - \sqrt{h_5(2h_r - h_5)}$$
$$= \sqrt{10.2(2 \times 30 - 10.2)} - \sqrt{5(2 \times 30 - 5)}\,\text{m}$$
$$= 22.5 - 16.6\,\text{m} = 5.9\,\text{m}$$

库房短边长度一半为:$8/2\,\text{m} = 4\,\text{m} < r_{05}$,

接闪杆的最低保护高度高于炸药库高度,在炸药库的高度 5 m 处的保护宽度 5.9 m 大于炸药库的宽度的一半,因此炸药库 5 m 高度面能得到保护。

11.3　分流系数

(1) 单根引下线时,分流系数(k_c)为 1;两根引下线及接闪器不成闭合环的多根引下线时,分流系数可为 0.66,也可按式(11.3.1)计算确定;当引下线根数 n 不少于

3 根,且接闪器成闭合环或网状的多根引下线时(见图 11.3.1),分流系数可为 0.44。

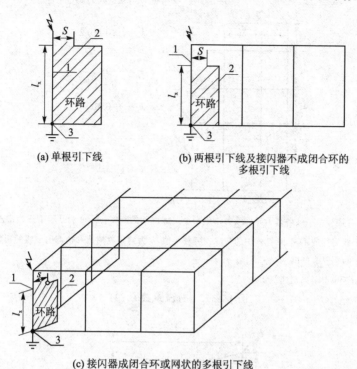

(a) 单根引下线　　　　(b) 两根引下线及接闪器不成闭合环的
　　　　　　　　　　　　　　　多根引下线

(c) 接闪器成闭合环或网状的多根引下线

1—引下线;2—金属装置或线路;3—直接连接或通过电涌保护器连接;

注:1. S 为空气中间隔距离, l_x 为引下线从计算点到等电位连接点的长度;

　2. 本图适用于环形接地体,也适用于各引下线设独自的接地体且各独自接地体的冲击接地电阻
　　　与邻近的差别不大于 2 倍;若差别大于 2 倍时, $k_c=1$;

　3. 本图适用于单层和多层建筑物。

图 11.3.1　分流系数 k_c (1)

(2) 当采用网格型接闪器、引下线用多根环形导体互相连接、接地体采用环形接地体,或利用建筑物钢筋或钢构架作为防雷装置时,分流系数宜按图 11.3.2 确定。

(3) 在接地装置相同的情况下,即采用环形接地体或各引下线设独自接地体且其冲击接地电阻相近,按图 11.3.1 和图 11.3.2 确定的分流系数不同时,可取较小者。

(4) 单根导体接闪器按两根引下线确定时(见图 11.3.3),当各引下线设独自的接地体且各独自接地体的冲击接地电阻与邻近的差别不大于 2 倍时,可按式(11.3.1)计算分流系数;若差别大于 2 倍时,分流系数应为 1。

$$k_c = \frac{h+c}{2h+c} \tag{11.3.1}$$

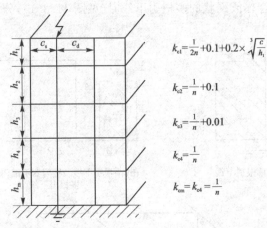

$$k_{c1} = \frac{1}{2n} + 0.1 + 0.2 \times \sqrt[3]{\frac{c}{h_1}}$$

$$k_{c2} = \frac{1}{n} + 0.1$$

$$k_{c3} = \frac{1}{n} + 0.01$$

$$k_{c4} = \frac{1}{n}$$

$$k_{cm} = k_{c4} = \frac{1}{n}$$

注:1. $h_1 \sim h_m$ 为连接引下线各环形导体或各层地面金属体之间的距离,c_s、c_d 为某引下线顶雷击点至两侧最近引下线之间的距离,计算式中的 c 取二者较小值,n 为建筑物周边和内部引下线的根数且不少于 4 根。c 和 h_1 取值范围在 3~20 m。

2. 本图适用于单层至高层建筑物。

图 11.3.2 分流系数 k_c(2)

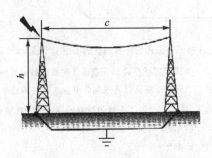

图 11.3.3 分流系数 k_c(3)

11.4 金属物或线路与引下线之间的间隔距离

为防止雷电流流经引下线和接地装置时产生的高电位对附近金属物或电气电子线路的反击,它们的间距应符合下列规定:

(1) 第一类防雷建筑物,引下线与管道、构架和电缆金属外皮等长金属物其平行净距和交叉均应不小于 100 mm,如果小于 100 mm,应进行跨接。

(2) 第二类防雷建筑物,金属物或线路与引下线之间的间隔距离应按下式计算:

$$S \geqslant 0.06 k_c l_x$$

式中：S—空气中的间隔距离，m；

　　k_c—分流系数；

　　l_x—引下线计算点到连接点的长度，m，连接点即金属物或电气和电子线路与防雷装置之间直接或通过电涌保护器相连之点。

（3）第三类防雷建筑物，金属物或线路与引下线之间的间隔距离应按下式计算：

$$S \geqslant 0.04 k_c l_x$$

11.5　第一类防雷建筑物接闪器、接地装置与被保护物的间隔距离

第一类防雷建筑物的独立接闪杆和架空接闪线或网的支柱及其接地装置与被保护建筑物及与其有联系的管道、电缆等金属物之间的间隔距离（见图 11.5.1），可按下列公式计算，且不得小于 3 m。

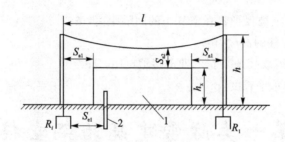

1—被保护建筑物；2—金属管道

图 11.5.1　防雷装置与被保护物的间隔距离

（1）地上部分：

当 $h_x < 5R_i$ 时，$S_{a1} \geqslant 0.4(R_i + 0.1h_x)$；

当 $h_x \geqslant 5R_i$ 时，$S_{a1} \geqslant 0.1(R_i + h_x)$

（2）地下部分：

$$S_{e1} \geqslant 0.4R_i$$

式中：S_{a1}—空气中的间隔距离，m；

　　S_{e1}—地中的间隔距离，m；

　　R_i—独立接闪杆和架空接闪线或网的支柱及其接地装置的冲击接地电阻，Ω；

　　h_x—被保护建筑物或计算点的高度，m。

11.6 第一类防雷建筑物架空接闪线与屋面物体的间隔距离

第一类防雷建筑物的架空接闪线至屋面和各种突出屋面的风帽、放散管等物体之间的间隔距离(见图 11.5.1)按下式计算,且不应小于 3 m。

(1) 当 $\left(h+\dfrac{l}{2}\right)<5R_i$ 时:

$$S_{a2}\geqslant 0.2R_i+0.03\left(h+\frac{l}{2}\right)$$

(2) 当 $\left(h+\dfrac{l}{2}\right)\geqslant 5R_i$ 时:

$$S_{a2}\geqslant 0.05R_i+0.06\left(h+\frac{l}{2}\right)$$

式中:S_{a2}——接闪线至被保护物在空气中的间隔距离,m;

$\quad$ h——接闪线支柱的高度,m;

$\quad$ R_i——架空接闪线接地装置的冲击接地电阻,Ω;

$\quad$ l——接闪线的水平长度,m。

11.7 第一类防雷建筑物架空接闪网与屋面物体的间隔距离

第一类防雷建筑物的架空接闪网至屋面和各种突出屋面的风帽、放散管等物体之间的安全距离,可按下式计算,且不应小于 3 m。

(1) 当 $(h+l_1)<5R_i$ 时:

$$S_{a2}\geqslant \frac{1}{n}[0.4R_i+0.06(h+l_1)]$$

(2) 当 $(h+l_1)\geqslant 5R_i$ 时:

$$S_{a2}\geqslant \frac{1}{n}[0.1R_i+0.12(h+l_1)]$$

式中:S_{a2}——接闪网至被保护物在空气中的间隔距离,m;

$\quad$ l_1——从接闪网中间最低点沿导体至最近支柱的距离,m;

$\quad$ R_i——架空接闪网接地装置的冲击接地电阻,Ω;

$\quad$ n——从接闪网中间最低点沿导体至最近不同支柱并有同一距离 l_1 的个数。

11.8　接地体的长度

1. 第一类防雷建筑物

当每根引下线的冲击接地电阻大于 10 Ω 时,外部防雷的环形接地体可按下列方法敷设:

(1) 当土壤电阻率小于或等于 500 Ωm 时,对环形接地体所包围面积的等效圆半径小于 5 m 的情况,每一引下线处应补加水平接地体或垂直接地体。

补加水平接地体时,其最小长度可按下式计算:

$$l_r = 5 - \sqrt{\frac{A}{\pi}} \tag{11.8.1}$$

式中:l_r—补加水平接地体的最小长度,m;

$\quad$ A—环形接地体所包围的面积,m^2;

$\sqrt{\dfrac{A}{\pi}}$—环形接地体所包围面积的等效圆半径,m。

补加垂直接地体时,其最小长度应按下式计算:

$$l_v = \frac{5 - \sqrt{\dfrac{A}{\pi}}}{2} \tag{11.8.2}$$

式中:l_v—补加垂直接地体的最小长度,m。

(2) 当土壤电阻率大于 500 Ωm、小于或等于 3 000 Ωm,且对环形接地体所包围面积的等效圆半径符合下式的计算时,每一引下线处应补加水平接地体或垂直接地体:

$$\sqrt{\frac{A}{\pi}} < \frac{11\rho - 3600}{380}$$

补加水平接地体时,其最小总长度应按下式计算:

$$l_r = \frac{11\rho - 3600}{380} - \sqrt{\frac{A}{\pi}}$$

补加垂直接地体时,其最小总长度应按下式计算:

$$l_v = \frac{\dfrac{11\rho - 3600}{380} - \sqrt{\dfrac{A}{\pi}}}{2}$$

2. 第二类防雷建筑物

共用接地装置的接地电阻应按 50 Hz 电气装置的接地电阻确定,不应大于按人身安全所确定的接地电阻值。当每根专设引下线的冲击接地电阻大于 10 Ω 时,应补加接地体。

① 当土壤电阻率 ρ 小于或等于 800 Ωm 时,对环形接地体所包围面积的等效圆半径小于 5 m 的情况,每一引下线处应补加水平接地体或垂直接地体。当补加水平接地体时,其最小长度可按式(11.8.1)计算;当补加垂直接地体时,其最小长度应按式(11.8.2)计算。

② 当土壤电阻率大于 800 Ωm、小于或等于 3 000 Ωm,且对环形接地体所包围的面积的等效圆半径小于按下式的计算值时,每一引下线处应补加水平接地体或垂直接地体:

$$\sqrt{\frac{A}{\pi}} < \frac{\rho - 550}{50}$$

补加水平接地体时,其最小总长度应按下式计算:

$$l_r = \frac{\rho - 550}{50} - \sqrt{\frac{A}{\pi}}$$

补加垂直接地体时,其最小总长度应按下式计算:

$$l_v = \frac{\frac{\rho - 550}{50} - \sqrt{\frac{A}{\pi}}}{2}$$

【例题 11.8】 有一座第一类防雷的建筑物,未安装独立接闪杆,只在屋面安装接闪带,围绕建筑物敷设了环形接地体,接地体长 25 m,宽 10 m,实测该地土壤电阻率为 850 Ωm,问该环形接地体要不要补加接地体? 如要补加,水平接地体应补加多长? 垂直接地体应补加多长?

解:已知第一类防雷建筑物所在地的土壤电阻率 ρ 为 500~3 000 Ωm 时,对环形接地体所包围的面积的等效圆半径 $r = \sqrt{\frac{A}{\pi}} < \frac{11\rho - 3\ 600}{380}$ 的情况,每一引下线处应补水平接地体或垂直接地体。

该题已经有 ρ = 850 Ωm,等效圆半径 $r = \sqrt{\frac{A}{\pi}} = \sqrt{\frac{25 \times 10}{3.14}} = 8.9$ m 而

$(11\rho - 3\ 600)/380$ m = $(11 \times 850 - 3\ 600)/380 = 15.1$ m

$$r = 8.9 < 15.1 \text{ m}$$

所以需要补加接地体。

若补加水平接地体,应补加

$$l_r = \frac{11\rho - 3\ 600}{380} - \sqrt{\frac{A}{\pi}} = 15.1 - 8.9 = 6.2 \text{ m}$$

若补加垂直接地体,应补加

$$l_v = \frac{\frac{11\rho - 3\,600}{380} - \sqrt{\frac{A}{\pi}}}{2} = 6.2/2 = 3.1 \text{ m}$$

答:应补加水平接地体 6.2 m 或垂直接地体 3.1 m。

11.9　冲击接地电阻与工频接地电阻的换算

接地装置冲击接地电阻与工频接地电阻的换算,可按下式计算:

$$R_{\sim} = A \cdot R_i$$

式中:$R_{\sim}$—接地装置各支线的长度取值小于或等于接地体的有效长度 l_e,或者有支线大于 l_e 而取其等于 l_e 时的工频接地电阻,Ω;

A—换算系数,其值按图 11.9.1 确定;

R_i—所要求的接地装置冲击接地电阻,Ω。

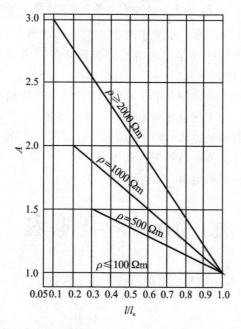

注:l 为接地体最长支线的实际长度,其计量与 l_e 类同;当 l 大于 l_e 时,取其等于 l_e。

图 11.9.1　换算系数 A

接地体的有效长度应按下式计算:

$$l_e = 2\sqrt{\rho}$$

式中:l_e—接地体的有效长度,m,按图 11.9.2 计量;

ρ—敷设接地体处的土壤电阻率,Ωm。

环绕建筑物的环形接地体应按下列方法确定冲击接地电阻:

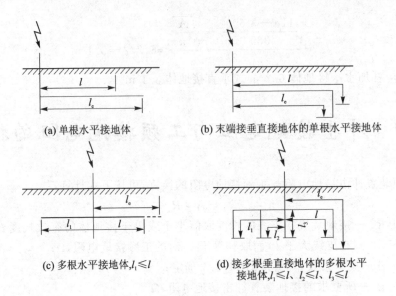

(a) 单根水平接地体   (b) 末端接垂直接地体的单根水平接地体

(c) 多根水平接地体,$l_1 \leqslant l$ (d) 接多根垂直接地体的多根水平
接地体,$l_1 \leqslant l$、$l_2 \leqslant l$、$l_3 \leqslant l$

图 11.9.2　接地体有效长度的计量

（1）当环形接地体周长的一半大于或等于接地体的有效长度时,引下线的冲击接地电阻应为从与引下线的连接点起沿两侧接地体各取有效长度的长度算出的工频接地电阻,换算系数应等于 1。

（2）当环形接地体周长的一半小于有效长度时,引下线的冲击接地电阻应为以接地体的实际长度算出的工频接地电阻再除以换算系数。

与引下线连接的基础接地体,当其钢筋从与引下线的连接点量起大于 20 m 时,其冲击接地电阻应为以换算系数等于 1 和以该连接点为圆心、20 m 为半径的半球体范围内的钢筋体的工频接地电阻。

11.10　对地电位

防雷装置接闪后,其上的对地电位可按下式计算：

$$U_z = IR_g + Lh\,\frac{\mathrm{d}i}{\mathrm{d}t}$$

式中：I—雷电流,kA；

　　　R_g—接地电阻,Ω；

　　　L—防雷装置的长度,m；

　　　h—防雷装置的单位长度电感,$\mu H/m$；

　　　$\mathrm{d}i/\mathrm{d}t$—电流变化率（陡度）,可以用雷电流除以雷电波波头时间近似计算。

【例题 11.10】某一建筑物上安装了 4 m 高的接闪杆,引下线长 50 m,接闪杆和引下线的电感分别为 1.2 $\mu H/m$ 和 1.5 $\mu H/m$,接地冲击电阻为 4 Ω,计算当雷击电流为 50 kA,波头时间为 0.25 μs 时,在 52 m 和 32 m 高度处的对地电位是多少?

解:根据 $U_z = I_0 R_g + L_0 h \dfrac{\mathrm{d}i}{\mathrm{d}t}$,得

$$\frac{\mathrm{d}i}{\mathrm{d}t} = \frac{50 \times 10^3}{0.25} = 200 \times 10^3$$

$$U_{52} = 50 \times 10^3 \times 4 + (1.2 \times 2 + 1.5 \times 50) \times 200 \times 10^3 = 15\ 680\ \text{kV}$$

$$U_{32} = 50 \times 10^3 \times 4 + (1.5 \times 32) \times 200 \times 10^3 = 9\ 800\ \text{kV}$$

答:在 52 m 和 32 m 高度处的对地电位分别是 15 680 kV 和 9 800 kV。

11.11 接触电压

人接触到雷击后的带电导体,由于带电导体有电阻和电感,并且雷电流产生的电压为非工频电压,因此对地的电位差即接触电压由电阻(阻抗)形成的电压降 U_R 和电感形成的电压降 U_L 两部分组成(这里假设人体电阻远大于树干电阻,即忽略人体对雷电流的分流):

$$U = U_R + U_L = IR + L_0 h \frac{\mathrm{d}i}{\mathrm{d}t}$$

式中:U —接触电压,V;

$\quad U_R$—电阻形成的电压降,V;

$\quad U_L$—电感形成的电压降,V;

$\quad I$—雷电流,A;

$\quad R$—接触点对地的电阻,Ω;

$\quad L_0$—导体的单位长度电感,H/M;

$\quad h$—接触点到地面的高度,m;

$\quad i$—电流,A。

【例题 11.11】有人站在一棵孤立的大树下,手扶树干,突然大树被雷电击中(该次雷击为首次雷击),雷电流为 40 kA,手接触点离地为 1.5 m,手接触点到地面的这段树干的电阻为 500 Ω,单位长度电感为 2 μH/M,试计算接触电压为多少?(假设人体电阻远大于树干电阻,即忽略人体对雷电流的分流。)

解:设手接触点对地的电位差为 U,由于树干有电阻和电感,

因此对地的电位差,也即接触电压由两部分组成,电阻压降 U_R、U_L,则

$$U = U_R + U_L = IR + L_0 h \frac{\mathrm{d}i}{\mathrm{d}t}$$

根据题意已知：$I = 40\ \text{kA}, R = 500\ \Omega, L_0 = 2\ \mu\text{H/m}, h = 1.5\ \text{m}$，
由于是初次雷击，波形为 $10/350\ \mu\text{s}$，则波头时间为 $10\ \mu\text{s}$，所以
$\mathrm{d}i/\mathrm{d}t = 40\ \text{kA}/10\ \mu\text{s} = 4\ \text{kA}/\mu\text{s}$，带入上式，则

$$U = 40\ \text{kA} \times 500\ \Omega + 2\ \mu\text{H/m} \times 1.5\ \text{m} \times 4\ \text{kA}/\mu\text{s}$$
$$= 20\ 000\ \text{kV} + 12\ \text{kV}$$
$$= 20\ 012\ \text{kV}$$

答：接触电压为 20 012 kV。

11.12 防雷装置的拦截效率

(1) 建筑物及入户设施年预计雷击次数 N 值可按下式确定：

$$N = N_1 + N_2$$

式中：N_1—建筑物的年预计雷击次数，次/a；

N_2—建筑物入户设施的年预计雷击次数，次/a。

入户设施年预计雷击次数 N_2 按下式确定：

$$N_2 = N_g A'_e = 0.1 T_d (A'_{e1} + A'_{e2})$$

式中：N_g—建筑物所处地区雷击大地密度，次/km^2·a；

T_d—年平均雷暴日，d/a；

A'_{e1}—电源线缆入户设施的截收面积，km^2，按表 11.12.1 确定；

A'_{e2}—信号线缆入户设施的截收面积，km^2，按表 11.12.1 确定。

表 11.12.1 入户设施的截收面积

线路类型	有效截收面积 A'_e/km^2
低压架空电源电缆	$2000 \times L \times 10^{-6}$
高压架空电源电缆(至现场变电所)	$500 \times L \times 10^{-6}$
低压埋地电源电缆	$2 \times d_s \times L \times 10^{-6}$
高压埋地电源电缆(至现场变电所)	$0.1 \times d_s \times L \times 10^{-6}$
架空信号线	$2000 \times L \times 10^{-6}$
埋地信号线	$2 \times d_s \times L \times 10^{-6}$
无金属铠装和金属芯线的光纤电缆	0

注：1. L 是线路从所考虑建筑至网络的第一个分支点或相邻建筑物的长度，单位为 m，
最大值为 1 000 m，当 L 未知时，应取 $L = 1\ 000$ m。

2. d_s 表示埋地引入线缆计算截收面积时的等效宽度，单位为 m，其数值等于土壤电阻
率的值，最大值取 500。

(2) 建筑物电子信息系统设备因直接雷击和雷电电磁脉冲可能造成损坏，可接
受的最大年平均雷击次数 N_C 可按下式计算：

$$N_C = \frac{0.58}{C}$$

式中:C—各类因子 C_1、C_2、C_3、C_4、C_5、C_6 之和;

C_1—为信息系统所在建筑物材料结构因子,当建筑物屋顶和主体结构均为金属材料时,C_1 取 0.5;当建筑物屋顶和主体结构均为钢筋混凝土材料时,C_1 取 1.0;当建筑物为砖混结构时,C_1 取 1.5;当建筑物为砖木结构时,C_1 取 2.0;当建筑物为木结构时,C_1 取 2.5;

C_2—信息系统重要程度因子,表 11.12.2 中的 C、D 类电子信息系统 C_2 取 1;B 类电子信息系统 C_2 取 2.5;A 类电子信息系统 C_2 取 3.0;

C_3—电子信息系统设备耐冲击类型和抗冲击过电压能力因子,一般情况,C_3 取 0.5;较弱,C_3 取 1.0;相当弱,C_3 取 3.0;

C_4—电子信息系统设备所在雷电防护区(LPZ)的因子,设备在 LPZ2 等后续雷电防护区内时,C_4 取 0.5;设备在 LPZ_1 区内时,C_4 取 1.0;设备在 LPZ_{0_B} 区内时,C_4 取 1.5~2.0;

C_5—为电子信息系统发生雷击事故的后果因子,信息系统业务中断不会产生不良后果时,C_5 取 0.5;信息系统业务原则上不允许中断,但在中断后无严重后果时,C_5 取 1.0;信息系统业务不允许中断,中断后会产生严重后果时,C_5 取 1.5~2.0;

C_6—表示区域雷暴等级因子,少雷区 C_6 取 0.8;中雷区 C_6 取 1;多雷区 C_6 取 1.2;强雷区 C_6 取 1.4。

表 11.12.2　建筑物电子信息系统雷电防护等级

雷电防护等级	建筑物电子信息系统
A 级	1.国家级计算中心、国家级通信枢纽、特级和一级金融设施、大中型机场、国家级和省级广播电视中心、枢纽港口、火车枢纽站、省级城市水、电、气、热等城市重要公用设施的电子信息系统; 2.一级安全防范单位,如国家文物、档案库的闭路电视监控和报警系统; 3.三级医院电子医疗设备
B 级	1.中型计算中心、中型通信枢纽、中型通信基站、二级金融设施、小型机场、大型体育场(馆)、大型港口、大型火车站的电子信息系统; 2.二级安全防范单位,如省级文物、档案库的闭路电视监控和报警系统; 3.二级医院电子医疗设备; 4.雷达站、微波站电子信息系统,高速公路监控和收费系统; 5.五星及更高级宾馆的电子信息系统
C 级	1.三级金融设施、小型通信枢纽电子信息系统; 2.大中型有线电视系统; 3.四星及以下宾馆的电子信息系统
D 级	除上述 A、B、C 级以外的一般用途的需防护的电子信息设备

（3）确定电子信息系统设备是否需要安装雷电防护装置时，应将 N 和 N_c 进行比较：

当 N 小于或等于 N_c 时，可不安装雷电防护装置；

当 N 大于 N_c 时，应安装雷电防护装置。

（4）安装雷电防护装置时，可按下式计算防雷装置拦截效率 E：

$$E = 1 - N_c/N$$

（5）电子信息系统雷电防护等级应按防雷装置拦截效率 E 确定，并应符合下列规定：

当 E 大于 0.98 时，定为 A 级；

当 E 大于 0.90 小于或等于 0.98 时，定为 B 级；

当 E 大于 0.80 小于或等于 0.90 时，定为 C 级；

当 E 小于或等于 0.80 时，定为 D 级。

11.13 电源总配电箱处电涌保护器的冲击电流值

电源总配电箱处所装设的电涌保护器，其每一保护模式的冲击电流值，当电源线路无屏蔽层时，按下式计算：

$$I_{imp} = \frac{0.5I}{nm}$$

当电源线路有屏蔽层或穿钢管时，按下式计算：

$$I_{imp} = \frac{0.5IR_s}{n(mR_s + R_c)}$$

式中：I——雷电流，kA，这里（总配电柜处）取 200 kA、150 kA 或 100 kA；

n——地下和架空引入的外来金属管道和线路的总数；

m——需要确定的那一回线路内导体芯线的总根数；

R_s——屏蔽层或钢管每公里的电阻，Ω/km；

R_c——芯线每公里的电阻，Ω/km。

11.14 雷电磁场强度和设备距屏蔽层的安全距离

对屏蔽效率未做试验和理论研究时，磁场强度的衰减可按下列方法计算：

(1) 闪电击于建筑物以外附近时,磁场强度按下列方法计算:

① 当建筑物和房间无屏蔽时所产生的无衰减磁场强度,相当于处于 LPZ0$_A$ 和 LPZ0$_B$ 区内的磁场强度,按下式计算:

$$H_0 = \frac{i_0}{2\pi S_a} \tag{11.14.1}$$

式中:H_0—无屏蔽时产生的无衰减磁场强度,A/m;

　　　i_0—最大雷电流,A;

　　　S_a—雷击点与屏蔽空间之间的平均距离图 11.14.1,m 按式(11.14.6)或式 (11.14.7)计算。

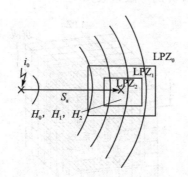

图 11.14.1　附近雷击时的环境情况

② 当建筑物或房间有屏蔽时,在格栅形大空间屏蔽内,即在 LPZ$_1$ 区内的磁场强度,按下式计算:

$$H_1 = \frac{H_0}{10^{SF/20}} \tag{11.14.2}$$

式中:H_1—格栅形大空间屏蔽内的磁场强度,A/m;

　　　SF—屏蔽系数,dB,按表 11.14.1 的公式计算。

表 11.14.1　格栅形大空间屏蔽的屏蔽系数

材料	SF/dB	
	25 kHz[1]	1 MHz[2] 或 250 kHz
铜/铝	$20 \cdot \log(8.5/w)$	$20 \cdot \log(8.5/w)$
钢[2]	$20 \cdot \log\left[(8.5/w)/\sqrt{1+18\times10^{-6}/r^2}\right]$	$20 \cdot \log(8.5/w)$

注:①适用于首次雷击的磁场;

　　②1 MHz 适用于后续雷击的磁场,250 kHz 适用于首次负级性雷击的磁场;

　　③相对磁导系数 $\mu_r \approx 200$;

　　另外,w 为格栅形屏蔽的网格宽,m;r 为格栅形屏蔽网格导体的半径,m;

　　当计算式得出的值为负数时取 $SF=0$;若建筑物具有网格形等电位连接网络,SF 可增加 6 dB。

（2）表 11.14.1 的计算值仅对在各 LPZ 区内距屏蔽层有一安全距离的安全空间内才有效（见图 11.14.2），安全距离按下列公式计算：

当 $SF \geqslant 10$ 时

$$d_{s/1} = w^{SF/10} \tag{11.14.3}$$

当 $SF < 10$ 时

$$d_{s/1} = w \tag{11.14.4}$$

式中：$d_{s/1}$—安全距离，m；

w—格栅形屏蔽的网格宽，m；

SF—按表 11.14.1 计算的屏蔽系数，dB。

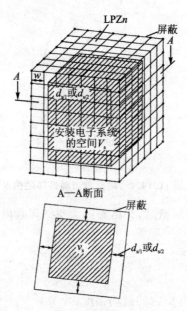

注：空间 V_s 为安全空间。

图 11.14.2 在 LPZ$_n$ 区内供安放电气和电子系统的空间

（3）在闪电击在建筑物附近磁场强度最大的最坏情况下，按建筑物的防雷类别、高度、宽度或长度可确定可能的雷击点与屏蔽空间之间平均距离的最小值（见图 11.14.3），可按下列方法确定：

① 对应三类防雷建筑物最大雷电流的滚球半径应符合表 11.14.2 的规定。滚球半径可按下式计算：

$$R = 10(i_0)^{0.65} \tag{11.14.5}$$

式中：R—滚球半径，m；

i_0—最大雷电流，kA。

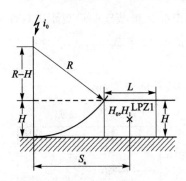

图 11.14.3　取决于滚球半径和建筑物尺寸的最小平均距离

表 11.14.2　与最大雷电流对应的滚球半径

防雷建筑物类别	最大雷电流 i_0/kA			对应的滚球半径 R/m		
	正极性首次雷击	负极性首次雷击	负极性后续雷击	正极性首次雷击	负极性首次雷击	负极性后续雷击
第一类	200	100	50	313	200	127
第二类	150	75	37.5	260	165	105
第三类	100	50	25	200	127	81

② 雷击点与屏蔽空间之间的最小平均距离,按下列公式计算:

当 $H<R$ 时:

$$S_a = \sqrt{H(2R-H)} + \frac{L}{2} \tag{11.14.6}$$

当 $H \geq R$ 时:

$$S_a = R + \frac{L}{2} \tag{11.14.7}$$

式中:H—建筑物高度,m;

L—建筑物长度,m。

根据具体情况建筑物长度可用宽度代入。对所取最小平均距离小于式(11.14.6)或式(11.14.7)计算值的情况,闪电将直接击在建筑物上。

(4) 在闪电直接击在位于 LPZ_{0_A} 区的格栅形大空间屏蔽或与其连接的接闪器上的情况下,其内部 LPZ_1 区内安全空间内某点的磁场强度可按下式计算(见图 11.14.4):

$$H_1 = \frac{k_H i_0 w}{d_w \sqrt{d_r}} \tag{11.14.8}$$

式中:H_1—安全空间内某点的磁场强度,A/m;

d_r—所确定的点距 LPZ_1 区屏蔽顶的最短距离,m;

d_w—所确定的点距 LPZ$_1$ 区屏蔽壁的最短距离,m;

k_H—形状系数($1/\sqrt{m}$),这里取 $k_H = 0.01(1/\sqrt{m})$(注:($1/\sqrt{m}$)为计量单位);

w—LPZ$_1$ 区格栅形屏蔽的网格宽,m。

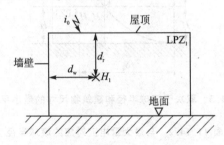

图 11.14.4　闪电直接击于屋顶接闪器时 LPZ1 区内的磁场强度

(5) 式(11.14.8)的计算值仅对距屏蔽格栅有一安全距离的安全空间内有效,安全距离按下列公式计算,电子系统应仅安装在安全空间内:

当 $SF \geqslant 10$ 时

$$d_{s/2} = w\frac{SF}{10} \tag{11.14.9}$$

当 $SF < 10$ 时

$$d_{s/2} = w \tag{11.14.10}$$

式中:$d_{s/2}$—安全距离,m;

w—格栅形屏蔽的网格宽,m;

SF—按表 11.14.1 计算的屏蔽系数,dB。

(6) LPZ$_{n+1}$ 区内的磁场强度可按下式计算:

$$H_{n+1} = H_n/10^{SF/20} \tag{11.14.11}$$

式中:H_n—LPZ$_n$ 区内的磁场强度,A/m;

H_{n+1}—LPZ$_{n+1}$ 区内的磁场强度,A/m;

SF—LPZ$_{n+1}$ 区屏蔽的屏蔽系数。

(7) 当式(11.14.11)中的 LPZ$_n$ 区内的磁场强度为 LPZ$_1$ 区内的磁场强度时,LPZ$_1$ 区内的磁场强度可按以下方法确定:

① 闪电击在 LPZ$_1$ 区附近的情况,应按式(11.14.1)和式(11.14.2)确定。

② 闪电直接击在 LPZ$_1$ 区大空间屏蔽上的情况,应按式(11.14.8)确定,但式中所确定的点距 LPZ$_1$ 区屏蔽顶的最短距离和距 LPZ$_1$ 区屏蔽壁的最短距离应按图 11.14.5 确定。

【例题 11.14】有一幢第二类防雷框架结构大楼,钢筋的直径为 16 mm,网格宽度为 2 m,距建筑物 60 m 处发生自云对地闪击,求该建筑物 LPZ$_1$ 区磁场强度和安全距离。

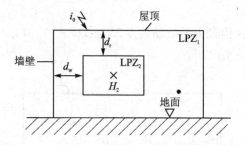

图 11.14.5　LPZ2 区内的磁场强度

解:根据

$$H_0 = \frac{i_0}{2\pi S_a}$$

$$H_1 = \frac{H_0}{10^{\frac{SF}{20}}}$$

$$SF = 20\log\left[(8.5/w)/\sqrt{1 + 18 \times 10^{-6}/r^2}\right]$$

第二类防雷建筑物首次雷击电流强度 $i_0 = 150 \times 10^3$,A,则

$$H_0 = \frac{150 \times 10^3}{2 \times 3.14 \times 60} = 398.1 \text{ A/m}$$

$$SF = 20\log\left[(8.5/2)/\sqrt{1 + \frac{18 \times 10^{-6}}{0.008^2}}\right] = 11.5 \text{ dB}$$

$$H_1 = \frac{398.1}{10^{\frac{11.5}{20}}} = 105.9 \text{ A/m} = 105.9 \times 0.01256 = 1.33 \text{ GS}$$

安全距离 $d_s = w\dfrac{SF}{10} = 2 \times \dfrac{11.5}{10} = 2.3$ m。

答:该建筑物 LPZ_1 区磁场强度为 1.33 GS,安全距离为 2.3 m.

11.15　环路中感应电压和电流

(1) 格栅形屏蔽建筑物附近遭雷击时,在 LPZ_1 区内环路的感应电压和电流(见图 11.15.1),其开路最大感应电压可按下式计算:

$$U_{oc/max} = \frac{\mu_0 bl H_{1/max}}{T_1} \tag{11.15.1}$$

式中: $U_{oc/max}$ ——环路开路最大感应电压,V;

　　　 μ_0 ——真空的磁导系数,其值为 $4\pi \times 10^{-7}$(V・s)/(A・m);

b——环路的宽,m;

l——环路的长,m;

$H_{1/\max}$——LPZ$_1$ 区内最大的磁场强度,A/m,按式(11.14.2)计算;

T_1——雷电流的波头时间,s。

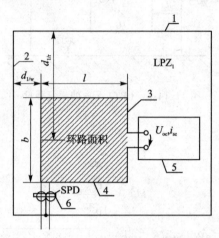

1—屋顶;2—墙;3—电力线路;4—信号线路;5—信号设备;6—等电位连接带

注:①当环路不是矩形时,应转换为相同环路面积的矩形环路;

②图中的电力线路或信号线路也可是邻近的两端做了等电位连接的金属物。

图 11.15.1 环路中的感应电压和电流

若略去导线的电阻(最坏情况),环路最大短路电流可按下式计算:

$$i_{sc/\max} = \frac{\mu_0 bl H_{1/\max}}{L} \qquad (11.15.2)$$

式中:$i_{sc/\max}$——最大短路电流,A;

L——环路的自电感,H,矩形环路的自电感可按式(11.15.3)计算。

矩形环路的自电感可按下式计算:

$$L = \left\{ 0.8\sqrt{l^2+b^2} - 0.8(l+b) + 0.4l\ln\left[\frac{\frac{2b}{r}}{1+\sqrt{1+\left(\frac{b}{l}\right)^2}}\right] + \right.$$

$$\left. 0.4b\ln\left[\frac{\frac{2l}{r}}{1+\sqrt{1+\left(\frac{l}{b}\right)^2}}\right] \right\} \times 10^{-6}$$

$$(11.15.3)$$

式中:r——环路导体的半径,m。

(2) 格栅形屏蔽建筑物遭直接雷击时,在 LPZ$_1$ 区内环路的感应电压和电流(见

图 11.15.1)V_s 空间内的磁场强度 H_1 可按式(11.14.8)计算。根据图 11.15.1 所示无屏蔽线路构成的环路,其开路最大感应电压按下式计算:

$$U_{oc/max} = \mu_0 b \ln\left(1 + \frac{l}{d_{1/w}}\right) k_H \frac{w}{\sqrt{d_{1/w}}} \frac{i_{0/max}}{T_1} \qquad (11.15.4)$$

式中:$d_{1/w}$——环路至屏蔽墙的距离,m,根据式(11.14.9)或式(11.14.10)计算,$d_{1/w}$ 等于或大于 $d_{s/2}$;

$d_{1/r}$——环路至屏蔽屋顶的平均距离,m;

$i_{0/max}$——LPZ0$_A$ 区内的雷电流最大值,A;

k_H——形状系数($1/\sqrt{m}$),这里取 $k_H = 0.01(1/\sqrt{m})$;

w——格栅形屏蔽的网格宽,m。

若略去导线的电阻(最坏情况),最大短路电流可按下式计算:

$$i_{sc/max} = \mu_0 b \ln\left(1 + \frac{l}{d_{1/w}}\right) k_H \frac{w}{\sqrt{d_{1/r}}} \frac{i_{0/max}}{L} \qquad (11.15.5)$$

(3) 在 LPZ$_n$ 区(n 等于或大于 2)内环路的感应电压和电流在 LPZ$_n$ 区 V_s 空间内的磁场强度 H_n 看成是均匀的情况下(见图 11.14.2),图 11.15.1 所示无屏蔽线路构成的环路,其最大感应电压和电流可按式(11.15.1)和式(11.15.2)计算,该两式中的 $H_{1/max}$ 应根据式(11.14.2)或式(11.14.11)计算出的 $H_{n/max}$ 代入。式(11.14.2)中的 H_1 用 $H_{n/max}$ 代入,H_0 用 $H_{(n-)/max}$ 代入。

11.16　电缆从户外进入户内的屏蔽层截面积

在屏蔽线路从室外 LPZ0$_A$ 或 LPZ0$_B$ 区进入 LPZ$_1$ 区的情况下,线路屏蔽层的截面可按下式计算:

$$S_c \geqslant \frac{I_f \rho_c L_c 10^6}{U_w}$$

式中:S_c——线路屏蔽层的截面,mm^2;

I_f——流入屏蔽层的雷电流,kA,按式(11.13.2)计算;

ρ_c——屏蔽层的电阻率,Ωm,20 ℃时铁为 138×10^{-9} Ωm,铜为 17.24×10^{-9} Ωm,铝为 28.264×10^{-9} Ωm;

L_c——线路长度,m,按表 11.16.1 的规定取值;

U_w——电缆所接的电气或电子系统的耐冲击电压额定值,kV,设备按表 11.16.2 的规定取值,线路按表 11.16.3 的规定取值。

表 11.16.1 按屏蔽层敷设条件确定的线路长度

屏蔽层敷设条件	L_c/m
屏蔽层与电阻率 ρ 的土壤直接接触	当实际长度 $\geqslant 8\sqrt{\rho}$ 时,取 $L_c = 8\sqrt{\rho}$; 当实际长度 $< 8\sqrt{\rho}$ 时,取 $L_c =$ 线路实际长度;
屏蔽层与土壤隔离或敷设在大气中	$L_c =$ 建筑物与屏蔽层最近接地点之间的距离

表 11.16.2 设备的耐冲击电压额定值

设备类型	耐冲击电压额定值 U_w/kV
电子设备	1.5
用户的电气设备($U_n < 1$ kV)	2.5
电网设备($U_n < 1$ kV)	6

表 11.16.3 电缆绝缘的耐冲击电压额定值

电缆种类及其额定电压 U_n/kV	耐冲击电压额定值 U_w/kV
纸绝缘通信电缆	1.5
塑料绝缘通信电缆	5
电力电缆 $U_n \leqslant 1$	15
电力电缆 $U_n = 3$	45
电力电缆 $U_n = 6$	60
电力电缆 $U_n = 10$	75
电力电缆 $U_n = 15$	95
电力电缆 $U_n = 20$	125

当流入线路的雷电流大于按下列公式计算的数值时,绝缘可能产生不可接受的温升:

对屏蔽线路:

$$I_f = 8S_c$$

对无屏蔽的线路:

$$I_f' = 8n'S_c'$$

式中:I_f'——流入无屏蔽线路的总雷电流,kA;

n'——线路导线的根数;

S_c'——每根导线的截面,mm^2。

对于用钢管屏蔽的线路,上述公式同样适用,将公式中的 S_c 取钢管壁厚的截面即可。

11.17　线路上电涌保护器上的冲击电流

LPZ$_0$ 和 LPZ$_1$ 界面处每条电源线路的电涌保护器的冲击电流 I_{imp}，当采用非屏蔽线缆时按式（11.17.1）估算确定；当采用屏蔽线缆时按式（11.17.2）估算确定；当无法计算确定时应取 I_{imp} 大于或等于 12.5 kA。

$$I_{imp} = \frac{0.5I}{(n_1 + n_2)m} \tag{11.17.1}$$

$$I_{imp} = \frac{0.5IR_s}{(n_1 + n_2)(mR_s + R_c)} \tag{11.17.2}$$

式中：I—雷电流，kA；

　　　n_1—埋地金属管、电源及信号线缆的总数目；

　　　n_2—架空金属管、电源及信号线缆的总数目；

　　　m—每一线缆内导线的总数目；

　　　R_s—屏蔽层每千米的电阻，Ω/km；

　　　R_c—芯线每千米的电阻，Ω/km。

11.18　振荡保护距离和感应保护距离

电源线路电涌保护器安装位置与被保护设备间的线路长度大于 10 m 且有效保护水平大于 $U_w/2$ 时，可按下列公式估算振荡保护距离 L_{po}：

SPD 在线路中的振荡保护距离 L_{po}：

$$L_{po} = \frac{(U_w - U_{p/f})}{k}$$

式中，$k = 25$ V/m。

当建筑物位于多雷区或强雷区且没有线路屏蔽措施时，可按下列公式估算感应保护距离 L_{pi}，SPD 在线路中的感应保护距离 L_{pi}：

$$L_{pi} = \frac{(U_w - U_{p/f})}{h}$$

式中：U_w—设备耐冲击电压额定值；

　　　$U_{p/f}$—有效保护水平，即连接导线的感应电压降与电涌保护器的 U_p 之和；

　　　$h = 30000K_{s1} \cdot K_{s2} \cdot K_{s3}$，V/m；

　　　K_{s1}—LPZ$_{0/1}$ 交界处的建筑物结构、防雷装置和其他屏蔽物的屏蔽效能因子；

K_{S2}——建筑物内部 $LPZ_{X/Y}(X>0,Y>1)$ 交界处的屏蔽物的屏蔽效能因子;

K_{S3}——建筑物内部布线的特性因子,按表 11.18.1 确定。

K_{S1} 和 K_{S2} 的取值:

在 LPZ 内部,当与屏蔽物边界之间的距离不小于网格宽度 w 时,防雷装置或空间格栅形屏蔽体的因子 K_{S1} 和 K_{S2} 可按下式进行计算:

$$K_{S1}=K_{S2}=0.12\,w$$

式中:w——格栅形空间屏蔽或者网格状防雷装置引下线的网格宽度,或是作为自然防雷装置的建筑物金属柱子的间距或钢筋混凝土框架的间距,m。

当感应环路靠近 LPZ 边界屏蔽体,并离屏蔽体距离小于网格宽度 w 时,K_{S1} 和 K_{S2} 值应增大;当与屏蔽体之间的距离在 $0.1w$ 到 $0.2w$ 的范围内时,K_{S1} 和 K_{S2} 的值增加一倍;当采用厚度为 $0.1\sim0.5$ mm 的连续金属屏蔽体时,K_{S1} 和 K_{S2} 相等,其值为 $10^{-4}\sim10^{-5}$;对于逐级相套的 LPZ,最后一级 LPZ 的 K_{S2} 是各级 LPZ 的 K_{S2} 的乘积。

注意:1. 当安装有符合国家标准《雷电防护第 4 部分:建筑物内电气和电子系统》GB/T 21714.4—2015 要求的等电位连接网格时,K_{S1} 和 K_{S2} 的值可以缩小一半;

2. K_{S1}、K_{S2} 的最大值不超过 1。

K_{S3} 的取值参考表 11.18.1 所列:

表 11.18.1　因子 K_{S3} 与内部布线的关系

内部布线类型	K_{S3}
非屏蔽电缆,布线时未避免构成环路①	1
非屏蔽电缆,布线时避免形成大的环路②	0.2
非屏蔽电缆,布线时避免形成环路③	0.02
屏蔽电缆,屏蔽层单位长度的电阻④ $5<R_s\leqslant20(\Omega/km)$	0.001
屏蔽电缆,屏蔽层单位长度的电阻④ $1<R_s\leqslant5(\Omega/km)$	0.0002
屏蔽电缆,屏蔽层单位长度的电阻④ $R_s\leqslant1(\Omega/km)$	0.0001

注:①大型建筑物中分开布设的导线构成的环路(环路面积大约为 50 m²)。

②导线布设在同一电缆管道中或导线在较小建筑物中分开布设(环路面积大约为 10 m²)。

③同一电缆的导线形成的环路(环路面积大约为 0.5 m² 左右)。

④屏蔽层单位长度电阻为 $R_s(\Omega/km)$ 的电缆,其屏蔽层两端连到等电位端子板,设备也连在同一等电位端子板上。

当导线布设在两端都连接到等电位连接端子板的连续金属管内时,K_{S3} 的值应当再乘以 0.1。

11.19 电涌保护器(SPD)的有效保护电压

当 SPD 与被保护设备连接时,计算 SPD 的有效保护电压 $U_{p/f}$,应综合考虑 SPD 的电压保护水平 U_p 和连接导线的感应电压降 $\triangle U$,则 SPD 最终的有效保护电压(有效电压保护水平)$U_{p/f}$ 可如下计算:

(1) 对于限压型 SPD:

$$U_{p/f} = U_p + \triangle U$$

(2) 对于电压开关型 SPD,取下列公式中的取值较大者:

$$U_{p/f} = U_p \text{ 或 } U_{p/f} = \triangle U$$

式中:U_p—SPD 的电压保护水平;

$\triangle U$—SPD 两端连接导线的感应电压降,户外线路进入建筑物处可按 1 kV/m 计算,在其后的可按 $\triangle U = 0.2 U_p$ 计算,仅是感应电涌时可忽略不计。

$$\Delta U = \Delta U_{L1} + \Delta U_{L2} = L \frac{\mathrm{d}i}{\mathrm{d}t}$$

式中:L—为两段导线的电感量,μH;

$\dfrac{\mathrm{d}i}{\mathrm{d}t}$—为流入 SPD 雷电流陡度(电流变化率)。

图 11.19.1 为相线与等电位连接带之间的电压。

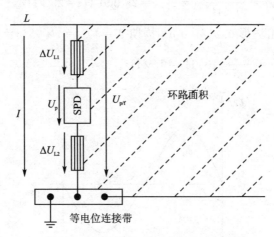

图 11.19.1 相线与等电位连接带之间的电压

【例题 11.19.1】在某信息机房配电箱上安装了一组限压型的 SPD,该 SPD 在 3 kA(8/20 μs 波形)冲击电流条件下的限制电压为 1.5 kV,SPD 与相线的连线长度为 1 m,与等电位连接带的连线长度为 2 m,如果配电箱的电源线最大可能流过的雷电流为 3 kA(8/20 μs 波形),则后端 Ⅱ 类用电设备承受电涌电压是多大? 是否符合用电设备的耐压水平? 不符合应采取什么措施?(连线单位电感 L_0 为 1 μH/m)。

解:SPD 连线上的压降为

$$\Delta V = L \frac{\mathrm{d}i}{\mathrm{d}t}$$

$$L = (1+2)L_0 = 3 \times 10^{-6} \, \mathrm{H}$$

$$\frac{\mathrm{d}i}{\mathrm{d}t} = \frac{3 \, \mathrm{kA}}{8 \, \mu\mathrm{s}} = \frac{3 \times 10^3}{8 \times 10^{-6}} = \frac{3}{8} \times 10^9 \, \mathrm{A/s}$$

$$\triangle V = 1.125 \times 10^3 \, \mathrm{V} = 1.125 \, \mathrm{kV}$$

在 3 kA(8/20 μs 波形)冲击电流下,Ⅱ 类用电设备承受的电涌电压为

$$V = \Delta V + V_r = 1.125 + 1.5 = 2.625 \, \mathrm{kV}$$

∵ Ⅱ 类用电设备承受电涌电压为 2.5 kV。

∴ 不符合用电设备的耐压水平。

措施:应将 SPD 的连接线缩短。

【例题 11.19.2】对雷电流波形前沿用正弦波模拟时,为何首次雷击 10/350 μs 波形用 25 kHz,后续雷击 0.25/100 μs 波形用 1 MHz?

解:首次雷击 10/350 μs,现用其前沿 T_1 作正弦波模拟时(见图 11.19.2),前沿 T_1 正好时一个正弦波周期 T 的 1/4,即 $T_1 = T/4 = 10$ μs,所以周期 $T = 4T_1 = 40$ μs。

而频率 $f = \dfrac{1}{T} = \dfrac{1}{40 \times 10^{-6}} = \dfrac{10^6}{40} = 25\,000 \, \mathrm{Hz} = 25 \, \mathrm{kHz}$。

同理,后续雷击波形 0.25/100 μs,周期 $T = 4T_1 = 4 \times 0.25 = 1$ μs。

而 $f = \dfrac{1}{T} = \dfrac{1}{1} = \dfrac{1}{10^{-6}} 10^6 \, \mathrm{Hz} = 1 \, \mathrm{MHz}$。

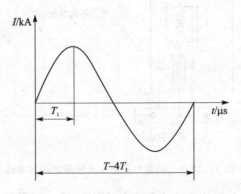

图 11.19.2　正弦波模拟的雷电流波形前沿

第12章 重点场所防雷装置检测要点

1989 年 8 月因雷击引起的黄岛油库特大火灾事故,给人们留下了深刻印象。近年来,随着我国高速公路、移动通信、电子信息系统和电力等行业和领域的迅速发展,因雷击造成损失和人员伤亡的案例亦有增多趋势。本章结合相关防雷装置检测技术规范和多年来开展此类领域服务的技术成果,进行了介绍。

12.1 爆炸和火灾危险场所防雷及防闪电静电感应接地装置检测

12.1.1 爆炸和火灾危险场所检测注意事项

1. 仪器设备的配备

从事爆炸和火灾危险场所检测的技术人员,除应在实际检测中正确使用检测仪器设备,如爆炸和火灾危险区域使用防爆型检测仪器,尚应做好检测过程中的自身防爆静电预防工作,配备相应的装备。

（1）应配备防静电服装和安全帽,因为静电可对人体产生危害。

（2）检测中使用的通话设备,应选用防爆型对讲机,现在加油加气站规定不准打手机,而常用对讲机的功率远大于手机,因此,更不能使用非防爆对讲机。

（3）在爆炸和火灾危险场所使用的锤子和锉刀,应采取相应防静电措施。如选用橡胶锤子,在金属辅助接地极上垫湿布等方法;而使用锉刀时,应将锉刀和物体被测部分淋湿。

（4）在可能产生有毒、有害气体或粉尘的场所,应佩戴防毒面具。

2. 安全规定的遵守

实际工作中,除注意自我保护和安全操作外,还应了解被测场所的有关安全规定,并严格遵守其安全规定。

12.1.2　防闪电静电感应接地检测场所分类

对于爆炸和火灾危险环境、场所,主要依据 GB50058—2014《爆炸危险环境电力装置设计规范》进行分区。分别将爆炸性气体环境、场所危险区域,划分为 0 区、1 区、2 区和非爆炸危险区域;将爆炸性粉尘环境危险区域,划分为 10 区、11 区和非爆炸性危险区域;将火灾危险环境、场所危险区域划分为 21 区、22 区和 23 区。而 GB50057—2010 中,根据爆炸性混合物的性质和危险度的大小将其作了如下的等级划分,其中爆炸性气体环境区域的划分为 0 区、1 区、2 区,爆炸性粉尘环境区域的划分为 20 区、21 区和 22 区,其划分依据为现行国家标准 GB/T 3836.35—2021/IEC 60079—10—2:2015《爆炸性环境第 35 部分:爆炸性粉尘环境场所分类》中的规定。然而,不论其划分区域是否不同,在开展防雷装置和防闪电静电感应接地装置检测时,往往将一个爆炸和火灾危险场所,例如某一加油站,划分为若干危险区域,不便于检测和对检测结果的判定。所以为了便于开展对爆炸和火灾危险场所的防闪电静电感应接地装置检测,可将爆炸和火灾危险场所分为生产场所和储运场所两类(见表 12.1.1)。

表 12.1.1　爆炸和火灾危险场所防闪电静电感应接地检测分类

序　号	生产场所	储运场所
1	炼油厂:工艺装置区	炼油厂的原油储备区、成品储备区
2	石油化纤厂:工艺装置区	石油化纤厂的原料储备区
3	石油化工厂:工艺装置区	石油化工厂的原料储备区、易燃易爆物品储备区
4	燃气制气车间	液化气储备库
5	乙炔气体生产车间	焦炉煤气储备库存
6	发生炉煤气车间	输油站
7	油漆车间	输气站
8	氢气生产车间	气液充装站:汽车加油加气站
9	烟花爆竹生产加工场所	气液充装站:液化气、天然气灌装站
10	炸药生产场所	气液充装站:液化气、煤气零灌装站
11	其他易燃易爆生产场所	气液充装站:可燃气体充装站
12	——	炸药库
13	——	弹药库

12.1.3　生产场所防闪电静电感应接地装置的技术要求及检测内容

以石油化工生产场所为例,石油化工生产场所在生产、储存、加注、使用等过程中,可能产生十分危险的静电。近年来,由于静电引发的事故在石油化工企业时有发生。例如,1997 年 7 月 6 日晚,武汉某石油化工厂某车间 14♯聚合釜因釜内有结块,需停工清釜,因釜内尚存少许丙烯,工人在清扫时丙烯气体不断挥发出来,在釜内达到爆炸极限,且由于粉料颗粒间相互摩擦产生静电放电,引发闪爆事故,造成两人严重烧伤。1999 年元月 15 日,该厂某车间 F－301 下料管处法兰之间跨接线未连接好,产生静电放电,由于车间职工发现及时,请电工重新跨接好,而未酿成大祸。

生产场所检测内容与要求如下:

1. 生产场所的工艺装置、设备

对于爆炸和火灾危险场所中生产场所的工艺装置,如生产设备操作台、原料成品传送带、反应釜(塔)、容器、换热器、过滤器、盛装溶剂或粉料的容器等金属外壳;生产电气设备的金属外壳应按相关要求做防闪电静电感应接地。应检查其与接地装置的连接状况,测量静电接地电阻。并静电接地连接线应采取螺栓连接,静电接地线的材质、规格符合表 12.1.2、表 12.1.3 的要求。

表 12.1.2　静电接地干线和接地体用钢材的最小规格

名　称	单位	规　格	
		地上	地下
扁钢	截面积/mm^2	100	160
	厚度/mm	4(5)	4(5)
圆钢	直径/mm	12(14)	14
角钢	规格/mm		50×5
钢管	直径/mm		50

注:括号内数字为 2 类腐蚀环境中用钢材的推荐规格。

2. 露天布置的金属塔体、容器等

生产工艺装置区露天布置的金属塔体、金属容器等,必须设接地;而直径不小于 2.5 m、容积不小于 50 m^3 的金属塔、罐、釜等装置,静电接地点的间距应不大于 30 m,接地点应沿设备外围均匀布置,且不少于两处;而外壳钢板厚度小于 4 mm 时,应设置接闪杆保护。检查生产场所露天布置装置的接地状况,接地间距和外壳

厚度,测试其与接地装置的电气连接和接地电阻。

表 12.1.3　静电接地支线、连接线的最小规格

设备类型	接地支线	连接线
固定设备	16 mm^2 多股铜芯电线 φ8 mm 镀锌圆钢 12×4(mm)镀锌扁钢	6 mm^2 钢芯软绞线或软铜编织线
大型移动设备	16 mm^2 钢芯软绞线或 橡套钢芯软电缆	
一般移动设备	10 mm^2 钢芯软绞线或 橡套钢芯软电缆	
振动和频繁移动的器件	6 mm^2 钢芯软绞线	

3. 有振动性的工艺装置或设备

对于爆炸和火灾危险场所生产场地有振动性的工艺装置或设备,一是检查其振动部件,要求按相关设计要求作静电接地;二是检查防静电接地线的材质、取材规格、连接方式、取其符合表 12.1.3 中的规格,并检测工艺装置或设备静电的接地电阻。

4. 皮带传动系统

工艺生产装置中,大量使用皮带传动系统,对原材料、半成品、成品进行输送。皮带传动的机组及其皮带的防静电接地刷、防护罩等应按照要求采取静电接地。应检查其静电接地状况,接地线的材质、规格应符合表 12.1.3 的要求;并测试其与接地装置的电气连接和接地电阻。

5. 袋式集尘设备

生产过程中产生的可燃粉尘,一般采用袋式集尘设备进行收集。袋式集尘设备中的袋体一般会织入导静电金属丝。应检查导静电金属丝接地端子的静电接地状况,静电接地线的材质、规格应符合表 12.1.3 的要求,测试其与接地装置的电气连接和接地电阻。

6. 与地绝缘的金属部件

生产场所的部分工艺装置会采取非金属构件、管材,如陶瓷、塑料制品等,但其连接部分往往又含有与地绝缘的金属部件,如橡胶管连接金属法兰、塑料设备金属

接头、陶瓷装置金属接口等。这些与地绝缘的金属部件,要求采用铜芯软绞线跨接引出接地。检查金属部件的接地状况,静电接地线的材质、规格应符合表 12.1.3 的要求。

7. 分体筛分、研磨、混合等生产场所

在一些化工场所,如炸药、塑料制品、油漆等生产过程中,存在分体筛分、研磨、混合等工艺过程,此类生产场所的工艺装置、设备的金属导体部件要求采取导静电接地和等电位接地,导体部件与连接线应采取螺栓连接。应检查其等电位连接和静电接地连接状况,静电接地线的材质、规格应符合表 12.1.3 的要求,测试其电气连接和静电接地电阻。

8. 生产场所的静电接地干线和接地体

爆炸和火灾危险场所的环境状况各不相同,部分场所对于金属连接导体存在严重的腐蚀性,因此,对其静电接地干线和接地体用钢材的材质、规格有着严格的规定。应检查接地干线和接地体的连接状况,所选用的钢材的材料规格,应符合表 12.1.2 的要求;测试其静电接地电阻。

9. 人体导静电措施

由于在爆炸和火灾危险场所的生产过程中,人体携带和产生的静电放电过程中,容易引起火灾和爆炸,因此,往往在生产场所进口处,会设置人体导静电接地装置,应测试其静电接地电阻。

12.1.4　储运场所防闪电静电感应接地装置的技术要求及检测内容

1. 油气罐区

我们将用于储存存在爆炸和火灾危险的液体、气体等场所,统称为油气罐区,如炼油厂的原油储备区、成品储备区,石油化纤厂的原料储备区,石油化工厂的原料储备区、易燃易爆物品储备区,液化气储备库,焦炉煤气储备库等场所,也包括加油加气站的储罐区域。这些场所往往利用储罐防雷接地装置兼作防闪电静电感应接地装置,因此,除按照本教材提高篇第 7 章中的有关要求检测防雷装置外,应注意开展以下几个方面的检测。

（1）使用前的储罐

用于储存油气等爆炸和火灾危险物质的储罐内,往往会安装搅拌器、升降器、仪

表管道、金属浮体等装置,而这些金属构件要求与罐体做良好的等电位连接。实际工作中,对于已投入使用的储罐是不便进行检测的。因此,对于新建的储罐,以及部分经检修重新投入使用的储罐,在使用前,应检查储罐内各金属构件与罐体连接良好,连接线的材质、规格应符合表 12.1.3 的要求,测试其电气连接。

(2)罐体

装有阻火器的地上卧式油罐的壁厚和地上固定顶钢油罐的顶板厚度不小于 4 mm 时,不应装设接闪杆。铝顶油罐和顶板厚度小于 4 mm 的钢油罐,应装设接闪杆(网);顶板厚度小于 4 mm 的钢油罐,接闪杆底座设在罐顶时,应有加焊的钢板。增设的接闪杆(网)应能保护整个油罐。

(3)浮顶罐

浮顶罐或内浮顶罐不应装设接闪杆,但应将浮顶与罐体用 2 根导线做电气连接。浮顶油罐连接导线应选用横截面不小于 25 mm^2 的软铜复绞线。对于内浮顶油罐,钢质浮盘油罐连接导线应选用横截面积不小于 16 mm^2 的软铜复绞线;铝质浮盘油罐连接导线应选用直径不小于 1.8 mm 的不锈钢钢丝绳(主要是考虑到避免接触点发生化学锈蚀,影响接触效果,造成静电火花隐患)。应检查浮顶罐的浮船、活动走梯等活动的金属构件与罐壁之间的连接材料规格和电气连接状况,测试其电气连接。

(4)覆土油罐

对于部分埋于地下或处于罐室内的罐体,除其自身需按设计要求采取接地措施外,外露的金属构件以及呼吸阀、量油孔等金属附件,应做电气连接并接地,接地电阻应不大于 10 Ω。检查其电气连接及接地状况,其连接线的规格应符合表 12.1.3 的要求,测试其电气连接和接地电阻。

(5)连接储罐的信息系统

随着技术的发展,为了实时监测储罐内液、气体状况,往往在储罐内安装液面、温度等传感器。而这些装于储罐上的信息系统,要求其金属外壳应与油罐体作等电位连接;配线电缆应采用屏蔽电缆,电缆穿钢管配线时,其钢管上下两端应与罐体做电气连接。应检查其等电位连接状况,测试其静电接地电阻。

(6)人体导静电措施

为了防止人体携带和产生的静电,在放电过程中引起火灾和爆炸,因此,油气罐区或罐体爬梯入口处会设置人体导静电接地装置。应测试其静电接地电阻。

2. 油气管道系统

在爆炸和火灾危险场所,如化工生产、成品原料装卸、储罐油气的输送等环节,均安装有大量的管道输送系统。当液体或气体在管壁内流动时,由于摩擦可以产生和聚集静电;而当管道受到雷电感应和静电感应时,亦可产生静电,这就需要对管道采取防雷和静电接地措施。

（1）长距离管道

对于距离较长的管道，在管道进出工艺装置区（如生产车间的厂房、储罐区等）处，以及管道分岔处要求设置接地。应测试其接地电阻。

（2）距离建筑物 100 m 内的管道

距离建筑物 100 m 内的管道，按要求应每隔 25 m 接地一次。应检查其接地间距，测试接地电阻。

（3）管道间的等电位连接

当管道平行敷设或交叉敷设时，为了防止旁侧闪络、反击可能造成的危害，要求平行管道净距小于 100 mm 时，每隔 20～30 m 作电气连接，当管道交叉且净距小于 100 m 时，亦应作电气连接。检查其连接材料应符合表 12.1.3 的要求，测试其电气连接。

（4）管道法兰的跨接

爆炸和火灾危险场所的管道法兰应作跨接连接，但在非腐蚀环境下连接螺栓不少于 5 根的管道法兰可不跨接。检查法兰跨接接线的材质、规格应符合表 12.1.3 的要求，测试法兰跨接的过渡电阻。

这里值得一提的是，目前石油化工企业在管道法兰中大量采用含有石棉的金属垫片，而其行业内行规一般采取了此类垫片的法兰少于五个连接螺栓的也可不做跨接。但目前国内的国家标准、行业标准均无此规定，因此，当连接螺栓少于 5 根连接螺栓时，应做跨接处理。

（5）工艺管道的加热伴管

油气管道系统中，部分工艺管道中的物质因需要保持一定的温度，而增加加热伴管。为了防止金属管道间的静电放电，要求伴管进汽口、回水口处与工艺管道作电气连接。检查静电连接的材质、规格应符合表 12.1.3 的要求，测试其电气连接。

（6）其他金属构件

如部分储罐安装的风管及外保温层的金属板保护罩，其连接处应咬口并利用机械固定的螺栓与罐体作电气连接并接地。测试其与接地装置的电气连接。

（7）非导体管段

在油气管道系统中，部分金属配管中间连接着非金属导体管，如橡胶管，塑料管，要求其两端的金属管应与接地干线相连，或采用截面不小于 6 mm^2 的钢芯软绞线跨接后接地；非导体管段中连接的所有金属件亦应接地。检查其连接的材料规格应符合表 12.1.3 的要求，测试跨接线两端的过渡电阻。

3. 油气运输铁路与汽车装卸区

爆炸和火灾危险物品装卸区域，容易产生静电、泄漏，因此，其防雷和防闪电静电感应的要求较为严格。但部分装卸栈桥（站台）属露天装卸作业的，可不设接闪杆

(带),这是因为,该类场所一般均严格规定在雷雨天气是不允许生产作业,因此,产生灾害的可能性极小。而在棚内进行装卸作业的,应装设接闪杆(带),而且接闪杆(带)的保护范围应为爆炸危险1区。而在开展防闪电静电感应接地装置检测时,应重点进行以下几个方面的检测。

(1) 金属管道、路灯等

油气装卸区域内安装的金属管道,油气泵等设备,路灯灯杆,线缆的金属穿线管或屏蔽管,罩棚类构筑物等,应作电气连接并接地。检查接地线的材质、规格应符合表12.1.2的要求,并测试接地电阻。

(2) 铁路钢轨

铁路装卸区域内与区域外钢轨间,要求采取绝缘隔离措施,以切断其区域内外钢轨的电气通路。如在石油库专用铁路上,应设置有两组绝缘轨缝。第一组设在专用铁路线起始点15 m以内,第二组设在进入装卸区前。两组绝缘轨缝的距离,应大于取送车列的总长度。而装卸区域内铁路钢轨的两端应采取接地措施,平行钢轨之间应在每个装卸鹤位处进行一次跨接,两组连接点间距不应大于20 m。检查钢轨的接地和跨接连接状况,接地线的材质、规格应符合表12.1.2的要求,测试其接地电阻。

(3) 装卸站台

每个鹤位平台或站台处,设置有与接地干线直接相连的接地端子(夹),要求接地端子应与鹤管端口保持电气相接。这是因为鹤管前端为非固定段,可以伸缩至运输容器的底部,以便装卸液体。检查鹤管与接地端子连接应可靠,测试其与接地装置的电气连接。

(4) 槽罐车接地

汽车槽车,如运送石油的油罐车、天然气的鱼雷罐车、槽罐车及储罐等,在装卸油、气的过程中,容易产生静电,因此,要求设置采取导静电接地装置,以便泄放静电。导静电连接装置与槽罐车仅使用普通的铜线夹或铜线直接缠绕其上时,在使用过程中,由于锈蚀、接触不良等原因容易产生静电的火花放电,这是在装卸过程中绝不允许的。因此,装卸场地宜设置能检测接地状况的静电接地仪器。测试其静电接地电阻。

(5) 人体导静电措施

为了防止人体携带和产生的静电带入装卸区域,应在装卸区入口处、操作平台梯子入口处,设置人体导静电接地装置,如接地的金属球、棒等。测试其接地电阻。

4. 油气运输码头

能实施水上运输的石油化工生产企业,油气储备库,以及原料和成品中转场所大多设有码头,码头均配备可根据水位调节的趸船。由于运输码头与生产、储存场所通过金属管道直接连接,而码头处于水路交汇处,其自身的防雷和管道的防闪电静电感应接地尤为重要。

值得注意的是,在此类场所进行检测时,检测仪器的辅助接地应设在陆地上,当距离较远时,可先测量引桥上金属管道的接地电阻,后测量其与趸船和趸船上设备、管道的等电位连接状况。

（1）静电接地的设置

码头趸船大多通过锚,金属固定绳与大地相连,为了保证金属趸船与大地有效的接地连接,防止因为水位变化、碰撞等因素导致的接地问题,要求在陆地上设置不少于一处的防雷与防静电接地装置。检查接地线的材质、规格应符合表 12.1.2 的要求,测试其接地电阻。

（2）金属构件的等电位连接

趸船上的金属管道、油泵、增压设备,构架(包括码头引桥,栈桥的金属构件,基础钢筋等)和其他不带电的金属导体,为了防止雷击、雷电感应、静电感应所造成的危害,应采取等电位连接措施,并按要求做好防雷与防闪电静电感应接地。检查等电位连接线的材质、规格应符合表 12.1.3 的要求,测试其电气连接。

（3）储运船舶

在码头的装卸栈台或趸船装卸区,应设置与储运船舶跨接的导静电接地装置,以便防止在装卸过程中由于静电的积累可能导致的静电危害。检查跨接连接线的材质、规格应符合表 12.1.3 的要求。

5. 气液充装站

日常检测中,最常见的气液充装站主要有加油站、液化石油加气站、天然气加气站等。笔者曾对中国气象局雷电防护管理办公室公布的 1999 年至 2003 年 5 年间《全国雷电灾害汇编》(此汇编为全国气象部门作的不完全统计,主要对雷电灾害的统计,静电灾害统计较少)中的加油加气站雷电和静电灾害事例进行了统计,统计情况如表 12.1.4 所列。从统计结果来看,加油加气站雷电灾害是越来越多,雷电灾害主要是损坏加油机的控制电路和电机,其次是损坏配电、计算机及其他电器设备和损坏电涌保护器(SPD),引起火灾、爆炸或在卸油、加油过程中产生灾害也有所发生(因为统计方面的原因,此汇编登录较少事例),而雷电击中建(构)筑造成损坏的事例则相对较少。

表 12.1.4　油气站雷电和静电灾害事例

灾害类型	1999 年	2000 年	2001 年	2002 年	2003 年
加油站雷电和静电灾害总计	15 例	38 例	43 例	110 例	123 例
损坏加油机控制电器,电机等	7 例	17 例	19 例	64 例	41 例

续表 12.1.4

灾害类型	1999 年	2000 年	2001 年	2002 年	2003 年
损坏配电,计算机及其他电气设备	8 例	11 例	20 例	39 例	41 例
雷电击中加油站建(构)筑物	—	1 例	1 例	—	—
雷电或静电引起火灾,爆炸	—	5 例	3 例	1 例	—
损坏低压电涌保护器	—	2 例	—	4 例	8 例
卸油,加油过程中遭受或静电灾害	—	2 例	—	1 例	2 例

从近几年武汉市加油加气站防雷防闪电静电感应检测情况统计结果来看,例如:对 2004 年武汉市防雷中心检测的 150 余家加油加气站存在的各类问题进行统计,其中有 137 家未采取防雷电感应及雷电波侵入措施、96 家加气机输油(气)胶管或少于 5 个螺丝的管道法兰未采取金属线跨接或跨接线断开、30 家存在接地阻值不符合标准要求、9 家未设置槽车卸车时专用导静电装置。由此我们可以看出,加油加气站的防雷防闪电静电感应现状不容乐观。

(1)共用接地

加油加气站等气液充装站,其输送油气的管道,加油加气机机壳、线缆的金属外皮(或电缆金属保护管),以及非独立设置的防雷装置,按要求应采用共用接地。这主要是因为加油加气站的管道、设备、装置间多有连接,且采取单独接地无法保证其接地装置间的距离要求。检测时,应测试其接地电阻。

(2)软管(胶管)的导静电

加油加气站的加油、充气软管(多为胶管),其一端连接于加油或加气机输出管道端,另一端与充装的金属枪头连接,要求两端应采用金属软铜线跨接,以防止管壁、接头处的静电积累与放电。大多充装软管的管壁中间植入了多股铜芯线或金属网,安装时,做好两端的连接即可。但亦有部分软管的管壁中未植入导静电的金属导体,须增设外接的导静电连接线。测试其电气连接状况,当采取外接导静电线时,检查其连接线的材质、规格应符合表 12.1.3 的要求。

(3)气液充装站其他场所的检测

气液充装站的储罐区、装卸区的导静电检测要求与前面介绍的油气罐区、汽车装卸区相同;水上加油站如前述码头部分要求,本处不再叙述。

6. 油气泵房(压缩机房)

为了输送易燃易爆液体、气体,而在气、液中转处设置泵房(棚)或压缩机房。在此类建(构)筑物内,当设备运行或发生事故时,由于容易产生易燃液体、气体等,与空气混合后有发生爆炸的危险。此时,如果外接管道引入高电压或电气设备产生高电压,与金属设备、管道等之间产生火花,更容易造成爆炸的危险。因此,其防雷和防闪电静电感应,应加强以下几个方面的检测。

（1）进出管道

进出泵房和压缩机房的金属管道大多露天敷设,容易因雷电感应和雷电侵入引入高电位,因此,要求进出泵房、压缩机房的金属管道,在建（构）筑物外侧设置接地装置。前面管道系统中已提到距离建筑物 100 m 的管道的接地要求,此处进一步做了强调。检测时,检查管道与接地装置连接的材料、规格是否符合表 12.1.2 的要求,并测试接地电阻。

（2）内部设备和金属导体

在静电的基础知识部分,已经介绍了静电的危害。在有爆炸危险的建筑物内,电压小至 6 V 所产生的微弱火花放电可能达到爆炸的危险。因此,对于泵房、压缩机房内的设备如电机、烃泵、压缩机、排风扇等设备,以及防爆穿线管等金属导体,均应作静电接地。检查接地线材质、规格应符合表 12.1.3 的要求,测试其静电接地电阻。

（3）人体导静电措施

泵房、压缩机房入口处,应设置人体导静电接地装置。测试其静电接地电阻。

7. 仓储库房及其他储运场所

由于爆炸和火灾危险场所的储运场所较多,其要求有相近之处,对于仓储库房,例如:弹药库、炸药库等,其危险度高,往往要求设置独立接闪杆等防雷装置,此处主要介绍其防闪电静电感应接地要求。

（1）门窗等金属导体

属于爆炸和火灾危险场所的仓储库房及其他储运场所的金属门窗。进入库房的金属管道、室内的金属货架及其他金属装置应采取防闪电静电感应接地措施。

检查时应注意,此类场所内设置的接地干线应与接地网有不少于两处的连接。接地线和连接线的材质、规格应符合表 12.1.2 和表 12.1.3 的要求,测试其静电接地电阻。

（2）引入线路

当此类场所需要引入电缆时,如照明、监控等,应将其金属穿线管、金属铠装层等在室外接地。必要时在引入室内前端安装相应的 SPD。检查其接地状况,测试其接地电阻。

（3）人体导静电措施

仓储库房入口处,应设置人体导静电接地装置。测试其静电接地电阻。

需要说明的是,其他储运场所的防闪电静电感应接地装置检测按上述相关场所的要求和相关技术标准进行。

12.1.5 防闪电静电感应接地阻值的要求

防闪电静电感应接地装置检测时阻值的要求。

1. 过渡电阻

本节中提出要求检测电气连接、等电位连接和跨接连接状况时,其过渡电阻要求不宜大于 0.03 Ω。

2. 接地电阻

(1) 共用接地。生产、储运场所的设备、装置等采取静电接地时,当静电接地、屏蔽接地与防雷电感应接地系统共用时,其接地电阻不应大于 4 Ω。

(2) 静电接地。虽然在爆炸和火灾危险场所静电的危害较为严重,但由于其能量较小,当静电接地电阻不大于 1 MΩ,均可泄放静电。因此,专设的静电接地体,其接地电阻要求不大于 100 Ω 即可。静电接地电阻值有特殊规定的,按其规定执行,当采取间接静电接地时,其接地电阻不应大于 1 MΩ。

(3) 其他接地。露天钢质储罐、泵房(棚)外侧的管道接地、直径大于或等于 2.5 m 及容积大于或等于 50 m³ 的装置,和覆土油罐的罐体及罐室的金属构件以及呼吸阀、量油孔等金属附件,接地电阻不应大于 10 Ω。地上油气管道接地装置的接地电阻不应大于 30 Ω。距离建筑物 100 m 内的管道接地电阻不应大于 20 Ω。

12.1.6 典型场所的防雷装置、防闪电静电感应接地装置检测内容

1. 加油加气站的防雷装置和防闪电静电感应接地装置检测

汽车加油站主要由地下储油罐、槽车卸油场、加油岛、站房及宿舍等组成。液化石油气主要由储罐储气瓶组(井)、压缩机房、槽车卸气场、加气岛、站房等组成。天然气加气站主要由储气瓶组或储气井、压缩机房、调压装置、槽车卸气场、加气岛、站房等组成。其技术要求和检测内容如下:

(1) 油罐、液化石油气罐和压缩天然气瓶组必须进行防雷接地,接地点不应少于两处;接地装置与电气设备工作、保护接地、防闪电静电感应接地共用时,不大于 4 Ω,单独设立时接地电阻值不大于 10 Ω。

(2) 埋地油(气)罐与露出地面的工艺管道相互做电气连接并接地,由于油(气)罐的呼吸阀、量油孔、通气管、放散管及阻火器等器件,有可能遭受直击雷击或感应雷的侵害,故应相互做良好的电气连接并接地,防止雷电反击;接地电阻值不大于

10 Ω(当共用接地时不大于 4 Ω)。

（3）当加油加气站的站房和罩棚需要防直击雷时，应采用接闪带(网)保护。

（4）加油加气站的信息系统(通信、液位、计算机系统等)应采用铠装电缆或导线穿钢管配线。配线电缆金属外皮两端、保护钢管两端均应接地，是为了产生电磁封锁效应，减少雷电波的侵入，减少或消除雷电事故；接地电阻值不大于 4 Ω。

（5）加油加气站信息系统的配电线路首、末端与电子器件连接时，应装设与电子器件水平相适应的电涌保护器。

（6）380/220 V 供配电系统宜采用 TN - S 系统，供电系统的电缆金属外皮或电缆金属保护管两端均应接地，在供配电系统的电源端安装与设备耐压水平相适应的电涌保护器。

（7）地上敷设的油品、液化石油气、天然气管道的始末端和分支应设防闪电静电感应和防感应雷的联合接地装置，其接地电阻不大于 30 Ω(当共用接地时不大于 4 Ω)。

（8）加油加气站的汽车槽车卸车场地，应设罐车卸车时用的防闪电静电感应接地装置，其接地电阻值不大于 100 Ω。

（9）在爆炸危险区域内的油品管道上的法兰、胶管两端等连接处应用金属线跨接，主要是为了防止法兰及胶管两端连接处由于连接不良(接触电阻大于 0.03 Ω)而发生静电，继而发生爆炸火灾事故；跨接(接触)电阻小于 0.03 Ω。

2. 气罐瓶站(煤气站)的防雷装置和防闪电静电感应接地装置检测

液化气罐瓶包括储气罐区、汽车(或铁路)槽车(装)卸区、压缩机间(泵房)、罐瓶间等构成。储气罐一般设于地上棚架内，埋地罐较少；罐瓶间有直接罐装和流水线罐装等形式。其技术要求和检测内容如下：

（1）储气罐区罐体、金属棚架必须设有防雷(静电接地)接地，且每罐、棚架引下线接地点不应少于两处，罐体、棚架宜采用共用接地装置；罐区应设置接闪杆(线)保护；防雷接地电阻不大于 10 Ω。

（2）与储气罐相连接的管道、呼吸阀、安全阀等法兰、阀门少于五个连接螺栓，应采取跨接处理；过渡电阻小于 0.03 Ω。

（3）罐区的电子器件的金属外壳、金属管道应做静电接地；罐区爬梯入口处，应设有消除人体静电装置；其接地阻值不大于 100 Ω。

（4）装卸液化石油气用的胶管两端(装卸接头与金属管道)和罐瓶间加气枪胶管两端(装卸接头与金属管道)采用不小于 6 的铜线跨接；过渡电阻小于 0.03 Ω。

（5）进入压缩机间(泵房)的配电线路，必须穿钢管(屏蔽和防爆)，钢管连接处，应采取等电位连接处理并接地；压缩机间(泵房)的压缩机、泵机、电机金属外壳应与接地线连接，等电位连接电阻应小于 0.03 Ω，接地电阻应不大于 4 Ω。

(6) 380/220 V 供配电系统宜采用 TN-S 系统,供电系统的电缆金属外皮或电缆金属保护管两端均应接地,在供配电系统的电源端应安装与设备耐压水平相适应的电涌保护器。

(7) 灌瓶间内电子磅秤的金属部分作静电接地;流水线灌装时,其金属链条钢架做静电接地;静电接地与安全接地等系统共用,接地电阻值不大于 4 Ω。

12.2　高速公路设施防雷装置检测

高速公路属于高等级公路,其建设情况反映着一个国家和地区的交通发达程度乃至经济发展的整体水平。全世界已有 80 多个国家和地区拥有高速公路,通车总里程超过了 23 万 km。而中国的高速公路总里程位居世界第二(仅次于美国),至 2008 年,通车总里程达到 6.03 万 km。中国台湾省于 1978 年底建成基隆至高雄的中山高速公路长 373 km。1988 年 10 月 31 日,上海至嘉定 18.5 km 高速公路建成通车,使中国大陆有了高速公路。此后,我国高速公路建设突飞猛进:2004 年 8 月底突破了 3 万 km,比世界第三的加拿大多出近一倍。

世界上最早的高速公路可以说就在中国,即秦直道。秦直道,南起京都咸阳军事要地云阳林光宫(今淳化县梁武帝村),北至九原郡(今内蒙古包头市西南孟家湾村),穿越 14 县、700 多千米。路面最宽处约 60 m,一般亦有 20 m。据《史记》载:"自九原抵甘泉,堑山堙谷,前八百里。"《汉书》称:"道广五十丈,三丈而树,厚筑其外,隐以金椎,树以青松。"可见其工程的艰巨、宏伟。

秦直道的确可称为一世界公路工程奇迹,它纵穿陕北黄土高原,沿海拔 1600 多米的子午岭东侧北上,在延安境内就跨越了黄陵、富县、甘泉、志丹 4 个县域,然后向东北延伸,通往内蒙古包头市。其道历经 2000 年沧桑,大部分路面仍保存完好,多处坚硬的路基上只有杂草衍生,竟未长乔木,尤其是甘泉县境内的方家河秦直道遗迹,跨河引桥桥墩依然存在,夯土层十分清晰。清嘉庆年间文献记载:"若夫南及临撞,北通庆阳,车马络绎,冠盖验驱……"表明秦直道的荒废仅是近几百年的事。

12.2.1　高速公路

世界各国的高速公路没有统一的标准,命名也不尽相同。美国、加拿大、澳大利亚把高速公路命名为 freeway,美国的州际和国防公路网,德国命名为 autobahn,法国命名为 motorway。各国尽管对高速公路的命名不同,但都是专指有四车道以上、两向分隔行驶、完全控制出入口、全部采用立体交叉的公路。此外,有不少国家对部分控制出入口、非全部采用立体交叉的直达干线也称为高速公路。国际道路联合会在历年的统计年报中,把直达干线也列入高速公路范畴。我国交通部《公路工程技术标准》规定,高速公路是指"能适应年平均昼夜小客车交通量为 25 000 辆以上、专供汽车分道高速行驶、并全部控制出入的公路"。一般能适应 120 km/h 或者更高的速度,要求路线顺畅,纵坡平缓,路面有四个以上车道的宽度。中间设置分隔带,采用沥青混凝土或水泥混凝土高级路面,为保证行车安全设有齐全的标志、标线、信号及照明装置;禁止行人和非机动车在路上行走,与其他线路采用立体交叉、行人跨线桥或地道通过。

1. 道路设计特点

高速公路设计行车速度,在野外大多按照地形的不同,分为 80、100、120 和 140 km/h 四个等级;通过城市大多采用 60 和 80 km/h 两个等级。高速公路平面线形大多以圆曲线和加缓和曲线为主,并重视平、纵、横三维空间立体线形设计。

高速公路在郊外大多为 4 个或 6 个车道,在城市和市郊大多为 6 个或 8 个,甚至更多。路面现多采用磨光值高的坚质材料(如改良沥青),以减少路表液面飘滑和射水现象。路缘带有时用于路面不同颜色的材料铺成。硬路肩为临时停车用,也需用较高级材料铺成。在陡而长的上坡路段,当重型汽车较多时,还要在车行道外侧另设爬坡车道。必要时,每隔 2～5 km 在车行道外侧加设宽 3 m、长 10～20 m 的专用临时停车带。

高速公路与铁路或其他次要公路相交,可修筑分离式立体交叉;当与其他重要公路相交而转弯车流较多时,应修筑互通式立体交叉。在高速公路两旁适当地点应修筑集散道路以及加速和减速车道,以控制汽车进出高速公路。

高速公路通过城市时,大多沿城市周围的环道绕过,如有必要穿过城市交通繁忙地区,为减少车辆拥挤、废气和噪声污染,多修成高架式、路堑式或隧道式,有时还要修筑多层式立体交叉或天桥,形成立体交通网。

2. 高速公路的附属设施

当高速公路的中央分隔带较窄,则须于其上设置防眩板或防护栅。高速公路上应设置夜间能发光或反光的交通标志牌。中央分隔带和渠化岛的边缘以及路面标线上均宜镶设反光器,桥梁、隧道、立体交叉以及城市地区设置大型照明设备。高速公路沿线每隔一定距离要设置收费站、加油站、公用电话、停车场、饭店和旅馆等服务设施。在高速公路交通繁忙地段,可设置交通监视中心,整个地区车辆运行情况,由电视摄像机传到荧光屏,据以指挥交通,还可利用无线电将信息传送给汽车驾驶员。当路上发生交通事故,监视中心可派巡视车或直升机到现场进行处理。

任何事物的诞生和发展在不同程度上具有一定的特殊性和它本身所具的局限性。公路的发展与社会经济发展是互动的,社会的发展,经济的腾飞必须有完善的交通运输作为基础,而交通运输的进一步发展,又依赖于经济的支持和促进。公路运输本身具有机动灵活、适应性强、"门对门"服务、量大面广等特点,但普通公路也存在线形标准低、路面质量不高、车速地、混合交通相互干扰大、开放式管理造成侧向行人与非机动车等干扰、事故多、安全性差等缺点,而高速公路与普通公路比,既有像设计指标量上的区别,又有像管理这样质上的区别。

12.2.2　高速公路设施的雷电灾害与现状

高速公路一方面方便和改变了人们的出行方式,让人们有更多的选择。不过,一旦出现了交通拥堵、发生交通事故,以及由于气象条件因素造成通行环境改变,将引起严重后果。因此,其路线上的大桥等建筑物,以及监控、通信、交通指示、计费系统等弱电系统遭遇雷电灾害的概率非常大。

1. 雷电灾害案例

2006 年 8 月 1 日 7 点 10 分,湖北省某高速公路伍家岗收费站收费、计重及监控系统发生故障,无法实施电脑计费,收费站发生严重拥堵,后为保障通行,不得不直接放行,造成了严重的经济损失。"8.1"伍家港收费站事故发生后,公司立即对事故现场进行了现场勘查,并统计了设备损毁情况初步分析了事故原因,认为系雷击造成。应该公司的邀请,湖北省防雷中心于 8 月 10 日派 5 名技术人员,前往伍家岗对现场环境状况和地理特征进行了勘察,并对破坏情况进行了调查,经分析认为该次事故确系雷击造成。

此次雷击直接导致大量设备损坏。计重系统损坏了 5#,6#,7#,8# 车道控制柜内 CPU 板,电子盘,各车道轮胎识别器损坏 30 个,8# 车道光幕损坏 1 对。还损坏了一些其他系统设备,UPS 电源一套,车道机硬盘 7 块。IO 卡 5 块,主板 5 块,网卡1 块,显示器 1 台,栏杆机模块 7 块,读写器一套,摄像机 1 个,广场视频光端机 1 对,光接收机 1 对,视频电涌保护器 1 个,雨棚信号灯 4 个,12 口交换机 1 台,对讲主机电源一只及费额显示器 1 套。

2. 雷电防护现状

2006 年 8 月 10 日到 2006 年 8 月 12 日,湖北省防雷中心曾对湖北某高速公路股份有限公司所属 13 个收费站和 2 个监控中心的现有防雷装置进行了检测。通过检查测试,发现宜昌,伍家岗,猇亭,安福寺及枝江等 5 个收费岗亭顶部上没有安装防雷装置,存在遭受直击雷袭击的风险。现有防雷电感应及雷电波入侵不完善,电源线路上安装了两级电涌保护器装置,信号线路上只发现在监控云台引下的视频馈线上装有馈线 SPD。收费系统,计重系统未采取公共接地每部分设备及装置接地阻值不符合国家相关标准要求。电源线路及信号线路所穿金属管未采取等电位连接及接地措施。

12.2.3　高速公路设施的防雷装置检测

高速公路设施的防雷装置检测,主要是指高速公路上的建筑物,机电系统,加油加气站防雷装置的检测。到目前为止,我国尚未制定有关高速公路设施防雷装置检测等方面的国家标准,中国气象局行业标准 QX/T190—2013 和 QX/T211—2019 已发布实施。

1. 建筑物防雷装置检测

高速公路收费天棚、服务区、办公区建筑物及附属建筑物防雷装置检测,按照本教材提高篇中相关内容的要求进行。

（1）服务区广场

服务区广场应优先利用广场高杆灯顶部安装的接闪杆或设置独立接闪杆进行直击雷防护,其保护范围可按滚球半径 60 m 计算。检查其他接地装置的设置情况,测试接地电阻。

（2）桥梁

① 桥面

宜利用桥梁路面连续的钢护栏,斜拉或吊桥悬索等桥梁金属构架作为接闪器。检测时,应测试每根金属构架与大桥主接地的电气连接。

② 主塔

(特)大桥的钢筋混凝土主塔宜采用安装在其顶部的接闪带（网）或接闪杆或由其混合组成的接闪器,接闪网的网格尺寸应不大于 10 m×10 m 或 12 m×8 m,采用接闪带时宜沿主塔顶部外沿明敷。当主塔顶部装有永久性金属物时,也可利用其作为接闪器,但其各部件之间均应连成电气通路。检查接闪器的材料,规格应符合本教材提高篇中接闪器的规定,测试其与大桥主接地电气连接。

③ 桥梁

桥梁的长跨距金属构梁等外露面较大的金属物,应保持电气连通,并宜利用桥墩（立柱）内的钢筋和桩基钢筋网作为引下线及接地装置。应检测其与大桥主接地的电气连接。

④ 桥梁整体等电位连接

桥梁伸缩缝间,桥梁与桥墩基础钢筋之间,应保证电气连通,以实现桥梁整体等电位。因此,这些间隙之间宜采用金属软线跨接。应检测其等电位连接状况。

2. 加油加气站

加油加气站的检测按本书第 12.1 节的要求进行。

3. 机房

高速公路沿线各类机房,除按照第 12.4 节的要求进行防雷装置检测外,尚应注意以下几个方面的要求。

(1) 设置位置

高速公路沿途收费站,以及整个线路的监控中心所处建筑物,大多处于旷野之中,因此,其雷电防护的环境更为恶劣,如图 12.2.1 所示,其机房宜设置在所处建筑物低层中心部位的 LPZ_1 区及其后续雷电防护区内。检查时,应根据雷电防护区的划分,判定其所处的位置。

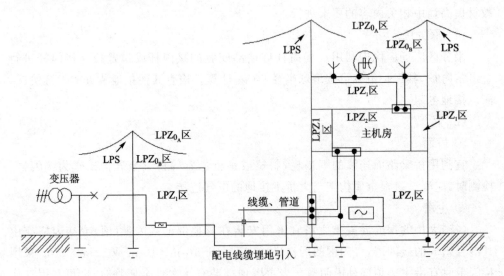

图 12.2.1　高速公路监控机房的防雷区划分

(2) 外墙屏蔽

机房外墙内的钢筋应采用电气连接,机房的金属门、窗和金属屏蔽网与建筑物内的主筋应做可靠电气连接。在进行跟踪检测时,应检查其电气连接的有效性;对于已投入使用的建筑,首次检测时,可通过查看图纸、隐蔽工程记录的方式。

(3) 等电位连接带的设置

机房内应沿墙四周设一环型闭合接地汇流排,并与机房预留的局部等电位接地端子板至少两处做可靠连接,机房内所有外露导电物及防闪电静电感应地板支架应建立一等电位连接网络,其连接方式采用 S 型还是 M 型或 M 型、S 型的组合型,除考虑机电设备的分布和机房面积大小外,还应根据机电设备的抗扰度及设备内部的接地方式来进行选择。通常,S 型等电位连接网络可用于相对较小、低频率和杂散分布电容起次要影响的系统。检测时应注意,除等电位连接导体的材料规格、等电位连接状况,应符合本教材提高篇中的要求外,还应测试当采用 S 型等电位连接网络时,机电系统的所有金属组件,除接地基准点外,应与共用接地系统的各组件有大于 10 kV、1.2/50 μs 的绝缘。

(4) 设备布置

雷电流在通过建筑物的主筋泄流的过程中,由于集肤效应,大部分雷电流将沿着建筑物外墙柱泄放,此时在其周围将产生电磁效应。因此,要求机房内的电子设备距外墙及柱、梁的距离不应小于 1 m。检查设备与外墙及柱、梁的间距。

4. 收费岛机电系统

高速公路收费岛,除按照第 12.4 节的要求进行防雷装置测外,尚应注意以下几个方面的要求。

(1) 收费岛接地的设置

在收费天棚下部,根据车道的多少,设置有多个收费岛,每个收费岛内均安装了监控、计重、收费等机电系统。前面已经介绍了收费岛的雷击案例,因此,设计时要求收费天棚采用接地系统如图 12.2.2 所示。

而每个收费岛内的收费亭、自动栏杆、通行信号灯、计重装置金属构件、费显装置及车道摄像机支撑架(杆)、车道护栏、立柱、限宽柱、地下通道的门、扶栏等所有的金属构件也应如图 12.2.3 所示,就近与预留的等电位接地端子板可靠电气连接。

检测时,应检查岛内收费亭,各类设备的金属外壳、金属导体与收费岛共用接地装置的材料规格、安装工艺,应符合本教材提高篇中的要求,测试其与共用接地装置的电气连接。

(2) 机电设备

收费亭内的金属机柜、各种机电设备的金属外壳应与收费亭内预留的等电位接地端子板电气连接;计重收费系统的设备外壳、金属框架、线缆的金属外护层或穿线金属管及相关的 SPD 接地等应与收费岛共用接地系统连接。检查连接线的材料规格、安装工艺,测试其电气连接。

(3) 防雷区与 SPD 的设置

在近年来开展的高速公路防雷装置检测过程中,发现很多单位在进行低压配电线路、信号线路防雷设计时,往往以电缆的线路设计 SPD 的防护级别,存在着严重的安全隐患。因此,进、出收费亭的配电线路、信号线路应严格按照防雷区的划分,采取防护措施。检查其在防雷区的不同界面处应设计安装符合使用要求的 SPD。

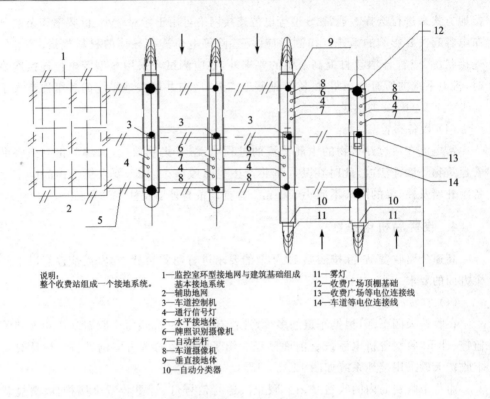

说明:
整个收费站组成一个接地系统。

1—监控室环型接地网与建筑基础组成
　　基本接地系统
2—辅助地网
3—车道控制机
4—通行信号灯
5—水平接地体
6—牌照识别摄像机
7—自动栏杆
8—车道摄像机
9—垂直接地体
10—自动分类器

11—雾灯
12—收费广场顶棚基础
13—收费广场等电位连接线
14—车道等电位连接线

图 12.2.2 收费天棚共用接地系统示意图

5. 外场机电系统

为了保障高速公路交通的正常运行,实时监测路面的通行环境和状况,在高速公路沿途设置了大量的外场机电系统,如可变限速标志、可变情报板、气象检测器、车辆检测器及监控摄像探头等。由于此类系统有的采取有通信和电缆供电,而偏远地区也有部分采用无线通信和太阳能供电措施,而又处于旷野之中,极易遭受雷击,造成对交通运输的影响。因此,在开展高速公路防雷装置的跟踪检测或首次检测时,应注意以下几个方面。

(1)直击雷保护

如图 12.2.4 所示,可变限速标志、可变情报板、监控摄像系统,以及气象检测器、车辆检测器等应采取防直击雷措施。检查其应处于接闪器有效保护范围内。

如图 12.2.5 所示,检查高杆灯防雷引下线及接地体的材料规格、安装工艺应符合设计要求。

(2)线路保护

外场机电系统的传输线路、配电线路应按设计要求敷设、采取相应的屏蔽措施。

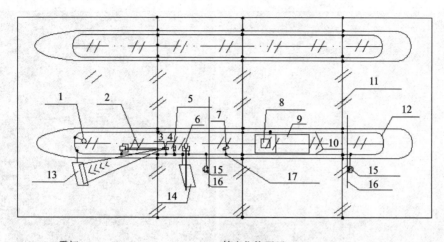

1—雾灯
2—手动栏杆
3—天线
4—发生器
5—通信信号灯
6—自动栏杆
7—车道摄像机
8—车道控制机(含终端和键盘)
9—收费亭
10—基础配筋
11—连接钢筋(4×4 mm扁钢)
12—等电位均压环
13—存在线圈
14—车辆检测器
15—雨棚信号灯
16—雨棚边缘
17—等电位连接端子

图 12.2.3　收费岛车道共用地网示意图

检查低压配电线路、信号线路在各雷电防护分区的不同界面处安装的 SPD 符合设计要求,线缆的屏蔽应两端连通,连接处应保持电气连通,测试其电气连接。

(3) 接地的要求

监控系统前端设备(摄像头、监控云台等),应采取的独立接地,其与系统共用地网应保持不小于 3 m 的间距,检查其间距。

而车辆检测器、气象检测器、可变标志等系统的显示屏、机箱等金属外壳应与接地装置作等电位连接。测试其电气连接。

6. 通信系统

高速公路通信系统防雷装置的检测除按上述要求进行外,还要注意:

(1) 埋地光缆

埋地光缆,极易忽视其雷电防护工作。由于敷设光缆的管材和光缆自身可能带有金属构件,如金属挡水层、金属加强芯等,光缆埋设过程中,穿山越岭途经土壤电阻率变化较大的区域,容易遭受雷击。

因此,埋地光缆上方应埋设排流线或架设的架空地线。应检测其材料规格、安装工艺符合设计要求,测试其接地电阻。而光缆人、手孔处、引入机房前应将其缆内

图 12.2.4 部分外场机电系统

图 12.2.5 高杆灯防雷引下线

金属构件接地,测试其接地电阻。

（2）紧急电话机箱

沿途设置的紧急电话箱,处于野外孤立处,应将电话箱金属外壳予以接地。接地电阻不应大于 10 Ω。测试其接地电阻。

7. 低压配电系统

除在中心(站)变电所、配电房建筑物上安装的防雷装置,低压配电、照明线路上安装的 SPD 和引出的各配电专线线缆应采用屏蔽措施外,检测中应注意以下几个方面。

(1) 线缆引入

引入高压架空供电线路,在进入变电所、配电房前应转用金属护套或绝缘护套电力电缆穿钢管埋地,埋地距离不小于 50 m 引入变压器输入端。跟踪检测或首次检测时,应检查其埋地距离。

(2) 供电制式

配电房低压配电线路,应采取 TN - S 型供电制式。检查其供电制式。

(3) 外场设备电源

高速公路外场设置的大量设备,其电源箱、配电箱、分线箱应与安全保护接地做良好的等电位连接。测试其电气连接。

8. 桥梁、隧道的机电系统

桥梁、隧道的供配电线路、信号线路、照明线路上应安装相应的 SPD,有关 SPD 的要求见本教材基础篇的 4.3.3 小节和本教材提高篇 7.3.4 小节第 5 电涌保护器 (SPD)主要测试项目部分。

(1) 桥梁线缆敷设

在检测大桥的机电系统时,应注意桥面敷设的配电线路、信号线路、照明线路应采取屏蔽措施,屏蔽层应保持电气连通。测试其屏蔽层电气连接和两端接地。

(2) 隧道

图 12.2.6 是一张典型的隧道机电系统雷电防护的示意图。

① 接地装置的要求

隧道的结构钢筋应构成闭合的接地网,接地网的接地电阻值一般要求不大于 4 Ω。隧道洞口外金属广告牌及指示牌、路灯及信号灯金属杆、摄像头金属支撑杆等金属物应就近与隧道共用接地系统相连。若相距较远(20 m 以上)可单独设置独立接地装置,防雷接地电阻值一般要求不大于 10 Ω。检测时,应测试共用接地和独立接地装置的接地电阻。

② 可靠的等电位连接

为了便于隧道内敷设线缆和安装设备的就近接地,在隧道内两侧可分别设置一组贯穿隧道的等电位连接带,并与隧道结构钢筋网可靠电气连接。并在隧道内各区域控制器(箱、屏)及预计安装监控、消防、通风、照明等机电设备处预留等电位接地

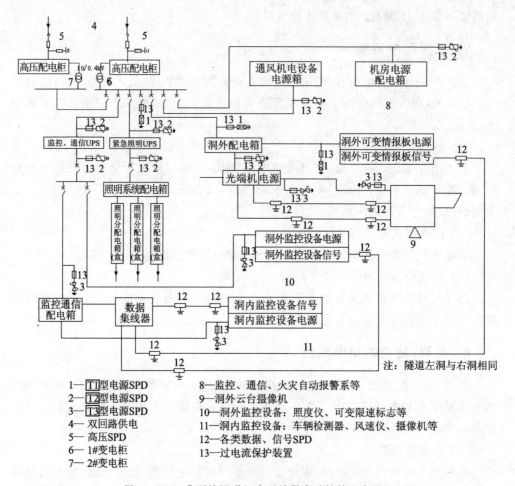

1—T1型电源SPD
2—T2型电源SPD
3—T3型电源SPD
4— 双回路供电
5— 高压SPD
6— 1#变电柜
7— 2#变电柜
8—监控、通信、火灾自动报警系等
9—洞外云台摄像机
10—洞外监控设备：照度仪、可变限速标志等
11—洞内监控设备：车辆检测器、风速仪、摄像机等
12—各类数据、信号SPD
13—过电流保护装置

图 12.2.6 典型的隧道机电系统雷电防护的示意图

端子板,该等电位接地端子板与隧道结构钢筋网或等电位连接带可靠焊接连通。测试其接地电阻。

③ 线缆敷设

隧道内的车辆检测器、气象检测器、环境检测器、紧急电话系统、可变标志、消防、闭路电视监控等系统的信号线缆及其供电电力线缆宜分别在隧道内两侧布设,这样既可以有效避免线缆间的相互影响,亦可防止反击。而在距隧道洞口 100 m 内的线段,信号、电力线缆宜采取封闭的金属桥架布线,并至少在两端与等电位连接带连接。测试其电气连接状况。

④ 有关 SPD 的选配

隧道由于地处山区野外,引入隧道的低压配电线路应采用金属外护套电力电缆埋地敷设。洞外与洞内配电箱,应选择安装适配的 SPD。

12.3　通信局(站)防雷装置检测

随着 GSM、CDMA 等移动通信技术的广泛普及,各通信公司之间的竞争也日趋激烈。降低故障率是提高服务质量的重要标志,而在每年的雷暴天气活动期间,雷击成为造成通信事故极为重要原因之一。近年来通过对武汉市通信局(站)多年的防雷检测、雷击鉴定情况来看,虽然通信局(站)都采取了防直击雷措施,且安装了电涌保护器(SPD),甚至防雷检测技术人员检测结果达到了相关标准要求,但每年仍有一定数量的基站(见图 12.3.1)遭受雷击。

图 12.3.1　典型移动通信基站

怎样才能做好通信局(站)的防雷装置检测,结合本地区的特点,向建设单位提出有效的预防雷电灾害措施,保障通信局(站)设备的正常运行和工作人员的人身安全呢? 本节将结合国家标准 GB/T 33676—2017《通信局(站)防雷装置检测技术规范》的要求,介绍通信局(站)防雷装置检测技术。

12.3.1　通信局(站)雷电防护现状

通信局(站)是所有通信站型的统称,包括综合通信大楼、交换局、数据中心、模块局、接入网站、局域网站点、移动通信基站、室外站、边界站、无线市话站、卫星地球站、微波站等。统计近几年武汉某移动通信公司基站遭受雷击的历史资料发现,基站站房和设备未出现直接被直击雷损坏案例,雷击主要损坏低压配电系统、信号系统。移动通信基站就其所处的环境条件看,一般分三类情况:一是城区站,多设于市内建筑物楼顶;二是郊区站,天线铁塔和机房设在野外平原同一地面或民房楼顶;三是山区站天线铁塔和机房设在山顶。

针对通信局(站)遭受雷击的现状,2007 年 3～8 月湖北省防雷中心对武汉市某移动公司全市的移动通信基站进行调查,采集了 742 个站点的现有防护措施信息。从采集信息情况来看。主要有以下特点:

(1) 完善的直击雷防护措施。从采集的 742 个基站的信息分析发现,城区站、郊区站和山区站的站房和室外天线在建设初期,采取了直击雷防护措施。城市站和郊区(民房)站安装在已有直击雷防护系统的建筑物上,其站房金属外壳、天线塔塔脚、天线撑杆等都与该建筑物的直击雷防护系统采取了连接;安装在无直击雷防护系统建筑物上的城区站和郊区站,以及山区站则在支撑天线的铁塔、拉线塔顶部安装了接闪杆。通信天线和机房均在直击雷保护范围之内。

(2) 低压配电系统的雷击电磁脉冲防护措施不完善或不合理。从采集的 742 个基站的信息分析发现,山区站和 80% 以上郊区站,以及少量城区站均采取架空线直接引入基站,这种引线方式对低压配电线路的雷击电磁脉冲防护装置带来严峻考验。所有基站均采取了 SPD 保护,仅在低压电源入户端处安装了一级电涌保护器共计有 51 个基站;有 690 个站的低压配电系统采取了二级防护措施,这其中却有 366 个基站的 SPD 在选型或 SPD 安装间距上存在问题,占总数的 49.39%。

(3) 进、出站房部分信号线路的防护措施不完善。从天线引入机房的馈线在天线端和设备前端或设备端口处安装了馈线 SPD。近年来,武汉市城、郊及山区的基站环路通信,除极少数中继站,还保留微波通信系统,基本采用光缆传输。但我们在检测中发现,进出通信基站的光缆,其金属铠装层、缆内金属构件均未接地,而直接通过酚醛板隔离固定在光端机柜内。

(4) 部分基站接地系统存在隐患。郊区站和山区站的铁塔地网、机房地网及变压器地网在地下进行了连接。城区站充分利用建筑物的防直击雷接地装置(如建筑物的自然接地体),而基站机房设备接地网单独设立。调查中发现一部分未采取共用接地的城区站和郊区站,由于地理环境和施工条件的限制,天线防直击雷装置接地和基站设备接地并未按规范要求保持一定距离,分别引入地网,而是直接并排(其间距小于 3 m)引入地网。当天线接闪杆直接接闪后,这种并排的敷设方式就为雷电反击提供了条件。

12.3.2　通信局(站)防雷装置的技术要求与检测内容

通信局(站)的通信铁塔、拉线塔、抱杆,其顶部安装的接闪杆、引下线及接地装置的材料规格,安装工艺的要求和检测内容,已经在本教材提高篇中做了介绍。本节主要介绍对通信局(站)需要注意的防雷装置检测项目与内容。

1. 铁塔与地网的连接

当采用铁塔布设天线时,铁塔的 4 个塔脚均须与地网连接;而铁塔位于机房屋顶时,应利用建筑物内钢筋与楼顶接闪带连接,至少连接 2 处以上,如建筑物内无钢筋或接闪带时,其与地网连接则亦须 4 处。连接材料要求使用 40 mm×4 mm 热镀锌扁钢。检查铁塔与接地网的连接状况,材料规格和安装工艺在本教材提高篇第 7 章中已作要求。

2. 机房与地网的连接

而通信局(站)机房(站房)的接地引下线,等电位接地端子与机房地网连接,要求不少于 2 处。连接材料要求使用 40 mm×4 mm 的热镀锌扁钢或截面积为 95 mm^2 的多股铜芯线缆。这里需要说明的是,机房接地引入线的长度必须控制在 30 m 以内,以确保安全。检查机房接地与地网连接状况,材料规格和安装工艺。

3. 地网的设置

机房被包围在铁塔四脚内时,铁塔地网与机房基础地网连为一体,外设环形地网应敷设在铁塔外侧;铁塔位于机房附近时,应采用 40 mm×4 mm 的热镀锌扁钢,在地下将铁塔地网与机房外环形接地体每隔 3～5 m 相互焊接连通,连接点不应少于 2 处。检查其设置状况。

通信局(站)的接地装置设计,除遵循其行业标准规范的要求(见图 12.3.2)外还应注意,在有人员出入的建筑物或位于道路旁边的人工接地体,其与建筑物出入口或人行道之间的距离不宜少于 3 m。检测时,应检查其间距,防护措施。

关于其接地电阻的要求,由于通信局(站)所处位置的不同,接地装置中的设置情况差异,根据国家标准 GB/T 33676—2017 对于通信局(站)接地装置的接地电阻要求,地级市通信局房、省内传输中继站/光放站、超级通信基站接地电阻值不宜大于 3 Ω,移动基站和微波站接地装置的接地电阻不宜大于 10 Ω。当土壤电阻率大于 1 000 Ωm,接地电阻值达不到要求时,检测地网等效半径应大于 10 m,辐射式接地体

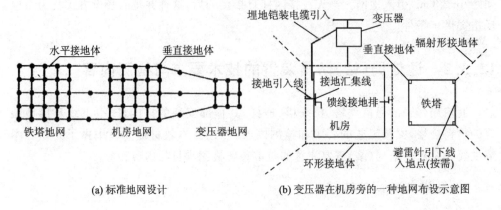

(a) 标准地网设计　　　　　　　(b) 变压器在机房旁的一种地网布设示意图

图 12.3.2　地网设置

长度应不小于 10 m。

4. 等电位连接

穿过各防雷区界面的金属部件和建筑物内系统要求在界面处作等电位连接,建筑物屋面的各种收发设备天线、太阳能电池板、航空障碍灯、所有金属构架、设施、金属底座及大尺寸金属件等就近与接地装置或等电位连接板(带)作等电位连接。检查其等电位连接状况,测试其电气连接。

检查机房内走线架、吊挂铁架、机架或机壳、金属通风管道、金属门窗等是否均与接地汇集线相连作保护接地,走线架各段是否作等电位连接,测量各段走线架之间的过渡电阻值,其值应不大于 0.2 Ω,其连接线材料、规格应符合表 12.3.1 和设计的要求。

表 12.3.1　通信局(站)连接导线材料、规格要求

连接导线类型	接地线材料	接地线规格
配电室、电力室、发电机室内部主设备的接地线	多股铜线	$\geqslant 16\ mm^2$
楼层接地汇集线与接地排或设备之间相连接的连接线(距离较近时)	多股铜线	$\geqslant 16\ mm^2$
楼层接地汇集线与接地排或设备之间相连接的连接线(距离较远时)	多股铜线	$\geqslant 35\ mm^2$
数据服务器、监控系统、数据采集器、小型光传输设备等小型设备的接地线	多股铜线	$\geqslant 6\ mm^2$
光缆金属加强芯和金属护层的连接线	多股铜线	$\geqslant 16\ mm^2$
光传输机架设备或子架的连接线	多股铜线	$\geqslant 10\ mm^2$
馈线及同轴电缆金属外护层的接地线	多股铜线	$\geqslant 10\ mm^2$

检测建筑物高度在 60 m 以上的外墙金属门窗与引下线或均压环的等电位连接情况,其导通电阻值应不大于 0.2 Ω。检查大楼各层的金属管道、电梯轨道要就近接地,且在离地面 60 m 高度以上,应每 6 m 做一次等电位连接。

馈线金属外皮与铁塔，机房总汇流排，走线架等金属构件连接时，要求采用截面积为 10 mm² 以上的多股铜芯线；机房内安装的环形等电位连接带，要求采用截面积不小于 90 mm² 的铜材（铜带或铜芯线），或截面积为 160 mm² 以上的热镀锌扁钢。检查其材料规格应符合表 12.3.1 和设计的要求。

为了保障通信安全，防止线缆与管线，线缆与线缆间的反击。检测时应检查，通信线缆与其他管线的净距应不少于表 12.3.2 的要求，通信信号线缆与电力电缆净距应不小于表 12.3.3 的要求。

表 12.3.2 通信信号线与其他管线的净距

间距 其他管线	电子信息系统线缆	
	最小平行净距/mm	最小交叉净距/mm
防雷引下线	1000	300
保护接地	50	20
给水管	150	20
压缩空气管	150	20
热力管(不包封)	500	500
热力管(包封)	300	300
煤气管	300	20

表 12.3.3 通信信号线缆与电力电缆的净距

类 别	与电子信息系统线缆接近状况	最小净距/mm
380 V 电力电缆容量小于 2 KV·A	与信号线缆平行敷设	130
	有一方在接地的金属线槽或钢管中	70
	双方都在接地的金属线槽或钢管中	10
380 V 电力电缆容量在 2~5 KV·A	与信号线缆平行敷设	300
	有一方在接地的金属线槽或钢管中	150
	双方都在接地的金属线槽或钢管中	80
380 V 电力电缆容量大于 5KV·A	与信号线缆平行敷设	600
	有一方在接地的金属线槽或钢管中	300
	双方都在接地的金属线槽或钢管中	150

5. 线缆屏蔽

为了减少雷电波通过电力线路侵入移动基站，要求引入基站机房的电力电缆应埋地敷设，使用专用变压器时，高压侧电力电缆埋设长度不宜小于 200 m。进入基站机房低压配电线路埋地引入长度可以按照 GB 50057—2010 中式(4.2.3)进行计算,至少埋地 15 m 以上。检查其埋地距离。

通信局(站)各类信号数据线垂直长度大于 30 m 时,缆线穿金属管或使用带屏蔽层的,金属管两端、缆线的屏蔽层两端要就近与楼层的均压环或接地网连接。

引入机房的电缆、光缆,其屏蔽层接地是线缆屏蔽层起到电磁屏蔽作用的关键,而防止和减少雷电流的引入,当线缆在穿越 LPZ_0 与 LPZ_1 区时,电缆内的空线对、金属构件、屏蔽层或金属套管应与接地网或等电位连接带连接。测试其电气连接或接地电阻。

引入机房的天馈线,如图 12.3.3 天馈线连接示意图所示,铁塔上架设的馈线及其他同轴电缆金属外皮应分别在铁塔上部安装天线处,铁塔下部天线离塔处,以及机房入口处外侧就近接地;而当馈线或其他同轴电缆长度大于 60 m 时,宜在铁塔中部增加一个接地点(图 12.3.4 给出了基站实际安装示例)。检查天馈线金属外皮的接地状况。

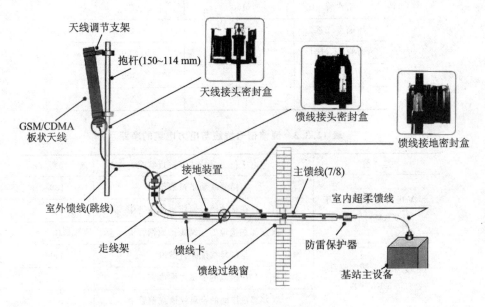

图 12.3.3　天馈线连接示意图

6. SPD 的检测

本教材基础篇 4.3.3 小节和提高篇 7.3.4 小节第 5 电涌保护器(SPD)主要测试项目部分已经详细介绍了 SPD 的选型、匹配的要求和检测内容,而目前,通信局(站)在建设时都匹配了电源和信号 SPD,但在检测中一定要求注意以下几个方面的问题。

(1) SPD 与基站所处环境的适应性。在 12.3.1 小节中,介绍了通信局(站)的分

图 12.3.4　天馈线室外接地图

类,这里提出 SPD 与基站所处环境的适应性,是指通信局(站)不仅要根据各地的雷暴活动,匹配相应的 SPD,还应根据同一地区通信局(站)所处不同环境选配 SPD。检测时,应按基站所处地区、类别检查 SPD 的选型。

(2) 天馈线 SPD 的安装。如图 12.3.5 所示,在入户处安装,并将其接地线引入室外的接地排上。检查其接地电阻。

(3) 低压配电线路上的 SPD。低压配电线路上大多安装了 2 级以上的 SPD,要求 SPD 之间的线路长度应按照生产厂试验数据采用。如无试验数据,检查电压开关型 SPD 与限压型 SPD 之间的线路长度不宜少于 10 m,限压型 SPD 之间的线路

图 12.3.5　天馈线 SPD 安装图

长度不宜少于 5 m,长度达不到要求应加装退耦元件。检查时一定要检查 SPD 之间的能量配合及线间距离。

(4) 通信局(站)SPD 的连接要求。通信局(站)的配电电源线为截面积 16 mm² 以下的铜线时,连接 SPD 的铜导线截面积和接地连接铜导线截面积应与配电电源线截面积相同;当配电铜电源线截面积不大于 70 mm² 时,连接 SPD 的铜导线截面积和接地连接铜导线截面积不应少于 16 mm²;当配电铜电源线截面积为 70 mm² 以上时,SPD 连接线铜导线截面积应为 16 mm²,并采用截面积不少于 35 mm² 铜导线作为接地连接线。SPD 两端连接线长度宜为 0.5。检查 SPD 的连接线与接地线的材料规格、连接长度,并测试 SPD 的接地电阻。

12.4 电子信息系统防雷装置检测

随着社会进步和科技发展,电子信息技术的迅猛发展有力地促进了生产力的发展,电子信息设备的应用已深入至国民经济、国防建设和人民生活的各个领域,各种电子、微电子装备在各行业大量使用。然而,由于电子信息设备的耐过电压能力低,雷电高电压以及雷电电磁脉冲侵入所产生的电磁效应、热效应都会对其造成干扰或永久性损坏,这使得电子信息设备的受损概率大大增加,每年因雷击而造成的信息系统瘫痪的事故频繁发生。

随着信息时代的到来,电子信息系统的防雷已经成为当务之急,有着极为重要的作用。电子信息系统遭受雷电的影响是多方面的,既有直接雷击,又有雷电电磁脉冲,还有在建筑物附近落雷形成的电磁场感应等。所以电子信息系统的防护不但要考虑防直接雷击,还要考虑防雷电电磁脉冲、雷电感应等。因此,在防雷检测中,电子信息系统防雷装置的检测尤为重要。

12.4.1 计算机和通信网络系统

1. 检测等电位连接状况

检查等电位连接网络形式。当计算机和通信系统为 300 kHz 以下的模拟线路时,可采用 S 型等电位连接;计算机和通信系统为 MHz 级数字线路时,应采用 M 型等电位连接;S 型和 M 型结构形式在 GB 50057—2010 中已有规定。

对于计算机和通信网络系统各设备之间的电气连接和接地状况,也应注意电气和电子设备的金属外壳、机柜、机架、金属管、槽、屏蔽线缆外层、信息设备防闪电静电感应接地、安全保护接地、浪涌保护器(SPD)接地端应与等电位连接网络的接地端子以最短的距离连接。机房局部等电位接地端子应与楼层等电位接地端子连接。楼层等电位接地端子应通过接地干线与总等电位端子连接,接地干线采用多股铜芯导线或铜带时,其截面积应不小于 16 mm^2。接地干线应在电气竖井内明敷,并应与楼层主钢筋作等电位连接。

检查时,应注意系统设备的技术标准,按技术标准进行测试,测试机房内的各设备接地端,金属组件与等电位接地端子的电气连接。

2. 检测屏蔽情况

机房宜设置在所在建筑物的底层中间部位,应利用所在建筑物钢筋混凝土结构中的金属构件构成格栅形的大空间屏蔽。机房金属屏蔽网应与等电位接地端子连接。

关于线路的屏蔽情况,检查时应注意,进入机房的电源线、信号线应采用屏蔽电缆或穿金属管埋地引入,并在雷电防护区交界处作等电位连接,其埋地长度不应小于 $2\sqrt{\rho}$(ρ 土壤电阻率),且最短不应小于 15 m。进入机房光缆的所有金属接头、金属挡潮层、金属加强芯等应在入户处作等电位连接。测试机房屏蔽网、电缆屏蔽层及金属线槽(管、架)与等电位接地端子的电气连接。

3. 检查室内线缆电气敷设状况

系统线缆与非电力线缆的其他管线的间距,系统线缆与电力线缆的间距,以及系统线缆与配电箱、变电室、电梯机房、空调之间最小的净距,应符合防雷设计规范的要求。

4. 检测电涌保护器的设置状况

(1) 电源浪涌保护器设计安装,应考虑几个因素。由 TN 交流配电系统供电时,配电线路必须采用 TN-S 系统。电源线路 SPD 的数量与分级应满足雷电防护的等级,其安装位置应符合防雷技术规范的要求。电源系统 SPD 应满足标称放电电流参数值,其参数要求应符合防雷技术规范的要求。电源线路 SPD 连接导线应平直,其长度不宜大于 0.5 m。电涌保护器与被保护设备和电涌保护器间的线间距离和连接线的截面积应符合 GB50057—2010 第 6 章的规定。

(2) 信号浪涌保护器设计安装,也应注意几个方面的问题。经直击雷非防护区(LPZ0$_A$)或直击雷防护区(LPZ0$_B$)直接进入机房的信号线,在接入网络设备后,如服务器、网络交换机、路由器、调制解调器、集线器等设备,应在这些设备的端口处安装适配的信号 SPD。安装的信号 SPD 型号及其技术性能指标和参数要求应符合防雷技术规范的要求。接地线宜采用截面积不小于 1.5 mm^2 的铜芯线与机房内的局部等电位接地端子板或等电位连接网以最短距离进行连接。数字程控用户交换机其他通信设备信号线路应根据总配线架所连接的中继线和用户性质,选用适配的信号 SPD。

测试各电源 SPD 的直流参考电压和泄漏电流,其值应符合按照本教材提高篇的7.3.4 小节相关要求,测试 SPD 接地端与等电位端子的电气连接。

12.4.2　火灾自动报警系统

1. 检查等电位连接状况

消防控制室内,应设置等电位连接网络,室内所有的机架(壳)、配线线槽、设备保护接地、安全保护接地、浪涌保护器接地端应就近接至等电位接地端子板。区域报警控制器的金属机架(壳)、金属线槽(或钢管)、电气竖井内的接地干线、接线箱的保护接地端等应就近接至等电位接地端子板。测试火灾自动报警系统各设备与等电位接地端子的电气连接。

2．检测电涌保护器的设置状况

火灾报警控制系统的报警主机、联动控制盘、火警广播、对讲通信等系统的信号传输线缆宜在直击雷非防护区(LPZ0$_A$)或直击雷防护区(LPZ0$_B$)与第一防护区(LPZ1)交界处安装适配的信号 SPD。消防控制室与本地区或城市"119"报警指挥中心之间联网的进出线路端口应装设适配的信号 SPD。火灾自动报警系统的电源线路及信号线路设置的 SPD 应符合信号系统的相关规定。

3．检查系统的接地形式

火灾自动报警及联动控制系统的接地宜采用共用接地,接地干线应采用截面积不少于 16 mm^2 的铜芯绝缘线,并宜穿管敷设接至本层(或就近)的等电位接地端子板。

12.4.3 无线通信系统

1．检测直击雷防护措施

接闪器与天线之间的距离应大于 3 m,天线及其他前端设备应在接闪器的保护范围内。接闪器、天线竖杆的接地宜就近与建筑物的防雷接地装置共用。测试接闪器、天线竖杆与接地引下线的电气连接。

2．检测屏蔽和等电位连接措施

从天线杆、塔引下的天馈线缆应采用屏蔽线缆。通信基站的天馈线应从铁塔中心部位引下,金属屏蔽层应与塔的上部、下部和经走线架进入机房前,就近作等电位连接。当馈线长度不小于 60 m 时,金属屏蔽层还应在铁塔中部增加一处等电位连接。而当天馈线传输系统采用波导管时,其金属外壁应与天线架、波导支撑架及天线反射器作电气连通。安装在天线杆、塔上的航空障碍灯等设备外壳,应就近与金属杆、塔连接。

室内外走线架应与接地端子作等电位连接。引入基站光缆,将光缆的所有金属接头,金属挡潮层,金属加强芯等均在入户处作等电位连接。测试线缆屏蔽层,走线架与杆,塔,接地端子进行电气连接。

3. 检测电涌保护器的设置状况

进入通信基站机房的信号电缆,应埋地引入,在入户配线架处应安装适配的信号线 SPD。天馈线 SPD 接地线,应采用截面积不少于 6 mm² 的多股绝缘铜导线连接到直击雷非防护区(LPZ0$_A$)或直击雷防护区(LPZ0$_B$)与第一防护区(LPZ1)交界处的等电位接地端子板上。进入通信基站机房的电源电缆,宜埋地引入,埋地长度不宜小于 50 m,电源进线处应安装适配的电源 SPD。串装在同轴电缆线路上的有源设备,当采用单独的电源线供电,电源线应穿金属管敷设,金属管首尾两端应就近接地,并安装适配的电源 SPD。无线通信系统电源线路及信号(天馈)线路设置的 SPD 应符合信息系统的相关规定。测试电源 SPD 和信号(天馈)SPD 的接地端与等电位接地端子进行电气连接。

12.4.4　有线电视与安全防范系统

有线电视的中心控制室内系统主机设备的雷电防护措施应符合计算机和通信网络系统雷电防护措施的规定。安全防范系统的外场设备、电源线缆、信号线缆应在直击雷保护范围之内。室外线路屏蔽措施,室外线路宜采用屏蔽电缆或穿金属管埋地敷设;架空的或建筑物顶敷设的电源线缆、信号线缆,应采用屏蔽电缆或穿金属管屏蔽,屏蔽层或穿金属管应两端接地,若线路较长时,宜每隔 30 m 接地一次。室外线路设备防浪涌措施,置于户外的摄像机(探头、云台)、信号控制线在输入/输出端口处应安装适配的信号线 SPD。

测试系统外场设备的防直击雷接地电阻值,机房内所有设备金属机架(壳)、金属线槽(或钢管)及各 SPD 接地端与等电位接地端子的电气连接。

12.4.5　其他弱电系统

其他弱电系统的防雷检测技术要求参照本书相关系统要求执行。

12.4.6　检测系统的接地装置

检测系统直流工作接地、建筑物防雷接地、配电系统安全保护接地和交流工作接地的接地形式及其关系。当采用非共用接地时,系统直流工作接地网与其他接地网的安全距离不小于 15 m。并对接地装置的接地电阻值测试。

12.4.7　系统环境检测

系统机房内的防闪电静电感应措施,应符合 GB 50174—2017 的规定;机房内温度、湿度值,应符合 GB/T 2887—2011 的规定;机房内无线电干扰场强,在频率范围 0.15～1 000 MHz 时,其值应小于等于 126 dB;机房内磁场干扰场强,其值应小于等于 800 A/m;机房的供电电源的频率、电压、相数和电源参数变化范围,其应符合 GB/T 2887—2011 的规定。

12.4.8　测试阻值的要求

电子信息系统处在第二类防雷建筑物,防直击雷接地电阻值应不大于 10 Ω,处在第三类防雷建筑物,防直击雷接地电阻值应不大于 30 Ω。电子信息系统机房直流工作接地的接地电阻值的大小应依不同计算机系统的技术标准确定。电子信息系统机房交流工作接地、安全保护接地的接地电阻值应不大于 4 Ω。当电子信息系统的直流工作接地和所处建筑物的防雷接地、配电系统安全保护接地和交流工作接地、其他接地共用一组接地装置时,接地装置的接地电阻值必须按接入设备中要求的最小值确定。

电子信息系统设备接地电阻值有特殊规定的(有的系统直流工作地悬空,与大地严格绝缘),按其规定执行。建造在野外的安全防范系统,其接地电阻值应不大于 10 Ω;在高山岩石的土壤电阻率大于 2 000 Ω·m 时,其接地电阻值应不大于 20 Ω。电子信息系统设备的电气连接处的过渡电阻应不大于 0.2 Ω。

12.5　发电厂、变电站地网检测

在防雷装置、防闪电静电感应接地装置的检测中,基本上都会用普通的接地电阻测试仪测量接地装置的接地电阻。是不是所有的场所都可以使用这种方式进行接地电阻的测试呢? 根据地网的大小不同,应采取相应的测试方法。

发电厂、变电站的地网一般为大型地网,其地网的对角线,小则几十米,大则数千米,且接地电阻值的要求也非常高。本节将重点介绍大型地网的检测技术。

12.5.1　接地电阻测量基本概念

在介绍大型地网检测技术之前,介绍一下接地电阻测量的基本概念。发电厂、变电站的地网作为电力设备接地用装置，按其作用可分为工作接地、保护接地（安全接地）和防雷接地三类。

一是工作接地，电气设备因正常工作或排除故障的需要，将电路的某点接地，称之为工作接地。我国 110 kV 及其以上电压等级的系统采用中性点直接接地的运行方式。二是保护接地，为避免因电气设备外壳带电而造成的触电事故，须将设备外壳或构架接地，以确保人身安全，该接地称为保护接地。三是防雷接地，为避免雷电的危害，发电厂、变电站装有接闪杆、避雷器等防雷设备，这些设备必须配以相应的接地装置，以便将雷电流导入大地，该接地称为防雷接地，当雷电流或故障电流通过电气设备的接地部分时，限制接地网电位的升高不超过规定（2 000 V）。

接地电阻的基本定义。在电力行业规程《接地装置特性参数测量导则》DL/T 475—2017 中规定，从保证安全出发，有效接地系统中接地网接地电阻应满足：

$$R_g \leqslant \frac{2\,000}{I_d} \qquad\qquad (12.5.1)$$

式中，I_d 为经地网流入地中的短路电流，一般应取单相或两相接地最大短路电流；R_g 为考虑季节变化的最大接地电阻。

从上式中可以看出，R_g 实质上是接地装置的"接地阻抗"，但"接地电阻"沿袭已久，对低电压等级的变电站，占地面积小，地网延伸面积不大，接地电阻呈现"阻性"。此时"接地电阻"与"接地阻抗"基本相等。实测表明，对 110 kV 电压等级以下的变电站，地网的接地电抗 X_g 部分大多小于 0.1 Ω，而随着地网占地面积增大，其 X_g 部分有明显的增加。经试验发现地网面积小，而 R_g 较大的地网其 X_g 可以忽略；而当地网的面积大时，X_g 则不能忽略。同时地网面大，R_g 很小的地网其 X_g 所占比例往往大于 R_g。

工频接地阻抗是指工频电流经地网流入大地，在电流流散过程中，地网表面电位至无穷远零电位处呈现的总阻抗。它包括地网的散流阻抗、地网自阻抗等。对大型地网而言，其自阻抗，特别是钢材接地体的内阻抗中，感性部分占较大的分量，甚至可能比阻性分量大。在地网的散流阻抗中，由于电流从地网流入大地时会产生磁场，地网面积越大，由地网散流入地电流产生的磁场作用效果越大，而磁场对电流的作用可用一电感进行描述，因此，地网面积越大，则地网的散流阻抗的感性分量亦越大。

因此，在最新颁布的行业标准《接地装置特性参数测量导则》（DL/T 475—2017）中则称为"接地阻抗"，其定义为：接地装置对远方电位零点的阻抗。数值上为接地装置与远方电位零点间的电位差，与通过接地装置流入地中的电流的比值。接地阻抗 Z 值是一个复数，接地电阻 R 是其实部，接地电阻 X 是其虚部。传统说法中的接地电阻值实际上是接地阻抗的模值。通常所说的接地阻抗，是指按工频电流求得的接地阻抗。

所以准确定义应为接地阻抗：

$$Z_g = R_g + jX_g \qquad (12.5.2)$$

无论是已投运还是新建的地网,都要求对地网的接地电阻进行实测。接地电阻的实测结果是工程上判断地网接地阻抗是否合格的基本方法。《电力设备预防性试验规程》(DL/T 596—2021)中规定对接地装置必须定期进行检测。因为缺乏有效的测量手段和设备,实测中存在的问题较多,有时甚至根本无法实测。

大型接地装置,是指 110 kV 及其以上电压等级变电所的接地装置,装机容量在 200 MW 以上的火电厂和水电厂的接地装置,或者等效面积在 5 000 m² 以上的接地装置。

12.5.2　接地阻抗测试中的线路布设

接地装置工频接地阻抗的测试中,极为重要的是测试线的布设,这里介绍测量误差较小的两种方法。

1. 直线法布线之一(三极法中的直线法)

电流线和电位线同方向(同路径)布设称为三级法中的直线法,如图 12.5.1 所示,详见本教材基础篇常用仪器设备与安全操作。

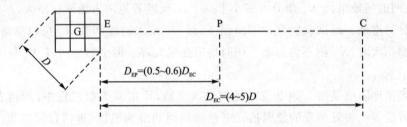

图 12.5.1　直线法接线示意图

其接地装置的接地阻抗 Z：

$$Z = \frac{U_m}{I} \qquad (3.5.3)$$

2. 夹角法布线

大型接地装置接地阻抗的测试可采用电流-电位线夹角布置的方式,如图 12.5.2 所示。

D_{EC} 仍为 4～5 D,对超大型接地装置则尽量远;D_{EP} 的长度与 D_{EC} 相近。接地阻抗由下式修正。

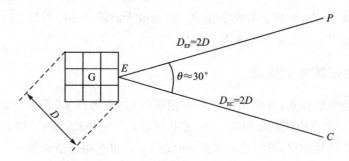

图 12.5.2　电压极和电流极成夹角布置

$$Z = \frac{Z'}{\dfrac{D}{2}\left[\dfrac{1}{D_{EP}} + \dfrac{1}{D_{EC}} - \dfrac{1}{\sqrt{D_{EP}^2 + D_{EC}^2 - 2D_{EP}^2 D_{EC}^2 \cos\theta}}\right]} \qquad (12.5.4)$$

式中，θ 为电流线和电位线的夹角；Z' 为接地阻抗的测试值。

如果土壤电阻率均匀，可采用 D_{EC} 和 D_{EP} 相等的等腰三角形布线，此时使 θ 取 30°，$D_{EC} = D_{EP} = 2D$，接地阻抗的修正计算公式仍为上式。

在早期的大型地网测试中，由于 D_{EC} 和 D_{EP} 布线距离较远，线距的测量一般采用估算的方法，其结果往往误差极大。目前，对于 D_{EC} 和 D_{EP} 的空间直线距离，用手持式 GPS 测量。

12.5.3　不同的测试方法

1. 大电流法

通常接地装置中有较大的零序干扰电流，为消除其对三极法测试接地阻抗的影响，往往以增大测试电流的方法进行测试。为了消除零序干扰电流及克服引线互感，从大电流法中派生出数种方法，如：四极法、瓦特表法、双电位极法、四极线性回归法和类直角法等。

但大电流法及派生法都是对"三极法"的不足之处进行修正和补充，大多是在布线方式上进行改进，没有从根本上解决地网接地电阻测量的主要问题。这些测量方法有一个共同弊端，就是测量时需要向电流极通入较大的电流，随之需要笨重的设备、线缆，现场需要多人配合才能完成一次测量。并存在对设备、人身的安全影响。

2. 异频电流法

地网接地电阻异频测量原理见图 12.5.3，仪器向电流极注入 1～5 A 的异频电流 $\dot{I}_y$，该电流与地网中的工频电流相叠加在辅助电压极上产生压降 $\dot{U}_y + \dot{U}_g$（$\dot{U}_g$ 包括工频及高频分量），由测量系统滤除 $\dot{U}_g$，再由数字滤波方法得到 $\dot{U}_y$、$\dot{I}_y$。经计算得到地网接地电阻 R_g 以及电抗 X 等。

3. 接地阻抗测试仪法

对于小型接地装置，可采用接地阻抗测试仪（如接地摇表）测接地阻抗，接线图见图 12.5.4。图中的仪表是四端子式，有些仪表是三端子式，即 C_2 和 P_2 合并为一，测试原理和方法均相同，与三极法类似，布线的要求也参照三极法执行。

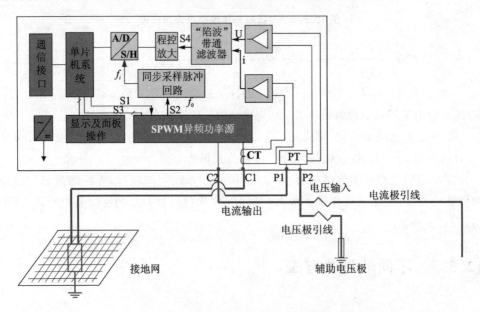

图 12.5.3　某款地网接地电阻异频测量仪原理图

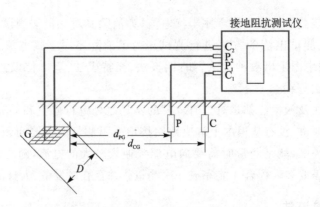

图 12.5.4　接地阻抗测试仪测量接线图

12.5.4　发电厂、变电站地网的检测方法

1. 地网检测的基本要求

（1）试验电源的要求

推荐采用异频电流法测试大型接地装置的工频特性参数，频率宜在 40～60 Hz 范围，异于工频又尽量接近工频。如果采用工频电流测试大型接地装置的工频特性参数，则应采用独立电源或经隔离变压器供电，并尽可能加大试验电流，试验电流不宜小于 50 A。

（2）地网检测主要依据的标准

接地装置特性参数测量导则，DL/T 475—2017；杆塔工频接地电阻测量，DL/T887—2004；交流电气装置的接地设计规范，GB/T 50065—2011；接地系统的土壤电阻率、接地阻抗和地面电位测量导则第 1 部分：常规测量，GB/T17949.1—2000。

2. 测量仪器的参数特性

如图 12.5.5 所示，以 DZY-5A/3A 地网接地电阻异频测量仪为例。

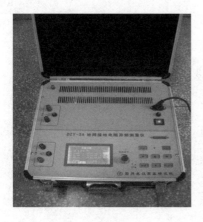

图 12.5.5　DZY-5A/3A 地网接地电阻异频测量仪

（1）功率源特性

① 功率源电压、电流调节范围：0～120 V；电流调节范围：0～3 A/5 A；异频功率源额定功率：300 W/500 W。需要说明的是，该款仪器的电源须满足"仪器供电电源"的要求，否则异频源输出电压可能稍低于上述指标。

② 功率源负载特性：电流极回路阻抗≥5 Ω，负载恒定时输出电流变化量≤0.3%。

③ 功率源频率特性：45 Hz、55 Hz 两点可选，并可微调；频率稳定度：

≤0.01 Hz/min。

④ 输出电压、电流总谐波畸变率：≤1.5%。

(2) 仪器测量系统特性

① 测量准确度：电压极上的异频信号≥0.2 V,工频及其他干扰信号≥10 V,仪器的主要测量指标见表12.5.1。

表 12.5.1　测量误差

内　容	电阻 R	电抗 X	电压、电流有效值 U、I	频率 f/Hz
误差读数	≤1.0%①	≤1.0%①	±0.5%	±0.02

注①电压、电流之间相角≤45°;②电压、电流之间相角≥45°。

② 测量范围：仪器的测量范围见表12.5.2。

表 12.5.2　测量范围

测量内容	电阻/Ω	电抗/Ω	电压/V	电流/A	频率/Hz
测量范围	0.01~1000	0.01~1000	0.1~120	0.05~3(5)	30~100

(3) 仪器供电电源

① AC 220 V,电压允许偏差为：±7%、-10%;

② 频率：50 Hz±0.2 Hz;

③ 异频功率源不启动：35 VA;

④ 异频功率源500 W负载：800 VA(1 300 VA)。

(4) 外形尺寸及质量

435×420×220 mm,15 kg(490×430×220 mm,18 kg)。

(5) 使用环境温度

相对湿度：<90%,温度：-15 ℃~+50 ℃。

3. 测量方法和步骤

(1) 测量前的环境勘察

在进行测量前,应对测量对象的以下要素进行考察。一是应该了解地网的布局,面积大小,如无法提供有效的图纸,可通过 GPS 测量的方式,初步确定地网的面积或等效面积。二是根据地网的大小,确定测量线布设的区域,由于测量线布设距离较远,既要考虑是否便于布线,又要考虑周边设施是否会干扰测量结果。因此,布线时要尽量避开电力杆塔、地下金属管道等长距离导体的走向。

(2) 地网土壤电阻率的测试

按常规的方法,由仪器可以方便地测量出土壤电阻率,图 12.5.6 所示为四级测量法,测量用的电流极 C1 和 C2 连接仪器的 C1 和 C2 端,电压极 P1 和 P2 连接到仪器的 P1 和 P2 端,各电极按等距离 a 布置,电极埋深 $h \geqslant 40$ cm,$a \geqslant 20\,h$,调节仪器的电流旋钮,输出电流 0.2~5 A。读取仪器显示的电阻值 R,土壤电阻率:

$$\rho = 2\pi aR \tag{12.5.5}$$

为了得到较准确的土壤电阻率,最好改变极间距离 a,求取土壤电阻率 ρ 和 a 的关系曲线 $\rho = f(a)$,a 的取值可以分别为 10 m,15 m,20 m,30 m,40 m,……最大极间距离 $a_{\max}$ 取地网对角线的 2/3。

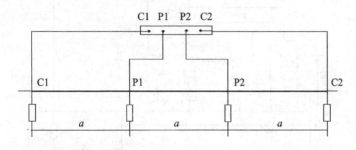

图 12.5.6　发电厂、变电站土壤电阻率的测量

(3) 地网接地电阻的测量

① 确定电流极、电压极的布线距离。

② 选择合理的布线路径。

③ 运用 GPS(全球定位系统)测量电流极、电压极的直线距离。电流极、电压极按《接地装置特性参数测量导则》(DL/T 475—2017)的要求布置,当采用"直线法"布线时,电流极距地网边缘的距离为地网最大对角线距离的 4~5 倍,电压极距地网边缘距离为电流极的 0.618 倍左右,最好用 GPS 准确测量出该点。

④ 开机然后让机器预热 5 min。

⑤ 测量前先测出电流极和电压极的接地电阻大小,其操作方法如下:将电流极(或电压极)连到仪器的"电流输出"红端子(C_2),其黑端子(C_1)接到地网,"电压输入"红、黑端子分别接到电流输出红、黑端子,然后启动异频功率源,调节"电流调节"旋钮,将电流调到 $\geqslant 0.2$ A,此时测出的电阻即为电流极(或电压极)回路电阻(包括引线电阻)。一般要求电流极接地电阻在 5~100 Ω 之间,电压极接地电阻应小于 500 Ω。

⑥ 将电流极引线连接到仪器的电流输出红端子(C_2),电压极引线连接到电压输入红端子(P_2),电压输入黑端子(P_1)与电流输出黑端子(C_1)分别用两根导线接到地网中心。

⑦ 打开仪器进行测量,并记录数据。

⑧ 当地网所在地,土壤电阻率变化较大时,可将电压极在电流极的 0.618 处前后移动 5% 距离,进行测量,测量误差小于 5%,即为实测接地电阻。

（4）跨步电压与接触电压的测量

在发电厂和变电所中工作人员常出现的电力设备或构架附近测量接触电压；在接地装置的边缘测量跨步电压。测量接触电压与跨步电压的接线图示于图 12.5.7，电流极 C 距地网的距离仍取地网最大对角线的 4～5 倍，三块金属板上各压 15 kg 的重物，将仪器的 C_2 接电流极，C_1 接电力设备构架 S，S 与地网连接；仪器的电压输入端 P_1、P_2 之间并联电阻 $R_m = 1.5 \text{ k}\Omega$，用于模拟人体电阻。

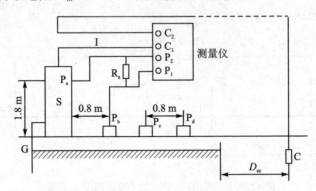

图 12.5.7 跨步电压与接触电压的测量原理图

① 接触电压测量

在测量接触电压时，测试电流应从构架或电气设备外壳注入接地装置。将仪器的 P_2、P_1 分别接到图 12.5.5 中的 P_a、P_b 两点，调节仪器的电流旋钮，让仪器输出电流 I_j（2～3 A/5A），读取 P_a、P_b 两点电压即为接触电压 U_j，若地网最大短路电流为 I_{max}，则最大接触电压为：

$$U_{jmax} = \frac{U_j}{I_j} I_{max} \qquad (3.5.6)$$

② 跨步电压测量

在测量跨步电压时，测试电流应在接地短路电流可能流入接地装置的地方注入。将仪器的 P_2、P_1 分别接到图 12.5.5 中的 P_c、P_d 两点，调节仪器的电流旋钮，让仪器输出电流 I_k（2～2A/5A），读取 P_c、P_d 两点之间的电压，即为跨步电压 U_k，同样最大跨步电压为：

$$U_{kmax} = \frac{U_k}{I_k} I_{max} \qquad (3.5.7)$$

（5）测量记录

在进行大地网测试时，可参照表 12.5.3 进行记录。

（6）注意事项

① 异频源工作时，如显示"异频源故障，退下电流，关闭异频源"，说明异频源出现异常，此时应将电流调到零，关闭并断开仪器电源，由专业人员对仪器进行检查。

② 在测量过程中若电压或电流信号超过限值,仪器将反显"电压溢出"或"电流溢出"并闪烁,此时应将电流调到零,关闭并断开仪器电源,检查输出接线等是否有问题。确认无接线错误等问题后,再进行测量。

③ 若要测量电压极上的背景干扰信号,切除带通滤波器,将电流调节旋钮调到零,并将仪器的频率选在 f＝Sync。

表 12.5.3　大地网检测原始记录样表

受检项目名称		联系人	
受检项目地址		联系电话	
受检单位名称		邮政编码	
检测日期		记录编号	
受检单位地址			
委托单位名称			
主要检测设备及编号			
检测依据	GB/T21431—2015,DL/T 475—2017,GB/T 50065—2011		
天气	温度		湿度
对角线长度	电流极长度		电压极长度
检测情况说明			
备注			

检测:　　　　　　　　　　复核:

编号							
1							
2							
3							
4							
5							
6							
7							
8							
9							
10							

编号	检测:	复核:			
11					
12					
13					
14					
15					
16					
17					
	检测:		复核:		

注:表中:Z 为阻抗值;R_y 为地网接地电阻异频测量值;X 为电抗值;其中包括引线互感;U 为电压极上的电压降;I 为注入电流极上的电流;f 为测量电流的频率;工频接地电阻 R 取 55 Hz,45 Hz 两点测量结果的算术平均值。

④ 测量前应将仪器的安全接地端子可靠接地。仪器的电流输出端电压最高可达 130 V 左右,使用时请勿触摸电流输出端子、引线及电流极等裸露部分。电流极引线如果由若干段连接,接头处必须用绝缘胶布包裹严密,带电部分不得裸露。电流极在通电时应有专人看守,以防无关人员擅自触摸电流极。

12.6　城市轨道交通防雷装置检测

作为城市公共交通系统的一个重要组成部分,在我国将城市轨道交通定义为"通常以电能为动力,采取轮轨运转方式的快速大客运量公共交通之总称"。目前国际轨道交通有地铁、轻轨、市郊铁路、有轨电车以及悬浮列车等多种类型,号称"城市交通的主动脉"。1863 年,世界上第一条地铁诞生在英国伦敦,现在,世界各国建造轨道交通方兴未艾,新系统、新形式层出不穷。我国第一条铁路于 1969 年在北京建成,此后停顿了 20 多年,到 1995 年才在上海建成地铁 1 号线。截至 2005 年年底,北京、上海、广州、天津、大连、武汉等国内 20 多个城市在建或者准备建设和规划中新的轨道交通线,线路总长超过 4 000 km,预计到 2050 年中国城市轨道交通线路总长将超过 4 500 km。世界主要大城市大多有比较成熟与完整的轨道交通系统。有些城市轨道交通运量占城市公交运量的 50% 以上,有的甚至达到 70% 以上。

城市快速轨道交通最常见的表现形式有地铁和轻轨。从等级上分,地铁属于大运量,轻轨属中运量。现在的地铁已不是"地下的铁路",敷设的形式地下、地面、高架均可以,像上海的明珠线就是地铁。轻轨是相对重轨而言的,钢轨重量为 50 kg/m 及以下的称为轻轨,重量为 50 kg/m 以上的称为重轨。但由于重型钢轨性能好,所以国内轨道交通,无论大、中运量,正线一般均采用重型钢轨。

12.6.1　轨道交通的雷灾案例

轨道交通是投资巨大、人员密集的公共场所,控制、通信、信号等敏感电子信息类设备系统众多且构成复杂,这些系统是维系轨道交通正常运营的中枢神经,一旦遭受雷击或者闪电电涌侵入,将危及轨道交通正常的运营秩序,甚至会造成人员伤亡和巨大的经济损失。我国各地轨道交通投入运营以来,雷电灾害事故已成为轨道交通系统安全运行的重要威胁之一。如 2010 年 7 月 22 日下午,南京地铁天印大道至龙眠大道区间因雷击造成供电接触网两次故障,龙眠大道站附近的柔性接触网因雷击断裂,导致一辆地铁车辆突然停在距龙眠大道站 100 m 处的线路上,4 辆列车因接触网断电而延误运营,2 000 多名乘客出行受到不同程度的影响;2011 年 4 月 22 日下午,北京地铁 10 号线巴沟至知春路区段信号发生故障,原因是地面信号设备遭受雷击,将一块电路板击穿。受此影响,地铁列车运行间隔由 5 min 加大到 10 min 左右,造成乘客等车时间加大,部分车站出现乘客滞留现象等。因此,应加强对轨道交通的防雷装置检测工作,以及时发现防雷安全隐患,减少雷击事故造成的损失。

12.6.2　轨道交通的防雷装置检测

轨道交通的防雷装置检测,包括高架车站、地面车站、地下车站及附属建筑场所。主要是指对轨道交通建(构)筑物、机电系统、综合接地网等部位的防雷装置进行检测。到目前为止,我国尚未制定有关轨道交通防雷装置设计和检测方面的国家标准。

1. 轨道交通防雷分类

轨道交通的高架车站、地面车站和地下车站的出入口罩棚、冷却塔、风亭等部位建筑面积较小,高度较低,孤立地看这些部位,通常连三类防雷建筑物也够不上,但是从车站整体来看,根据《建筑物防雷设计规范》(GB50057—2010)中第 3.0.3 条的第 9 款的规定:"预计雷计次数大于 0.05 次/a 的部、省级办公建筑物和其他重要或人员密集的公共建筑物以及火灾危险场所"应划为第二类防雷建筑物,轨道交通车站属于人员密集的公共建筑物,应按照第二类防雷建筑物考虑。

轨道交通的车辆段、停车场、控制中心等附属建筑场所应该根据《建筑物防雷设计规范》(GB50057—2010)进行建筑物防雷类别的划分。

2. 外部防雷装置检测

（1）高架车站、地面车站

① 接闪器

轨道交通高架车站和地面车站防雷接闪器应在整个车站顶部屋面设置接闪网格，按照第二类防雷建筑物的要求，网格尺寸不应大于 10 m×10 m 或 12 m×8 m，检查接闪网格的材料、结构、最小截面及焊接工艺等应符合相关防雷技术规范和设计的要求。若车站为金属屋面，则可以直接利用金属屋面做防雷接闪器。

② 引下线

轨道交通高架车站和地面车站的防雷引下线有两种做法：一是利用车站的钢梁、钢柱等金属构件以及幕墙的金属立柱作为引下线，另一种是在车站建筑物外墙外表明敷专设的引下线。一般地面站的金属屋面都通过钢立柱和站台层连接，所以直接利用钢立柱作为引下线。检查测量引下线的平均间距不应大于 18 m，测量每一根引下线的冲击接地电阻应符合相关防雷技术规范和设计的要求。

③ 综合接地网

目前，轨道交通的高架车站和地面车站及车辆段、停车场、控制中心的建筑物一般采用共用接地装置，建筑物防雷接地、轨道交通各系统的工作接地、电源系统的保护接地等共用综合接地网。通常是利用车站基础内的结构钢筋作为自然接地体，另位在变电所周围敷设人工接地体，自然接地体和人工接地体连接，构成综合接地网。要求自然接地网和人工接地之间的焊接不少于 2 处。从综合接地网引出接地引上线至各设备专业房间，并在各设备专业房间内设置接地母排。综合接地网的接地电阻按照接入设备中要求的最小值确定，一般要求不大于 1 Ω，一些线路车站的接地电阻设计要求不大于 0.5 Ω。综合接地及外部防雷系统图见图 12.6.1。

检测综合接地网的接地电阻应符合相关防雷技术规范和设计的要求。一般车站综合地网的长度为 100～150 m 左右，宽度为 10～20 m 左右，地网对角线长度为 100～150 m 左右，作为小型大地网，接地电阻的测量应使用大型地网测试仪。测量时常见的测试线布设方法有两种，即直线法布线和夹角法布线，布线长度要求电流极到地网边缘的距离为 4～5 倍的地网对角线长度，电压极到地网边缘的距离为电流极到地网边缘距离的 0.618 倍。测试方法常见的有大电流法和异频电流法，具体可参考书本中的 12.5 节进行。

在测量轨道交通综合地网的接地电阻时，可通过不同的大地网测量仪器、不同的布线方式进行对比测量，并对引入到各专业设备房间的接地母排进行多次测量，以达到测量准确的目的。

（2）地下车站

① 地上部位接闪器、引下线、接地装置

　　轨道交通一般采用 DC750 V 或 DC1 500 V 直流电作为牵引电流，出于防杂散电流的要求，地下车站的防雷装置不宜利用结构钢筋。接闪器、引下线均应采用人工装置。另外，地下车站综合接地网位于车站结构底板下方，距离地面较远，为了防止对地网上的其他系统造成反击，地下车站的出入口罩棚、冷却塔、风亭等地上部位应在地面单独做接地装置。

　　检测地下车站出入口罩棚、冷却塔、风亭等地上部位的接闪器、引下线，其材料、规格、焊接工艺等技术要求应符合第二类防雷建筑物的要求或者设计要求。

　　② 综合接地网

　　地下车站的接地网考虑到防杂散电流的腐蚀问题，多采取"外引式接地极，绝缘引入，接地钢筋与结构钢筋绝缘处理"的方式敷设。接地网设置在车站基础底板垫层下方的土壤中，水平接地体和垂直接地体多采用铜材，接地引出线经由灌注了环氧树脂固定后的钢管穿过结构底板引出，与在站台层下方设置的若干强电、弱电总等电位端子板连接（MEB），为了地铁系统设备实施接地和等电位连接，在变电室、各配电间、各弱电机房等专业设备房间设置局部等电位端子板（LEB），LEB 通过接地干线与相应的 MEB 连接，各专业设备与 LEB 做电气连接。地下车站的综合接地系统如图 12.6.2 所示。

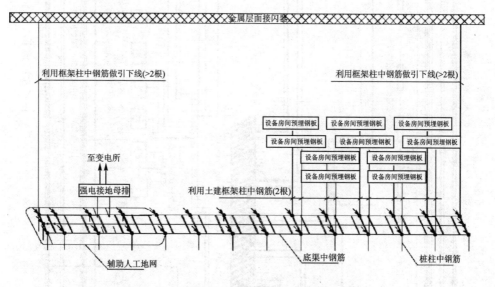

图 12.6.1　地面车站综合接地及外部防雷系统图

　　检测综合接地网的接地电阻应符合技术规范或设计的要求。测量方法同高架车站和地面车站综合接地网的测量。

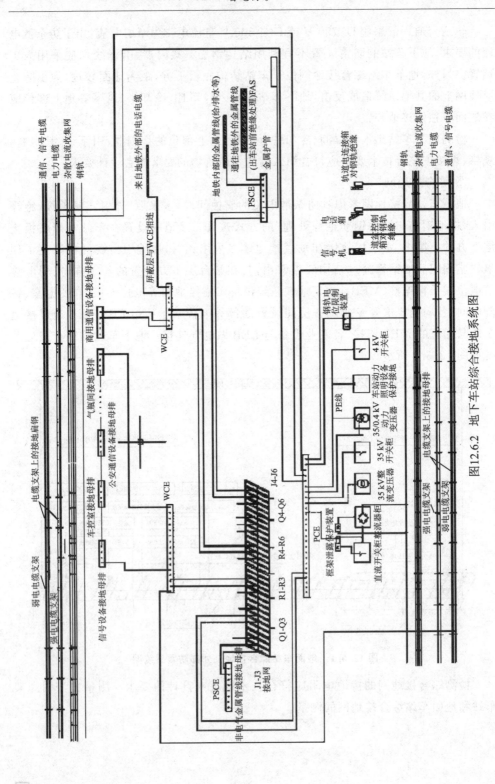

图12.6.2 地下车站综合接地系统图

3．内部防雷装置检测

（1）等电位连接

地铁系统的等电位连接是在共用接地的基础上完成的,包括车站建筑物的总等位连接、弱电系统设备的局部等位连接和电气设备的保护接地连接,以减小雷电电涌电流引起的电位差。进入到地下车站的金属管道、电缆的金属铠装层及地面车站的金属结构与综合接地网连接,形成总等电位连接;信号室、通信室、综合监控室、自动售检票室等各专业设备房间内设置局部等电位连接端子板 LEB,各设备及其他所有正常不带电的金属体与 LEB 连接,LEB 经接地干线与总等电位端子板 MEB 连接。屏蔽门单元门体间应电气连接成一个等电位体。专业设备房间及分布参见图 12.6.3。

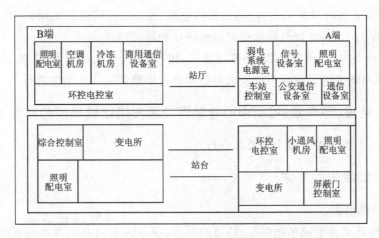

图 12.6.3　轨道交通车站各专业设备房间及分布示例

① 牵引系统

检查固定支持架空接触网的非带电金属体,应与架空地线相连接。

检查架空接地线,应连接至牵引变电所接地装置。

测量接地装置至变电所的接地电缆的截面,应不小于系统中保护地线截面的最大值。

检查金属电缆支架,支架不应松动,应有可靠的电气连接并单点接地。

检查供电系统中电气装置与设施的外露可导电部分,应可靠接地。

从户外引进的风管和水管,应检测风管和水管的等电位连接。

② 信号系统

检查信号设备房间是否设有 LEB,并检测信号设备的防雷地线与 LEB 的电气连接。

检查正常不带电的金属设备是否与 LEB 相连,并测试其电气连接。

③ 通信系统

检查从天线支撑杆、支撑塔引下的天馈线缆,应采取屏蔽措施;检查金属屏蔽层,应与杆、塔金属体及建筑物的防雷装置电气导通,并测试其电气连接。

检查室内外金属桥架,应作等电位连接,并测试电气连接状况。

测量通信设备机房内所有设备金属机架(壳)、金属线槽(或钢管)、屏蔽层、电源 SPD 和信号(天馈)SPD 的接地端与等电位接地端子的电气连接。

④ 其他系统

环境与设备控制系统、屏蔽门控制系统、自动售票机系统等其他系统应检查各专业设备与综合接地网的等电位连接情况,并测试其电气连接。

(2)电涌保护器

① 为防止雷电对牵引电源、动力照明电源、各类信号线路的电涌影响,根据车站的不同情况,在其相应位置均应设置有电涌保护器(SPD)。

② 检测 SPD 的设置级数、设置位置、工作状态、连接线截面积、安装工艺等技术参数,具体测试方法及技术指标要求参照本教材基础篇 4.3.3 小节进行。

4. 车辆段、停车场、控制中心等轨道交通附属建筑场所的防雷装置检测

按照在本教材提高篇中的要求进行。

5. 测试阻值的要求

(1)接地电阻

根据轨道交通不同车站类型、场所的要求,各系统采用共用接地装置时,其工频接地电阻按各系统中要求中的最小值确定;单独设置接地装置的部位或系统(如地下车站的出入口罩棚等),其接地电阻按其防雷类别要求确定。

(2)过渡电阻

根据城镇建设行业标准《城市轨道交通站台屏蔽门》(CJ/T 236—2022)中的规定,屏蔽门等电位连接的过渡电阻应不大于 0.4 Ω;根据国家标准《建筑防雷工程施工与质量验收规范》(GB 50601—2010)中的规定,其他所有等电位连接的过渡电阻应不大于 0.2 Ω。

(3)绝缘电阻

根据城镇建设行业标准《城市轨道交通站台屏蔽门》(CJ/T 236—2022)中的规定,屏蔽门体与车站结构之间的绝缘电阻应不小于 0.5 MΩ。

第 13 章 雷电灾害风险管理

13.1 风险管理

13.1.1 概 述

所谓风险,是指不确定性对目标的影响,这种影响是指偏离预期,可以是正面的或负面的。不确定性是指对事件及其后果或可能性的信息缺失或了解片面的状态,一般包括损失发生与否及损失发生后,损失大小的不确定性。实际中,通常用潜在事件、后果或者两者的组合来区分风险,用事件后果(包括情形的变化)和事件发生可能性的组合来表示风险。

灾害风险是指各种灾害发生及其给人类社会造成损失的可能性。其分类可有以下两种依据:(1)依据人的参与性分为自然灾害、人为灾害和环境灾害 3 类,如台风、暴雨、龙卷等属于自然灾害,飞机失事、交通事故属于人为灾害,臭氧洞、大气污染属于环境灾害。(2)依据政府管理部门分为自然灾害、安全生产灾害、公共卫生、公共安全 4 类:如自然灾害管理一般隶属于应急部、民政部、气象局、自然资源部等,安全生产灾害管理隶属于国家安全生产管理总局,公共卫生安全管理隶属于卫生委等。雷电灾害作为自然灾害的一种,其成灾既有不确定性和偶然性,也有一定的必然性。如易燃易爆场所如未按照国家法律法规和技术标准要求开展防雷安全管理及防御措施导致雷击事故发生,则有可能属于安全生产事故范畴。《国务院安全生产委员会成员单位安全生产工作任务分工》(安委〔2020〕10 号)明确气象部门应依法履行雷电灾害安全防御的监督管理职责,组织制定有关安全生产政策措施并监督实施,依法参加有关事故的调查,指导省级气象主管机构的监督管理工作。中国气象局下发的《气象部门安全生产工作指南(试行)》中明确了气象安全生产涉及的 3 个方面,即气象部门自身的生产安全、安全生产气象保障服务和安全生产社会监督管理。其中,气象因素直接造成或诱发的相关重特大安全生产事故的气象服务能力、防雷安全监管能力是气象部门作为国务院安全生产委员会成员单位之一的重要职责。

风险管理指的是在风险方面,指导和控制组织的协调活动,是经济单位通过对风险的识别、衡量,采用合理的经济和技术手段对风险加以处理,以最小的成本获得最大的安全保障的一种管理行为。其框架包括设计、执行、监督、评审和持续改进整个组织的风险管理提供基础和组织安排的要素集合,一般是嵌入到组织的整体战略、运营政策以及实践当中的。风险管理涉及方针、计划和过程,风险管理方针为组织在风险管理方面的总体意图和方向的表述。风险管理计划为风险管理框架中,用于详细说明用于管理风险的方法、管理要素及资源方案,可用于具体的产品、过程、项目以及组织的部分或整体。风险管理过程相对复杂,一般将管理政策、程序和操作方法系统地应用于沟通、咨询、明确环境以及识别、分析、评价、应对、监督与评审风险的活动中。风险管理的目标是什么?是将风险降低到最小,甚至将风险降低到零吗?实际上,我们不能将风险降到最低作为风险管理的目标,我们也不可能将风险降低到零,所谓零风险的社会是不存在的。我们进行风险管理的同时,必须承担采取相应风险管理的成本,而风险降得越低,其所需要的风险措施成本越高,风险损失和风险管理成本之间是此消彼长的关系。

为有效管理风险,组织在实施风险管理时,一般可遵循下列原则:

(1) 控制损失,创造价值

以控制损失、创造价值为目标的风险管理,有助于组织实现目标、取得具体可见的成绩和改善各方面的业绩,包括人员健康和安全、合规经营、信用程度、社会认可、环境保护、财务绩效、产品质量、运营效率和公司治理等方面。

(2) 融入组织管理过程

风险管理不是独立于组织主要活动和各项管理过程的单独的活动,而是组织管理过程不可缺少的重要组成部分。

(3) 支持决策过程

组织的所有决策都应考虑风险和风险管理。风险管理旨在将风险控制在组织可接受的范围内,有助于判断风险应对是否充分、有效,有助于决定行动优先顺序并选择可行的行动方案,从而帮助决策者做出合理的决策。

(4) 应用系统的、结构化的方法

系统的、结构化的方法有助于风险管理效率的提升,并产生一致、可比、可靠的结果。

(5) 以信息为基础

风险管理过程要以有效的信息为基础。这些信息可通过经验、反馈、观察、预测和专家判断等多种渠道获取,但使用时要考虑数据、模型和专家意见的局限性。

(6) 环境依赖

风险管理取决于组织所处的内部和外部环境以及组织所承担的风险。需要特别指出的是,风险管理受人文因素的影响。

（7）广泛参与、充分沟通

组织的利益相关者之间的沟通，尤其是决策者在风险管理中适当、及时的参与，有助于保证风险管理的针对性和有效性。利益相关者的广泛参与有助于其观点在风险管理过程中得到体现，其利益诉求在决定组织的风险偏好时得到充分考虑。利益相关者的广泛参与要建立在对其权利和责任明确认可的基础上。同时，利益相关者之间需要进行持续、双向和及时的沟通，尤其是在重大风险事件和风险管理有效性等方面需要及时沟通。

（8）持续改进

风险管理是适应环境变化的动态过程，其各步骤之间形成一个信息反馈的闭环。随着内部和外部事件的发生、组织环境和知识的改变以及监督和检查的执行，有些风险可能会发生变化，一些新的风险可能会出现，另一些风险则可能消失。因此，组织应持续不断地对各种变化保持敏感并做出恰当反应。组织通过绩效测量、检查和调整等手段，使风险管理得到持续改进。

灾害风险管理是我们降低灾害损失的有效途径，根据我国的国情以及灾害分布的实际情况，运用科学合理的手段来进行灾害管理，建立起一个可持续发展的灾害风险管理体制，制定出健全的自然灾害风险管理法律法规，使我们在抗灾时有法可依。同时，应明确各主体的权利和义务，使我们每个公民都具有防灾抗灾的意识。加强防灾决策支援系统的建设，使政府部门、防灾研究人员和灾区民众都积极参与到防灾、抗灾活动当中。改变原先抗灾只靠政府这一现象，使全社会都积极参与进来。

13.1.2　风险评估

1. 风险评估概念和目的

风险评估旨在为有效的风险应对提供基于证据的信息和分析，是风险管理的重要组成部分，其包括风险识别、风险分析和风险评价的全过程。风险评估活动适用于组织的各个层级，评估范围可涵盖项目、单个活动或具体事项等。但是在不同情境中，所使用的评估工具和技术可能会有差异。

风险评估有助于决策者对风险及其原因、后果和发生可能性有更充分的理解。这可以为以下决策提供信息：

- 是否应该开展某些活动；
- 如何充分利用时机；
- 是否需要应对风险；
- 风险应对策略的选择；

- 确定风险应对策略的优先顺序；
- 选择最适合的风险应对策略,将风险的不利影响控制在可以接受的水平。

2. 风险评估过程

风险评估包括风险识别、风险分析和风险评价 3 个步骤,是由风险识别、风险分析和风险评价构成的一个完整过程(见图 13.1.1)。风险评估活动内嵌于风险管理过程中,与其他风险管理活动紧密融合并互相推动。考虑到不同类型的风险差异较大,因此风险评估通常涉及多学科方法的综合应用。风险评估活动的开展形式,不仅依赖于风险管理过程的背景,还取决于所使用的风险评估技术与方法。

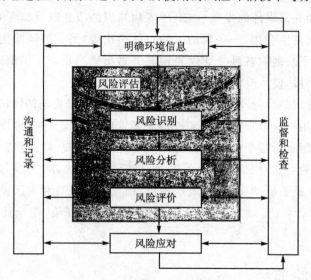

图 13.1.1 风险评估对风险管理过程的推动作用

(1) 风险识别

风险识别包括对风险源、危险事件及其原因和潜在后果的识别,可能涉及历史数据、理论分析、专家意见以及利益相关者的需求。风险识别的目的是确定可能影响系统或组织目标得以实现的事件或情况。一旦风险得以识别,组织应对现有的控制措施(诸如设计特征、人员、过程和系统等)进行识别。风险识别过程包括对风险源、风险事件及其原因和潜在后果的识别。风险识别方法可能包括:

- 基于证据的方法,例如检查表法以及对历史数据的评审;
- 系统性的团队方法,例如一个专家团队遵循系统化的过程,通过一套结构化的提示或问题来识别风险;
- 归纳推理技术,例如危险与可操作性分析方法(Hazard and operability study,HAZOP)等。

组织可利用各种支持性的技术来提高风险识别的准确性和完整性,包括头脑风暴法和德尔菲法等。无论实际采用哪种技术,关键是在整个风险识别过程中要认识到人的因素和组织因素的重要性。因此,偏离预期的人为及组织因素也应被纳入风险识别的过程中。

（2）风险分析

风险分析是理解风险性质、确定风险等的过程,也是风险评价和风险应对决策的基础。它为风险评价、决定风险是否需要应对以及最适当的应对策略和方法提供信息支持。风险分析需要考虑导致风险的原因和风险源、风险事件的正面和负面的后果及其发生的可能性、影响后果和可能性的因素、不同风险及其风险源的相互关系以及风险的其他特性,还要考虑控制措施是否存在及其有效性。

为确定风险等级,风险分析通常包括对风险的潜在后果范围和发生可能性的估计,该后果可能源于一个事件、情景或状况。然而在某些情况下,如后果很不重要,或发生的可能性极小,这时单项参数的估计可能就足以进行决策。在某些情况下,风险可能是一系列事件叠加产生的结果,或者由一些难以识别的特定事件所诱发。在这种情况下,风险评估的重点是分析系统各组成部分的重要性和薄弱环节,检查并确定相应的防护和补救措施。

用于风险分析的方法可以是定性的、半定量的、定量的或以上方法的组合。风险分析所需的详细程度取决于特定的用途、可获得的可靠数据,以及组织决策的需求。定性的风险分析可通过重要性等级来确定风险后果、可能性和风险等级,如"高"、"中"、"低"3 个重要性程度。可以将后果和可能性两者结合起来,并对照定性的风险准则来评价风险等级的结果。定量分析可估出风险后果及其发生可能性的实际数值,并产生风险等级的数值。由于相关信息不够全面、缺乏数据、人为因素影响等,或是因为定量分析难以开展或没有必要,全面的定量分析未必都是可行的或值得的。在此情况下,由具有专业知识和经验的专家对风险进行半定量或者定性的分析可能已经足够有效。

风险等级应当用与风险类型最为匹配的术语表达,以利于进一步的风险评价。在某些情况下,风险等级可以通过风险后果的可能性分布来表述。风险分析一般涉及控制措施评估、后果分析、可能性分析、初步分析、不确定性及敏感性等多个层面。

（3）风险分析

作为风险评估的重要体系,风险评价是对比风险分析结果和风险准则,以确定风险和/或其大小是否可以接受或容忍的过程,有助于风险应对决策。

风险评价利用风险分析过程中所获得的对风险的认识,对未来的行动进行决策。道德、法律、财务以及包括风险感知在内的其他因素,也是决策的参考信息。这些决策包括:

- 某个风险是否需要应对;
- 风险的应对优先次序;

- 是否应开展某项应对活动；
- 应该采取哪种途径。

在明确环境信息时,需要做出的决策的性质以及决策所依据的准则都已得到确定。但是在风险评价阶段,需要对以上问题进行更深入的分析,毕竟此时对于已识别的具体风险有更为全面的了解。如果该风险是新识别的风险,则应当制定相应的风险准则,以便评价该风险。最简单的风险评价结果,是仅将风险分为两种:需要应对与无须应对的。这样的方式无疑简单易行,但是其结果通常难以反映出风险估计时的不确定性,而且两类风险界限的准确界定也绝非易事。

是否以及如何应对风险的决策,也可能取决于承担风险的成本与收益以及实施应对措施的成本与收益。依据风险的可容许程度,可以将风险划分为如下 3 个区域:

- 不可接受区域。在该区域内无论相关活动可以带来什么收益,风险等级都是无法承受的,必须不惜代价进行风险应对;
- 中间区域。对该区域内风险的应对需要考虑实施应对措施的成本与收益,并权衡机遇与潜在后果;
- 广泛可接受区域。该区域中的风险等级微不足道,或者风险很小,无须采取任何风险应对措施。

安全工程领域的"最低合理可行"或 ALARP(As Low As Reasonably Practicable)准则即遵循了这一风险分级方式。在中间区域(或称 ALARP 区域)中,对于较低的风险可以直接进行应对措施的成本收益分析:如果增加安全的投入对安全效益的贡献不大,则可认为风险是可容许的;对于其中较高的风险,则需进一步实施应对措施,以使风险尽量向广泛可接受区域靠拢,直至风险降低的成本与获得的安全收益完全不成比例。

风险评价的结果应满足风险应对的需要,否则应做进一步分析。

3. 风险评估技术

选择合适的风险评估技术和方法,有助于组织及时高效地获取准确的评估结果。在具体实践工作中,风险评估的复杂及详细程度千差万别,风险评估的形式及结果应与组织的自身情况适合。

当决定进行风险评估并且确定了风险评估的目标和范围,那么就可以依据如下因素,选择一种或多种评估技术:

- 风险评估的目标,这对于使用的方法有直接影响;
- 决策者的需要:某些情况下做出有效的决策需要充分的评估细节,而某些情况下可能只需要对 总体情况进行大致了解;
- 所分析风险的类型及范围;
- 后果的潜在严重程度;

- 专业知识、人员以及所需资源的程度；
- 信息和数据的可获得性；
- 修改/更新风险评估的必要性：一些评估结果可能在将来需要修改或更新；
- 法律法规及合同要求等。

只要满足评估的目标和范围，应优先使用简单的评估方法。此外，其他因素对风险评估技术选择的影响也值得关注，如资源的可获得性、现有数据和信息中不确定性的性质和程度，以及在应用方面的复杂性等。

目前，风险评估的方法有很多种，如风险矩阵、结构化假设分析、情景分析、预先风险分析、风险指数、层次分析法、决策树分析、潜在通路分析、均值－方差模型、蝶形图法、FN 曲线、马尔可夫分析法、贝叶斯分析法、蒙特卡罗模拟法等。由于风险评估过程涉及风险识别、风险分析和风险评价，在风险评估的每一阶段，各类技术的适用性不尽相同，在针对不同对象进行评估时，需要组织在特定情况下选择合适的风险评估技术，复杂情况下可能需要同时采用多种评估技术和方法。这有赖于组织对于风险的认识和判别，以及数据分析和专业技术能力。

13.2　雷电灾害风险评估与区划

气象灾害风险评估和区划是气象防灾减灾工作的重要手段之一，是实现气象灾害防御工作"服务精细"的重要措施。《气象灾害防御条例》（国务院令第 570 号）中明确要求，"县级以上地方人民政府应当组织气象等有关部门对本行政区域内发生的气象灾害的种类、次数、强度和造成的损失等情况开展气象灾害普查，建立气象灾害数据库，按照气象灾害的种类进行气象灾害风险评估，并根据气象灾害分布情况和气象灾害风险评估结果，划定气象灾害风险区域。"同时，国务院气象主管机构应当会同国务院有关部门，根据气象灾害风险评估结果和气象灾害风险区域，编制国家气象灾害防御规划。

雷电是伴有闪电和雷鸣的一种云层放电现象。雷电常伴有强烈的阵风和暴雨，有时还伴有冰雹和龙卷风。雷电灾害经常导致人员伤亡，还可能导致供配电系统、通信设备、民用电器的损坏，引起森林火灾，仓储、炼油厂、油田等燃烧甚至爆炸，造成重大的经济损失、公众服务中断和不良社会影响。雷电作为联合国有关部门认定的"最严重的十种自然灾害之一"，是影响我国人员生命安全和经济损失的主要气象灾害之一。相关统计数据表明：我国雷击造成平均每年 460 人死亡，425 人受伤，死伤比为 1∶0.92，每年每百万人口平均死亡人数为 0.36 人，每年每万平方公里平均死亡人数为 0.48 人。《防雷减灾管理办法》中要求，防雷减灾工作，实行安全第一、预防为主、防治结合的原则。开展雷电灾害风险评估和区划，符合"摸清雷电灾害风险隐患底数,查明重点区域防雷抗灾能力,客观认识全国和各地区雷电灾害综合风险水平"的精神和要求,也是全面提升雷电灾害防御能力的基础性工作。

13.2.1 气象灾害风险评估和区划理论

1. 气象灾害风险区划模型

基于自然灾害风险形成理论,气象灾害风险是由致灾危险性(致灾因子)、敏感性(孕灾环境)、易损性(承灾体)和抗灾能力四部分共同形成的。其中,致灾危险性主要考虑气象灾害综合强度和发生频率,通常用气象资料统计和计算来权衡。孕灾环境敏感性重点考虑影响气象灾害发生的自然环境条件,通常用高程、水系和地表覆盖等因素。承灾体为气象灾害主要受体,通常为 GDP、人口、建筑、农作物等。抗灾能力从灾害防御的角度,主要用抗灾基础设施、地区经济水平、减灾资源等元素来衡量。

衡量区域气象灾害风险大小一般用风险指数来表征,气象灾害风险指数的计算模型为:

$$气象灾害风险指数 = 致灾危险性^{权重} \times 敏感度^{权重} \times 易损度^{权重} \times 抗灾能力指数^{权重}$$

2. 评价因子的处理和归一化

各类评价因子的计算往往采用加权综合评价法,把各个具体指标的作用大小综合起来,用一个数量化指标加以集中表示整个评价对象的影响程度。实际计算中,为了消除各指标的量纲差异,通常需要对每一个指标值进行归一化处理,通过归一化将各指标化为无量纲的数值,进而消除各指标的量纲差异。

以下为一种常用的归一化处理方法:

$$D_{ij} = 0.5 + 0.5 \times \frac{A_{ij} - \min_i}{\max_i - \min_i}$$

式中:D_{ij} 是 j 站(格)点第 i 个评价指标的归一化值,A_{ij} 是 j 站(格)点第 i 个评价指标值,$\min_i$ 和 $\max_i$ 分别是第 i 个评价指标值中的最小值和最大值。

3. 评价因子的权重确定方法

雷电灾害风险区划各因子权重的计算方法宜采用层次分析法。层次分析法是一种定量计算与定性分析相结合,将评估工作者的主观判断与客观资料相结合的处理方法,它主要应用于决策分析和方法选择。

层次分析法的基本原理是把一个复杂系统中的每个指标通分解为若干个有序层次,每一层次中的元素具有大致相等的地位,并且每一层与上一层次的某个指标和下一层次的若干指标有着一定的联系,每一个层次之间按照隶属关系组建成一个有序的递阶层次结构模型。在这个层次结构模型中,根据客观事实的判断,通过两两比较判断的方式确定同一层次中每个指标的相对重要性,以数字的方式建立判断矩阵,然后利用向量的计算方法得出同一层次中每个指标的相对重要性权重系数,最后通过组合计算所有层次的相对权重系数得到每个最底层指标相对于目标的重要性权重系数。层次分析法的实施步骤如下:

(1) 构造判断矩阵

判断矩阵是对各指标的重要性定量化的基础,它反映了决策者对各指标的相对重要性的认识。采用 1～9 标度法对各指标进行成对比较,确定各指标之间的相对重要性并给出相应的比值,见表 13.2.1。

表 13.2.1　两两比较赋值表

标　度	含　义
$a_{ij}=1$	因素 A_i 与因素 A_j 具有相等的重要性
$a_{ij}=3$	因素 A_i 比 A_j 稍显重要
$a_{ij}=5$	因素 A_i 比 A_j 明显重要
$a_{ij}=7$	因素 A_i 比 A_j 强烈重要
$a_{ij}=9$	因素 A_i 比 A_j 极度重要
$a_{ij}=2、4、6、8$	因素 A_i 与因素 A_j 相比,介于结果的中间值
倒数	$a_{ji}=1/a_{ij}$

即上述过程得出的判断矩阵 A 为:

$$A=(a_{ij})_{n \times n}=\begin{bmatrix} a_{11} & a_{12} & \cdots & a_{1n} \\ a_{21} & a_{22} & \cdots & a_{2n} \\ \cdots & \cdots & \cdots & a_{3n} \\ a_{n1} & a_{n2} & \cdots & a_{nn} \end{bmatrix} \tag{13.2.1}$$

其中:$a_{ii}=1$、$a_{ji}=1/a_{ij}$。

(2) 计算相对权重

通过求解判断矩阵 A 的最大特征值 $\lambda_{\max}$ 及最大特征值对应的特征向量 W,得出同一层次各指标的相对权重系数。

(3) 一致性检验

一致性检验是用平均随机一致性指标 $R.I.$ 对各指标重要程度比较链上的相容性进行检验,当成对比较得出的判断矩阵的阶数大于等于 3 时,则需要进行一致性检验。这一过程主要涉及三个指标值:一致性指标 $C.I.$、平均随机一致性指标 $R.I.$、和一致性比例 $C.R.$,具体计算方法如下:

① 根据判断矩阵得出 $C.I.$：

$$C.I. = \frac{\lambda_{max} - n}{n - 1} \tag{13.2.2}$$

② 根据判断矩阵阶数，按照表 13.2.2 找出对应的 $R.I.$。

表 13.2.2　平均随机一致性指标值

判断矩阵的阶数	1	2	3	4	5	6	7
$R.I.$	0	0	0.52	0.9	1.12	1.26	1.36

根据 $C.I.$ 和 $R.I.$ 的值，计算 $C.R.$：

$$C.R. = \frac{C.I.}{R.I.} \tag{13.2.3}$$

当 $C.R. \leqslant 0.1$ 时，则判断矩阵 **A** 的一致性是符合要求的，反之，需要对判断矩阵 A 的两两比较值作调整，直到计算出符合一致性要求的 $C.R.$ 值。

（4）计算合成权重

这一过程叫层次总排序。当所有层次的相对权重计算得出后，利用各层次指标的层次单排序结果，进一步计算递阶层次结构模型中最底层指标相对于总目标的组合权重，这个步骤是由下而上逐层进行的。

当用于区划的数据其精确性和可靠性无保证时，可降低其因子的权重，确保风险评估和区划结果。我国地域广阔，气候、地形地貌等因素决定了雷电分布特征存在较大差异。因此，雷电灾害危险性评估的各个因子全国无法给定统一的权重值，目前权重建议按照技术规范推荐的层次分析法进行确定。考虑到孕灾环境因子也会影响雷电参数的分布，以现阶段全国各省市的风险评估和区划工作为例，致灾危险性中雷击点密度和地闪强度的权重值较高，地形起伏和海拔次之，土壤电导率最小。风险评估建议致灾危险性指数权重最高，承灾体暴露度次之，脆弱性最小。因子权重大小的确定要重点考虑最后得出的危险性分布是否符合实际情况，具体在实际工作中可根据结果做适当调整。

13.2.2　资料收集和处理

结合研究结果，基于雷电灾害的致灾机理、影响雷电分布的地理条件、雷电灾害主要承灾对象，雷电灾害致灾因子主要考虑气象观测数据，基于雷电定位资料和雷暴日资料计算表征区域雷电活动强度的评价指标。孕灾环境主要考虑影响雷电分布的地理高程、地形起伏度和土壤电导等指标。承灾体暴露度用人口密度、GDP 密度、易燃易爆场所、旅游景点等社会统计资料表征。由于雷电致灾特征有别于暴雨、干旱等区域分布特征，一般用历史灾情数据、土地利用数据等表征区域的承灾体脆弱性。各类数据宜从相关权威部门共享或官方渠道获取数据,确保数据的准确性和时效性。当数据有更新时,宜重新进行风险评估和区划。

1. 资料收集

（1）气象观测资料

收集不少于 10 年的雷电定位数据,包括雷击的时间、经纬度、雷电流幅值等参数,用于计算雷击点密度和地闪强度。当雷电定位数据年限不足或者有缺失时,应收集能表征区域雷暴特征的雷暴日资料,雷暴日资料应收集不少于 30 年的观测数据。

（2）地理信息资料

收集比例尺精度不低于 1:250000 的数字高程模型（DEM）数据和比例尺精度不低于 1:1000000 的土壤电导率数据及土地利用数据。

（3）社会经济资料

收集土地面积、GDP 栅格数据、人口栅格等数据。

（4）历史灾情资料

收集雷电灾情资料,包含人员伤亡和直接经济损失。资料年限宜不少于 20 年。

2. 数据处理

（1）雷电定位资料

① 剔除雷电流幅值绝对值小于 2 kA 和大于 200 kA 的雷电定位数据。

② 将区域划分为 3 km×3 km 的网格,统计各网格内雷击频次,除以资料年限,得到各网格内的雷击点密度,并进行归一化处理,形成雷击点密度栅格数据。如雷电定位数据有缺失或年限不足时,宜用区域年均雷暴日数 T_d 利用公式 $0.1T_d$ 计算得到。

③ 采用百分位数法对雷电流幅值进行等级划分,见表 13.2.3。

表 13.2.3　雷电流幅值等级

百分位数（P）区间	$P \leqslant 60\%$	$60\% < P \leqslant 80\%$	$80\% < P \leqslant 90\%$	$90\% < P \leqslant 95\%$	$P > 95\%$
等级	1 级	2 级	3 级	4 级	5 级

④ 将区域划分为 3 km×3 km 的网格,按表 1 统计各网格内不同雷电流幅值等级的雷击频次,并进行归一化处理,按照式（13.2.4）计算各网格内的地闪强度,形成地闪强度栅格数据。

$$L_n = \sum_{i=1}^{5} \left(\frac{i}{15} \times F_i \right) \qquad (13.2.4)$$

目前相关研究表明,国内的闪电定位系统探测效率接近 90%,定位分辨率平均约为 800 m。按地闪事件的概率属性,计算目标区的尺度应适当放大,参照防雷工程设计关于等效截收面积的计算,一般为 3 倍以上。IEC/TC81 规定和建议计算雷击密度时网格定为 5 km×5 km,如果本地的定位系统定位分辨率较高,计算网格可以定为 3 km×3 km 或 2.75 km×2.75 km(北美闪电定位网资料计算统计推荐采用)。因此,根据我国 ADTD 闪电定位仪的精度以及已有的研究结果,推荐统计雷电参数时,格网大小设为 3 km×3 km。

（2）地理信息资料

① 对土壤电导率资料进行归一化处理,形成归一化的土壤电导率栅格数据。

② 对数字高程模型(DEM)资料进行归一化处理,形成归一化的海拔高度栅格数据。

③ 计算以目标栅格为中心、大小为 3 km×3 km 栅格的正方形范围内高程的标准差,并进行归一化处理,形成归一化的地形起伏栅格数据。高程标准差可在 ArcGIS 工具箱中对 DEM 作邻域分析,求出以目标格点为中心、大小为 3 km×3 km 栅格的正方形范围内所有 9 个栅格点高程的标准差;之后以样本量等分的方法进行分级。

④ 根据国家标准《土地利用现状分类》GB/T 21010—2017 中附录 A 表 A.1 的土地利用现状分类"三大类"分类,将土地利用数据按表 13.2.4 进行赋值,并进行归一化处理,形成归一化的防护能力指数栅格数据。

表 13.2.4　防护能力指数赋值标准

土地利用类型	建设用地	农用地	未利用地
防护能力指数	1.0	0.6	0.5

（3）社会经济资料

① 对人口密度数据进行归一化处理,形成 3 km×3 km 的人口密度栅格数据。

② 对 GDP 密度数据进行归一化处理,形成 3 km×3 km 的 GDP 密度栅格数据。

③ 以油库、气库、弹药库、化学品仓库、烟花爆竹等易燃易爆场所数量除以土地面积,得到易燃易爆场所密度,并进行归一化处理,形成易燃易爆场所密度栅格数据。

④ 以雷电易发区内矿区、旅游景点数量除以土地面积,得到矿区密度和旅游景点密度,并进行归一化处理,形成雷电易发区内矿区和旅游景点密度栅格数据。

（4）历史灾情资料

① 统计单位面积上的年平均雷电灾害次数(单位为次/(km² · a))与单位面积上的雷击造成人员伤亡数(单位为人/(km² · a)),并进行归一化处理。

② 按照式(13.2.5)计算生命损失指数,形成 3 km×3 km 的生命损失指数栅格数据。

$$C_l = 0.5 \times F + 0.5 \times C \tag{13.2.5}$$

式中:C_l—生命损失指数;

F—年平均雷电灾害次数的归一化值;

C—年平均雷击造成人员伤亡数的归一化值。

③ 统计单位面积上的年平均雷电灾害次数[单位为次/(km²·a)]与雷击造成直接经济损失(单位为万元/km²·a),并进行归一化处理。

④ 按照公式(13.2.6))计算经济损失指数,形成 3 km×3 km 的经济损失指数栅格数据。

$$M_l = 0.5 \times F + 0.5 \times M \tag{13.2.6}$$

式中:M_l—经济损失指数;

F—年平均雷电灾害次数的归一化值;

M—年平均雷击造成直接经济损失的归一化值。

13.2.3　雷电灾害风险区划模型和工作流程

1. 区划模型

雷电灾害风险区划模型由雷电灾害风险指数计算和雷电灾害风险等级划分组成。雷电灾害风险指数计算包括致灾因子危险性计算和承灾体易损性分析。承灾体易损性分析包括承灾体暴露度分析和脆弱性分析。具体模型见图 13.2.1。在实际区划工作中,可根据资料获取情况进行遴选。

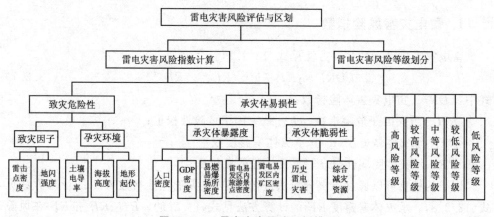

图 13.2.1　雷电灾害风险区划模型

2. 工作流程

雷电灾害风险评估和区划流程如图 13.2.2 所示。

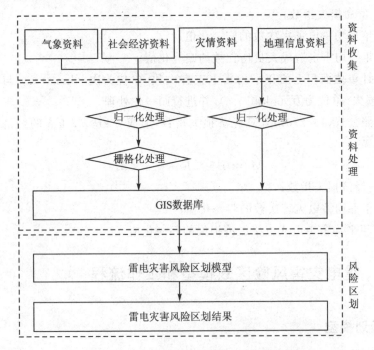

图 13.2.2　雷电灾害风险区划工作流程

13.2.4　雷电灾害风险计算和区划方法

1. 雷电灾害风险指数

雷电灾害风险指数计算方法见式(13.2.7)。

$$LDRI = (RH^{wh}) \times (RE^{we} \times RF^{wf}) \qquad (13.2.7)$$

式中:$LDRI$—雷电灾害风险指数;

RH—致灾因子危险指数,wh—致灾因子危险性权重;

RE—承灾体暴露度,we—承灾体暴露度权重;

RF—承灾体脆弱性,wf—承灾体脆弱性权重。

因子的权重可以通过层次分析法进行确定,致灾危险性指数 RH 的计算方法见式(13.2.8)。承灾体暴露度 RE 的计算方法见式(13.2.9)。RH、RE 和 RF 在风险计算时底数统一乘以 10。

2. 致灾危险性指数

致灾危险性指数 RH 计算方法见式(13.2.8),各因子的权重系数采用层次分析法。

$$RH = (L_d \times wd + L_n \times wn) \times (S_c \times ws \times E_h \times we + T_r \times wt)$$

$$(13.2.8)$$

式中：RH—致灾危险性指数；

　　L_d—雷击点密度，wd—雷击点密度权重；

　　L_n—地闪强度，wn—地闪强度权重；

　　S_c—土壤电阻率，ws—土壤电阻率权重；

　　E_h—海拔高度，we—海拔高度权重；

　　T_r—地形起伏，wt—地形起伏权重。

3. 承灾体暴露度

承灾体暴露度 RE 计算方法见式(13.2.9)：

$$RE = P_d \times w_{pd} + G_d \times w_{gd} + I_d \times w_{id} + K_d \times w_{kd} + T_d \times w_{td} \quad (13.2.9)$$

式中：RE—承灾体暴露度；

　　P_d—人口密度；

　　w_{pd}—人口密度权重；

　　G_d—GDP 密度；

　　w_{gd}—GDP 密度权重；

　　I_d—易燃易爆场所密度；

　　w_{id}—易燃易爆场所密度权重；

　　K_d—雷电易发区内矿区密度；

　　w_{kd}—雷电易发区内矿区密度权重；

　　T_d—雷电易发区内矿区密度；

　　w_{td}—雷电易发区内旅游景点密度。

根据第一次全国自然灾害风险普查实施方案,雷电灾害风险评估和区划工作规定了雷电面向单承灾体人口、GDP 的风险评估和区划。当面向单承灾体人口或GDP 进行风险评估和区划时,承灾体暴露度仅取人口或 GDP 密度进行计算。

4. 承灾体脆弱性计算

承灾体脆弱性 RF 计算方法见式(13.2.10),各因子的权重系数采用层次分析法。

$$RF = C_1 \times w_{cl} + M_1 \times w_{ml} + (1 - P_c) \times w_{pc} \quad (13.2.10)$$

式中：RF—承灾体脆弱性；

C_1—生命损失指数；

w_{cl}—生命损失指数权重；

M_1—经济损失指数；

w_{ml}—经济损失指数权重；

P_c—防护能力指数；

w_{pc}—防护能力指数权重。

目前全国由于雷电灾害灾情收集渠道、共享和管理方式不一，部分地区雷电灾害灾情数据不足导致无法准确衡量区域的脆弱性。当灾害数据严重缺乏或可靠性无保证时，可不采用灾情数据来计算脆弱性。

13.2.5 雷电灾害风险评估和区划产品制作

1. 数据处理格网大小

当区划范围大小差异时，宜根据实际需求调整数据处理格网大小。根据第一次全国自然灾害综合风险普查的技术要求，国家级产品网格大小要求为以 $30'' \times 30''$（约 900 m×900 m）的格网组成，同时对省、市、县区划产品格网分别规定为 $6'' \times 6''$、$3'' \times 3''$ 和 $1'' \times 1''$。考虑雷电定位数据的探测精度和定位误差，一般在数据处理时要求格网大小为 3 km×3 km，实际工作中可根据区划范围大小和尺度进行适度调整，以满足评估和区划结果服务精细化的需求。此时，致灾因子和承灾体、灾情等相关数据可插值成相匹配格网大小的栅格数据。

2. 等级划分和制图色彩

（1）致灾危险性评估和区划

根据雷电致灾危险性指数计算结果，采用 ArcGIS 中的自然断点法，将雷电灾害风险进行等级划分，并绘制雷电灾害风险等级分布图。

根据第一次全国自然灾害风险普查实施方案要求，雷电致灾危险性应划分为高风险、较高风险、较低风险和低风险 4 个等级，雷电致灾危险性等级色彩样式要求见表 13.2.5。

（2）风险评估和区划

依据雷电灾害风险指数计算结果，采用 ArcGIS 中的自然断点法，将雷电灾害风险进行等级划分，并绘制雷电灾害风险等级分布图。

根据第一次全国自然灾害风险普查实施方案要求，雷电灾害风险应划分为高风险、较高风险、中等风险、较低风险和低风险 5 个等级，雷电灾害人口风险和 GDP 风险图色彩样式要求见表 13.2.6 和表 13.2.7。

表 13.2.5　雷电致灾危险性图色彩样式

灾害	等级	色带	色值			
			（C）	（M）	（Y）	（K）
雷电灾害	高等级		40	45	40	0
	较高等级		30	30	25	0
	较低等级		0	0	0	16
	低等级		0	0	0	0

表 13.2.6　雷电灾害人口风险图色彩样式

风险等级	色带	色值			
		（C）	（M）	（Y）	（K）
高等级		0	100	100	25
较高等级		15	100	85	0
中等级		5	50	60	0
较低等级		5	35	40	0
低等级		0	15	15	0

表 13.2.7　雷电灾害 GDP 风险图色彩样式

风险等级	色带	色值			
		（C）	（M）	（Y）	（K）
高等级		15	100	85	0
较高等级		7	50	60	0
中等级		0	5	55	0
较低等级		0	2	25	0
低等级		0	0	10	0

13.2.6　雷电灾害风险评估和区划成果检验及应用

　　雷电灾害风险评估和区划是进行灾害防御规划和制订防御对策的基础,因此区划结果的合理性十分重要。雷电灾害风险评估和区划结果可通过灾情验证、专家质询、实地考察等方式进行验证和核查。对于结果明显不符认知和灾情实际情况时，应对评估和区划结果进行修订和调整。

《国务院关于优化建设工程防雷许可的决定》（国发〔2016〕39号）要求，进一步明确和落实政府相关部门责任，加强事中事后监管，保障建设工程防雷安全。通过整合部分建设工程防雷许可，明确了气象、公路、水路、铁路、民航、水利、电力、核电、通信等部门的雷电灾害防御职责和监管对象。并要求"气象部门要加强对雷电灾害防御工作的组织管理，做好雷电监测、预报预警、雷电灾害调查鉴定和防雷科普宣传，划分雷电易发区域及其防范等级并及时向社会公布"。根据雷电灾害风险区划结果，可针对不同风险分区内的易燃易爆场所、雷电易发区内矿区、旅游景点和防雷安全重点单位给出不同等级的雷电灾害防御的工程性和非工程性措施，做到分级管控，全面提升防雷安全风险防控能力，科学防范和有效遏制雷电灾害事故的发生。

第 14 章　电涌保护器

14.1　电涌保护器的基本知识

14.1.1　电涌保护器的定义

（1）IEC 61643—11:2011 中的定义

至少包含一个非线性元件的电器,该元件用于限制电涌电压和泄放电涌电流。

注意:SPD 具有适当的连接装置,是一个装配完整的部件。

（2）GB/T 18802.11—2020 中的定义

用于限制瞬态过电压和泄放电涌电流的电器。

注意:电涌保护器至少包含一个非线性的元件;SPD 具有适当的连接装置,是一个装配完整的部件。

两个关键点:

① 包含至少一个非线性元件;

② 具有适当的连接装置,是一个装配完整的部件。

常见非线性元件:

① 电压限制型元件:金属氧化物压敏电阻、抑制二极管、雪崩二极管。

② 电压开关型元件:放电间隙、气体放电管、闸流管（可控硅整流器）、三端双向可控硅开关元件。

14.1.2　电涌保护器的工作原理

如图 14.1.1 所示,SPD 并联在被保护设备两端,通过泄放电涌电流、限制电涌电压来保护电子设备。泄放电涌电流、限制电涌电压这两个作用都是由其非线性元件来完成的。在被保护电路正常工作,瞬态电涌未到前,此元件呈现极高的阻抗,对被保护电路没有影响;而当电网由于雷击出现瞬时脉冲电压时,该元件在纳秒内导通,将脉冲电压短路于地泄放,后又恢复为高阻抗状态,从而不影响被保护电路,并将被保护设备两端的电压限制在较低的水平(小于被保护设备的耐受电压),被保护设备和电路就不会遭受雷电或操作电涌的危害,其工作也不会被中断。

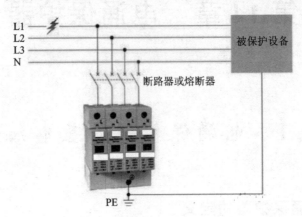

图 14.1.1　SPD 安装示意图

14.1.3　压敏电阻简介

1. 压敏电阻发展简史

1929~1930 年,美国和德国几乎同时用碳化硅压敏材料制成高压避雷器。20世纪 40 年代末,苏联制成低压碳化硅压敏电阻器。1968 年日本研制出氧化锌压敏电阻器(ZnO)。这种材料具有比其他材料更为优异的电气性能,至今仍获得广泛应用。其他金属氧化物(Fe_2O_3、TiO 等)压敏电阻器也得到发展。1976 年中国开始研制氧化锌压敏电阻器,经过 40 多年的努力,目前,全球压敏电阻用量的 70% 以上是由设在中国大陆的企业提供的。

2. 压敏电阻的 $V-I$ 特性曲线

从图 14.1.2 可以看出,在预击穿区,压敏电阻器 $V-I$ 特性近似线性关系,此时压敏电阻器呈现高阻状态,近似绝缘体,可看作开路;在击穿区,压敏电阻器的 $V-I$ 特性为非线性关系,可以用指数函数描述 $I=KV^{\alpha}$;在上升区,压敏电阻器 $V-I$ 特性又回到近似线性关系,此时压敏电阻器呈现低阻状态,可看作短路。

伏安特性随温度的变化如图 14.1.3 所示,由该图可见预击穿区的特性随温度变化很大,即在外加电压相同的情况下,流过压敏电阻的电流会随着环境温度的提高而大幅度增加;击穿区的特性几乎不受温度的影响。

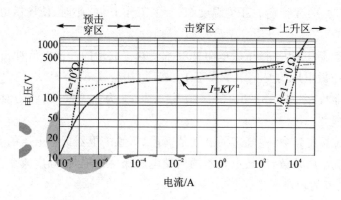

图 14.1.2　压敏电阻的典型 V - I 特性曲线

3. 压敏电阻的关键参数

（1）标称压敏电压 U_{1mA}：特定的电流（1 mA DC）经过压敏电阻时，在压敏电阻两端所测得的电压值。

（2）通流容量：也称通流量，是指在规定的条件（规定的时间间隔和次数，施加标准的冲击电流）下，允许通过压敏电阻器上的最大脉冲（峰值）电流值。

（3）最大交流工作电压（U_{RMS}）：在最高工作温度下连续施加 1 000 小时的交流电压，然后在室温和正常湿度下存放 1 至 2 小时，压敏电阻器的压敏电压的变化绝对值小于 10% 所能施加的最大电压。

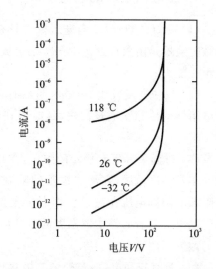

图 14.1.3　不同温度下的 V - I 特性曲线

（4）最大直流工作电压（U_{DC}）：在最高工作温度下连续施加 1 000 小时的直流电压，然后在室温和正常湿度下存放 1 至 2 小时，压敏电阻器的压敏电压的变化绝对值小于 10% 所能施加的最大电压。

（5）漏电流：是指给压敏电阻施加最大直流电压 U_{DC} 时流过的电流。实际测量漏电流时，通常给压敏电压施加 $U_{DC} = 0.75\,U_{1mA}$ 的电压（有时也用 $0.83\,U_{1mA}$）。

（6）最大箝位电压（残压）：是指给压敏电压施加规定的 8/20 冲击电流时，压敏电阻两端呈现的电压，一般由制造商在技术规格书中给出。

（7）残压比：通过压敏电阻器的电流为某一值时，在它两端所产生的电压称为这一电流值的残压。残压比则是残压与标称电压之比。

（8）静态电容量：指压敏电阻器本身固有的电容容量。

（9）额定功率：在特定的环境温度 85 ℃下工作 1 000 小时，使压敏电压变化小于 10％的峰值功率。

（10）额定能量 E：是指压敏电阻能够承受规定波形的冲击电流冲击一次的最大能量（冲击后压敏电压的变化率不大于 10％），可用公式 $E=kIVT$。

注：k 为常数（方波 1,8/20、10/1000 为 1.4）；I 为电流峰值，V 为对应 I 下的残压；T 为脉冲宽度。

（11）电压温度系数：在规定的温度范围内，压敏电阻器标称电压的变化率。

（12）电流温度系数：压敏电阻器的两端电压保持恒定时，温度改变 1 ℃时，流过压敏电阻器电流的相对变化。

4. 压敏电阻器的优势

（1）更好的热特性：与硅二极管只有一个 P−N 结承受电涌电流不一样，氧化锌压敏电阻器是由数百万个 P−N 结组成，这种结构有更好的能量吸收能力和电涌电流耐受能力。

（2）反应速度较快：压敏电阻器有与其他半导体元件类似的动作特性。因为压敏电阻器的传导发生非常快，延时只在纳秒级的范围内，所以能够满足大部分的实际需求。

（3）过温条件下有稳定的限压：在超过崩溃电压的情况下，一旦环境温度超过正常的工作温度范围，齐纳二极管的限制电压会随着环境温度的升高而升高，而压敏电阻器的限制电压在超过工作温度范围的情况下仍然几乎保持恒定。当压敏电阻器的漏电流随着元件本体温度的升高而增加时，压敏电阻器的限制电压不会随着温度的改变而改变。

（4）具有较高电容：与齐纳二极管相比，压敏电阻器有更高的电容值。根据不同的应用领域，对电涌抑制器的电容值的考虑是不同的，在直流电路中，压敏电阻器的电容既可起到去耦的作用又可起到抑制瞬时过电压的双重作用。

（5）低成本：与二极管相比，压敏电阻器具有成本低和尺寸小的有点。

14.1.4　气体放电管简介

1. 气体放电管定义

气体放电管（Gas Discharge Tube，GDT）：具有两个或三个金属电极的密封的单间隙或多间隙，内部的混合气体和压力可控，用于保护设备和/或人身不受瞬态过电压的危害（GB/T 18802.311—2017，定义）。

在正常情况下，放电管因其特有的高阻抗（＞1 000 MΩ）放电及低电容（＜2 pF）

特性,在它作为保护元件接入线路中时,对线路的正常工作几乎没有任何不利的影响。当有害的瞬时过电压窜入时,放电管首先被击穿放电,其阻抗迅速下降,几乎呈短路状态,此时,放电管将有害的电流通过地线或回路泄放,同时将电压限制在较低的水平,消除了有害的瞬时过电压和过电流,从而保护了线路及元件。当过电压消失后,放电管又迅速恢复到高阻抗状态,线路继续正常工作。

2. 气体放电管结构

如图 14.1.4 所示,早期的放电管是以玻璃作为管子的封装外壳,现已改用陶瓷作为封装外壳,放电管内充入电气性能稳定的惰性气体(如氩气和氖气等),放电电极常见的是两个或三个,电极之间由惰性气体隔开。按电极个数的设置来划分,放电管一般分为二极放电管和三极放电管。

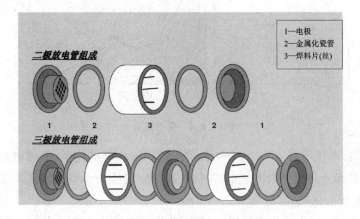

图 14.1.4　常见气体放电管的组成

3. 气体放电过程

气体受到电场或热能的作用,就会使中性气体原子中的电子获得足够的能量,以克服原子核对它的引力而成为自由电子,同时中性的原子或分子由于失去了带负电荷的电子而变成带正电荷的正离子。这种使中性的气体分子或原子释放电子形成正离子的过程叫做气体电离,形成的就是电离气体,电离气体中含有电子、离子和中性原子或分子;这种电离气体由外电场产生并形成传导电流的现象称之为气体放电。

大致来讲,气体放电过程可分为两大类:非自持放电和自持放电。非自持放电是指在存在外置电源的条件下放电才能维持的现象;自持放电是指去掉外置电离源的情况下放电仍能维持的现象。

放电从非自持过渡到自持的现象称为气体击穿。这种放电现象与理论由科学家汤逊在 20 世纪初首先研究建立提出的,故称为汤逊放电。

　　如图 14.1.5 所示,直流电源施加在两金属电极上,通过调整可变电阻的阻值,使电极间的电压从零开始上升。从 O 到 C 这一段是空气的非自持放电区,此时,只要外加直流电源撤除,空气的放电现象立刻就终止。其中 OA 段的电压很低,气隙中的空气在宇宙射线或光照的激发下,有很少的气体被电离。电离后的气体成为正离子和电子,正离子向阴极运动,而电子则向阳极运动。但由于被电离的分子占空气总量的比值过小,所以离子还没运动到电极处,绝大部分就被复合掉了,因此,该过程电流很小。

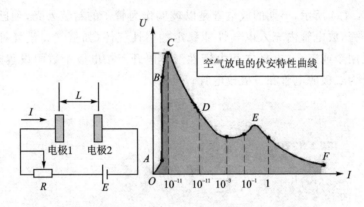

图 14.1.5　空气放电

　　在 AB 段,电压增高了不少,有部分离子终于到达电极处了,因而电流也略微增大一些。由于离子的产生原因是宇宙射线,而宇宙射线的总量是固定不变的,因此,AB 区尽管电压变化较大,但电流变化很小。

　　在 BC 段,电子(也即负离子)从电场中获得的能量已经够大,因而开始形成电场电离。只要电子动能大于电离能,则电子在前进途中,会撞击它所遇见的中性气体分子并使之电离,因而气隙中空气的电离度增大,电流急剧增大。与此同时,正离子的能量也变得更大,当它到达阴极区并狠狠地撞击阴极时,会把电极金属中的电子给撞出来。逸出的电子又加入负离子的队伍,也向正极前进。终于,在 C 点空气被击穿了,放电也由非自持放电过渡到自持放电,因此,C 点的电压也被称为击穿电压。

　　可以看出 C 点是一个拐点,在到达 C 点之前,两极间电阻无穷大,而到达 C 点之后,两极间的电阻却趋于零。在此之后的放电为自持放电,自持放电有各种不同的性质和形式,主要与气体性质、气压(真空度)、电极形状、电极位置、电极间距、外加电压大小、外加电源功率和频率等有关,此外,与阴极温度和电子发射情况也有关,同时,与不同的放电方式也有关。

　　图中 DE 区域空气放电产生辉光,称为辉光放电区,在此区间内电压基本不随电流而变,当辉光覆盖整个阴极表面时,电流再增加,电压也基本不变。

　　当电流增加到足够大时,进入电弧放电区。在电弧区,电极两端的电压基本与通过的电流无关,此时电极两端的电压维持在一个较低的水平。

(1) 汤逊放电

气体放电是如何形成的呢?英国物理学家汤逊(J. S. Townsend)在 1910 年第一个提出了"雪崩"气体放电理论,适用范围是非自持暗放电区及过渡区;1931~1932年,罗果夫斯基在考虑了空间电荷使放电间隙中电场发生畸变,对汤逊理论做了重要补充,使适用范围扩展到了自持暗放电和辉光放电区。所以,人们通常把电子雪崩放电理论称为汤逊——罗果夫斯基理论。

图 14.1.6 为汤逊放电区域的伏安特性。

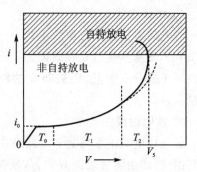

图 14.1.6 汤逊放电区域的伏安特性

① T_0 区:剩余电离粒子和电子在电场的作用下定向运动,电流从零开始逐渐增加,当极间电场足够大时,所有带电粒子都可到达电极,这时电流到达某一最大值。由于剩余电离产生的带电粒子密度一般很弱,所以 T_0 区域饱和电流值仍然很小(约 10~12 A 量级)。

② T_1 区:阴极发射的电子在电场的作用下获得足够的能量,它们与气体分子碰撞并产生电离,导致带电粒子增加,放电电流随之上升。

③ T_2 区:电子与气体分子碰撞产生正离子,电流进一步增大。这里从阴极发射的最原始的电子是由某种光电效应产生的,如果这种光电效应突然消失,那么汤逊放电区域的电流会立即中断,所以这种属于非自持放电。当作用在放电管两端的电压大于某一临界值 V_s 时,放电管的电流会突然迅速上升,如此时移去外界电离源放电会照旧维持,气体出现某种类型的自持放电,如辉光放电和弧光放电。这时气体产生了击穿或着火,其临界电压值 V_s 就称为击穿电压。

试验证明,在放电空间里,气体的击穿电压只是气压和极距乘积的函数(帕邢定律)。试验同时发现,在适当的两种气体组成的混合气体中,它的着火电压会低于单种气体的着火电压,目前在氩-汞以及氖-氩混合气体中都发现了这种现象,这种效应称为潘宁效应。

(2) 辉光放电

辉光放电(glow discharge)是指低压气体中显示辉光的气体放电现象,即稀薄气体中的自持放电(自激导电)现象。由法拉第一个发现,其基本构造是在封闭的容器内放置两个平行的电极板,利用产生的电子将中性原子或分子激发,而被激发的粒子由激发态降回基态时会以光的形式释放出能量。它包括亚正常辉光和反常辉光两个过渡阶段。辉光放电主要应用于氖稳压管、氦氖激光器等器件的制造,如日常应用的日光灯、霓虹灯。

① 发展历史

1831~1835 年,M.法拉第在研究低气压放电时发现辉光放电现象和法拉第暗区。1858 年,J.普吕克尔在 1/100 托下研究辉光放电时发现了阴极射线,成为 19 世纪末粒子辐射和原子物理研究的先驱。

② 物理原理

辉光放电是种低气压放电(low pressure discharge)现象,工作压力一般都低于 10 mbar,其基本构造是在封闭的容器内放置两个平行的电极板,利用产生的电子将中性原子或分子激发,而被激发的粒子由激发态降回基态时会以光的形式释放出能量。

③ 放电阶段

辉光放电有正常辉光和反常辉光两个过渡阶段,放电的整个通道由不同亮度的区间组成,即由阴极表面开始,依次为:阿斯通暗区;阴极光层;阴极暗区(克鲁克斯暗区);负辉光区;法拉第暗区;正柱区;阳极暗区;阳极光层。其中以负辉光区、法拉第暗区和正柱区为主体。

如图 14.1.7 所示,辉光放电时,在放电管两极电场的作用下,电子和正离子分别向阳极、阴极运动,并堆积在两极附近形成空间电荷区。因正离子的漂移速度远小于电子,故正离子空间电荷区的电荷密度比电子空间电荷区大得多,使得整个极间电压几乎全部集中在阴极附近的狭窄区域内。这是辉光放电的显著特征,而且在正常辉光放电时,两极间电压不随电流变化。

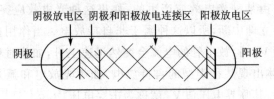

图 14.1.7　辉光放电分布区

(3) 弧光放电

弧光放电是指呈现弧状白光并产生高温的气体放电现象。无论在稀薄气体、金属蒸气或大气中,当电源功率较大,能提供足够大的电流(几 A 到几十 A),使气体击穿,发出强烈光辉,产生高温(几千到上万℃),这种气体自持放电的形式就是弧光放电。

弧光放电是气体放电中应用得最广泛的一种放电形式。极大部分的照明光源都应用弧光放电原理设计而成,超大电流的整流离子管中也应用弧光放电形式。由于设计结构和参数各异,所以弧光放电也呈现出不同的形式。通常产生弧光放电的方法是使两电极接触后随即分开,因短路发热,使阴极表面温度陡增,产生热电子发射。热电子发射使碰撞电离及阴极的二次电子发射急剧增加,从而使两极间的气体具有良好的导电性。弧光放电时,电流增大的两极间电压反而下降,有强烈光辉。

弧光放电的电流范围非常宽,低气压弧光放电灯的工作电流在几十 mA 至几百 mA 范围,高气压弧光放电灯的工作电流在几安培至几百安培,大电流整流离子管的整流电流可达几千 A 乃至万余 A。

弧光放电是一种自持放电,它的主要特点是维持电压低,通常只有 30 V 以内。由于弧光电流很大,单靠正离子轰击阴极不能提供这么多电子,更多的电子应该是阴极自身发射电子。弧光放电分为三个区,如图 14.1.8 所示。

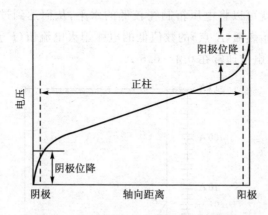

图 14.1.8　弧光放电中电位的轴向分布

① 阴极位降区:区域很短＜10^{-4} m,压降 10 V,电流密度很大(10^{10} A/m^2),这个区域对于阴极发射电子及维持放电很重要。

② 阳极位降区:空间电荷是负的,而且不存在阳极发射,通常位降及电流密度小于阴极。

③ 弧光正柱:在两者之间的是弧光正柱区,也是等离子区,气体是中性的,电场强度的大小与气体的性质、气压及电流有关。

④ 辉光-弧光转换

从辉光放电相对低的电流密度、高的电压过渡到弧光放电高的电流密度、低的放电电压需要阴极电子发射机构本质的改变才行。

在反辉光区,电流密度增加,阴极位降增加,这使得撞击阴极的正离子能量增加,并提高了阴极的温度,反常辉光放电较高电流那部分对应阴极温度将变得足够高,从而使阴极发射出足够多的电子,这样最后只用较低的电压就能维持放电。

4. 气体放电管的伏安特性曲线

(1) GDT 在直流电压下的伏安特性曲线

如图 14.1.9 所示,在放电管两极间逐渐增加直流电压时,在 A 点放电,A 点的电压称为放电管的直流放电电压。在 A 到 B 之间的这段伏安特性上,其斜率(即动

态电阻 du/di）是负的，称为负阻区。BC 段为正常辉光放电区，在此区间内电压基本不随电流而变，当辉光覆盖整个阴极表面时，电流再增加，电压也不增加。CD 段称为异常辉光放电区。当电流增加到足够大时放电 E 点突然进入电弧放电区，在电弧放电时，处在电场中加速了的正离子轰击阴极表面，阴极材料被溅射到管壁上，阴极被烧蚀，使间隙距离增加，管壁绝缘变坏。在采用合适的材料后，放电管可以做到导通 10 kA、8/20 入电电流数百次。在电弧区，放电管两端的电压基本上与通过的电流无关，在管内充以不同的惰性气体并具有不同的电压电弧压降常在 10 V～30 V。管子工作在电弧区就可以将电压箝制在较低的水平，从而达到过电压保护的目的。当电流下降到比开始燃弧（E 点）的数值低的电弧熄灭电流值（F 点）时，放电由电弧转为辉光，电弧熄灭电流通常在 0.1～0.5 A。

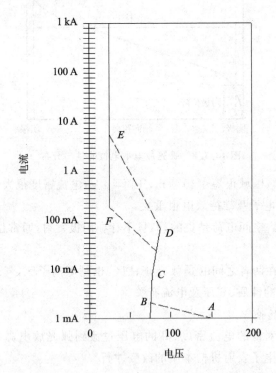

图 14.1.9　气体放电管在直流下的伏安特性曲线

（2）GDT 在交流电压下的伏安特性曲线

如图 14.1.10 所示，电压上升到击穿电压 V_s 值期间，实际上没有电流流过，击穿后电压降至辉光状态电压量级 V_{gl}（70～150 V，电流从几百 mA 至 1.5A 据管型而定）。随着电流的进一步增加，跃变到弧光状态 A。在这种状态下，弧光电压极低，一般为 10～35 V，在很宽的范围实际与电流无关。随着过电压降低（即波形第二半周），通过放电管的电流相应降到维持弧光状态所需的最小值（10～100 mA，据管型而定)以下,从而必定停止弧光放电,通过辉光状态后,放电管在电压 V_e 处熄灭。

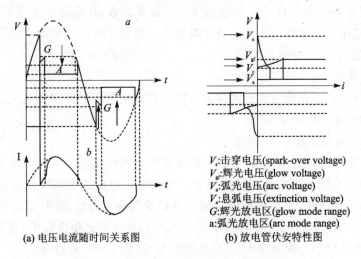

V_s:击穿电压(spark-over voltage)
V_{gl}:辉光电压(glow voltage)
V_c:弧光电压(arc voltage)
V_e:息弧电压(extinction voltage)
G:辉光放电区(glow mode range)
a:弧光放电区(arc mode range)

(a) 电压电流随时间关系图　　　(b) 放电管伏安特性图

图 14.1.10　气体放电管在交流下的特性曲线

5. 气体放电管的关键参数

(1) 直流击穿电压(V_s)

在放电管两端施加一个 100 V/s 缓慢上升的电压时,致使放电管发生击穿的电压值。亦称"直流击穿电压",记为:V_s。由于放电具有分散性,围绕着这个平均值还需要同时给出允许的偏差上限和下限值。

(2) 冲击击穿电压

在放电管极间施加上升速率很快的(100 V/μs 或 1 kV/μs)电压时,致使放电管发生击穿时刻的电压值,记为 V_{ss}。

由于放电管的响应时间或动作时延与电压脉冲的上升陡度有关,对于不同的上升陡度,放电管的冲击放电电压是不相同的。一些制造厂通常是给出在上升陡度为 1 kV/μs 的冲击放电电压值,实际上,出于一般应用的考虑,还应给出放电管在 100 V/μs、500 V/μs、1 kV/μs、5 kV/μs 和 10 kV/μs 等不同上升陡度下的冲击放电电压,以尽量包括在各种保护应用环境中可能遇到的暂态过电压上升陡度范围。

(3) 冲击耐受电流

将放电管通过规定波形和规定次数的脉冲电流,使其直流放电电压和绝缘电阻不会发生明显变化的最大值电流峰值称为管子的冲击耐受电流。这一参数总是在一定波形和一定通流次数下给出的,制造厂常给出在 8/20 μs 波形下通流 10 次的冲击耐受电流,也有给出在 10/1000 μs 波形下通流 300 次的冲击耐受电流。

(4) 响应时间

在具有一定波头上升陡度(陡度 du/dt 在 1 kV/μs 以上)的暂态过电压作用下,

当放电管上电压上升到其直流放电电压值时,管子并不能立即放电,而是要等到管子上电压上升到一个比直流放电电压值高出很多的数值时,管子才会放电,也就是说,从暂态过电压开始作用于放电管两端的时刻到管子实际放电时刻之间有一个延迟时间,该时间即称为响应时间。

(5) 绝缘电阻

标准大气压下,在放电管极间施加一特定的直流电压时测得的电阻。通常要求气体放电管的绝缘电阻$>10^9 \Omega$。

(6) 工频耐受电流

放电管通过工频电流 5 次,使管子的直流放电电压及绝缘电阻无明显变化的最大电流称为其工频耐受电流。当应用于一些交流供电线路或易于受到供电线路感应作用的通信线路时,应注意放电管的工频耐受问题。经验表明,感应工频电流较小,一般不大于 5 A,但其持续时间却很长;供电线路上的过电流很大,可高达数百安培,但由于继电保护装置的动作,其持续时间却很短,一般不超过 5 s。

(7) 续流能力

在特定条件下,放电管经冲击放电后,在半个波长内从低阻抗导通状态恢复到高阻抗绝缘状态时允许负荷的最大电流。通常以放电管两端施加的电压及流经放电管的交流电大小来衡。

(8) 电容

放电管极间测得的电容值。气体放电管各极间电容应不大于 10 pF,通常在 3 pF 以下。

(9) 辉光电压

GDT 流过辉光电流时的电压降峰值。

(10) 弧光电压

弧光电流流过 GDT 时的电压降。

(11) 息弧电压

放电电流消失时的电压。

6. 气体放电管的选择

在设计电涌保护器时,常根据放电管在被保护系统中的工作状况来选择它的直流放电电压。

对于设置在普通交流电路上的放电管,要求它在线路正常运行电压及允许的波形范围内不能击穿,则它的直流放电电压应满足:

$$\min(V_s) \geqslant 1.25 \times 1.15 U_{peak} \tag{14.1.1}$$

上式中 $\min(V_s)$ 表示直流放电电压的下限值,U_{peak} 为线路正常运行电压的峰值,1.15 表示考虑系统运行电压可能出现的最大允许波动为 15%,1.25 是额外增加的

25%的安全裕度。为方便计算,取放电管直流放电电压的允差为 0.2,则有:

$$\min(V_s) = (1 - 0.2)V_s = 0.8\,V_s \tag{14.1.2}$$

综合式(14.1.1)和(14.1.2)可得,$V_s \geqslant 1.8 U_{peak}$。

当线路系统为直流系统时,要求 $V_s \geqslant 1.8 U_{DC}$;当线路系统为交流系统时,要求 $V_s \geqslant 2.5 U_{AC}$。

从不影响被保护系统正常运行的要求出发,希望将放电管的直流放电电压选得越高越好。但直流放电电压越高会导致冲击放电的电压也相应提高,从而有可能超过被保护设备的耐压水平,从而损坏设备。从被保护设备的角度考虑,又希望放电管的直流放电电压选得越低越好。因此,放电管直流放电电压的选择应该从这两个方面考虑,找到一个平衡点。

7. 气体放电管的试验方法

(1) 直流放电电压试验

在没有施加电压时,GDT 先在黑暗中至少放置 15 min,然后用图 14.1.11 所示的试验回路进行试验,电压上升速率在 $100 \sim 2\,000$ V/s 之间。调整电压 V 和电阻 R_1,以使 du/dt 保持在 $100 \sim 2\,000$ V/s 之间。例如,对于直流放电电压为 230 V 的 GDT,可以选择 $V = 500$ V,$R_1 = 2$ MΩ,产生的波形即能保证在此区间。

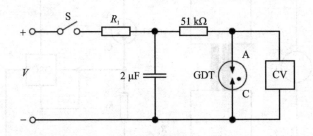

图 14.1.11　直流放电电压测试电路

记录每种极性下 GDT 的 A 极和 C 极之间的两次测量值,两次测试的时间间隔应不小于 1 s。

(2) 冲击放电电压试验

在没有施加电压时,GDT 先在黑暗中至少放置 15 min,然后用图 14.1.12 所示的试验回路进行试验,调整施加的直流电压、回路电阻和电容以使 $du/dt = 1\,000$ V/μs。试验所使用的电压上升率为 $1\,000(1 \pm 20\%)$ V/μs。

记录每种极性下 GDT 的 A 极到 C 极之间的两次测量值,两次测试的时间间隔应不小于 1 s。

(3) 绝缘电阻的测量

在 GDT 的每一电极对其他电极之间测量绝缘电阻。对于标称直流放电电压不

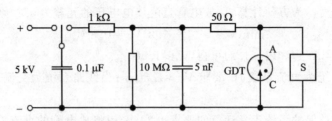

图 14.1.12　冲击放电电压测试电路

高于 150 V 的 GDT,用 50 V 的直流电压试验。当标称直流放电电压高于 150 V 时,用 100 V 的直流电压试验。三极 GDT 不测量的电极需要悬空。

（4）电容量的测量

除非有特别的规定,仅在 1 MHz 的情况下,在所有电极之间测量 GDT 的电容量。三极 GDT 不测量的电极需要悬空。

（5）辉光至弧光转变电流试验（辉光电压、弧光电压）

如图 14.1.13 所示,变压器 Tr 二次侧的电压有效值应至少是 GDT 标称直流放电电压的 2 倍。放电电流的峰值约为辉光至弧光转变电流的 2 倍,不超过 2 A。试验最长持续时间为 1 s。

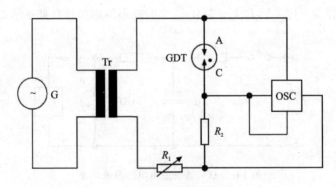

图 14.1.13　辉光至弧光转变电流测试电路

（6）8/20 标称冲击放电电流

应使用新的 GDT 进行试验,施加的冲击放电电流按通流容量不同的等级进行选取。对于二极 GDT,产生 8/20 μs 波形的试验回路的示例如图 14.1.14 (a) 所示。对于三极 GDT,其每个线电极应同时向公共极放电(见图 14.1.14(b)),标称冲击放电电流值的选择同样按通流容量的不同等级进行选取。冲击电流测量应有足够长的时间间隔不至于 GDT 内部过热。

完成施加规定的电流次数后,GDT 应冷却到环境温度。在施加最后一次电流的 1 h 内,进行直流放电电压、冲击放电电压和绝缘电阻的测试,需满足规定的要求。

（7）10/1000 冲击放电电流寿命试验

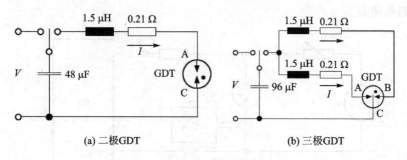

(a) 二极 GDT　　　　　　　　　　(b) 三极 GDT

图 14.1.14　8/20 标称冲击放电电流试验回路

如图 14.1.15 所示,应使用新的 GDT 进行试验,施加的冲击放电电流和次数按通流容量的不同等级进行选取。试验次数的一半用一种极性,另一半用相反的极性。或选用一半 GDT 用一种极性,另一半用相反极性的试验方法。冲击的重复频度应防止 GDT 内部热累计。

电源的电压不应小于 GDT 的最大冲击放电电压 150%。对于三极 GDT,其每个极应同时向公共极放电,每个冲击电流值及次数同样按通流容量的不同等级进行选取。

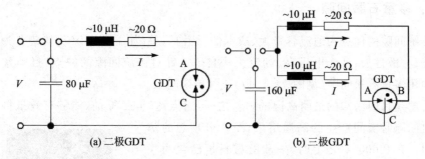

(a) 二极 GDT　　　　　　　　　　(b) 三极 GDT

图 14.1.15　10/1 000 冲击电流寿命试验回路

完成施加规定的电流次数后,GDT 应冷却到环境温度。在施加最后一次电流的 1 h 内,进行直流放电电压、冲击放电电压和绝缘电阻的测试,需满足规定的要求。

(8) 工频续流试验

应使用新的 GDT 进行试验,如图 14.1.16 所示的试验回路施加 50 Hz 或 60 Hz 的交流电。按实际使用情况的不同,试验用到的开路交流电压有效值应经用户和制造商同意。优选值分别为 25 V、120 V、208 V、240 V 或 480 V。工频电源电流应用电阻限制,使其电源功率因数近似于 1。GDT 在电路中电压过零但是没有到达 30° 相位角时,施加一个冲击电流使其处于导通状态,同时交流电源提供续流。该冲击电流应是单向的,且和交流电源的半波运行处于同一极性。该冲击在电流值和时间上应当足以使 GDT 处于弧光导通模式。GDT 能无损熄灭的最大电流为其最大工频续流遮断能力。

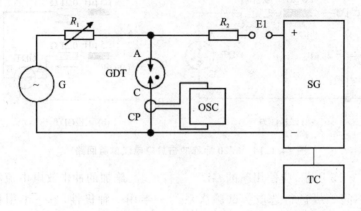

图 14.1.16　工频续流试验回路

14.1.5　多重石墨间隙简介

1. 多重石墨间隙

　　传统间隙的优点为通流容量大、成本低、结构简单(如羊角间隙);其缺点为响应速度慢、分散性大、动作电压高、续流无法自熄。针对传统间隙的缺点,目前常用的方法为用多重石墨间隙(见图 14.1.17)代替传统间隙。

　　石墨是目前已知的最耐高温的材料之一,熔点达3 652 ℃前,能够有效抵御雷电流通过间隙时瞬间产生的高温熔融,是十分理想的防雷材料。在 2 000 ℃之上时,一般的材料早已化为气体,或呈熔融状态,即使一些难熔的金属在 2 500 ℃高温下也会失去强度,但是石墨的强度在高温下反而较常温时提高一倍。同时石墨具有良好的导热、导电性,虽然石墨的导电性不能与传统金属相媲美,但它却比一般非金属高 100 倍,而且石墨的导热性超过了钢、铁、铝等金属材料。常温下石墨具有良好的化学稳定性,能耐酸、耐碱、耐有机溶剂的腐蚀。由于石墨具有高强耐酸性、抗腐蚀和耐高温 3 000 ℃以及耐低温－204 ℃等优良特性,被广泛地应用在冶金、化工、石油化工、高能物理、航天、电子等方面。在防雷行业,石墨做成放电间隙,能够耐受雷电流产生的瞬间高温,从而能够有效保护线路安全。

图 14.1.17　多重石墨间隙

2. 多重石墨间隙的性能

选用直径为 28 mm、厚度为 2 mm 的石墨圆片和外径为 31 mm、内径为 23 mm、厚度为 0.5 mm 的白色聚乙烯绝缘环组成一个 0.5 mm 的间隙,通过试验研究不同数量间隙下的残压和续流遮断能力。

（1）不同间隙数量下 1.2/50 波前放电电压

对不同间隙数量的石墨间隙依次施加 3.0 kV、3.5 kV、4.0 kV、4.5 kV、5.0 kV、5.5 kV、6.0 kV 的 1.2/50 开路电压波正极性、负极性各 5 次,将 10 次平均值计为对应的残压,如表 14.1.1 所列。

表 14.1.1　不同间隙数石墨间隙在不同开路电压下的波前放电电压

开路电压 /kV	3 个间隙 下残压/kV	4 个间隙 下残压/kV	5 个间隙 下残压/kV	6 个间隙 下残压/kV	7 个间隙 下残压/kV	8 个间隙 下残压/kV	9 个间隙 下残压/kV
3.0	2.013	2.206	2.446	2.612	2.716	N/A	N/A
3.5	2.110	2.315	2.737	2.908	3.016	N/A	N/A
4.0	2.256	2.500	3.009	3.184	3.248	N/A	N/A
4.5	2.212	2.436	3.102	3.240	3.348	4.232	3.785
5.0	2.423	2.493	3.269	3.456	3.548	4.352	3.941
5.5	2.438	2.479	3.405	3.600	3.804	3.919	4.096
6.0	2.507	2.773	3.598	3.772	4.008	4.816	4.303

从表 14.1.1 可以看出,波前放电电压值受开路电压的影响不大,但与间隙数量有明显关联,随着间隙数量的增加而增大,如图 14.1.18 所示。

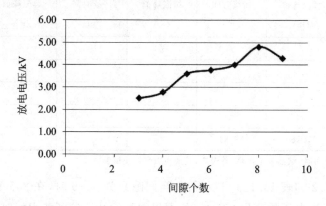

图 14.1.18　6 kV 开路电压下不同间隙数下的残压

从图 14.1.18 中可见,残压值随着间隙数量的增加而增大,且当间隙数大于 4

后,残压值的增加呈现放缓趋势。在开路电压 6 kV 时,当间隙数为 3 时(即 4 片石墨片和 3 个绝缘环叠加),残压值为 2.507 kV,当间隙数量为 9 时(即 10 片石墨片和 9 个绝缘环叠加),残压值为 4.303 kV,均远大于 2.5 kV。可见石墨间隙型 SPD 的间隙数应控制在 3 个或以下。

(2)不同间隙数量下续流遮断能力

在工频电压为 255 V、预期短路电流为 25 kA 时,研究不同间隙数、不同触发角度下多重石墨间隙的续流遮断能力,试验结果如表 14.1.2 和表 14.1.3 所列。

表 14.1.2　25 kA@250 V 短路电流下不同间隙数量石墨间隙的续流遮断能力

间隙数	30 数		60 数		90 数	
	续流峰值 /kA	持续时间 /ms	续流峰值 /kA	持续时间 /ms	续流峰值 /kA	持续时间 /ms
5	无	/	无	/	无	/
6	无	/	无	/	无	/
7	无	/	无	/	无	/
8	无	/	无	/	无	/
9	无	/	无	/	无	/

在工频电压为 385 V、预期短路电流为 10 kA 时,研究不同间隙数、不同触发角度下多重石墨间隙的续流遮断能力,试验结果如表 14.1.3 所列。

表 14.1.3　10kA@385 V 短路电流下不同间隙数量石墨间隙的续流遮断能力

间隙数	30 数		60 数		90 数	
	续流峰值 /kA	持续时间 /ms	续流峰值 /kA	持续时间 /ms	续流峰值 /kA	持续时间 /ms
5	/	/	/	/	/	/
6	/	/	/	/	/	/
7	/	/	/	/	/	/
8	/	/	/	/	/	/
9	11.584	39.94	/	/	/	/

注:9 个间隙 30 度角时,试品发生燃烧,并爆炸,其余间隙数停止试验。

从表 14.1.2 和表 14.1.3 可以看出,当间隙数为 5～9 时,在 255 V 具有较好续流遮断能力,但当电压抬高到 385 V 时,石墨间隙的续流遮断能力相对较差。

3. 间隙的触发技术

常用的触发技术有主动能量控制技术(见图 14.1.19)、脉冲变压器触发技术(见图 14.1.20)和电容网络触发技术(见图 14.1.21)。

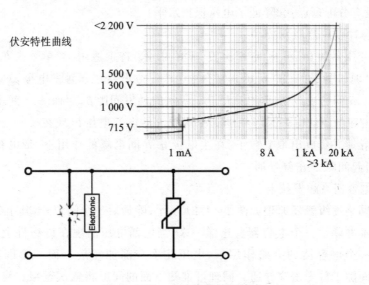

图 14.1.19　主动能量控制技术

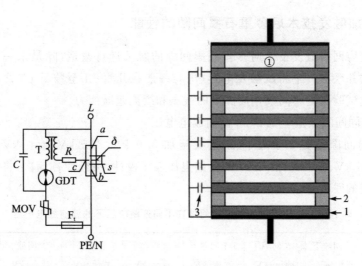

图 14.1.20　脉冲变压器触发技术　　**图 14.1.21　电容网络触发技术**

(1) 主动能量控制技术

主动能量控制技术解决了电压开关型 SPD 电压保护水平高、需要退耦、气体泄漏等问题。其核心原理是在放电间隙之上增加一个电子触发电路,监测后级 SPD 之上的残压,在后级能量承受极限之前,主动触发放电间隙使之工作,并因间隙工作之后维持放电电压较低,使得点火电路和后级 SPD 不再工作,提高了 SPD 的使用寿命。使用该技术直接带来的好处有:①使一、二级 SPD 可直接并联安装;②解决了退耦电感这类器件在小空间安装时尺寸问题;③降低成本,减少热损耗;④能量分配主动控制,没有分配盲点;⑤降低了电压保护水平。

(2) 脉冲变压器触发技术

脉冲变压器触发是一种应用比较广泛的技术,特别适用于"单个火花间隙"触发结构,其原理如图 14.1.20 所示。它有主电极 a、b 和变压器触发电极 c(点火电极)3个电极。a、b 的主放电间隙 S 大于 a、c 间的触发间隙 δ,因而 a、c 间击穿电压比 a、b 间的击穿电压低得多。当经过变压器放大的电涌电压出现在 a、c 上时,间隙 δ 首先击穿导通并释放出带电粒子,在主电极 a、b 间电场的作用下,带电粒子加速运动,进而引起间隙 S 击穿导通。

(3) 电容网络触发技术

电容网络逐级触发原理如图 14.1.21 所示,除最后一个间隙外,其余各间隙对公共端之间都并联了一个电容器。这样一来,当电涌电压出现在该组件上时,首先是在最上面一个电容器的旁路作用下,电压几乎全部加在最上面一个间隙上(间隙①),因而间隙①首先击穿导通。同理可推知下面的间隙将依次逐级击穿导通,该触发技术适用于由多个小间隙串联的开关型 SPD 中。

4. 增加触发技术后多重石墨间隙的性能

利用电容网络触发技术对多重石墨间隙的触及进行改造,除最末一个间隙外,其余间隙均并联上一个高压触发电容(电容一般在几百 Pf 至数千 pF 之间)。改进后再次通过试验研究不同数量间隙下的残压和续流遮断能力。

(1) 不同间隙数量下 1.2/50 波前放电电压

对不同间隙数量的石墨间隙依次施加 3.0 kV、3.5 kV、4.0 kV、4.5 kV、5.0 kV、5.5 kV、6.0 kV 的 1.2/50 开路电压波正极性、负极性各 5 次,将 10 次平均值计为对应的残压,如表 14.1.4 所列。

表 14.1.4 不同间隙数石墨间隙在不同开路电压下的波前放电电压

开路电压/kV	3个间隙下残压/kV	4个间隙下残压/kV	5个间隙下残压/kV	6个间隙下残压/kV	7个间隙下残压/kV	8个间隙下残压/kV	9个间隙下残压/kV
3.0	0.732	0.783	0.814	1.306	1.814	1.304	1.272
3.5	0.750	0.799	0.851	1.102	1.918	1.272	1.852

续表 14.1.4

开路电压 /kV	3 个间隙下 残压/kV	4 个间隙下 残压/kV	5 个间隙下 残压/kV	6 个间隙下 残压/kV	7 个间隙下 残压/kV	8 个间隙下 残压/kV	9 个间隙下 残压/kV
4.0	0.794	0.829	0.834	0.910	1.892	1.118	1.900
4.5	0.838	0.858	0.824	0.822	1.848	1.16	1.814
5.0	0.854	0.867	0.836	0.820	1.444	1.174	1.94
5.5	0.890	0.890	0.824	0.828	1.246	1.204	1.932
6.0	0.896	0.898	0.844	0.870	1.330	1.190	2.164

　　从表 14.1.4 可以看出，波前放电电压值受开路电压的影响不是很大，7 个间隙以下受间隙数量的影响也不是很大，7 个间隙以上随着间隙数量的增加而明显增大，但总体都没有超过 2.5 kV，如图 14.1.22 所示。

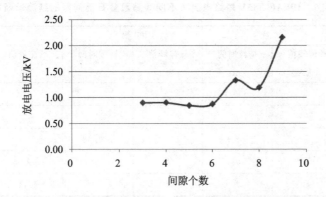

图 14.1.22　6 kV 开路电压下不同间隙数下的残压

　　由图 14.1.22 可见，当间隙数为 3 个至 6 个时，波前放电电压受间隙数量的影响不大，当间隙数超过 7 个时，波前放电电压随着间隙数量的增加而增大。在开路电压 6 kV 时，当间隙数为 3 时（即 4 片石墨片和 3 个绝缘环叠加），波前放电电压值为 0.896 kV，当间隙数量为 9 时（即 10 片石墨片和 9 个绝缘环叠加），波前放电电压值为 2.164 kV，均小于 2.5 kV。可见带触发技术后的多重石墨间隙的电压保护水平完全满足了低压配电系统一般设备的耐压值。

　　（2）不同间隙数量下续流遮断能力

　　在工频电压为 255 V、预期短路电流为 25 kA 时，研究不同间隙数、不同触发角度下多重石墨间隙的续流遮断能力，试验结果如表 14.1.5 所列。

表 14.1.5　255 kA@250 V 短路电流下不同间隙数量石墨间隙的续流遮断能力

间隙数	30 数		60 数		90 数	
	续流峰值 /kA	持续时间 /ms	续流峰值 /kA	持续时间 /ms	续流峰值 /kA	持续时间 /ms
5	无	/	无	/	无	/
6	无	/	无	/	无	/
7	无	/	无	/	无	/
8	无	/	无	/	无	/
9	无	/	无	/	无	/

在工频电压为 385 V、预期短路电流为 10 kA 时,研究不同间隙数、不同触发角度下多重石墨间隙的续流遮断能力,试验结果如表 14.1.6 所列。

表 14.1.6　10kA@385V 短路电流下不同间隙数量石墨间隙的续流遮断能力

间隙数	30 数		60 数		90 数	
	续流峰值 /kA	持续时间 /ms	续流峰值 /kA	持续时间 /ms	续流峰值 /kA	持续时间 /ms
5	/	/	/	/	/	/
6	/	/	/	/	/	/
7	无	/	11.10	140.68	/	/
8	无	/	无	/	无	/
9	无	/	无	/	4.74	6.82

注:7 个间隙 60°角时,试品发生燃烧,并爆炸,其余间隙数停止试验。

在工频电压为 385 V、预期短路电流为 5 kA 时,研究不同间隙数、不同触发角度下多重石墨间隙的续流遮断能力,试验结果如表 14.1.7 所列。

表 14.1.7　5kA@385 V 短路电流下不同间隙数量石墨间隙的续流遮断能力

间隙数	30 数		60 数		90 数	
	续流峰值 /kA	持续时间 /ms	续流峰值 /kA	持续时间 /ms	续流峰值 /kA	持续时间 /ms
5	/	/	/	/	/	/
6	/	/	/	/	/	/
7	无	/	无	/	无	/
8	5.60	71.46				
9	无	/	5.68	>200 ms		

注:9 个间隙 60°角和 8 间隙 30°角时,试品发生燃烧,并爆炸,5、6 间隙数停止试验。

在工频电压为 385 V、预期短路电流为 3 kA 时,研究 9 个间隙在不同触发角度下多重石墨间隙的续流遮断能力,重复 3 只样品,试验结果如表 14.1.8 所列。

表 14.1.8　3 kA@385 V 短路电流下 9 间隙石墨间隙的续流遮断能力

间隙数	30 数		60 数		90 数	
	续流峰值 /kA	持续时间 /ms	续流峰值 /kA	持续时间 /ms	续流峰值 /kA	持续时间 /ms
9—1	无	/	2.252	7.62	1.776	5.64
9—2	无	/	2.170	7.34	1.639	5.70
9—3	无	/	2.203	7.14	0.923	4.00

当间隙数为 5～9 时,在 255 V 具有较好续流遮断能力,当电压抬高到 385 V 时,在 10 kA、5 kA 下的续流遮断能力不是很稳定,但在 3 kA 下 9 个间隙石墨间隙的续流遮断能力相对比较稳定。

14.1.6　雪崩击穿二极管(ABD)简介

1. 瞬态抑制二极管(TVS)

瞬态抑制二极管(TVS)又叫钳位型二极管,是目前国际上普遍使用的一种高效能电路保护器件,它的外形与普通二极管相同,但却能吸收高达数千瓦的电涌功率。它的主要特点是在反向应用条件下,当承受一个高能量的大脉冲时,其工作阻抗立即降至极低的导通值,从而允许大电流通过,同时把电压钳制在预定水平,其响应时间仅为 10^{-12} s,因此可有效地保护电子线路中的精密元器件。

TVS(Transient Voltage Suppression)是一种限压保护器件,作用与压敏电阻很类似。也是利用器件的非线性特性将过电压钳位到一个较低的电压值实现对后级电路的保护。如图 14.1.23 所示,它并联与电路中,当电路正常工作时,处于截止状态(高阻态),不影响线路正常工作,当电路出现异常过压并达到其击穿电压时,它迅速由高阻态变为低阻态,给瞬间电流提供低阻抗导通路劲,同时把异常高压箝制在一个安全水平之内,从而保护被保护 IC 或线路,当异常过压消失,其恢复至高阻

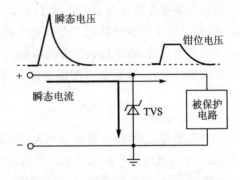

图 14.1.23　瞬态抑制二极管工作原理图

态,电路正常工作。

2. 瞬态抑制二极管(TVS)伏安特性曲线

单向瞬态抑制 TVS 二极管 Ⅳ 特性曲线如图 14.1.24 所示,第一象限是单向
TVS 管的输出特性曲线,有正向导通电压和正向导通电流两个参数。当 TVS 管反
向偏置时,TVS 有两种状态:高阻抗、低阻抗,看图第三象限,在高阻抗状态下,流过
TVS 的电流称为漏电流,该电流大小随着 TVS 的结温而变化。由高阻抗向低阻抗
转变是雪崩击穿的开始,直到完全击穿时,TVS 会瞬间把瞬态浪涌电压钳位在相对
较低的安全电压下。

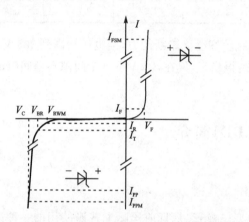

I_{PP}—峰值脉冲电流
I_{PPM}—额定峰值脉冲电流
V_C—钳位电压
V_{BR}—击穿电压
I_T—脉冲直流试验电流
V_{RWM}—最高工作电压
I_R—漏电流(待机电流)
I_F—正向直流电流(正向测试电流)
V_F—正向压降(正向直流电压)
I_{FSM}—正向不重复峰值电流(浪涌电流)

图 14.1.24 单向 TVS 管的伏安特性曲线

TVS 的一个特点是可以灵活选用单向或双向保护器件,双向 TVS 适用于交流
电路,单向 TVS 一般用于直流电路。

3. 二极管的击穿形式

(1)雪崩击穿

对于掺杂浓度较低的 PN 结,结较厚,当外加反向电压高到一定数值时,因外电
场过强,使 PN 结内少数载流子获得很大的动能而直接与原子碰撞,将原子电离,产
生新的电子空穴对,由于连锁反应的结果,使少数载流子数目急剧增多,反向电流雪
崩式地迅速增大,这种现象叫雪崩击穿。雪崩击穿通常发生在高反压、低掺杂的情
况下。

(2)齐纳击穿

对于采用高掺杂(即杂质浓度很大)形成的 PN 结,由于结很薄,即使外加电压并
不高(如 4 V),就可产生很强的电场将结内共价键中的价电子拉出来,产生大量的电
子—空穴对,使反向电流剧增,这种现象叫齐纳击穿。齐纳击穿一般发生在低反压、
高掺杂的情况下。

4. 雪崩击穿二极管(ABD)

雪崩击穿是 PN 结反向电压增大到一数值时,载流子倍增就像雪崩一样,增加得多而快。利用这个特性制作的二极管就是雪崩二极管。

雪崩二极管是利用半导体 PN 结中的雪崩倍增效应及载流子的渡越时间效应产生微波振荡的半导体器件。如果在二极管两端加上足够大的反向电压,使得空间电荷区展宽,从 N+P 结处一直展宽到 IP+ 结处。整个空间电荷区的电场在 N+P 处最大。假定在 N+P 结附近一个小区域内,电场强度超过了击穿电场,则在这个区域内就发生雪崩击穿。发生雪崩击穿的这一区域称为雪崩区。在雪崩区以外,由于电场强度较低,因而不发生雪崩击穿。载流子只在电场作用下以一定的速度作漂移运动。载流子作漂移运动的区域称为漂移区。载流子通过漂移区所需要的时间称作渡越时间。

在材料掺杂浓度较低的 PN 结中,当 PN 结反向电压增加时,空间电荷区中的电场随着增强。这样,通过空间电荷区的电子和空穴,就会在电场作用下获得的能量增大,在晶体中运动的电子和空穴将不断地与晶体原子又发生碰撞,当电子和空穴的能量足够大时,通过这样的碰撞的可使共价键中的电子激发形成自由电子-空穴对。新产生的电子和空穴也向相反的方向运动,重新获得能量,又可通过碰撞,再产生电子-空穴对,这就是载流子的倍增效应。当反向电压增大到某一数值后,载流子的倍增情况就像在陡峻的积雪山坡上发生雪崩一样,载流子增加得多而快,这样,反向电流剧增,PN 结就发生雪崩击穿,如图 14.1.25 所示。

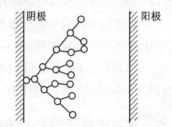

图 14.1.25　雪崩击穿示意图

5. 雪崩击穿二极管(ABD)的关键参数

双向雪崩击穿二极管的伏安特性曲线如图 14.1.26 所示,从图中可以看出有如下几个关键参数:

① 最大反向工作电压 V_{RWM};

② 击穿电压 V_{BR};

③ 最大箝位电压 V_{C};

④ 最大反向脉冲峰值电流 I_{PPM};

⑤ 反向脉冲峰值功率 P_{ppm};

⑥ 漏电流 I_{R}。

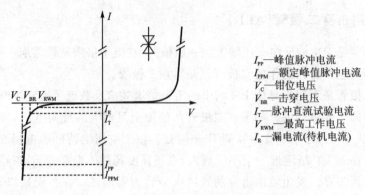

I_{PP}——峰值脉冲电流
I_{PPM}——额定峰值脉冲电流
V_C——钳位电压
V_{BR}——击穿电压
I_T——脉冲直流试验电流
V_{RWM}——最高工作电压
I_R——漏电流(待机电流)

图 14.1.26 双向 TVS 管的伏安特性曲线

6. 雪崩击穿二极管(ABD)的特点

(1) 优点:响应时间短,漏电流小,击穿电压偏差小,箝位电压低(相对于工作电压),动作精度高,无跟随电流(续流),体积小,每次经受瞬变电压后其性能不会下降,可靠性高。

(2) 缺点:由于所有功率都耗散在二极管的 PN 结上,因此它所承受的功率值较小,允许流过的电流较小。一般的 TVS 器件的寄生电容较大,如在高速数据线上使用,要用特制的低电容器件,但是低电容器件的额定功率往往较小。

(3) 适用场合:电涌能量较小的场合。如果电涌能量较大,要与其他大功率电涌抑制器件一同使用,则把它作为后级防护。

7. 雪崩击穿二极管(ABD)的选用技巧

(1) 确定被保护电路的最大直流或连续工作电压、电路的额定标准电压和"高端"容限。

(2) TVS 额定反向关断 VWM 应大于或等于被保护电路的最大工作电压。若选用的 VWM 太低,器件可能进入雪崩或因反向漏电流太大影响电路的正常工作。串行连接分电压,并行连接分电流。

(3) TVS 的最大钳位电压 VC 应小于被保护电路的损坏电压。

(4) 在规定的脉冲持续时间内,TVS 的最大峰值脉冲功耗 PM 必须大于被保护电路内可能出现的峰值脉冲功率。在确定了最大钳位电压后,其峰值脉冲电流应大于瞬态浪涌电流。

(5) 对于数据接口电路的保护,还必须注意选取具有合适电容 C 的 TVS 器件。

(6) 根据用途选用 TVS 的极性及封装结构。交流电路选用双极性 TVS 较为合理;多线保护选用 TVS 阵列更为有利。

(7) 温度考虑。瞬态电压抑制器可以在 $-55\sim+150\ ℃$ 之间工作。如果需要 TVS 在一个变化的温度工作,由于其反向漏电流 I_D 是随 TVS 结温增加而增大;功耗随 TVS 结温增加而下降,从 $+25\sim+175\ ℃$,大约线性下降 50%,与击穿电压 V_{BR} 随温度的增加按一定的系数增加。因此,必须查阅有关产品资料,考虑温度变化对其特性的影响。

14.2　电涌保护器生产过程的质量保证能力

要生产出符合标准要求的产品首先要根据使用方的要求和标准要求制作出产品设计图纸,包括各关键元器件的选择。设计思路应首先根据应用场合确定限压元件,如压敏电阻、气体放电管、雪崩击穿二极管、石墨间隙或其组合;接着根据电力系统类型选择合适参数的元器件,确定好元器件的尺寸;再根据选定的限压元件选择匹配的脱口装置、外壳、接线端子等的尺寸;最后画出详细的设计图纸。

怎么根据设计图纸生产出合格产品?还需做到以下几点:

1. 具备足够的资源

(1) 具备足够的生产设备、检验设备;

(2) 保证生产设备、检验设备正常运行及生产过程顺利开展的足够工作环境;

(3) 具有足够的人力资源满足开展生产活动的要求,在组织内指定一名质量负责人。

2. 采购和关键元器件的检验

(1) 对供应商的选择和评价。工厂应制定对关键元器件和材料的供应商的选择、评定和日常管理的程序,以确保供应商具有保证生产关键元器件和材料满足要求的能力。

(2) 进货检验。每批次产品均需进行的检验,一般由工厂质管部组织完成,常按一定比例抽检(如按 GB/T 2828.1 标准进行抽样)。当工厂无相关设备时也可由供应商完成,但是工厂必须提出明确的检验要求,包括抽样方法、检验项目、合格判定要求等。

(3) 定期确认检验。定期确认检验是工厂为确保供应商提供的产品持续符合要求而采取的确认活动。一般由工厂质管部明确实施的时机、频次及检验项目等。

3. 生产过程控制和过程检验

(1) 工序流程图。工厂应根据生产流程设计出工序流程图,并识别出其中的关键工序,关键工序的操作人员应具备相应的能力。

(2)工艺作业指导书。并非所有的工序都需要作业指导书,仅当该工序没有文件规定就不能保证产品质量时,就应指定相应的工艺作业指导书,使生产过程受控。一般情况下关键工序就需要相应的作业指导书。

(3)过程检验。是指在生产控制过程中对关键元器件、材料、半成品、成品的规定参数进行的检验和验收。工厂应在生产的适当阶段对产品进行检验,以确保产品及零部件与认证样品一致。一般在关键工序完成后对半成品进行一次过程检验。

(4)对过程参数的监控。工厂应对适宜的过程参数进行监控,如针对 MOV 结构 SPD 的低温焊接和高温焊接过程中电烙铁温度的监控等。

(5)设备的维护保养。凡是和生产产品相关的生产设备都须进行维护和保养。维护和保养制度中的规定应确保生产设备正常运转,处于完好的技术状态,并能生产出符合要求的产品。

4. 例行检验和确认检验

(1)例行检验(routine test),在生产的最终阶段对产品的关键项目进行的 100% 检验。例行检验后除进行包装和加贴标签外,一般不再进一步加工。其目的是剔除产品在加工过程中可能对产品产生的偶然性损伤,以确保成品的质量满足规定的要求。

(2)确认检验(verification test),作为质量保证措施的一部分,为验证产品是否持续符合标准要求而由工厂计划和实施的一种定期抽样检验。其目的是考核产品质量的稳定性,从而验证工厂质量保证能力的有效性。

(3)例行检验和确认检验项目,应符合 CQC 11 - 462111—2021(低压电源系统电涌保护器及电信和信号网络的电涌保护器)、CQC 33 - 462112—2022(用于光伏系统的电涌保护器)等认证实施规则中对例行检验和确认检验项目的要求。

5. 检验试验仪器设备

(1)应建立设备操作规程,检验人员应能按操作规程要求准确地使用仪器设备,配备的检验人员应能适应检验试验的需要。

(2)校准或检定。一般用于例行检验和确认检验的设备应按规定的周期进行校准或检定,校准或检定应溯源至国家或国际基准,设备的校准状态应能被使用及管理人员方便识别。

(3)运行检查。对用于例行检验和确认检验的设备除按有关规定定期校准、确保仪器设备准确外,还要求对设备在两次校准期间以简单有效的方法确定设备功能是否正常,即进行运行检查。当发现运行检查结果不能满足规定要求时,应能追溯至已检测过的产品。必要时,应对这些产品重新进行检测。

6. 不合格品的控制

工厂应建立不合格品控制程序,内容应包括不合格品的标识方法、隔离和处置及采取纠正、预防措施。经返修、返工后的产品应重新检测。质管部应针对不合格的性质(如个别的、批量的、偶然性的)及严重程度进行原因分析,必要时应采取相应的纠正、预防措施。

7. 内部质量审核

工厂应建立内部质量审核程序,确保质量体系的有效性和产品的一致性。应根据质量体系运行的实际情况策划审核方案。应收集客户的投诉,特别是对产品质量的投诉,并作为每次内部审核的输入信息。对审核中发现的问题,相关部门应及时采取纠正和预防措施,审核人员应对纠正和预防措施的实施结果进行跟踪验证和评价。

8. 产品的一致性

工厂应建立产品一致性控制程序,以保证生产的产品持续符合规定的要求,应着重关注产品在设计、结构、所使用的关键元器件、材料等方面与型式试验报告中描述的是否一致。并应明确规定无论由于何种原因引起产品发生变更,都应在变更前向相关部门或机构提出变更申请,在通过相关检测合格后方可执行该变更。

9. 包装、搬运和储存

工厂应明确需包装的产品的包装要求,所采用的包装材料、包装方法、包装过程不能对已符合标准要求的产品产生任何不利影响。同时应对产品的搬运做出明确的规定,防止因搬运操作不当、搬运工具不适当、搬运人员不熟悉搬运要求等原因造成产品不符合规定标准的要求。

10. 文件和记录的控制

(1) 工厂应建立并保持文件化的产品的质量计划或类似文件,以及为确保产品质量的相关过程有效运作和控制需要的文件。当产品和过程都比较简单时,可用质量计划把所有内容包括进去。若无法实现,可将上述规定写入不同的文件中。如质量计划只规定由谁及何时使用哪些程序和相关资源;产品变更的管理在程序文件中规定;产品的设计目标在相应的标准或规范中规定;产品实现过程、监视和测量过程、资源配置和使用等在作业指导书、操作规程等文件中规定。

（2）工厂应建立并保持文件化的程序以对上述文件和资料进行有效的控制。这些控制应确保：①文件发布前和更改应由授权人批准，以确保其适宜性；②文件的更改和修订状态得到识别，防止作废文件的非预期使用；③确保在使用处可获得相应文件的有效版本。

（3）工厂应建立并保持质量记录的标识、储存、保管和处理的文件化程序，质量记录应清晰、完整以作为产品符合规定要求的证据。质量记录的管理要制度化、规范化，对产品的追溯性起重要作用的质量记录必须保留。保存期限的规定应考虑认证产品特点、法律法规要求、认证要求、追溯期限等因素。

14.3　电涌保护器的检测方法

14.3.1　电涌保护器的主要分类

（1）按照使用场所可分为：
- 低压电源系统的电涌保护器（电源 SPD）；
- 电信和信号网络的电涌保护器（信号 SPD）；
- 用于光伏系统的电涌保护器（光伏 SPD）。

（2）按照元器件可分为：
- 电压限制型 SPD；
- 电压开关型 SPD；
- 复合型 SPD。

（3）按照防雷等级可分为：
- Ⅰ类 SPD；
- Ⅱ类 SPD；
- Ⅲ类 SPD。

（4）按照端口数可分为：
- 一端口 SPD；
- 二端口 SPD。

14.3.2　低压电源系统电涌保护器的检测方法

1. 检测依据标准

低压电源系统的电涌保护器检测的几本常用标准有：

GB/T 18802.11—2020《低压电涌保护器(SPD) 第 11 部分:低压电源系统的电涌保护器性能要求和试验方法》；

IEC 61643-11:2011《低压电涌保护器第 11 部分:低压电源系统的电涌保护器:性能要求和试验方法》；

EN 61643-11:2012＋A11:2018《低压电涌保护器第 11 部分:低压电源系统的电涌保护器:性能要求和试验方法》；

UL1449《Surge Protective Device 》(第五版)；

YD/T1235.2—2002《通信局(站)低压配电系统用电涌保护器测试方法》；

TB/T 2311—2017《铁路通信、信号、电力电子系统防雷设备》。

2. 试验方法

主要以现行国家标准 GB/T 18802.11—2020 介绍低压电源系统的电涌保护器的试验方法。

(1) 标准的适用范围

① 对雷电的间接和直接效应或其他瞬态过电压的电涌进行保护的保护器；

② 这些电器被组装后连接到交流额定电压不超过 1000V(有效值)、50/60Hz 的电路和设备。

直流电涌保护器不再适用本标准。

(2) 试验波形

① 冲击放电电流 I_{imp}

流过被试装置(SPD)的冲击放电电流通过由其峰值 I_{imp}、电荷量 Q 和比能量 W/R 参数来确定。冲击电流不应表现出极性反向,峰值 I_{imp} 应在 50 μs 内达到,电荷量 Q 转移应在 5 ms 内发生,比能量 W/R 应在 5 ms 内释放,如表 14.3.1 所列。

允差：

I_{peak}　　　$-10\%/+10\%$

Q　　　　$-10\%/+20\%$

W/R　　　$-10\%/+45\%$

表 14.3.1　Ⅰ类 SPD 试验参宿

I_{imp} 在 50 μs 内/kA	Q 在 5 ms 内/As	W/R 在 5 ms 内/kJ/Ω^{-1}
25	12.5	156
20	10	100
12.5	6.25	39
10	5	25
5	2.5	6.25
2	1	1
1	0.5	0.25

冲击试验符合上述参数的可能方法之一是 GB/T 21714.1 中规定的 10/350 波形

图 14.3.1 为典型的冲击放电电流。

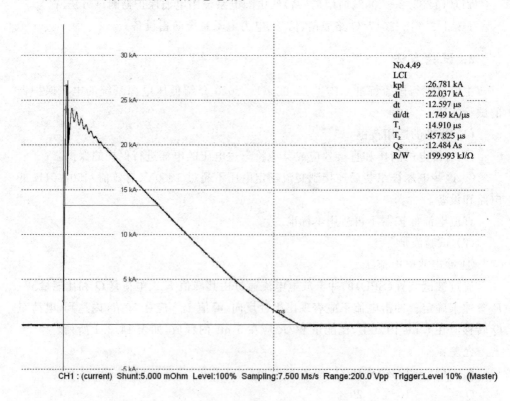

CH1 : (current) Shunt:5.000 mOhm Level:100% Sampling:7.500 Ms/s Range:200.0 Vpp Trigger:Level 10% (Master)

图 14.3.1　典型的冲击放电电流

（2）标称放电电流 I_n

标准电流波形是 8/20。流过被试装置电流波形的允许误差如下：

峰值　　　　　±10%

波前时间　　　10%

半峰值时间　　±10%

允许冲击波上有小过冲或振荡，但其幅值应不大于峰值的 5%。在电流下降到 0 后的任何极性反向的电流值不应大于峰值的 30%。

对于二端口电器，反向电流的幅值应小于 5%，使它不至于影响限制电压。

图 14.3.2 为典型的标称放电电流。

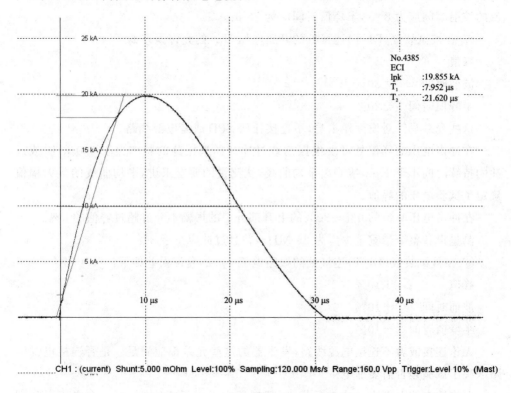

CH1：(current) Shunt:5.000 mOhm Level:100% Sampling:120.000 Ms/s Range:160.0 Vpp Trigger:Level 10% (Mast)

图 14.3.2　典型的标称放电电流

③ 冲击电压

标准电压波形是 1.2/50。在被试装置（DUT）连接处的开路电压波形的允许误差如下：

峰值　　　　　±5%

波前时间　　　±30%

半峰值时间　　±20%

在冲击电压的峰值处可发生振荡或过冲。如果振荡的频率大于 500 kHz 或过冲的持续时间小于 1 μs,应画出平均曲线,从测量的要求来讲,平均曲线的最大幅值确定了试验电压的峰值。

在冲击电压峰值的 0%~80% 的上升部分上的振幅不允许超过峰值的 3%。

测量设备整个带宽至少应为 25 MHz,并且过冲应小于 3%。

试验发生器的短路电流应小于 20% 的标称放电电流 I_n。

④ 复合波

复合波发生器的标准冲击波的特征用开路条件下的输出电压和短路条件下的输出电流来表示。开路电压的波前时间应为 1.2 μs,半峰值时间应为 50 μs。短路电流的波前时间应为 8 μs,半峰值时间应为 20 μs。

⑤ 在被试装置(DUT)连接处的开路电压 U_{OC} 的允许误差如下:

峰值　　　　±5%

波前时间　　±30%

半峰值时间　±20%

这些允差只针对发生器本身,不连接任何 SPD 或者电源线路。

在冲击电压的峰值处可发生振荡或过冲。如果振荡的频率大于 500 kHz 或过冲的持续时间小于 1 μs,应画出平均曲线,从测量的要求来讲,平均曲线的最大幅值确定了试验电压的峰值。

在冲击电压峰值的 0%~80% 的上升部分上的振幅不允许超过峰值的 3%。

测量设备整个带宽至少应为 25 MHz,并且过冲应小于 3%。

⑥ 在被试装置(DUT)连接处的短路电流 I_{sc} 的允许误差如下:

峰值　　　　±10%

波前时间　　±10%

半峰值时间　±10%

无论连接或者不连接电源线路,发生器的这些允差都应满足。是否连接电源线路取决于试验是否需要加电。

允许冲击波上有小过冲或振荡,但其幅值应不大于峰值的 5%。在电流下降到零后的任何极性反向的电流值不应大于峰值的 30%。

(3) 型式试验要求

如果没有其他规定,电压电源系统的电涌保护器应该按表 14.3.2 的要求进行型式试验。

表 14.3.2 型式试验要求

试验系列	试验项目	章条编号要求/测试方法	连接外部脱离器[a]	使用薄纸	使用金属屏栅	试验类别 I	试验类别 II	试验类别 III
1	标识和标志	7.1.1/7.1.2/8.3	—	—	—	A	A	A
	安装	7.3.1	—	—	—	A	A	A
	接线端子和连接	7.3.2/7.3.3/8.5.2	—	—	—	A	A	A
	防直接接触试验	7.2.1/8.4.1	—	—	—	A	A	A
	环境,IP 代码	7.4.2/8.6.1	—	—	—	A	A	A
	剩余电流(残流)	7.2.2/8.4.2	—	—	—	A	A	A
	动作负载试验	7.2.4/8.4.4[b d]						
	I、II 或 III 类动作负载试验	8.4.4.3/8.4.4.4/8.4.4.5	A	—	—	A	A	A
	I 类试验的附加动作负载试验	8.4.4.5	A	—	—	A	—	—
	热稳定性试验[c]	7.2.5.2/8.4.5.2	A	—	—	A	A	A
	电气间隙和爬电距离	7.3.4/8.5.3	—	—	—	A	A	A
	球压试验	7.4.3/8.6.3	—	—	—	A	A	A
	耐非正常热和火	7.4.4/8.6.4	—	—	—	A	A	A
	耐电痕化	7.4.5/8.6.5	—	—	—	A	A	A
2	电压保护水平	7.2.3/8.4.3						
	残压	8.4.3.2	—	—	—	A	A	—
	波前放电电压	8.4.3.3	—	—	—	A	A	—
	用复合波测限制电压	8.4.3.4	—	—	—	—	—	A
2a	见下-仅适用时							
2b	见下-仅适用时							
3	绝缘电阻	7.2.6/8.4.6	—	—	—	A	A	A
	介电强度	7.2.7/8.4.7	—	—	—	A	A	A
3a	见下-仅适用时							
	机械强度	7.3.5/8.5.4	—	—	—	A	A	A
	耐温试验	7.2.5/8.4.5.1[b]	—	—	—	A	A	A
3b[c]	见下-仅适用时							
3c[c]	见下-仅适用时							
4[c]	耐热试验	7.4.2/8.6.2	—	—	—	A	A	A
	TOV 试验	7.2.8/8.4.8						
	低压系统故障或干扰引起的 TOV	7.2.8.2/8.4.8.1	A	A	—	A	A	A
4[c]	高(中)压故障引起的 TOV	7.2.8.3/8.4.8.2[b]	A	A	—	A	A	A

试验系列	试验项目	章条编号要求/测试方法	连接外部脱离器[a]	使用薄纸	使用金属屏栅	试验类别Ⅰ	试验类别Ⅱ	试验类别Ⅲ
5[c]	短路电流特性	7.2.5.3/8.4.5.3	A	—	A	A	A	A
对于特殊 SPD 设计的附加试验								
二端口和输入/输出端子分开的一端口 SPD 的附加试验								
3c[c]	额定负载电流	7.5.1.1/8.7.1.1	A	—	—	A	A	A
	过载特性	7.5.1.2/8.7.1.2[b]	—	—	—	A	A	A
2b	负载侧短路电流特性	7.5.1.3/8.7.1.3[b]	A	—	A	A	A	A
制造商声明的附加试验								
3b	电压降	7.6.2.1/8.8.2	—	—	—	A	A	A
2a[c]	负载侧电涌耐受	7.6.2.2/8.8.3[b]	A	—	—	A	A	A
6	多极 SPD 的总放电电流试验	7.6.1.1/8.8.1[b]	—	—	—	A	A	—
户外型 SPD 的环境试验								
7	定义成"户外型"的 SPD	7.5.2/8.7.2	—	O	—	A	A	—
分开独立电路 SPD 的附加试验								
3a	分开电路的隔离性	7.5.3/8.4.6/8.4.7	—	—	—	A	A	A
短路型 SPD 的附加试验								
8	特性转换过程(短路状态下的预处理试验)	7.5.4/8.7.4	—	—	—	—	A	—
	电涌耐受试验(在短路状态下)	7.5.4/8.7.4	—	—	—	—	A	—
	短路电流特性试验(在短路状态下)	7.5.4/8.7.4	A	—	A	—	A	—

A=适用;

—=不适用;

O=可选的

型式试验主要由五部分试验程序构成:

① 一般试验(共 4 个项目)

• 标识和标志;

• 接线端子和连接;

• 防直接接触试验;

• 剩余电流(残流)。

② 冲击试验(共 3 个项目)

• 电压保护水平;

- 动作负载试验；
- 多极 SPD 的总放电电流试验。

③ 脱离装置相关试验(共 5 个项目)

- 动作负载试验；
- 热稳定性试验；
- 短路电流耐受试验；
- 模拟 SPD 失效模式的附加试验；
- TOV 试验。

④ 附加试验(共 10 个项目)

- IP 等级；
- 电气间隙和爬电距离；
- 球压试验；
- 阻燃试验；
- 耐电痕化；
- 绝缘电阻；
- 介电强度；
- 机械强度；
- 耐温试验；
- 耐热试验。

⑤ 二端口和输入/输出分开的一端口 SPD 的附加试验(共 5 个项目)

- 额定负载电流；
- 过载特性；
- 负载侧短路电流特性；
- 电压降；
- 负载侧电涌耐受能力。

14.3.3　电信和信号网络电涌保护器的检测方法

1. 检测依据标准

电信和信号网络的电涌保护器检测的几本常用标准有：

GB/T 18802.21—2016《低压电涌保护器第 21 部分:电信和信号网络的电涌保护器(SPD)性能要求和试验方法》；

IEC 61643－21:2000 ＋A1:2008＋A2:2012《低压电涌保护器第 21 部分:电信和信号网络的电涌保护器性能要求和试验方法》；

EN 61643—21:2001 ＋A2:2013《低压电涌保护器第 21 部分:电信和信号网络的电涌保护器性能要求和试验方法》;

YD/T 1542—2006《信号网络浪涌保护器(SPD)技术要求和测试方法》。

2. 试验方法

主要以现行国家标准 GB/T 18802.21—2016 介绍电信和信号网络的电涌保护器的试验方法。

(1) 标准的适用范围

① 对受到雷电或其他瞬态过电压直接或间接影响的电信和信号网络进行防护的电涌保护器;

② 这些 SPD 的作用是对连接到系统标称电压最高为交流 1 000 V(有效值)、直流 1 500 V 的电信网络和信号网络的现代电子设备进行保护。

(2) 主要试验波形

① C1 波形(见图 14.3.3):开路电压为 1.2/50 波形(0.5～2 kV),短路电流为 8/20 波形(0.25～1kA)。

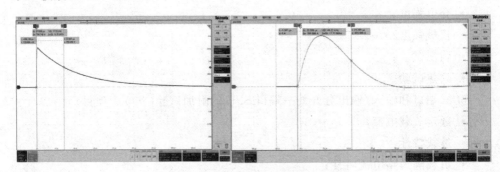

图 14.3.3　典型 C1 波形

② C2 波形(见图 14.3.4):开路电压为 1.2/50 波形(2～10 kV),短路电流为 8/20 波形(1～5 kA)。

③ C3 波形(见图 14.3.5):开路电压为 1 kV/μs 波形,短路电流为 10/1000 波形(10～100A)。

④ D1 波形(见图 14.3.6):开路电压大于 1 kV,短路电流为 10/350 波形(0.5～2.5 kA)。

⑤ B2 波形(见图 14.3.7):开路电压为 10/700 波形(1～4 kV),短路电流为 5/320 波形(25～100A)。

⑥ 波形参数允许的误差见表 14.3.3。

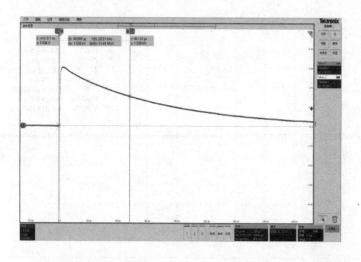

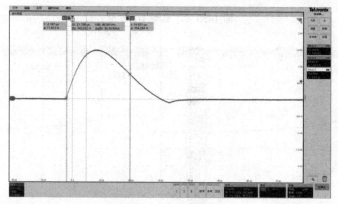

图 14.3.4　典型 C2 波形

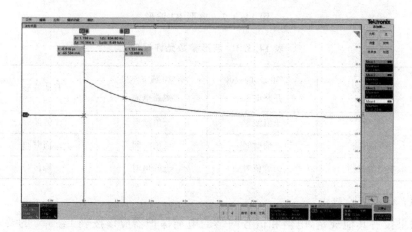

图 14.3.5　典型 C3 波形

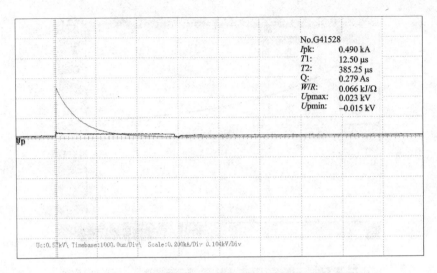

图 14.3.6　典型 D1 波形

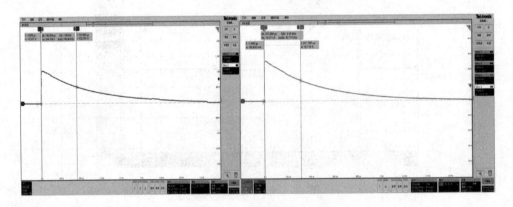

图 14.3.7　典型 B2 波形

表 14.3.3　波形参数允许误差

波形参数	1.2/50 或 10/700 开路电压	8/20 或 5/320 短路电流	其他波形
峰值	±值波形	±值波形	±值波形
波前时间	±前时间	±前时间	±前时间
半峰值时间	±峰值时	±峰值时	±峰值时

（3）型式试验要求

如果没有其他规定,电信和信号网络的电涌保护器应该按表 14.3.4 的要求进行型式试验。

表 14.3.4　型式试验要求

试验系列[d]	要求和试验	分条款	SPD 的类型					
			只有电压限制功能的 SPD	具有电压限制和电流限制的功能的 SPD	具有电压限制功能以及在接线端子之间有线性元件的 SPD	具有电压限制功能以及增强传输能力的 SPD	只有电压限制功能并预计在扩展范围环境中使用的 SPD	具有电压限制、电流限制功能并预计在扩展范围环境中使用的 SPD
1	一般检查	6.1						
	标识和编制的文件	6.1.1	A	A	A	A	A	A
	标志	6.1.2	A	A	A	A	A	A
	传输特性试验	6.2.3						
	电容	6.2.3.1	A	O	O	O	A	O
	插入损耗	6.2.3.2	O	A	A	A	O	A
	回波损耗	6.2.3.3	O	O	O	A	O	O
	纵向平衡	6.2.3.4	O	O	O	A	O	O
	误码率（BER）	6.2.3.5	O	O	O	O	O	O
	近端串扰（NEXT）	6.2.3.6	O	O	O	A	O	O
	机械特性试验	6.3						
	接线端子和连接器	6.3.1	A	A	A	A	A	A
	一般试验程序	6.3.1.1	A	A	A	A	A	A
	带有螺钉的接线端子	6.3.1.2	A	A	A	A	A	A
	无螺钉的接线端子	6.3.1.3	A	A	A	A	A	A
	绝缘穿刺的连接	6.3.1.4	A	A	A	A	A	A
	设计使用单芯导线的 SPD 端子的拉脱试验	6.3.1.4.1	A	A	A	A	A	A
	设计使用多芯电缆的 SPD 端子的拉脱试验	6.3.1.4.2	A	A	A	A	A	A
	机械强度（安装）	6.3.2	A	A	A	A	A	A
	防止固体异物和水分的有害进入	6.3.3	A	A	A	A	A	A
	防止直接接触	6.3.4	A	A	A	A	A	A
	阻燃试验	6.3.5	A	A	A	A	A	A
	环境试验	6.4						
	高温高湿度耐受试验	6.4.1	O	O	O	O	A	A
	冲击电涌下的环境循环试验	6.4.2	O	O	O	O	A	A
	交流电涌下的环境循环试验	6.4.3	O	O	O	O	A	A

试验系列[d]	要求和试验	分条款	SPD 的类型					
2	电压限制试验	6.2.1						
	最大持续运行电压(U_C)	6.2.1.1	A	A	A	A	A	A
	绝缘电阻	6.2.1.2	A	A	A	A	A	A
	冲击耐受试验[a]	6.2.1.6	A	A	A	A	A	A
	冲击限制电压[b]	6.2.1.3	A	A	A	A	A	A
	开关型冲击复位试验	6.2.1.4	A	A	A	A	A	A
	交流耐受试验[a]	6.2.1.5	O	O	O	O	O	O
	盲点试验	6.2.1.8	A	A	A	A	A	A
	过载故障模式	6.2.1.7	O	O	O	O	O	O
3	电流限制试验	6.2.2						
	额定电流	6.2.2.1	A[e]	A	A	A	A[e]	A
	串联电阻	6.2.2.2	N.A.	A	A	A	N.A.	A
	电流响应时间	6.2.2.3	N.A.	A	N.A.	A[c]	N.A.	A[c]
	电流恢复时间	6.2.2.4	N.A.	A	N.A.	A[c]	N.A.	A[c]
	最大中断电压	6.2.2.5	N.A.	A	N.A.	A[c]	N.A.	A[c]
	动作负载试验	6.2.2.6	N.A.	A	N.A.	A[c]	N.A.	A[c]
	交流耐受试验[a]	6.2.2.7	N.A.	A	N.A.	A[c]	N.A.	A[c]
	冲击耐受试验[a]	6.2.2.8	N.A.	A	N.A.	A[c]	N.A.	A[c]
4	验收试验	6.5	O	O	O	O	O	O

A 适用;

N.A. 不适用;

O 可选。

型式试验主要由五部分试验程序构成:

① 一般试验(共 1 个项目)

一般检查。

② 电气特性试验(共 15 个项目)

本部分考虑两类基本的 SPD:第 1 类 SPD 内至少包含一个电压限制元件,但没有电流限制元件;第 2 类 SPD 内装有电压限制元件和电流限制元件。根据电压限制元件和电流限制元件的特点分两部分介绍:

(a) 电压限制试验

• 最大持续运行电压 & 绝缘电阻;

• 冲击限制电压;

• 冲击复位试验;

• 具有电压限制功能 SPD 的交流耐受试验;

- 具有电压限制功能 SPD 的冲击耐受试验;
- 过载故障模式;
- 盲点试验。

（b）电流限制试验

- 额定电流;
- 串联电阻;
- 电流响应时间;
- 电流恢复时间;
- 最大中断电压;
- 动作负载试验;
- 具有电流限制功能 SPD 的交流耐受试验;
- 具有电流限制功能 SPD 的冲击耐受试验。

③ 传输特性试验（共 6 个项目）

- 电容;
- 插入损耗;
- 回波损耗;
- 纵向平衡试验/纵向转换损耗试验;
- 误码率;
- 近端串扰。

④ 机械特性试验（共 5 个项目）

- 接线端子和连接器;
- 机械强度（安装）;
- IP 等级;
- 防直接接触;
- 阻燃试验。

⑤ 环境试验（共 3 个项目）

- 高温高湿度耐受试验;
- 冲击电涌下的环境循环试验;
- 交流电涌下的环境循环试验。

14.3.4　用于光伏系统电涌保护器的检测方法

1. 检测依据标准

用于光伏系统的电涌保护器检测的几本常用标准有:

GB/T 18802.31—2021《低压电涌保护器第 31 部分:用于光伏系统的电涌保护器性能要求和试验方法》;

IEC 61643 - 31:2018《低压电涌保护器第 31 部分:用于先伏系统的电涌保护器性能要求和试验方法》;

EN 61643 - 31:2019《低压电涌保护器第 31 部分:用于先伏系统的电涌保护器性能要求和试验方法》;

EN 50539 - 11:2013《低压电涌保护器第 11 部分:用于先伏系统的电涌保护器性能要求和试验方法》。

2. 试验方法

主要以现行国家标准 GB/T 18802.31—2021 介绍用于光伏系统的电涌保护器的试验方法。

(1) 标准的适用范围

① 对于雷电的间接和直接效应或其他瞬态过电压的电涌进行保护的电涌保护器;

② 这些 SPD 将被连接到额定电压不超过 1500V 的光伏系统的直流侧。

(2) 试验波形

本标准的试验波形及允差同 GB/T 18802.11—2020 中的试验波形。

(3) 试验电源特性

① 通用电源特性

试验电路的电感量应 大于等于 100 μH。如图 14.3.8 所示,两种不同类型的电源可用于动作负载和失效模式试验。

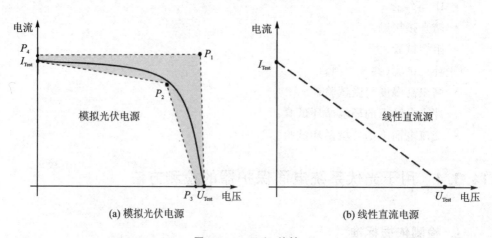

(a) 模拟光伏电源　　　　(b) 线性直流电源

图 14.3.8 *I/V* 特性

模拟光伏电源的允许偏差由 P_1 和 P_2 之间的阴影区域定义：

P_1：$[U_{Test}, 1.05 \times I_{Test}]$；

P_2：$[0.7 \times U_{Test}, 0.7 \times I_{Test}]$；

P_3：$[0.95 \times U_{Test}, 0]$；

P_4：$[0, 1.05 \times I_{Test}]$。

该区域可根据实验室和 SPD 制造商的协定超出至更高的电压或者电流值。

② 动作负载试验的特殊电源特性

根据不同的 SPD 续流值，试验中应使用表 14.3.5 中要求的电压为 U_{CPV} 的电源。

表 14.3.5　动作负载试验的特殊电源特性

根据标准附录 A 确定的续流值	$\leqslant$5 A	>5 A
标准条款 7.4.2.3 或 7.4.2.6 动作负载试验	DC_1 或 PV_1	PV_2
标准条款 7.4.2.5 I 类试验的附加负载试验	DC_2 或 PV_3	DC_2 或 PV_3

DC_1：线性直流电源，其阻抗应满足：在续流流过时，从 SPD 的接线端子处测得的电压下降不能超过 U_{CPV} 的 5%。

DC_2：线性直流电源，其预期短路电流值为 $5_0^{+10\%}$ A，对应于图 14.3.8 b)中的 I_{Test}。

PV_1：模拟光伏电源，其预期短路电流值至少为 $20_0^{+10\%}$ A，对应于图 14.3.8 a)中的 I_{Test}。

PV_2：模拟光伏电源，其预期短路电流值等于 $I_{SCPV0}^{+5\%}$，对应于图 14.3.8a)中的 I_{Test}。

PV_3：模拟光伏电源，其预期短路电流值为 $5_0^{+10\%}$ A，对应于图 14.3.8a)中的 I_{Test}。

③ 失效模式试验的特殊电源特性

根据 SPD 的失效模式，试验应采用表 14.3.6 中电压为 $U_{CPV}/1.2$ 的电源。

表 14.3.6　失效模式试验的特殊电源特性

标准 6.1.1 13 中规定的预期失效模式	开路失效模式 OCFM	短路失效模式 SCFM
标准条款 7.4.4 SPD 失效模式试验	DC_3[a] 或 PV_4	PV_4

a 仅基于制造商协议

DC_3：线性直流电源，其预期短路电流值满足标准条款 7.4.4，对应于图 14.3.8 (b)中的 I_{Test}。

PV$_4$：模拟光伏电源，其预期短路电流值满足标准条款 7.4.4，对应于图 14.3.8 (a)中的 I_{Test}。

（4）型式试验要求

如果没有其他规定，用于光伏系统的电涌保护器应该按表 14.3.7 的要求进行型式试验。

表 14.3.7　型式试验要求

试验系列	试验项目	章条号	连接外部脱离器^a	使用薄绵纸	分类试验 I	分类试验 II	分类试验 III
1	标识与标志	6.1.1/6.1.2/7.3	—	—	A	A	A
	安装	6.3.1	—	—	A	A	A
	接线端子和连接	6.3.2/6.3.3	—	—	A	A	A
	防直接接触	6.2.1	—	—	A	A	A
	环境,IP 等级	6.4	—	—	A	A	A
	残流	6.2.2/7.4.1/7.4.1.2	—	—	A	A	A
	动作负载试验^d	6.2.4/7.4.2^b					
	I 类、II 类或 III 类动作负载试验	7.2.3.2/7.4.2.3/7.4.2.6	A	—	A	A	A
	I 类试验的附加负载试验	7.4.2.5	A	—	A		
	热稳定性试验^c	6.2.5.3/7.4.3.2	A	—	A	A	A
	电气间隙和爬电距离	7.5.1	—	—	A	A	A
	球压试验	6.4	—	—	A	A	A
	耐非正常热和火	6.4	—	—	A	A	A
	耐电痕化	6.4	—	—	A	A	A
2	电压保护水平^e	6.2.3			A	A	A
3	绝缘电阻	6.2.6	—	—	A	A	A
	介电强度	6.2.7/7.4.5	—	—	A	A	A
3a	见下-仅适用时						
	机械强度	6.3.5			A	A	A
	耐温	6.2.5/7.4.3.1^b			A	A	A
3b^c	见下-仅适用时						
4^c	耐热	6.4			A	A	A
5^c	SPD 失效模式试验	6.2.5.4/7.4.4	A	A	A	A	A
6	湿热条件下的寿命试验	7.6.1^b	—	—	A	A	A
7	多极 SPD 总放电电流试验	6.2.9^b	—	—	A	A	A
输入/输出端子分开的一端口 SPD 的附加试验							
3b^c	额定负载电流	6.5.1/7.7.1.1	A	—	A	A	A
户外型 SPD 的附加试验							

试验系列	试验项目	章条号	连接外部脱离器[a]	使用薄绵纸	分类试验Ⅰ	分类试验Ⅱ	分类试验Ⅲ
8	户外型 SPD 的环境试验	6.5.2/7.7.2	—	—	A	A	A
分离隔离电路 SPD 的附加试验							
3a	分离电路的隔离性	6.5.3/7.4.5	—	—	A	A	A

A：适用，如宣称；

—：称，不适用。

型式试验主要由五部分试验程序构成：

① 一般试验（共 1 个项目）

- 标识与标志。

② 电气试验（共 10 个项目）

- 防直接接触；
- 残流 I_{PE}；
- 电压保护水平；
- 动作负载试验；
- 热稳定性试验；
- SPD 失效模式特性试验；
- 绝缘电阻；
- 介电强度；
- 持续工作电流 I_{CPV}；
- 总放电电流 I_{total}。

③ 机械试验（共 5 个项目）

- 安装；
- 螺钉、载流部件和连接；
- 外部连接；
- 电气间隙和爬电距离；
- 机械强度。

④ 环境和材料试验（共 7 个项目）

- IP 等级；
- 耐热；
- 球压试验；
- 阻燃试验；
- 耐电痕化；
- 湿热条件下的寿命测试；

- 电磁兼容(当包含敏感电子电路的 SPD)。
⑤ 特殊 SPD 设计的附加试验(共 3 个项目)
- 额定负载电流;
- 户外型 SPD 的环境试验;
- 分开隔离电路的 SPD。

14.3.5 直流低压电源系统电涌保护器的检测方法

1. 检测依据标准

直流低压电源系统的电涌保护器检测的几本常用标准有(均未正式发布):

GB/T 18802.41—202X《低压电涌保护器(SPD) 第 41 部分:直流低压电源系统的电涌保护器性能要求和试验方法》(目前处于草案稿);

IEC CD 61643−41:2022《低压电涌保护器(SPD) 第 41 部分:直流低压电源系统的电涌保护器性能要求和试验方法》(目前处于草案稿)。

2. 试验方法

主要以国家标准(草案稿)GB/T 18802.41—202X 介绍直流低压电源系统的电涌保护器的试验方法。

(1) 标准的适用范围

① 对雷电的间接和直接效应或其他瞬态过电压的电涌进行保护的电涌保护器;

② 这些 SPD 将被连接到额定电压不超过 1 500 V 的直流低压电源系统。

用于光伏系统的电涌保护器不适用本标准。

(2) 试验波形

本标准的试验波形及允差同 4.2.2.2.2 中 GB/T 18802.11—2020 中的试验波形,出来 1.2/50 冲击电压波前时间由"±30%"调整为"±10%"。

(3) 试验电源特性

除非另有规定,应使用线性直流电源(见图 14.3.9)。

(4) 型式试验要求

如果没有其他规定,直流低压电源系统的电涌保护器应该按表

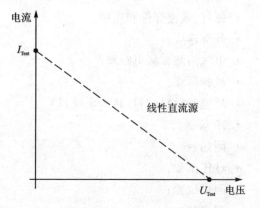

图 14.3.9 线性直流电源的 I/U 特性

14.3.8 的要求进行型式试验。

表 14.3.8　型式试验要求

试验系列	试验项目	章条号	连接外部脱离器[a]	使用薄绵纸	使用金属屏栅	分类试验Ⅰ	分类试验Ⅱ	分类试验Ⅲ
1	标识与标志	5.2.1/5.2.2/7.2/8.2	—	—	—	A	A	A
	安装	7.4.1	—	—	—	A	A	A
	接线端子和连接	7.4.3/8.4.3	—	—	—	A	A	A
	防直接接触	7.3.1/8.3.1	—	—	—	A	A	A
	环境,IP 等级	7.5.1/8.5.1	—	—	—	A	A	A
	持续直流电流	7.3.2/8.3.2	—	—	—	A	A	A
	保护导体电流	7.3.3/8.3.3	—	—	—	A	A	A
	动作负载试验[d]	7.3.5/8.3.5[b]						
	T1、T2 或 T3 动作负载试验	8.3.5.5/8.3.5.6	A	—	—	A	A	A
	Ⅰ类试验的附加负载试验	8.3.5.4	A	—	—	A	—	—
	存在续流的Ⅰ和 T2 SPD 保护模式的附加试验	8.3.5.5	A	—	—	A	A	—
	热稳定性试验[c]	7.3.6.2/8.3.6.2	A	—	—	A	A	A
	电气间隙和爬电距离	7.4.4/8.4.4	—	—	—	A	A	A
	球压试验	7.5.2/8.5.2.2	—	—	—	A	A	A
	耐非正常热和火	7.5.3/8.5.3	—	—	—	A	A	A
	耐电痕化	7.5.4/8.5.4	—	—	—	A	A	A
2	电压保护水平[e]	7.3.4/8.3.4	—	—	—	A	A	A
2a	见下-仅适用时							
3	绝缘电阻	7.3.7/8.3.7	—	—	—	A	A	A
	介电强度	7.3.8/8.3.8	—	—	—	A	A	A
3a	见下-仅适用时							
	机械强度	7.4.5/8.4.5	—	—	—	A	A	A
	耐温试验	7.3.6.1.1/8.3.6.1[b]	—	—	—	A	A	A
3b[c]	见下-仅适用时							
	耐热	7.5.2/8.5.2.1.1	—	—	—	A	A	A
4[c]	暂时过电压(TOV)下的特性	7.3.9/8.3.9	A	A	—	A	A	A
5	短路电流特性试验	7.3.6.3/8.3.6.3	A	—	A	A	A	A
6[c]	专用过载试验	7.3.6.4/8.3.6.4	A	A	A	A	A	A
7	湿热条件下的寿命试验	7.5.5/8.5.5[b]	—	—	—	A	A	A
	输入/输出端子分开的一端口 SPD 的附加试验							

试验系列	试验项目	章条号	连接外部脱离器[a]	使用薄绵纸	使用金属屏栅	分类试验Ⅰ	分类试验Ⅱ	分类试验Ⅲ
3b[c]	额定负载电流	7.6.1.1/8.6.1.1	A	—	—	A	A	A
	过载特性	7.6.1.2/8.6.1.2	—	—	—	A	A	A
2a	负载侧短路特性试验	7.6.1.3/8.6.1.3	A	—	A	A	A	A
户外型 SPD 的附加试验								
8	户外型 SPD 的环境试验	7.6.2/8.6.2	—	—	—	A	A	A
9	短路型 SPD	7.6.6/附录 E	—	—	—	A	A	—

A：适用，如宣称；

—：称，不适用。

型式试验主要由五部分试验程序构成：

① 一般要求(共 1 个项目)

· 标识标志。

② 电气试验(共 12 个项目)

· 防直接接触；

· 持续电流 I_C；

· 保护导体电流 I_{PE}；

· 测量限制电压；

· 动作负载试验；

· 热稳定性试验；

· 短路电流特性试验；

· 专用过载试验；

· 绝缘电阻；

· 介电强度；

· 暂时过电压(TOV)下的特性；

· 最大放电电流 I_{max}。

③ 机械试验(共 4 个项目)

· 螺钉、载流部件和连接的可靠性；

· 外部连接的测试；

· 电气间隙和爬电距离；

· 机械强度。

④ 环境和材料试验(共 5 个项目)

· IP 等级；

· 耐热性；

- 阻燃试验；
- 耐电痕化；
- 湿热下的寿命测试。

⑤ 特殊 SPD 设计的附加试验(共 6 个项目)

- 额定负载电流；
- 过载特性；
- 负载侧短路特性试验；
- 户外型 SPD 的环境试验；
- 分开隔离电路的 SPD；
- 多极 SPD 总放电电流 I_{Total} 试验。

14.4　SPD 的选择和现场检测

14.4.1　SPD 的选择和使用

1. 使用安装 SPD 的三项基本要求

(1) 安装 SPD 后,在无电涌发生时,SPD 不应对电气(电子)系统的正常运行产生影响；

(2) 安装 SPD 后,在有电涌发生时,SPD 能承受预期的雷电流而不损坏,并能箝制电涌电压和分流电涌电流；

(3) 在电涌电流过后,SPD 应能迅速恢复到高阻抗状态,切断可能产生了工频续流。

2. SPD 安装位置的确定

GB/T 21714 和 GB 50057、GB50343 中都提到了防雷的保护分区,根据保护分区的要求需要在每个分区的交界处,安装相对应的 SPD。在 LPZ$_0$ 区与 LPZ$_1$ 区的交界处安装 I 类电涌保护器,在 LPZ$_1$ 区与 LPZ$_2$ 区的交界处安装 II 类电涌保护器,在 LPZ$_2$ 区内的设备前端及之后的分区交界处应安装 III 类电涌保护器,如图 14.4.1 所示。

3. I_{imp}、I_{n}、I_{max} 等参数的确定

流入导体或线路的雷电流 I_{f} 取决于导体的数量、各自的等效接地电阻和接地装

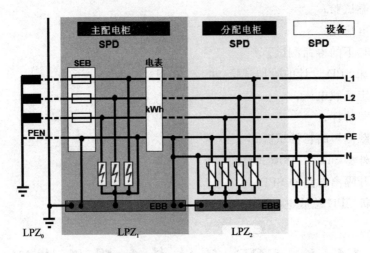

图 14.4.1　Ⅰ类、Ⅱ类、Ⅲ类 SPD 在 TN 系统中的安装示例

置电阻及雷击强度。

　　如图 14.4.2 所示，为了方便计算，可假定有 50％的雷电流通过直击雷系统入地，有 50％的雷电流进入导体，粗略估计如下：

$$I_{\mathrm{f}} = 0.5(I/n_1)$$

式中，n_1 为导体的数量，I 为雷电流。

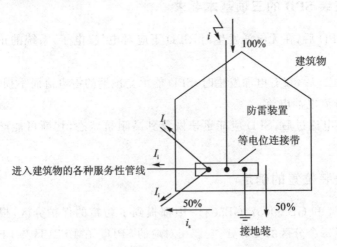

图 14.4.2　进入建筑物的各种设施之间的雷电流分配

　　一般在设计防雷方案，当无法测得雷电流等参数时，可以根据标准中的要求来确定，如参考 GB 50343 中的表 14.4.3.3 所列。

4. 最大持续工作电压 U_C 的确定

最大连续工作电压 U_C，指能持续加在 SPD 各种保护模式间的电压有效值（直流和交流）。U_C 不应低于低压线路中可能出现的最大连续工频电压。

选择 230/400 V 三相系统中的 SPD 时，其接线端的最大连续工作电压 U_C 不应小于下列规定（GB 50057）：

（1）TT 系统：

SPD 安装在剩余电流保护器负载测 $U_C \geqslant 1.55 U_0$；

SPD 安装在剩余电流保护器电源测 $U_C \geqslant 1.15 U_0$。

（2）TN 系统中 $U_C \geqslant 1.15 U_0$。

（3）IT 系统中 $U_C \geqslant 1.15U$。

注：U_0 为低压系统相线对中性线的电压，U 为低压系统相线对相线的电压，在 230/400 V 三相系统中 $U_0 = 230$ V，$U = 400$ V。

SPD 的最大持续工作电压应符合相关技术标准的要求，同时还应考虑供电电网可能出现的电压波动和可能出现的最大持续故障电压。

5. 最大持续工作电压 U_p 的确定

电涌保护器（SPD）电压保护水平（U_P）应符合 $U_P < 0.8U_i$，U_i 详见表 14.4.1。

表 14.4.1　设备额定耐冲击电压值

电气装置标称电压[a]/V		要求的耐冲击电压值/kV			
三相系统	带中性点的单相系统	电气装置电源进线端的设备（耐冲击类别Ⅳ）	配电装置和末级电流的设备（耐冲击类别Ⅲ）	用电器具（耐冲击类别Ⅱ）	有特殊保护的设备（耐冲击类别Ⅰ）
—	120～240	4	2.5	1.5	0.8
230/400 277/480	—	6	4	2.5	1.5
400/690	—	8	6	4	2.5
1000	—	12	8	6	4

[a] 根据 IEC 60038:1983。

需要指出的是，在防雷方案中，并非要求残压越低越好。通常情况下，防雷器的残压越低时，最大持续工作电压也随之降低。

SPD 残压过低时，SPD 可能在供电电网不稳定地区，最大持续电压长时间加在 SPD 上，容易造成 SPD 的老化和损坏。

6. 是否需要多级 SPD 保护的确定

如图 14.4.3 所示,需要加装 SPD2(或 SPD3)的条件是:

(1) $U_P > 0.8\ U_i$;

(2) SPD 与受保护设备的距离太长;

(3) 建筑物内有雷击放电和内部干扰源产生的电磁感应场。

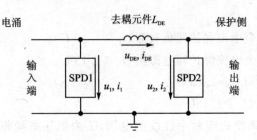

图 14.4.3　SPD 多级保护图例

如果 $U_{P1} \cdot k < 0.8\ U_i$,仅需要 SPD1(安装在装置入口处);

如果 $U_{P1} \cdot k > 0.8\ U_i$,除了需要 SPD1 外,还应该安装 SPD2($U_{P2} < 0.8\ U_i$)。

k 是考虑到可能的振荡得出的系数($1 < k < 2$)。

7. 后备保护的确定

防止电涌保护器(SPD)短路的保护是采用过电流保护器,应当根据电涌保护器(SPD)产品手册中推荐的过电流保护器的最大额定值选择。

电涌保护器(SPD)茶品手册中给出的后备过电流保护值通常是指 SPD 的最大允许后备电流保护。这种后备过电流保护器的首要任务是保证 SPD 的短路电流耐受能力。

如果过电流保护器的额定值小于或等于产品手册中推荐用的过电流保护器的最大额定值,则可省去过电流保护器。

SPD 的短路电流耐受能力的标准化测试可以防止 SPD 内部短路情况发生起火燃烧或闪络。因此,紧邻的上游系统过电流保护器可以作为 SPD 的后备保护,前提条件是其标称值不超过 SPD 最大允许后备过流值(方案 A)。

然而,如果系统过电流保护器 F1~F3 的标称值超过 SPD 最大后备过流的标称值,如图 14.4.4 所示,则必须在 SPD 前端安装具有最大允许后备过电流保护器的标称值的独立后备保护(方案 B)。

连接过电流保护器至相线的导线截面根据可能的最大短路电流值选择。

除了保证短路电流耐受能力以外,SPD 后备过电流保护器还有一种功能,这种功能对电压开关型 SPD 特别重要。在雷电流过后,电压开关型 SPD 由于两端施加

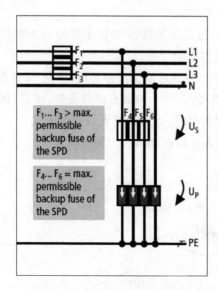

图 14.4.4　安装独立后备保护

了工频电压,所以将产生 50 Hz 的续流,其必须被安全的熄灭。

在最不利的情况下,这种电源续流可以和 SPD 安装处的预期短路电流一样大。通常电压开关型 SPD 具有一定的续流熄灭能力。但如果预期短路电流超过了 SPD 的续流熄灭能力,则后备过电流保护器必须切断续流。

14.4.2　SPD 现场检测

1. 现场检测安全守则

(1) 进行检测,应遵守被检单位的安全制度,检测活动应在对方专业人员的引导和陪同下进行。当需要对被测物进行开启、移动、分离等操作时,应向陪同人员说明操作意图,在征得同意后方可进行。

(2) 在涉电环境检测,检测人员不得少于两人。在检测过程中,检测人员要相互关注对方的操作,及时提醒应注意的步骤和环节。

(3) 湿手不准触摸电源开关以及其他电气设备。发现有人触电,应立即切断电源,使触电人员脱离电源,并进行急救。

(4) 对尚未投电的配电柜内的 SPD,验电确认无电后,可根据流程图(见图 14.4.5)直接对 SPD 不同的模块进行测试。

(5) 对已投电的电源 SPD 进行性能测试时,应在切断 SPD 串联的后备过流保护器并验电无误后,根据流程图直接对 SPD 不同的模块进行测试。如前端无过流保护器无法分断电源的,可不检测。

(6) 应分清主回路的过流保护器和 SPD 串联的后备保护过流保护器,不可分断主回路过流保护器,影响用户的用电。

(7) 检测完毕,将 SPD 后备过流保护器复位,恢复 SPD 连入电路中。

(8) 遵守仪器操作规程,每一个测试点检测完毕,仪器(如接地电阻测试仪、绝缘电阻仪等)测试键必须及时复位,以防检测人员遭电击。

(9) 工作完毕,检测人员检查、清理、恢复现场。

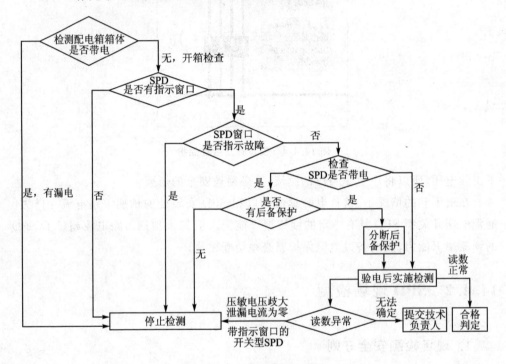

图 14.4.5　现场检测流程图

2. 现场检测内容

(1) 信息系统防雷等级;

(2) 进线线缆敷设方式;

(3) SPD 型号和商标;

(4) SPD 保护等级(试验类别);

(5) SPD 的组合模式;

(6) 安装方式;

(7) 最大持续工作电压 U_c;

(8) 标称放电电流 I_n;

（9）冲击放电电流 I_{imp}

（10）最大放电电流 I_{max}

（11）电压保护水平 U_p；

（12）后备保护装置的类型、型号；

（13）后备保护装置的额定电流；

（14）压敏电压；

（15）泄漏电流；

（16）绝缘电阻；

（17）SPD 的状态指示器；

（18）相线连接线长度（m）/截面（mm^2）；

（19）N 线连接线长度（m）/截面（mm^2）；

（20）PE 线连接线长度（m）/截面（mm^2）TN－S；

（21）PEN 线连接线长度（m）/截面（mm^2）TN－C；

（22）接地线长度（m）/截面（mm^2）TT。

附录 雷电防护术语

1 雷暴 thunderstorm

由于强积雨云引起的伴有雷电活动和阵性降水的局地风暴。

注:可分为对流性雷暴、热雷暴和地形雷暴。

2 雷暴日 thunderstorm day;T_d

一天中可听到一次及以上的雷声。

[来源:GB 50689—2011,2.0.2,有修改]

3 雷暴活动最多方位 most direction of thunderstorm

人工观测站多年(大于 30 年)观测记录中占雷暴记录方向次数最多的方位。

[来源:QX/T 264—2015,3.13,有修改]

4 闪电 lightning

大气中的强放电现象。

注1:放电现象还可发生在云对电离层之间。

注2:按形状可分为带状、片状、球状、叉状、条状、串珠状和火箭状闪电。

注3:按其发生的部位,可分为云中、云间或云地之间三种放电。

注4:又称"雷闪"、"雷电"。

5 地闪 cloud-to-ground lightning;CG

云地间的大气放电现象。

注:由一个或多个雷击组成。

[来源:GB/T 40621—2021,3.1]

6 云闪 intracloud lightning;IC

发生在雷暴云内、云间或雷暴云与大气之间的放电现象。

注:发生在一块云内的放电现象称为云内闪;不同云块之间发生的放电现象称为云际闪;云对电离层的放电现象称为空中放电。

[来源:GB/T 38121—2019,3.1.13,有修改]

7 闪电电涌 lightning surge

雷击电磁脉冲引起的以过电压、过电流形式出现的瞬态波。

[来源:GB/T 21714.1—2015,3.35,有修改]

[来源:GB 50057—2010,2.0.18]

8　闪电感应　lightning induction

闪电放电时,在附近导体上产生的静电感应和电磁感应。

注:闪电感应可能使金属部件之间产生火花放电。

[来源:GB 50057—2010,2.0.16,有修改]

9　闪电电磁感应　lightning electromagnetic induction

由于雷电流迅速变化在其周围空间产生瞬变的强电磁场,使附近导体上感应出很高的电动势。

[来源:GB 50057—2010,2.0.15]

10　雷击损害风险　risk of damage due to lightning stroke

雷击导致的年平均可能损失(人和物)与受保护对象的总价值(人和物)之比。

[来源:GB 50343—2012,2.0.36,有修改]

11　雷电灾害风险评估　risk assessment of lightning hazards

根据雷电特性及其致灾机理,分析雷电对评估对象的影响,提出降低风险措施的评价和估算过程。

[来源:QX/T 85—2018,3.1.1,有修改]

12　雷击风险评估　risk assessment of damage due to lightning stroke

根据建筑物等对象属性和雷击特征,通过对可能造成的损害及电气系统、电子系统失效,对局部环境的影响和经济合理性计算和分析,确定是否需要采取防雷措施及雷电防护等级的过程。

13　防雷区 lightning protection zone;LPZ

根据防护需求划分雷击电磁环境的区。

注1:LPZ 可分为 LPZ0$_A$、LPZ0$_B$、LPZ1、LPZ2、…、LPZn 区。

注2:一个防雷区的区界面不一定要有实物界面,如不一定要有墙壁、地板或天花板作为区界面。

[来源:GB 50057—2010,2.0.24,有修改]

14　雷电防护等级　lightning protection level

与一组雷电流参数值有关的序数,该组参数值与在自然界发生雷电时最大和最小设计值不被超出的概率有关。

注:雷电防护等级用于根据雷电流的一组相关参数值设计雷电防护措施。

[来源:GB/T 21714.2—2015,3.1.37]

15 雷电防护装置 lightning protection system,LPS

用来减小雷击建筑物造成物理损害的整个系统。

注①:LPS 由外部和内部雷电防护装置两部分构成。

注②:又称防雷装置。

[来源:GB/T 21714.1—2015,3.42,有修改]

16 建筑物防雷分类 classification for lightning protection of building

根据建筑物的重要性、使用性质、发生雷电事故的可能性和后果,将建筑物分为第一类、第二类和第三类防雷建筑物。

17 外部防雷装置 external lightning protection system

由接闪器、引下线和接地装置组成。

[来源:GB 50057—2010,2.0.6]

18 接闪器 air-termination system

拦截闪击的金属物体。

注:由接闪杆、接闪带、接闪线、接闪网以及金属屋面、金属构件等组成。

[来源:GB 50057—2010,2.0.8,有修改]

19 接闪带 air-termination conductor

圆形或扁形导体组成的接闪器。

注:用于拦截直击雷并将雷电流传导至引下线和接地装置。

[来源:GB/T 33588.2—2020,3.3,有修改]

20 接闪杆 air-termination rod

杆状导体组成的接闪器。

注:用于拦截直击雷并将雷电流传导至引下线和接地装置。

[来源:GB/T 33588.2—2020,3.2,有修改]

21 接地装置 earth-termination system

接地体和接地线的总和,用于传导雷电流并将其流散入大地。

[来源:GB 50057—2010,2.0.10]

22 自然接地体 natural earthing electrode

兼有接地功能、但不是为此目的而专门设置的与大地有良好接触的各种金属构件、金属管井、混凝土中的钢筋等的统称。

[来源:GB 50343—2012,2.0.7]

23 人工接地体 artificial earthing electrode

为接地需要而埋设的接地导体。

注①:导体包括铜、镀锡铜、热镀锌钢、覆铜钢、裸钢和不锈钢。

注②:可分为人工垂直接地体和人工水平接地体。

［来源:GB/T 21431—2015,3.5,有修改］

24　内部防雷装置　internal lightning protection system

由防雷等电位连接和与外部防雷装置的间隔距离组成。

［来源:GB 50057—2010,2.0.7］

25　防雷等电位连接　lightning equipotential bonding;LEB

将分开的诸金属物体直接用连接导体或经电涌保护器连接到防雷装置上以减少雷电流引发的电位差。

［来源:GB 50057—2010,2.0.19］

26　大气电场　atmospheric electric field

存在于大气中而与带电物质产生相互作用力的物理场。

用表征大气电场强弱和方向的电场强度来描述,方向垂直向下的大气电场称为正电场,方向垂直向上的大气电场称为负电场。

27　大气场强仪　field strength meter;FSM

注:用于持续监测大气电场的仪器。

注:又称为大气电场仪或静电场传感器,如场磨式大气电场仪、MEMS(微机电系统)电场传感器。

［来源:GB/T 38121—2019,3.1.12,有修改］

28　雷暴预警系统　thunderstorm warning system;TWS

含有雷暴探测仪的系统,该系统能监测到监测区域的雷电活动,并能通过处理所得数据对特定周边区域发出与雷电相关事件(LREs)或雷电相关条件(LRC)有关的有效雷电警报(预警)。

注:部分国家将雷暴预警系统称为"雷电预警系统"。

［来源:GB/T 38121—2019,3.1.27,有修改］

29　雷电定位系统　lightning location system;LLS

闪电定位系统

通过探测雷电放电过程中产生的电磁辐射信号,采用多种雷电定位技术和方法,来确定雷电发生时间、位置、极性等多项雷电参数的系统。

注:由多个设在不同地理位置的雷电传感器(又称子站)、数据处理和系统监控中心(又称中心站)、产品输出和显示系统以及配套的通信设施等组成。

［来源:GB/T 40619—2021,3.2］

30　电涌保护器　surge protective device;SPD

用于限制瞬态过电压和泄放电涌电流的电器。

注①:电涌保护器至少包含一个非线性的元件。

注②:SPD 具有适当的连接装置,是一个装配完整的电器。

注③:SPD 按使用场景可分为连接至低压(交流)配电系统、电信和信号网络和特殊应用(含直流)的 SPD。

[来源:GB/T 18802.11—2020,3.1.1,有修改]

31　电压开关型 SPD　voltage switching type SPD

没有电涌时具有高阻抗,当对电涌电压响应时能突变成低阻抗的 SPD。

注:电压开关型 SPD 常用的元件有隔离放电间隙、气体放电管、晶闸管(TSS)和双向三极晶闸管开关元件。这些有时被称为"克罗巴型"元器件。

[来源:GB/T 18802.11—2020,3.1.4,有修改]

32　电压限制型 SPD　voltage limiting type SPD

没有电涌时具有高阻抗,但是随着电涌电流和电压的上升,其阻抗将持续地减小的 SPD。

注:常用的非线性元件是压敏电阻和雪崩击穿二极管(ABD)。这些有时被称为"箍压型"元器件。

[来源:GB/T 18802.11—2020,3.1.5,有修改]

33　复合型 SPD　combination SPD

由电压开关型元件和电压限制型元件组成的 SPD。

注:其特性随所加电压的特性可表现为电压开关型、电压限制型或两者皆有。

[来源:GB/T 18802.11—2020,3.1.6,有修改]

34　最大持续工作电压　maximum continuous operating voltage;U_e

可连续地施加在 SPD 保护模式上的最大交流电压有效值或直流电压。

[来源:GB/T 18802.11—2020,3.1.11,有修改]

35　最大放电电流　maximum discharge current for class Ⅱ test;I_{max}

具有 8/20 波形和制造商声明幅值的流过 SPD 电流的峰值。

[来源:GB/T 18802.11—2020,3.1.48,有修改]

36　电压保护水平　voltage protection level;U_p

由于施加规定陡度的冲击电压和规定幅值及波形的冲击电流而在 SPD 两端之间预期出现的最大电压。

注:电压保护水平由制造商提供,并不低于按照如下方法确定的测量限制电压:

——对于Ⅱ类和/或Ⅰ类试验,由波前放电电压(如适用)和对应于Ⅱ类和/或Ⅰ

类试验中直到 I_n 和/或 I_{imp} 幅值处的残压确定；

——对于Ⅲ类试验，由复合波直到开路电压(U_{OC})的测量限制电压确定。

[来源:GB/T 18802.11—2020,3.1.14,有修改]

37　残压　residual voltage；U_{res}

放电电流流过 SPD 时，在其端子间产生的电压峰值。

[来源:GB/T 18802.11—2020,3.1.16]

参考文献

[1] Holle R H，Lo′pez R E. Overview of real-time lightning detection systems and their meteorological uses. 1993. NOAA Technical Memorandum ERL NSSL-102.

[2] (美)Rakow，V. A.，Uman，M. A. 雷电[M]. 张云峰，吴建兰，译. 北京:机械工业出版社,2016.

[3] 陈渭民. 雷电学原理[M]. 北京:气象出版社，2003.

[4] 周筠，黄蕾，谷娟. 雷电监测与预警技术[M]. 北京:气象出版社，2015.

[5] 马启明. 雷电监测原理与技术[M]. 北京:科学出版社，2015.

[6] 张其林. 雷电探测与预警课件. 南京信息工程大学.

[7] 庞华基. 防雷检测实操课件. 青岛市气象灾害防御技术中心.

[8] GB/T 19663—2022 信息系统雷电防护术语.

[9] GB50057—2010 建筑物防雷设计规范.

[10] GB50343—2012 建筑物电子信息系统防雷技术规范.

[11] GB50601—2010 建筑物防雷工程施工与质量验收规范.

[12] DB37/T 1228—2019 建筑物防雷装置施工与验收规范.

[13] 国家建筑标准设计图集《防雷与接地》15D500、15D501、15D502、15D503、14D504、15D505.

[14] T/CMSA 0009—2019 雷电防护机构能力评价规范.